中国思想家论智力

LA INTELIGENCIA a los ojos de los pensadores chinos

（汉西双语）

◎ 冯天瑜 主编
◎ 陈用仪 蔡同廓 徐宜林 刘习良 译

上海外语教育出版社
外教社 SHANGHAI FOREIGN LANGUAGE EDUCATION PRESS
www.sflep.com

图书在版编目（CIP）数据

中国思想家论智力（汉西双语）/ 冯天瑜编著；陈用仪等译.
—上海：上海外语教育出版社，2017
ISBN 978-7-5446-4664-2

Ⅰ.①中… Ⅱ.①冯… ②陈… Ⅲ.①智力—研究—中国—汉语、西班牙语
Ⅳ.①B848.5

中国版本图书馆CIP数据核字（2017）第030489号

出版发行：上海外语教育出版社
　　　　　　（上海外国语大学内）　邮编：200083
电　　话： 021-65425300（总机）
电子邮箱： bookinfo@sflep.com.cn
网　　址： http://www.sflep.com.cn http://www.sflep.com
责任编辑： 许一飞

印　　刷： 上海叶大印务发展有限公司
开　　本： 700×1000　1/16　印张 32.75　字数 436千字
版　　次： 2017 年 11 月第 1 版　2017 年 11 月第 1 次印刷
印　　数： 1 100 册

书　　号： ISBN 978-7-5446-4664-2 / B
定　　价： 88.00 元

本版图书如有印装质量问题，可向本社调换

中国思想家论智力

冯天瑜 主编

　　智力，通常是指人们认识能力的总和。有些学者认为，智力还应包括运用知识解决实际问题的能力。在近代大机器生产出现以后，特别是在科学技术长足进步的当代，人的智力愈益对社会生产力发生重大影响，智力开发也就成为世界各国所关注的课题。当然，研究智力现象和智力培养的历史，可以追溯到十分久远的往古，公元前几个世纪的希腊哲学家苏格拉底、柏拉图、亚里士多德等人，在这方面曾留下不少睿智的格言；近代欧洲教育家夸美纽斯、洛克、乌申斯基更高度重视智力训练。就中国而论，从先秦诸子到近现代思想家，对智力问题发表过许多精辟的意见，并总结了历代智力培养的经验。学习前哲的这些论述，并给予科学的评析，对于我们今天开展智力研究，是有所裨益的。

　　中国探讨智力问题的历史，大体可以分为古代、近现代和当代三个阶段。

　　中国古代的学术正宗——儒家，走的是一条"贤人路线"而并非"智者路线"，他们的视野主要集中在社会政治和伦理道德方面，即所谓"修身、齐家、治国、平天下"的一套工夫，智力很少作为一个专门论题被加以探究。当然，墨家和儒学左翼荀况，以及后世的王充、王夫之等唯物主义者，较直接地讨论过智力问题；即使是那些专门研讨政治、道德问题的哲人，在发挥"修、齐、治、平"之道时，也要不同程度地顾盼"格物致知"之学，其思辨的触角往往也伸抵智力的王国。例如，中国思想家反复论辩的一个古老主题——人性的善恶问题，本来属于伦理学范畴，但在探讨过程中，常常由人性善恶的成因，旁及人的愚智的成因。这实际上就牵涉到先天素质、后天习染、个人努力诸因素在智力形成中的作用问题。另外，中国古代哲学家关于认识论的丰富思想，包含了对智力结构诸侧面（如注意力、观察力、记忆力、思维力、想象力、创新力、实践能力等等）的描述。至于中国许多古代哲人作为教育家，有关启发式教学、因材施教、量力而教、适时而教等教学原则的论述，以及关于教师在智力传递中的作用的论述，更与智力培养直接相关。因此，尽管中国古代很少有智力研究的专门著述，但在经、史、子、集中仍然蕴蓄着智力论的丰富宝藏。

在近代，一些向西方寻求真理的先进中国人，如严复、康有为、梁启超、孙中山等，在广泛介绍欧洲资产阶级上升时期的社会思潮的时候，十分强调"开智"的重要性。他们意识到，中国要富强起来，必须打破民众愚昧无知的局面。这种观念可以说是中国古代重视智力培养的传统与西方资产阶级启蒙思想相结合的产物。"五四"以后，以鲁迅为旗手的新文化运动，提倡"德"、"赛"二先生（民主与科学），其中更包含着启迪民智的内容。以毛泽东同志为代表的中国马克思主义者，则从辩证唯物主义和历史唯物主义的高度，阐述了智力和智力培养诸问题。当然，由于时代条件所决定，近现代哲人主要致力于政治、军事等方面的研究，不可能对智力问题作系统的、专门性的探讨。此外，"五四"以来的一些教育学家、心理学家在介绍西方近代智力论的同时，也对智力问题作了一些试验和研究。对于他们这种承先启后的工作，应当给予积极的评价。

至于当代，严格地说，主要是近几年，随着我国社会主义现代化建设事业的发展，人才问题显得十分紧迫，与人才学直接相关的智力培养问题，也就理所当然地提上了议事日程。可以这样说，智力研究在当代中国所受到的重视是空前的，而且这种重视方兴未艾。

我们编辑的这本资料，内容仅限于中国古代和近现代一些思想家有关智力研究的论述，其中又以古代哲人的言论为主。

"五四"以来现代教育学家、心理学家的著作，以及当代智力研究的成果，则由华中师院同志们编的《智力研究文摘》辑录。

为着检索便利，我们把前哲有关智力问题的论述作了如下分类：

第一，总论。这部分包括四个内容，即：智力的界说，发展智力的重要性，智力发展与德育的关系，智力内部的两个侧面——能力与知识的关系。

正式给智力下定义，是近现代的事情。德国儿童心理学家施登（W.Stern）说："智力是指个体有意识地以思维活动来适应新情境的一种潜力。"这段话被现代心理学界认作智力的最早定义。其实，智力现象是从人类产生之日就有的，因此，在十分久远的往古，人类就自觉不自觉地给智力确定界说。我国儒家的创始人孔丘，没有正面给智力下过定义，但他多次论述了"智者"所应当具备的风度，这实际上已经进入智力界说的边缘。以后，墨翟、荀况等人分别给"智"下过定义，这些定义虽然不甚完备、精密，但亦颇有可采之处。

至于发展智力的重要性问题，先哲们主要是从"开智"与富国强兵的密切关系这一角度进行阐述的。先秦诸子就有这种观念的萌芽，而面临深重民族危机的近代思想家，这方面的论述特别丰富。他们指出："民智者，富强之原"（严复：《原强》），"才智之民多则国强，才智之民少则国弱"（康有为等"公车上书"），"故言自强于今日，以开民智为第一义"（梁启超：《变法通议·学校总论》）。严、康、梁等人作为不赞同社会革命的改良主义者，其言论有夸大智力作用的偏颇，但把"开智"与强国联系起来，是一种反蒙昧主义的、有价值的观点。

人类不仅是自然的人，而且是社会的人，人的智力的发展与社会意识是密不可分的，因而"智"与"德"二者之间存在着相互渗透、相互影响的关系。我国历来有着重德传统，尤其是正宗儒学更明确主张把"德"放在首位，而将"智"的发

5

展置于派生和从属的地位。这种将"智"当作"德"的附庸的"重德主义",在封建时代起过阻碍文化科学事业发展的消极作用;当然,"重德主义"也有积极的社会功效,它与我国自古以来仁人志士层出不穷不无关系,近人梁启超说,"汉奸之才,奴隶之智,不如没有的好"(见《论教育当定宗旨》)便是对"重德主义"积极面的发挥。此外,有些前哲还认识到智对德具有能动作用,"智者利仁"(《论语·里仁》)、"智者,德之帅也"(刘劭:《人物志·八观》)即是这方面的名言。毛泽东同志更全面地、科学地阐述了智与德的辩证关系,他指出:"我们的教育方针,应该使受教育者在德育、智育、体育几方面都得到发展,成为有社会主义觉悟的有文化的劳动者。"(《关于正确处理人民内部矛盾的问题》,人民出版社 1957 年版第 23 页)

智力内部的两个侧面——知识与才能(能力)之间是既相矛盾又统一的。我国古代史论家、文论家曾生动地论述过"才与学"的关系,认为二者缺一不可。明代科学家徐光启特别强调能力训练的重要性,他打比方说,培养刺绣工人,不仅要给他提供现成的鸳鸯图形,还要教他掌握金针、制造金针的技能。如此,"其绣出鸳鸯,直是等闲细事"。在当代,随着生产力和科学技术的迅猛提高,出现了"知识爆炸"和"知识陈旧率剧增"的局面,我们更不能满足于让学生仅仅只记住一些具体知识,而应该致力于培养他们分析问题和解决问题的能力。让人的智力得到健全的发展,是时代提出的迫切要求。

第二,影响智力形成的诸因素。

智力的形成与发展,受到内部和外部诸多因素的制约。内部因素包括遗传(生理素质)、个人的学习与努力、心理特征等等,外部因素主要是指社会环境影响和教育的功能。本书第二部分将介绍中国思想家关于内外诸因素在智力形成中的作用的若干论述。

智力究竟是与生俱来的,还是后天习得的?一直众说纷纭。

直到现代，关于智力的成因，仍然有"遗传决定论"和"环境决定论"这样两种各执一端的理论。尤其是"遗传决定论"，在当今的心理学界还颇有影响，美国心理学家斯坦莱·霍尔说："一两的遗传胜过一吨的教育。"夸大了遗传在智力形成与发展中的作用。而在我国教育史上，学人们比较趋于一致的看法是：智力是人的先天素质与社会环境影响、教育作用以及个人努力等多重因素综合而成的。打个比方说，智力是上述因素的"合金"。

我国不少哲学家曾明确指出，人的感官和思维器官提供了认识能力的自然基础，孟轲的"心之官则思"（《孟子·告子上》），荀况的"人何以知道？曰：心"（《荀子·解蔽》），便含有这个意思。与此同时，我国思想家更强调环境影响和教育对智力发展的作用。值得注意的是，在我国思想史上，"性善论"与"性恶论"这两个壁垒分明的派别，在肯定环境、教育等后天因素对人的品行和愚智的决定性影响这一点上，却是一致的。"性相近也，习相远也"（《论语·阳货》），"染于苍则苍，染于黄则黄"（《墨子·所染》），是各派所公认的名论。此外，重视学习、努力对智力形成的能动作用，也是我国许多思想家的共同看法，明清之际的王夫之说得好："才以用而日生，思以引而不竭"（《周易外传》卷四）。

根据对智力成因的较全面的理解，我国一些思想家还对智力"早成"现象作了唯物主义的解释。如东汉的王充指出，"早成"儿童并非"神"童，他们不过是有较强的领悟力，而又很早就"多闻见"，并有"家问室学"，幼年即"受纳人言"，这样才"幼成早就"。王充的结论是，"人才有高下，知物由学。学之乃知，不问不知。"宋人王安石则在著名散文《伤仲永》中告诉人们，"天才"不足恃，素质良好的人，如果"不使学"，也会降为庸才，"泯然于众人"。

此外，先哲们还注意到意志、兴趣、情欲等非智力因素与人的智力形成的密切关系。基于这种认识，他们力倡"志于学"、"乐于学"，引导人们以坚强的意志和浓厚的兴趣致力于智力发展，并主张节制情欲以使智慧增长。

第三，智力结构诸侧面。

人的智力是由感知——观察能力、记忆能力、思维能力、想象能力、创新能力、实践能力所构成的；另外，注意力对人的观察力、思维力、记忆力的发展有直接影响，也可以纳入智力结构之中。如果用形象的比喻说明问题，注意力是智力结构的窗口，感知——观察力是智力结构的眼睛，记忆力是智力结构的储藏所，思维力是智力结构的中枢，想象力是智力结构的翅膀，创新力是智力结构的关键，实践能力是智力转化为物质力量的转换器。我国古代和近代哲人虽然还没有形成智力结构的总体观念，但对智力结构所涉及的各个侧面，都有相当精彩的描述。

他们曾论及"不专心致志，则不得也"，肯定了集中注意力对智力发展的作用。

他们提倡"多闻"、"多见"，"好问"、"好察"，把发展感知——观察力作为获智的第一步。有些哲人还提出，要使人的感知——观察力得到发展，须"善假于物"，即藉助外力，扩大、加深感官对外物感知的范围。

他们告诫学习者"知而有藏"，加强记忆力；"学而时习"，与遗忘作斗争。

他们强调"近思"、"深思"、"思索以通之"，大力发展智力的核心部分——思维力；并阐述了"学"（掌握知识）与"思"（训练思维力）并行不悖、相得益彰的关系。

他们倡导"袭故弥新"、"陈言务去"，力主发展人的创新能力。

他们号召学人"躬行"、"践履"，锤炼实践能力，把学、思、行结合起来。

关于想象力，中国教育家所论甚少，而文论家在谈及文艺创作过程时，对想象力作了生动的描述，有助于我们认识智力结构的这一侧面。

第四，智力培养的方法和途径。

中国自古以来在智力培养方面，积累了丰富的经验，其中尤其具有普遍意义的，是以下几个方面：

（一）在承认人的智力差异的前提下，实行"因材施教"，有针对性地，因而也是有效地发展人的智力；

（二）反对把学习者当作消极被动的知识接受器，主张启发他们学习的自觉性，使其智力活动的诸方面（注意、观察、记忆、思维等等）都呈现一种跃跃欲试的积极主动状态；

（三）"适时而教"、"不陵节而施"，注意受教育者的年龄特征，把握智力培养的阶段性和节奏感；

（四）肯定师承的意义，强调长者、教师向幼者、学生传递智力的重要作用；与此同时，又引导幼者、学生超过长者、教师，即所谓"当仁不让于师"，"青，取之于蓝而青于蓝。"

第五，中国古代的智力检验与测验。

进行智力研究的前提之一，是测定人的智力。而比较严密的智力测验，是近代心理学兴起以后才正式开展起来的。但是，我国古人在社会生活中已产生了检验人的智力水平的需要，并在智力检验方面作了若干尝试。如先秦时的韩非便主张通过"试之官职，课其攻伐"等实践活动，来考验人的愚智；三国时期的刘劭更在《人物志》中提出考查人的智慧、才能的种种办法；此外，我国在十九世纪中叶以前，已出现了测定人的智力的"七巧板"，这早于世界其他国家的任何智力测验机巧板。

为了便于读者把握本资料，我们对各节作了简要述评，并对古代和近代哲人论述中比较艰深的字句加了注释；文言文则译成语体文。在作这些注译工作时，参考了有关古籍的注释本。有些古籍字句的解说，历来莫衷一是，我们取其一说。因篇幅所限，对其他解释未加罗列。

本书由冯天瑜主编，注释工作主要由赵熙文完成，廖全京、佘大平也担负了部分注释任务。在编写过程中，得到教育部、湖北省教育局、武汉师范学院党委的指导，北京、武汉和其他地区一些高等院校的专家提了许多建设性意见，这些都是本书能够在短期内编成的条件。由于我们学力有限，兼之仓卒成篇，本书从编排体系、各节内容，到述评、注释、译文，一定多有错漏，敬希广大读者批评、指正。

1982 年 2 月于武昌

目 录

11

总 论

一、智力的界说

　　我国古代论述智力的专文比较罕见。有关智力的界说，散见于群籍之中。在先秦诸子书里，"智"与"知"往往通用。如《论语》言"知"共一百一十处，其中读作"智"的二十四处。这二十四处"知"（智），全为名词，与"愚"字相对，有智慧、才智、聪明等含义，如"知者不惑"（《论语·宪问》），"知者不失人，亦不失言"（《论语·为政》），"知之为知之，不知为不知，是知也。"（《论语·为政》）分别从各个不同的侧面对智者的风貌作了论述。荀况更给"智"下了一个颇有见地的定义："所以知之在人者，谓之知；知有所合，谓之智。所以能之在人者，谓之能；能有所合，谓之能。"（《荀子·正名》）认为只有当人的认识与客观事物相吻合，方可称作"智"；荀况在这里还注意到了智力与才能之间的联系和区别。墨家则认为，"恕（智），明也"（《墨子·经上》），即当人的认识正确而详明，才可以谓之"智"。荀况、王充等人还指出，正因为人具有"识知"、"辨"、"义"等能力，才成为超越禽兽的"天下贵"。

　　有些古代哲人还朦胧意识到，智力不仅是一种个人现象，而且是一种社会现象。个人的智力是有限的，必须依赖众人之智，必须顺应历史趋势。如《淮南子》说："夫乘众人之智，则无不任也"（《主术训》），"任一人之能，不足以治三亩之宅也。"（《原道训》）王夫之认为，"有智慧而无可为之势，则不如乘时者之因机顺导，易用其智慧。"（《四书训义》）这都是很可宝贵的观念。

13

知人则哲，能官人。

◆《尚书·皋陶谟》

〔译〕善于鉴别人才是有智慧的人，有智慧的人才善于任用人。

子曰："君子道者三，我无能焉：仁者不忧，知①者不惑，勇者不惧。"

◆《论语·宪问》

〔注〕① 知，同"智"。

〔译〕孔子说："君子所行的三件事，我一件也没能做到：仁德的人不忧虑；智慧的人不迷惑；勇敢的人不畏惧。"

樊迟问知①。子曰："务民之义，敬鬼神而远之②，可谓知矣。"

◆《论语·雍也》

〔注〕① 知，同"智"。② 远之：疏远它。

〔译〕樊迟问怎样才算智。孔子道："做人的事体，对鬼神只敬重而不迷信它，这可以说就是智了。"

子曰："可与言而不与之言，失人；不可与言而与之言，失言。知者不失人，亦不失言。"

◆《论语·卫灵公》

〔译〕孔子说："可以同他谈话，却没有谈，这是失掉人才；不可以同他谈话，却同他谈了，这是浪费言语。有智慧的人既不失掉人才，也不浪费言语。"

子曰："由①，诲女②知之乎！知之为知之，不知为不知，是知也。"

◆《论语·为政》

〔注〕① 由：孔子的学生仲由，字子路。② 女：即"汝"，指你。

〔译〕孔子说："由，教给你对待知或不知的正确态度吧！知道就是知道；不知道就是不知道，这就是智。"

〔阳货与孔子〕遇诸涂，谓孔子曰："来！予与尔言。"曰："怀其宝而迷其邦，可谓仁乎？"曰："不可。""好从事而亟失时，可谓知乎？"曰："不可。"

◆《论语·阳货》

〔译〕〔阳货和孔子〕在路上碰着了。阳货对孔子说："来！我同你说话。"〔孔子走了过去〕。阳货又道："一个有道德有学问的人，却听任自己国家混乱而不去治理，这可以叫做仁德么？"孔子道："不可以。"〔阳货又问〕道："一个人想做番事业，却屡次让机会错过，可以算得智慧么？"孔子道："不可以。"

樊迟问仁。子曰："爱人。"问知。子曰："知人。"

◆《论语·颜渊》

〔译〕樊迟问仁。孔子道："爱人。"又问智。孔子道："善于鉴别人物。"

子绝四：毋意，毋必，毋固，毋我。

◆《论语·子罕》

〔译〕孔子没有四种毛病——不臆测，不绝对化，不拘泥固执，不自以为是。

（"四毋"是一种智者的风格。）

知者创物，巧者述之，守之。

◆《周礼·考工记》

〔译〕智慧的人创造器物，巧匠就照着那样去做。

知人者智，自知者明。

◆《老子》三十三章

〔译〕认识别人叫做智，了解自己叫做明。

知不知，上；不知知，病。

◆《老子》七十一章

〔译〕知道自己〔有所〕不知道，最好；不知道而自以为知道，就是毛病。

子曰："好学近乎智。"

◆《中庸》

〔译〕孔子说："爱好学习，就接近于智。"

知材：知也者，所以知也，而必知。若明。

◆《墨子·经说上》

〔译〕知材：智力，人们用它来知晓和认识事物，有了它就一定能够知晓和认识。这正像眼睛有明见万物的视力一样。

知，接也。

◆《墨子·经上》

〔译〕知晓，是接触事物。

知：知也者，以其知（遇）①物而能貌之。若见。

◆《墨子·经说上》

〔注〕① 据孙诒让说，此处为"遇"。

〔译〕知晓：所谓知晓，是人们用主观认识能力和事物相接触，并且把事物的形貌反映出来。这正像用眼睛明见的本能看见事物的形态一样。

恕①，明也。

◆《墨子·经上》

〔注〕①恕：古"智"字，智慧。

〔译〕智慧，就是明察事物。

恕：恕也者，以其知论物，而其知之也著①，若明。

◆《墨子·经说上》

〔注〕① 著：显著。

〔译〕智慧：所谓智慧，是人们用已经知晓和认识的道理去分析论究事物，那就知晓和认识得明白透彻了。这正像眼睛对事物的明察一样。

天下之言性也，则故①而已矣。故者以利②为本。所恶③于智者，为其凿④也。如智者若禹⑤之行水⑥也，则无恶于智矣。禹之行水也，行其所无事⑦也。如智者亦行其所无事，则智亦大矣。天之高也，星辰之远也，苟求其故，千岁之日至⑧，可坐⑨而致也。

◆《孟子·离娄下》

〔注〕① 故：所以然的道理。② 利：顺其自然之理。③ 恶（wù）：厌恶，讨厌。④ 凿：穿凿附会。⑤ 禹：夏禹，唐尧时治水得法，因势利导，疏通九河，治理济、累，开决汝、汉，排出淮、泗，在外十三年，三过家门而不入，洪水遂平。后继尧位，国号称夏。⑥ 行水：使水顺势流通。⑦ 无事：犹如无碍，顺其自然。⑧ 日至：冬至或夏至，或兼指二者。古人认为，天行赤道，日行赤道南北，于冬至运行到极南之处，于夏至运行到极北之处，故称日至。⑨ 坐：坐着，比喻不费力。

〔译〕大家讨论人性，只推求其所以然的道理就行了。推求这个道理，根本在于顺其自然之理。人们其所以讨厌
〔使用〕聪明，就是因为聪明容易陷入穿凿附会。如果聪明人能像禹的治水那样顺其自然，因势利导，不违反自然法则，那就可以称得上"智"了。天极高，星辰极远，假如能推求其所以然的道理，就是一千年以后的冬至、夏至，都可以不费力地推求出来。

17

是非之心，智也。

◆《孟子·告子上》

〔译〕辨别是非的能力，就是智。

所以知之在人者①，谓之知。知有所合，谓之智②。所以能之在人者，谓之能③。能④有所合，谓之能⑤。

◆《荀子·正名》

〔注〕① 所以知：指认识能力。在人者：指人自然固有的。② "智"：认识、智慧、知识等。③ 所以能：指掌握才能的

能力。④ 能：人本身具有的能力。⑤ 能：智能。

〔译〕人固有的用以认识客观事物的东西叫做认识能力。人的认识与客观事物相吻合叫做智。人固有的掌握才能的能力叫做能，或称为先天素质，这种先天素质与客观事物相接触，相符合，从而使活动能够达到成功的目的时，叫做智能。（这里，荀况是把智与能分开来讲的。智，指智力或智慧；能，指能力或才能。这两种心理因素虽有联系，但各自独立。）

是是，非非，谓之知；非是，是非，谓之愚。

◆《荀子·修身》

〔译〕肯定正确的东西，否定错误的东西，叫做智；〔反之，〕否定正确的东西，肯定错误的东西叫做愚。

言而当①，知②也；默而当，亦知也。

◆《荀子·非十二子》

〔注〕① 当：恰当。② 知：同"智"。

〔译〕话说得恰当，是智慧的一种表现；沉默得恰当，也是智慧的一种表现。

故君子知之曰知之，不知曰不知，言之要也；……言要则知。

◆《荀子·子道》

〔译〕所以君子知道就说知道，不知道就说不知道。这是讲话的要领；……说话掌握了要领，就是智的表现。

然则人之所以为人者，非特以二足而无毛也，以其有辨也。

◆《荀子·非相》

〔译〕人之所以是人，不独因为他有两只脚，没有毛，而〔更〕因为他有思辨能力。

水火有气①而无生；草木有生而无知②；禽兽有知而无义③；人有气、有生、有知亦且有义，故最为天下贵也。

◆《荀子·王制》

〔注〕① 气：我国古代的哲学概念。古代一些唯物主义哲学家认为物质的气是世界的本原。② 知：知觉。③ 义：不是指仁义的"义"，而是分辨、思辨一类的意思。

〔译〕水和火有气而无生命；草木有生命而无知觉；禽兽有知觉而无思辨；人有气、有生命、有知觉，并且有思辨能力，所以人是世界上最可宝贵的。

凡心之形，过知失主。一物能化谓之神，一事能变谓之智。化不易气，变不易智，惟执一之君子能为此乎?

◆《管子·内业》

〔译〕心的情况，求知过了分，就会损害生命。一概听任于物，物就能自然变化，这叫做"神"；一概听任于事，事就能自然改变，这叫做"智"。物虽然有变化而"气"是不更改的；事虽有改变而"智"是不更改的：这只有那些能够坚持一贯原则——"执一"的君子才能做到这样吧?

是故智者之虑，必杂于利害。杂于利，而务可信也；杂于害，而患可解也。

◆《孙子·九变》

〔译〕所以有智慧的将帅考虑战略的时候，一定要充分兼顾到利害两方面的条件。充分考虑了有利的条件，才能提高胜利的信心；充分考虑了有害的条件，才能预防意外。

虑得分曰智。

◆《尸子·分》

〔译〕考虑〔问题〕能得到分辨，叫做智。

血气之精，含牙戴角，前爪后距，奋翼攫肆，蚑行蛲动之虫，喜而合，怒而斗，见利而就，避害而去，其情一也。虽所好恶，其与人无以异，然其爪牙虽利，筋骨虽强，不免制于人者，知不能相通，才力不能相一也。

◆《淮南子·脩务训》

〔译〕凡属有血气的生物，无论含齿戴角的，前有爪后有距的，鼓着翅膀攫搏的，用脚爬行用身体蠕动的，所有这些动物，高兴就聚合，愤怒就相搏斗，看见有利就走近来，要躲避危害就跑开去，这一点它们的性情是一样的。虽然它们好利恶害，这一点和人类没有什么不同，然而，它们的爪牙虽锐利，筋骨虽强劲，还是不免受制于人，就是由于它们虽有智慧却不能交流，有才力却不能团结一致。

（这段话用反衬法，论证了人类的智力是具有社会性的。）

夫乘众人之智，则无不任也；用众人之力，则无不胜也。

◆《淮南子·主术训》

〔译〕凭借大家的智慧，就没有什么事不可以胜任的；利用大家的力量，就没有什么事不可以担当的。

离朱之明，察箴末于百步之外，不能见渊中之鱼；师旷之聪，合八风之调，而不能听十里之外。故任一人之能，不足以治三亩之宅。

◆《淮南子·原道训》

〔译〕一个人即使有离朱那样于百步之外看见针尖的视力，也不能看见深渊底下的鱼；有师旷那样敏锐辨别声音的能力，也不能听到十里以外。所以依靠一个人的智能，不足以治理只有三亩范围的宅院。

智也者，知也。夫智，用不用，益不益，则不赘亏矣。

◆〔西汉〕扬雄：《法言·问道》

〔译〕智就是知道一切。智能够把无用的变成有用，无益的变成有益，这样就什么也不嫌太多，什么也不觉缺少。

倮虫三百①，人为之长。天地之性②人为贵，贵其识知也。

◆〔东汉〕王充：《论衡·别通》

〔注〕①倮：同"裸"。倮虫，指无羽毛麟甲遮身的动物。倮虫三百，据《大戴礼·易本命》记载，倮虫有三百六十

种，而人类是倮虫的首领。② 性：性命，生命。

〔译〕赤裸着身躯的动物有三百多种，〔而〕人是其首领。天地间有生命的东西中人是可贵的，贵在他懂得求知。

人，物也，万物之中有智慧者也。

◆〔东汉〕王充：《论衡·辨祟》

〔译〕人，是物，是万物之中有智慧的物。

智劣不能料，……

◆〔东汉〕王充：《论衡·实知》

〔译〕智力低下的人不能预知〔未来的事情〕，……

见事过人，明也。以明为晦，智也。

◆〔三国　魏〕刘劭：《人物志》

〔译〕见识事物胜过别人，这就是心地明白。心里明白了，〔但〕还以为不够，这就是智。

古之所谓英雄之士者，必有过人之智。两军对垒，临机料之，曲折备之，此未足为智也。天下有奇智者，运筹于掌握之间，制胜于千里之外，其始若甚茫然，而其终无一不如其言者，此其谙历①者甚熟，而所见者甚远也。故始而定计也，人咸以为诞，已而成功也，人咸以为神。徐而究之，则非诞非神，而悉②出于人情，顾③人弗之察耳。

21

◆〔南宋〕陈亮：《酌古论·崔浩》

〔注〕① 谙（ān）历：了解它的过程。② 悉：完全。③ 顾：不过。

〔译〕古代所称为英雄人物的，必定有过人的智慧。两军作战，面临关键时刻，能够正确估计敌情，周全地防备敌人，这还不足以称为智。天下有奇智的人，主持战略，能于千里以外的地方战胜敌人。战争开始时，好像对战略所决定的一切都不明，而到结束时，〔再来回顾〕，无一不是像原先所预言的那样。这是由于对整个战争的将要经历的过程很熟悉，而看得很远的缘故。所以开始制定战略计划，人们都认为荒诞，后来战胜了，人们都以为是神。可是慢慢研究它，就会发现它既不荒诞，也不是神仙，而完全出于人之常情，只不过是人们不去体察罢了。

智者之所以保其国者无他，善量彼己之势而已。

◆〔南宋〕陈亮:《酌古论·符坚》

〔译〕智者之所以能保全他的国家没有别的原因，只是善于估量对方和自己的力量罢了。

郁离子曰:"虎之力，于人不啻倍也。虎利其爪牙而人无之，又倍其力焉，则人之食于虎也无怪矣。然虎之食人不恒见，而虎之皮人常寝处之，何哉? 虎用力，人用智，虎自用其爪牙，而人用物。故力之用一，而智之用百。爪牙之用各一，而物之用百，以一敌百，虽猛不必胜。敌人之为虎食者，有智与物而不能用者也。是敌天下之用力而不用智，与自用而不用人者，皆虎之类也，其为人获而寝处其皮也，何足怪哉? "

◆〔明〕刘基:《郁离子·智力》

〔译〕郁离子〔即刘基〕说:"虎的力量，比人何止大一倍呢。虎有锐利的爪牙而人没有，加之气力也比人成倍的大，所以人被虎吃也无足怪。然而虎吃人不常见，而虎皮则常做人的卧具，这是什么原因呢? 〔原因在于〕虎用气力，人用智力，虎用自己的爪牙，而人使用外物。单用气力的只有一种效用，善使智力的有百种效用。爪牙的效用是单一的，而外物的效用很多，以一敌百，虽然勇猛也不能获胜。所以人被虎吃是因智力和外物未加利用的缘故。因此天下人只用气力而不用智力，以及只用自力而不用别人的力量的，都类似虎，〔他们〕被别人捉住，并且皮并剥下来当人的卧具，难道是值得奇怪的吗? "

智者引闻见之知以穷理，而要归于尽性，愚者限于见闻而不反诸心，据所窥测，恃为真知。

◆〔明清之际〕王夫之:《周易外传》

〔译〕智慧的人用自己耳听和眼见得来的知识去穷究事物的道理，而且要求做到彻底了解事物的本性。愚蠢的人局限于目见耳闻，而不能对它们进行思考，根据片面地推测到的一点东西，就依靠它作为真正的知识。

齐人之言功利者曰：智慧以立功。而有智慧而无可为之势，则不如乘时者之因机顺导，易用其智慧。镃基①以尽利，而有镃基者非可耕之时，则不如待时者之土膏疏发，利用其镃基。天下事以效而言，有必如此者。

◆〔明清之际〕王夫之：《四书训义》卷二十七

〔注〕①镃基：农具，锄犁一类的东西。

〔译〕齐国谈功利的人说：凭借智慧以立功业。然而有智慧而没有可为的形势，就还得利用形势而因势利导，以便于运用智慧。农具是用以取得丰收的，而有农具不逢农时，就还得等待农时施肥松土，以便于使用锄犁。作一切事情从效果而言，都一定要这样做。

人之异于物者，人能明于必然，百物之生各遂①其自然也。

◆〔清〕戴震：《孟子字义疏证》卷上

〔注〕①遂：顺利地成长，顺利地达到。

〔译〕人的不同于其他生物的地方，是人懂得自然界的必然规律，而很多生物的生长都是各自顺其自然地成长的。

条理得于心，其心渊然①而条理，是为智。

◆〔清〕戴震：《原善》卷上

〔注〕①渊然：很深的样子。

〔译〕道理想清楚了，他的思想就深刻而有条理。这就是智。

人之所以异于禽兽者，在此利不利之间，利不利即义不义，义不义即宜不宜，能知宜不宜，则智也。……智，人也；不智，禽兽也，几希之间①，一利而已矣，即一义而已矣，即一智而已矣。

◆〔清〕焦循：《孟子正义·卷十七·天下之言性也章》

〔注〕① 几（jī）希之间（jiàn）：意为极小的距离。

〔译〕人之所以不同于禽兽的地方，就在于〔懂得〕利和不利，而利不利就是义不义，义不义就是合不合道德，能够懂得合不合道德，就是智。……有这种智，就是人；没有这种智，就是禽兽，人与禽兽之间的距离小得很，只不过〔人知道〕"利"，〔知道〕"义"，〔人和动物之间的区别，也就在于是否有〕智慧罢了。

二、"开智"与强国

　　基于对智力比较深入的理解，我国思想家很早就认识到智力发展的重要性，肯定"开智"、育才是使国家富强起来的条件之一。先秦诸子即有这类思想的萌芽，战国时的教育专著《学记》便提出"建国君民，教学为先"，认为教学育才、开启民智，是统治者首要的大事；近人严复、康有为、梁启超、鲁迅等，面对帝国主义列强"虎视鹰瞵"，封建顽固势力推行愚民政策，国家民族处于深重危机的局势，强烈吁请社会注意：必须"开发民智"，国家民族才能得以"自强"。当然，严复和康有为、梁启超作为不赞同社会革命的改良主义者，也有夸大智力作用，把智慧看作"天下间独一无二之大势力"的偏颇之见，这是我们应当剔除的。不过，把"开智"与"强国"联系起来，显示了启蒙思想的光耀，是一种进步的观念。

子曰："善人教民七年，亦可以即戎矣。"

　　◆《论语·子路》

　　〔译〕孔子说："好的统治者训练人民七年，便能够叫他们〔为国〕作战了。"

子曰："以不教民战，是谓弃之。"

　　◆《论语·子路》

　　〔译〕孔子说："用没有经过教育、训练的人民去作战，这就等于白白地牺牲他们。"

玉不琢，不成器；人不学，不知道①。是故古之王者②，建国君民③，教学为先④。

◆《礼记·学记》

〔注〕① 道：道理。② 古之王者：古时的君王。③ 建国君民：建设国家，治理人民。④ 教学为先：教学指当时在王宫之内，设"师保"以教君王贵族的子弟；王宫之外则设立大学和"庠"、"序"等学校以教士大夫阶层的子弟。

〔译〕玉石不雕琢，就不能成为器物；人不学习，就不能明了道理。所以作君王的人建设国家、治理人民，要以创办学校、进行教学为先行的事情。

将者，智、信、仁、勇、严也。

◆《孙子兵法·计》

〔译〕作将领的人，要具备智、信、仁、勇、严〔这五种条件〕。

（这里孙子是将智力作为军事将领的重要条件提出来的。）

用兵之法，教戒为先。

◆《吴子兵法》

〔译〕用兵的方法，是以教育和训练战士为首要的事情。

25

比力而争，智者为雄。

◆〔三国　魏〕刘劭：《人物志·八观》

〔译〕比较力量，相互争斗，有智慧的人是胜利者。

致天下之治者在人才。成天下之才者在教化。教化之所本者在学校。

◆〔北宋〕胡瑗：《松滋县学记》

〔译〕达到天下平治在于有智的人。造就天下有才智的人在于教化。教化的根本在于学校。

然则方今之急，在于人才而已。诚能使天下之才众多，然后在位之才可以择其人而取足焉。

◆〔北宋〕王安石：《上仁宗皇帝言事书》

〔译〕这样目前急于要办的事情，就是在于〔造就〕人才。果真能够使国家的人才众多起来，然后就可以从他们中间选拔一些人才来充实领导班子。

盖学术者，人才之本也；人才者，政事之本也；政事者，民命之本也。无学术则无人才；无人才则无政事；无政事则无治平，无民命。

◆〔清〕颜元：《习斋记余》卷下

〔译〕学术，是人才的根本；人才，是施政办事的根本；施政办事，是老百姓活命的根本。没有学术就没有人才；没有人才就不能施政办事；不能施政办事，国家就治理不好，天下就不能太平，人民也就不能活命。

九州①生气恃风雷，

万马齐喑②究可哀；

我劝天公重抖擞③，

不拘一格降人才。

◆〔清〕龚自珍：《杂诗》

〔注〕①九州：古分中国为九州，一般认为是冀、兖（yǎn）、青、徐、扬、荆、豫、梁、雍。这里指中国。②喑（yīn）：哑。③抖擞（sǒu）：振作，奋发。

〔译〕中国，恢复蓬勃的生气要靠变革的风雷，

这样死气沉沉究竟是可悲的；

我奉劝大自然的主宰重新振作起来吧，

不要拘泥一个规格降生人才！

学校者，人才所由出；人才者，国势所由强，故泰西①之强，强于学，非强于人也。

◆〔清〕郑观应：《西学》

〔注〕①泰西：极西，明清时称欧美为"泰西"。

〔译〕学校，是培养人才的根本；人才，是国家强盛的根本，所以欧美国家的强盛，是强于教育，并不是强于人。

学校者，造就人才之地，治天下之大本也。

　　◆〔清〕郑观应：《学校》

　　〔译〕学校，是造就人才的地方，是治理国家的根本的根本。

盖生民之大要三，而强弱存亡莫不视此：一曰血气体力之强，二曰聪明智虑之强，三曰德行仁义之强。是以西洋观化言治①之家，莫不以民力、民智、民德三者断②民种之高下。未有三者备而民生不优，亦未有三者备而国威不备者也。

…………

是故③国之强弱贫富治乱者，其民力、民智、民德三者之征验也。于是一政之举，一令之施，合于其智、德、力者存，违于其智、德、力者废。……是以今日要政，统于三端：一曰鼓民力，二曰开民智，三曰新民德。

民智者，富强之原。

　　◆〔近代〕严复：《原强》

　　〔注〕① 观化言治：观察教化，谈论治理国家之事。②断：判断。③是故：因此。

　　〔译〕一般说，一个民族最重要的有三点，而它的强盛，或者衰弱，生存或者被灭亡，没有不看这个条件如何的：一是体魄健全，二是聪明智慧善于思考，三是德行仁义普遍。因此，欧美那些观察教化，讨论治国的学者，没有不从人民的体力、智力、道德水平这三个方面来判断一个民族的高下的。没有这三方面都具备而人民的生活不优裕的。也没有这三方面都具备而国家的威力不具备的。

…………

因此，一个国家的强弱、贫富、治乱，都是它的人民的体力、智力、道德水平这三方面的征兆和证明。于是一个政策的提出，一种命令的施行，合于智、德、力的就能存在，违反智、德、力的就被废除。……因此，今天的主要政事，归于这三方面：一是鼓励民力，二是开发民智，三是刷新民德。

人民的智力，是国家富强的根本。

人欲图存，必用才力心思，以与妨生者为斗。负者日退，而胜者日昌。胜者非他，智、德、力三者皆大是耳。

◆〔近代〕严复：《天演论·最旨》

〔译〕人想谋求生存，必定要用才力心思，以同妨碍自己生存的事物作斗争。斗争失败了的就一天天退化，而胜利了的就一天天兴旺。取得胜利的原因不是别的，智、德、力这三者是最主要的。

夫才智之民多则国强，才智之士少则国弱。土耳其天下陆师第一而见①削；印度崇道无为而见亡②，此其明效③也。故今日之教，宜先开其智。

◆〔近代〕康有为等：公车上书

〔注〕①见：被。②崇道：崇奉宗教的教义。无为：佛教术语。《佛经词典·无为》："为者造作之义，无因缘造作，日无为。"③明效：效，证明。明效，即明证。

〔译〕有才智的人多国家就富强，有才智的人少国家就贫弱。土耳其的陆军是世界第一流的然而被削弱；印度崇奉"无为"的教义然而被灭亡，这就是证明。所以今天的教育，应该首先开发人民的智力。

泰西变法三百年而强，日本变法三十年而强，我中国之地大民众，若能大变法，三年而立，欲使三年而立，必使全国四万万之民，皆出于学，而后智开而才足……

◆〔近代〕康有为：《请饬各省改书院淫祠为学堂折》

〔译〕欧美有的国家实行变法经过三百年而强盛起来，日本实行变法经过三十年而强盛起来，我们中国地大人多，假若能够大大实行变法，只要三年就会有所建树。一定要让全国四万万人民，都能得到学习，这样人们的智力发展了，人材就够用了。

…………

当太平之时，人人皆作工而无高下，工钱虽少有差而相去不能极远，则人智不出。器用、法度、思想、意义不能日出新异，则涩滞、败恶，甚且退化，其害莫大焉。

◆〔近代〕康有为：《大同书·奖智》

〔译〕当国家太平的时候，人人都做工作而没有什么高下之分，工资虽然有些差别而悬殊不太大，这样人的智力就〔因没有竞争而〕不能产生。各种器具、法律制度、思想、意义不能常常变革创新，〔社会〕就停滞不前，腐败，甚至退化，这种害处太大了。

当太平时，特重开人智之法，悬重赏以鼓励之，分为四科：一曰新书科。有能作新书为昔所无者，不论农、工、商、铁路、电线、邮政、汽船、飞船学、法政、教艺、乐理、医、气、力、形、质、声、光、数、电皆可。……一曰新器科。大之若今之铁道、电线，小之则百器皆是，以有益助进化为主。……一曰新见科。凡天文之星气，地层之矿质……考医药之物而化用之，及一切人世未出之物，未有之事皆是。……一曰新识科。因旧有之物质、物品、物理而荟萃①、贯串、择精、去粗而成之，政、教、艺、乐皆然。

◆〔近代〕康有为：《大同书·奖智》

〔注〕①荟萃：集中，聚拢。

〔译〕当国家太平的时候，要特别重视开发人民智力的法规，悬重赏鼓励大家，可分为四个科目：一叫新书科。有能够创作新书为过去所没有的，不论是农、工、商、铁路、电线、邮政、汽船、航空学、法政、教育、乐理、医学、气象学、力学、几何学、化学、声学、光学、数学、电学都可以。……一叫新器科。大的如今天的铁道、电线，小的如各种用具都是，以有益于帮助〔社会〕进化为主。……一叫新见科。凡属天文的星球气象，地下矿物……研究药物创造性地运用它，以及一切世上没有出现过的东西，没有出现过的事都可以。……一叫新识科。因

29

旧有的物质、物品、物理而综合、贯通，取精去粗而创造出新的东西，政治、教育、技艺、音乐都可以这样做。

徐勤正告天下曰：覆吾中国，亡吾中国者，必自愚民矣，必自以举业愚民矣。中国二万万里之地，四万万之人，二十六万种之物产，大地莫富强焉。而北托于俄，南慑于英、法，东割于日本，岌岌几不国。原所以倾败之由，在民愚之故。愚民之术，莫若令之不学，而惟在上者之操纵。不学而愚之术，莫若使之不通物理，不通掌故，不通古今，不知时务，聚百万瞽者跛者而鞭答指挥之，如牧者之驱群鹅鸭然，稍投以水草，奔走趋赴惟恐后，乃得以呵斥杀戮，獭祭①而奴使之。

◆〔近代〕徐勤：《中国除害议》

〔注〕① 獭祭：水獭捕鱼，喜欢将所捕的鱼一个个排列起来，像摆着祭祀一样。这里用作比喻把人一个个捉来。

〔译〕徐勤正告天下说：企图颠覆中国，灭亡我中国的人，必然要使人民愚昧，必然要用科举的办法使人民愚昧。中国两万万里的地方，四万万的人，二十六万种的物产，大地的富有没有比得上的。然而北边受俄国的控制，南边受英、法的威胁，东边被日本割地，危急到了几乎不成其为一个国家。追究之所以这样摇摇欲坠的根由，是在于人民愚昧的缘故。使人民愚昧的办法，最好莫过于使他们不能学习。而这只是为统治者所操纵。不让学习而使愚昧的办法，最好莫过于使他们不懂得事物的道理，不懂得国家的故事，不懂得古往今来的典故，不懂得当今的世事，聚集成百万的这类"瞎子"、"跛子"而鞭打指挥他们，就像牧人驱赶一群鹅鸭那样，稍微给点水草，他们就快走奔跑惟恐落后，这样就能够呵斥杀戮，一个个地奴役驱使他们。

然以数百年之积习，数万万人之风气，熏蒸染濡，智种欲绝，是以朝无才相，阃无才将，疆无才吏，野无才农，市无才商，肆无才工，聚黄帝、尧舜神明之胄①，四万万明秀之才，而皆以八股楷法诗赋而瞽②

之，盲人瞎马，夜半深池。……况当大地交通，强国数十，兴学励士，日智其民，而吾以数十百万瞽者当之，岂有噍类③哉？呜呼，岂有噍类哉！

◆〔近代〕徐勤：《中国除害议》

〔注〕① 胄（zhòu）：后代。② 瞽：瞎子。这里用作使动词，使……变成瞎子。③ 噍（jiào）类：活人。噍，用口咬、啃，人活着才能咬，所以活人称"噍类"。

〔译〕然而以几百年长时期的习惯，几万万人的风气，熏陶感染，智慧的源泉将要断绝，因此朝中没有有才能的宰相，城里没有有才能的将领，地方没有有才能的官员，田野没有有才能的农民，市场没有有才能的商人，作坊没有有才能的工匠。集中黄帝尧舜的子孙，四万万聪明灵秀的人才，而都用八股的模式、诗赋把他们变作〔知识的〕瞎子，真是盲人骑瞎马，夜半走到深池边。……况且正当天下互通，强盛的国家几十个，他们提倡学术，奖励知识分子，常常使人民的智力得到发展，而我们以几十百万的"瞎子"抵挡他们，哪里还能生存呢？唉哟，哪里还能生存哩！

今之策中国者①，必曰兴民权，兴民权斯固然矣；然民权非可以旦夕而成也，权者生于智者也，有一分之智，即有一分之权，有六七分之智，即有六七分之权，有十分之智，即有十分之权。……昔者欲抑民权，必以塞民智为第一义，今日欲兴民权，必以广民智为第一义。

◆〔近代〕梁启超：《论湖南应办之事》

〔注〕① 策中国者：为中国而谋划的人。

〔译〕今天为中国而谋划的人，一定会说要兴民权。兴民权这本来是应该的；然而民权不是一朝一夕可以办到的。权力是由智慧产生的，有一分的智慧，就有一分的权力，有六七分的智慧，就有六七分的权力，有十分的智慧，就有十分的权力。……过去想压制人民的权力，必定以堵塞

31

人民的智力为第一件事。今天想兴人民的权力，一定要以发展人民的智力为第一件事。

天地间独一无二之大势力何在乎？曰智慧而已矣，学术而已矣。

◆〔近代〕梁启超：《论学术势力左右世界》

〔译〕世界上独一无二的大力量存在于什么地方？回答说：存在于智慧而已，存在于学术而已。

吾闻之，春秋三世之义①，据乱世以力胜，升平世智、力互胜，太平世以智胜。草昧②伊始，蹄迹交于中国，鸟兽之害未消，营窟悬巢，乃克③相保，力之强也。顾④人虽文弱，无羽毛之饰，爪牙之卫，而卒能槛絷虎⑤，驾役驼象，智之强也。数千年来，蒙古之种，回回之裔⑥，以虏掠为功，以屠杀为乐，屡蹂名国，几一⑦寰宇，力之强也。近百年间，欧罗巴之众，高加索之族，借制器以灭国，借通商以辟地，于是全球十九，归其统辖，智之强也。世界之运，由乱而进于平，胜败之原，由力而趋于智，故言自强于今日，以开民智为第一义。

◆〔近代〕梁启超：《变法通议·学校总论》

〔注〕① 三世：即儒家公羊学派提出的所谓"据乱世"、"升平世"、"太平世"。康有为借用这一说法论述人类社会发展的几个阶段。梁启超根据他的老师的这一思想，进一步指出开发民众的智力在"三世"演进中有着愈来愈重要的作用。② 草昧：蒙昧；原始未开化的状态。③ 克：能够。④ 顾：副词，而。⑤ 槛絷虎：槛，围野兽的栅栏。兕（sì），犀牛一类的兽。⑥ 回回之裔：信仰伊斯兰教的民族的后代。⑦ 几一：几乎统一。

〔译〕我听说，《春秋》关于"三世"的意义的说明：天下割据纷乱的时候是以武力取胜；国家平安的时候则常常以智慧和武力相结合以取胜；天下太平的时候则是以智慧取胜。当人类还处在原始状态那个时候，鸟兽的足迹遍于中国。鸟兽对人类的危害没有消除，人们在地下挖洞，在树上搭棚居处，才能得以保全，从体力来说，鸟兽强，而人虽文弱，没有羽毛的掩饰，爪子牙齿的卫护，结果能够关住系着老虎、犀牛之类，驾驭骆驼、象，由于人的智力强的缘故。几千年来，蒙古人，回族人以掳掠为功劳，以屠杀为快乐，常常蹂躏文化悠久的国家，几乎统一了全球，这是由于体力强的缘故。近百年内，欧洲人、俄国人凭借武器以灭亡人家的国家，利用通商以开辟自己的领土，于是全球十分之九，归他们统辖，这是由于智力强的缘故。世界发展的规律是由乱而到治，胜败的原因是由以力而到以智，所以说在今天要自己强盛，以开发人民的智力为第一有意义的事情。

盖学问为立国根本，东西各国之文明，皆由学问购来。我国当革命以前，专制严酷，人无自由之权。然能提倡革命，一倡百和，以至成功，皆得力于学说之鼓吹。

◆〔近代〕孙中山：《民国教育家之任务——在北京教育界欢迎会之演辞》

一个民族或国家要在世界立得住脚——而且要光荣地立住——是要以学术为基础的。尤其是在这竞争剧烈的二十世纪更要依靠学术。所以学术昌明的国家，没有不强盛的。反之，学术幼稚和智识蒙昧的民族，没有不贫弱的。

◆〔近代〕蔡元培：《现代学生的三个基本条件》

本志同人本来无罪，……要拥护那德先生①，便不能不反对孔教、礼法、贞操、旧伦理、旧政治；要拥护那赛先生②，便不得不反对国粹和旧文学。……西洋人因为拥护德、赛两先生，闹了多少事，流了多少血，德、赛两先生才渐渐从黑暗中把他们救出，引到光明世界。我们现在认定只有这两位先生，可以救治中国政治上、道德上、学术上、思想上一切的黑暗。若因为拥护这两位先生，一切政府的压迫，社会的攻击笑骂，就是断头流血，都不推辞。

◆《独秀文存》卷一

〔注〕① 德先生：即民主。英语民主的译音"德莫克拉西"（democracy）的简化。② 赛先生：即科学。英语科学的译音"赛因斯"（science）的简化。

中国人要在这世界上生存，那些识得《十三经》①的名目的学者，"灯红"会对"酒绿"的文人，并无用处，却全靠大家的切实的智力。

　　◆鲁迅：《且介亭杂文·中国语文的新生》

〔注〕① 十三经：十三部儒家经典即《诗》、《书》、《易》、《春秋》、《周礼》、《礼记》、《仪礼》、《公平传》、《谷梁传》、《孝经》、《论语》、《孟子》、《尔雅》。

随着经济建设的高潮的到来，不可避免地将要出现一个文化建设的高潮。中国人被认为不文明的时代已经过去了，我们将以一个具有高度文化的民族出现于世界。

　　◆毛泽东：《在中国人民政治协商会议第一届全体会议上的开幕词》

我们必须告诉群众，自己起来同自己的文盲、迷信和不卫生的习惯作斗争。

　　◆毛泽东：《文化工作中的统一战线》

三、智与德

　　人不仅是自然的产物，而且是其全部社会关系的总和；人的认识能力总是与人的社会意识紧密相连的。因此，人的智力的形成与发展，同道德观念、政治思想之间，存在着相互影响，相互渗透的关系；"智"与"德"同"文"与"道"一样，是不能截然分割开来的。正如清人龚自珍所说："一代之治，即一代之学……是道也、是学也、是治也，则一而已矣。"

　　我国自西周开始，德治主义即已抬头，到先秦儒家更发展为"仁政"、"王道"说，将德治主义全面运用于政治、教育等诸多领域。高度重视人的伦理道德的培养，成为中国封建时代教育的传统，智力训练往往被纳入德行熏陶的范畴之内。

我国历史上的重德主义所强调的"德"，无非是"忠、孝、节、义"等封建阶级的政治伦理观念，其内容在今日看来当然未必足取，但重德主义所论及的德智关系则有可参考之处。强调人的气节、品质，鄙弃有才无德的人，正是我国历史上仁人志士层出不穷的原因之一。近人梁启超说："夫使一国增若干之学问知识，随即增若干有学问、有智识之汉奸奴隶，则有之不如其无也。"这样阐述德智关系，有积极的社会意义。我国古人还认为，一个人如果道德低下，智力也不能得到稳固的发展，甚至会得而复失，所谓"君子不重则不威，学则不固"(《论语·学而》)，"智及之，仁不能守之，虽得之必失之"(《论语·卫灵公》)，都是这类意思。不过，我国历史上的重德主义把"智"归结为"德"的附庸，也有失偏颇。在漫长的封建时代，这种观念曾经造成束缚文化科学发展和人才成长的不良后果。当然，也有些古代思想家已认识到智对德的能动作用。三国时的魏人刘劭说："智者，德之帅也。夫智出于明，明之于人，犹昼之待白日，夜之待烛火，其明益盛者。"(《人物志·八观》)把智力看作伦理道德所遵循、所依凭的东西。这种观念包含着真理，因为，"德"并不单纯是一种信仰(更不是迷信)，它是建立在对客观世界及其规律性的正确认识之上的。脱离了智力的发展，德的生长便会失去丰厚肥沃的土壤。

科学社会主义者对德智关系有新的阐述。毛泽东同志关于使受教育者在德育、智育、体育几方面都得到发展的思想，关于又红又专的思想，关于既反对空头政治家，又反对迷失方向的实际家的思想，为我们的教育工作确立了目标。当然，要实现受教育者在德与智，红与专双方的全面发展，需要社会、学校和家庭的协同努力。

人之有能有为，使羞①其行，而邦其昌②。

◆《尚书·洪范》

〔注〕①羞：进。②而：尔，你。其：将。

〔译〕人们中有才能，有作为的，应该使他进一步提高德行。〔这样〕你的国家就会繁荣昌盛。

昧昧①我思之。如有一介②臣，断断猗③无他技。其心休休④焉，其如有容。人之有技，若己有之。人之彦圣⑤，其心好之，不啻⑥若自其口出。是能容之，以保我子孙黎民，亦职有利哉?

◆《尚书·秦誓》

〔注〕①昧昧：暗暗。②介：犹"个"。③断断：诚恳的样子。猗：犹"兮"，语中助词，无实义。④休休：宽容。⑤彦：才德杰出的人。圣：具有最高才、德的人。⑥不啻(chì)：不仅。

〔译〕我暗暗思量，如果有这样一位臣子，忠实诚恳而没有别的本领。他的品德高尚，心地宽厚，能够容人容物。人家有了本事，就好像他自己的本事一样，别人品德高尚，智力高强，不但口中常常加以称道，而且从内心喜欢他。这种宽宏大量的人，是可以保住我的子孙和臣民的幸福的，是可以为我的子孙臣民造福的。

惟①圣②罔念作狂，惟狂克念③作圣。

◆《尚书·多方》

〔注〕①惟：虽然。②圣：通达明智。③念：放在心上。

〔译〕虽然通达明智，但如果不把〔仁德〕放在心上，就会变成狂悖不明事理的人；虽然狂悖不明事理，但如果能把〔仁德〕放在心上，就会变成通达明智的人。

子曰："弟子入则孝，出则弟，谨而信，汜爱众而亲仁，行有余力则以学文。"

◆《论语·学而》

〔译〕孔子说："后生小子，在父母跟前，就孝顺父母；离开家室，便敬爱兄长；寡言少语，说话就诚实可信，博爱大众，亲近有仁德的人。这样躬行实践之后，有剩余力量，就再去学习文献。”

（孔丘明确地把孝、悌、仁、信等伦理信条的实行摆在首位，而将智力培养、文化知识的学习放在从属的位置上。这是儒家“德治主义”在教育问题上的体现。）

子以四教：文、行①、忠、信。

◆《论语·述而》

〔注〕① 行（xìng）：品行。

〔译〕孔子用四种内容教育学生：历代文献典籍，社会生活的实践，对人的忠诚，和人交往的信实。

子曰：“君子不重则不威。学则不固。”

◆《论语·学而》

〔译〕孔子说：“君子不庄重，就没有威严。不庄重，不威严，所学得的东西就不会巩固。”

子曰：“君子食无求饱，居无求安，敏于事而慎于言，就有道而正焉，可谓好学也已。”

◆《论语·学而》

〔译〕孔子说：“君子吃食不要求饱足，居住不要求舒适，做事勤奋敏捷，说话谨慎，向有道德有学问的人请他指正，这样可以说是好学的人了。”

子曰：“……仁者安仁，智者利仁。”

◆《论语·里仁》

〔译〕孔子说：“有仁德的人实行仁德便心安。否则心便不安；聪明人认识到仁德于己于人都有好处，他便实行仁德。”

哀公问：“弟子孰为好学？”孔子对曰：“有颜回者好学，不迁怒，不贰过。不幸短命死矣，今也则亡，未闻好学者也。”

◆《论语·雍也》

〔译〕鲁哀公问：“你的学生中，哪个好学？”孔子答道：

"有一个叫颜回的好学，不迁怒于人，不重犯同样的过失。不幸短命死了，现在再没有这样的人了，再也没听说过好学的了。"

子曰："君子博学于文，约之以礼，亦可以弗畔①矣夫！"

◆《论语·雍也》

〔注〕①畔：同"叛"。

〔译〕孔子说："君子广泛地学习文献典籍，再用礼节来加以约束，也就不会违背道理了罢！"

子曰："德之不脩①；学之不讲；闻义不能徙；不善不能改，是吾忧也！"

◆《论语·述而》

〔注〕①脩：今作"修"。

〔译〕孔子说："品德不培养；学问不讲习；听到义不能以身赴义；有缺点不能改正，这些都是我的忧虑啊！"

子曰："志于道，据于德，依于仁，游于艺。"

◆《论语·述而》

〔译〕孔子说："志向在于'道'，根据在于'德'，依循在于'仁'，游习在于礼、乐、射、御、艺、数这'六艺'之中。"

38 子曰："如有周公之才之美，使骄且吝，其余不足观也。"

◆《论语·泰伯》

〔译〕孔子说："〔一个人，〕即使有周公那样美好的才能，如果他骄傲而且吝啬，别的方面也就不值得去看了。"

子曰："智及之，仁不能守之；虽得之，必失之。"

◆《论语·卫灵公》

〔译〕孔子说："聪明才智足以得到的东西，仁德不能保持它；就是得到了它，也一定会丧失。"

子贡曰："学不厌，智也；教不倦，仁也。仁且智，夫子既圣①矣乎！"

◆《孟子·公孙丑上》

〔注〕① 圣：具有最高道德和最高智慧的人。

〔译〕子贡说："学习不晓得厌倦，这是智；教人不晓得疲劳，这是仁。既达到了仁又达到了智，老师已经是圣人了。"

乐正①崇四术，立四教②，顺先王诗、书、礼、乐以造士。春秋教以礼、乐，冬夏教以诗、书。

◆《礼记·王制》

〔注〕① 乐正：官名。② 四教：文（文献）、行（实践）、忠、信。

〔译〕主持国学的乐正，提倡诗、书、礼、乐四术，订立四门课程，依照先王流传下来的四术以造就人才，春秋二季教以礼乐；冬夏二季教以诗书。

保氏掌谏王恶，而养国子①以道。乃教之六艺：一曰五礼，二曰六乐，三曰五射，四曰五御，五曰六书，六曰九数②。

◆《周礼·地官·司徒》

〔注〕① 国子：封建社会里公卿大夫的子弟。② 数：数学。

〔译〕保氏执掌劝谏国君改正错误，用道德培养公卿大夫的子弟，又教他们学习礼、乐、射、御、书、数六种技艺。

仁而不智，则爱而不别也；智而不仁，则智而不为也。故仁者，所以爱人类也；智者，所以除其害也。

◆〔西汉〕董仲舒：《春秋繁露·必仁且智》

〔译〕光有仁德而没有智慧，就会泛爱一切而不加以区别；光有智慧而没有仁德，就不会利用智慧去做些事情。所以仁德，是用以爱人类的；智慧，是用以除弊病的。

足言足容①，德之藻也。

◆〔西汉〕扬雄：《法言·吾子》

〔注〕① 容：相当于"用"。

〔译〕〔作文既〕足以言之，〔又〕足以用之，〔这样就不是空言而〕是道德的修饰了。

君子言则成文，动则成德，……以其弸①中而彪②外也。

◆〔西汉〕扬雄：《法言·君子》

〔注〕① 弸（péng）：充满，充实。② 彪：虎身上的斑纹。这里比喻文采。

〔译〕君子说话就成文章，行动就成道德。……因为他内在充实而外表有文采。

夫仁者，德之基也。义者，德之节也。礼者，德之文也。信者，德之固也。智者，德之帅也。夫智出于明，明之于人，犹昼之待白日，夜之待烛火，其明益盛者，所见及远。及远之明难。

◆〔三国　魏〕刘劭：《人物志·八观》

〔译〕与人相亲，是道德的基础。行动合宜，是道德的根本。礼节，是道德美的外表。信用，是道德的本原。智慧，是道德的依据。智慧出于眼明，眼明对于人来说，有如白天依靠太阳，夜晚依靠烛光一样，他们的光越强，所看就能达到远方。能看得远的明眼是难得的。

始吾幼且少，为文章，以辞为工。及长，乃知文者以明道，是固不苟为炳炳烺烺①，务采色，夸声音，而以为能也。凡吾所陈，皆自谓近道，而不知道之果近乎，远乎？吾子好道而可②吾文，或者其于道不远矣。

◆〔唐〕柳宗元：《答韦中立论师道书》

〔注〕① 炳炳烺（lǎng）烺：光耀明朗。② 可：肯定。

〔译〕当初我年少的时候，做文章，以为用辞漂亮就是做得好。到了长大成人，才晓得文章是用来讲明道德的，根本不能那样不严肃地说些漂亮话，一味追求色彩浓艳，音调铿锵，而以此为高明。凡是我所说的，我都以为接近于道德，然而不晓得离道德果真是近呢，还是远呢？我的朋友，你是崇尚道德的而能肯定我的文章，那或许就离道德不远了吧。

〔载〕与诸生讲学，每告以知礼成性变化气质之道，学必如圣人而后已。

◆《宋史·张载传》

〔译〕〔张载〕同国家最高学府的学生讲学，常常告诉他们懂得礼仪、形成个性，养成良好气质的道理，学圣人必定要像圣人方才罢休。

士所观而习者，皆先王之法言、德行、治天下之意，其材亦可以为天下国家之用。苟不可以为天下国家之用，则不教也；苟可以为天下国家之用者，则无不在于学，此教之之道也。

◆〔北宋〕王安石：《上仁宗皇帝言事书》

〔译〕读书人所观摩学习的都是过去贤君圣王的合乎法度的讲话、合乎道德的行为、治理国家的用意，这些材料也可以为建设国家之用。如果不可以为建设国家之用，就不教；如果可以作为建设国家之用的，就无不在学习之列，这就是教育人的原则。

天下不可一日而无政教，故学不可一日而亡于天下。……于此养天下智仁圣义忠和之士，以至一偏一伎一曲之学，无所不养。

◆〔北宋〕王安石：《慈溪县学记》

〔译〕国家不可以一天没有政治教育，所以学习时不可以一日忘怀于国家。……这样来培养国家具有智、仁、圣、义、忠、和的知识分子，以至属于某种过于专的、某种技艺的、某种局部不全的学问，无不加以提倡。

先王于天下之士，教之以道艺矣。

◆〔北宋〕王安石：《上仁宗皇帝言事书》

〔译〕过去的贤君圣王对于国家的读书人，都是用道德和技艺来教育培养他们。

古者学校选举之法，始于乡党①，而达于国都，教之以德行道艺，而兴其贤者能者。

◆〔南宋〕朱熹：《学校贡举私议》

〔注〕①乡党：古代的居民组织。一万二千五百户为一乡。五百户为一党。

〔译〕古代学校选拔人才的办法，从居民中开始选拔，而后送达首都，〔选拔到校后〕教给他们以德行技艺，进而培养他们成为有贤德、有才能的人。

读书以观圣贤之意，因圣贤之意，以观自然之理。

◆〔南宋〕朱熹：《论为学》

〔译〕读书用来看圣人贤人的思想，根据圣人贤人的思想来认识自然的道理。

熹窃观古昔圣贤所以教人为学之意，莫非使之讲明义理，以修其身，然后推以及人，非徒欲其务记览为词章，以钓声名取利禄而已也。

◆〔南宋〕朱熹：《白鹿洞书院揭示》

〔译〕我个人看古代圣贤用以教人学习的用意，没有不是使人讲明义理，用以修养自身，然后推及别人，并非希望人家将自己记得的，看过的写成文章，用以获得利禄而已。

学明而后德显也。

◆〔南宋〕叶适：《答吴明辅书》

〔译〕学明白了道理，然后德才能表现出来。

讽之读书者，非但开其知觉而已，亦所以沈潜反复而存其心，抑扬讽诵以宣其志也。凡此皆所以顺导其志意，调理其性情，潜消其鄙吝，默化其麤①顽，日使之渐②于礼义而不苦其难，入于中和③而不知其故，是盖先王立教之微意也。

◆〔明〕王守仁：《训蒙大意示教读刘伯颂等》

〔注〕①麤：古"粗"字。②渐：浸染。③中和：没有过或不及，而达到和谐。

〔译〕启发读书的人，不仅是开导他觉悟就算完了，也还要使他反复深刻地思考，以培养他的思想，使他抑扬顿挫地背诵经典以确定他的志向。凡此种种，都是顺势引导他的意志，陶冶他的性情，不知不觉地消除鄙俗吝啬气质，改变粗野顽固的习气，一天天使他从内心里浸受礼义的习

染而不感到有什么困难，达到中正和谐境地而不知其原
因。这或许就是过去圣王贤君设立学校的微妙用意罢。

今人往往以歌诗习礼为不切时务，此皆末俗庸鄙之见，乌①足以知古人
立教之意哉！

◆〔明〕王守仁：《训蒙大意示教读刘伯颂等》

〔注〕①乌：哪，怎么。

〔译〕现在的人往往把创作诗歌，学习礼节看作不切合时
事。这些都是最世俗、平庸、短浅的见解。〔他们〕哪足
以了解古人创立教育的用意啊！

古之教者教以人伦①，后世记诵词章之习起，而先王之教亡。今教童
子，惟当以孝弟②忠信礼义廉耻为专务。其栽培涵养之方，则宜诱之诗
歌，以发其志意；导之习礼，以肃其威仪；讽之读书，以开其知觉。

◆〔明〕王守仁：《训蒙大意示教读刘伯颂等》

〔注〕①人伦：阶级社会中人的等级关系。《孟子·滕文公
上》："使契为司徒，教以人伦：父子有亲，君臣有义，夫
妇有别，朋友有信。"②弟（tì）：弟弟顺从兄长。

〔译〕古代教师用人伦来教育人，后代人背诵书本词句篇
章的习气兴起，而过去那些圣王贤君的教导就被丢掉了。
今天教育儿童，只应当以孝弟忠信礼义廉耻为专事。教育
培养的方法，是应该诱导他们学习诗歌，以发扬他们的意
志；学习礼节，以严肃他们的威仪，启发他们读书，以开
导他们觉悟。

多识而力行之，皆可据之以为德。

◆〔明清之际〕王夫之：《张子正蒙注》卷四

〔译〕多多明了道理而去努力照着做，都可以根据这来培
养自己的道德。

请建正庭四楹①，曰"习讲堂"。东第一斋西向，榜曰"文事"，课礼、
乐、书、数、天文、地理等科。西第一斋东向，榜曰"武备"，课黄帝，

太公以及孙吴五子兵法②，并攻守营阵陆水诸战法，射御③技击等科。东第二斋西向，榜曰"经史"，课十三经④、历代史、诰制⑤、章奏、诗文等科。西第二斋东向，榜曰"艺能"，课水学、火学、工学、象数⑥等科。其南相距三五丈为院门，悬许公"漳南书院"匾，不轻改旧称也。门内直东曰"理学斋"，课静坐，编著程朱陆王之学。直西曰"帖括⑦斋"，课八股⑧举业，皆北向。以上六斋，斋有长，科有领，而统贯以智仁圣义忠和之德，孝友睦姻任邮之行⑨。元将与诸子虚心延访，互相师友，庶周孔之故道在斯，尧舜之奏平成⑩者亦在斯矣。

◆〔清〕颜元：《漳南书院记》

〔注〕① 楹（yíng）：屋一间为一楹。② 黄帝：传说中的古帝名，又称轩辕氏。太公：姜太公。周朝初人。吕氏，名尚，为周武王之师，助武王灭殷。孙：孙武和孙膑。孙武是春秋时齐国军事家，著有《孙子兵法》。孙膑：战国时齐国军事家，1974 年山东临沂出土《孙膑兵法》残简。吴：吴起。战国时卫国军事家，著有《吴子》。③ 御：驾车。④ 十三经：即《易经》、《诗经》、《尚书》、《礼记》、《春秋》、《周礼》、《仪礼》、《公羊传》、《谷梁传》、《孝经》、《论语》、《尔雅》、《孟子》十三部儒家经典。⑤ 诰制：皇帝的诏命。⑥ 象数：即古人所做的迷信活动，占卜。⑦ 帖括：科举考试文体之名。唐代考试有帖经，专重记忆，应试者总括经文，编成歌诀，只务背诵，不究义理。后通称科举应试的文章为"帖括"。⑧ 八股：科举考试规定的文体之一。每篇由破题、承题、起讲、入手、起股、中股、后股、束股八个部分组成，故称"八股"。⑨ 姻（yīn）：即"姻"，婚姻。任：用相恩以取得信任。邮（xù）：即"恤"。周济。⑩ 尧舜之奏平成：《尚书·尧典》："……平秩西成。"平成：平理西方秩序，使民务勤收成。

〔译〕请建造一所有四个房间的厅堂，名字叫"习讲堂"。东边朝西的第一间，挂牌标明"文事"，里面讲授礼仪、音乐、书法、数学、天文、地理等科。西边朝东的第一间，挂牌标明"武备"。里面讲授黄帝、太公以及孙吴五子兵法，还有攻守营阵陆水一些打仗的方法，射箭、驾车、技击等科。东边朝西的第二间，挂牌标明"经史"，里面讲授十三经、通史、皇帝的诰制和人臣的奏章、诗文等科。西边朝东的第二间，挂牌标明"艺能"，讲授水学、火学、工学、占卜等科。厅南相距三十五丈为院门，悬挂上许公书写的"漳南书院"匾额，——不轻易改变原来的名称。门内正东叫"理学斋"，讲解静坐的道理，编著程颢、程颐、朱熹、陆九渊、王阳明的学术著作。正西叫"帖括斋"，讲授八股举子业，这些都朝北向。以上六斋室，斋有斋长，科有科领，而统统贯穿智仁圣义忠和的道德，孝友睦姻任邮的行为。我颜元将同诸位虚心延师访友，互相学习，希望周公、孔子的过去的道德在这里，唐尧、虞舜的"奏平成"的勋业也在这里。

学校之废久矣！考夏学曰"校"，教民之义也。今犹有教民者乎？商学曰"序"，习射之义也，今犹有习射者乎？周学曰"庠"，养老之义也，今犹有养老者乎？……迨①于魏、晋，学校不修，唐、宋诗文是尚，其流毒至今日，国家之取士者，文字而已；贤宰师之劝课者，文字而已；父兄之提示，朋友之切磋，亦文字而已。不则曰《诗》已为余事矣。求天下之治，又乌可得哉？

◆〔清〕颜元：《存治编》

〔注〕①迨（dài）：及至。

〔译〕学校的废除已经很久了！考察夏朝的学校叫做"校"，教育人民的意思。今天还有教育人民的么？商朝的学校叫做"序"，学习射箭的意思。今天还有学习射箭的么？周朝的学校叫做"庠"，养老的意思，今天还有养老的么？……到了魏、晋，学校不修建了，唐、宋只是提倡诗文，它的流毒一直到今天，国家的取用知识分子，只看文字而已；贤明的教育行政长官勉励考核的，文字而已；

父兄的提示，朋友的帮助，也是文字而已。不然就说学《诗》已是多余的事了。〔这样〕想求得把国家治理好怎么能够办得到呢？

德性资于学问，进而圣智①。

◆〔清〕戴震：《孟子字义疏证》卷上

〔注〕① 圣智：道德、智慧都达到了最高的程度。

〔译〕〔一个人有了〕德性，借助于学问，就可以进一步达到圣智的境界。

史德，德者何？谓著书者之心术也。……而文史之儒，竞言才学识，而不知辨心术，以议史德，乌乎可哉？

◆〔清〕章学诚：《文史通义·史德》

〔译〕修史的道德是什么呢？说的是著书人的思想动机。……而写文史书籍的读书人，大家竞相谈论修史书要有才、学、识，而不懂得辨识思想动机，这样来议论史德，怎么可以呢？

一代之治，即一代之学……是道也，是学也，是治也，则一而已矣。

◆〔清〕龚自珍：《乙丙之际著议第六·治学》

〔译〕一个时代得到了治理，就有一个时代的学术。……说是道德，说是学术，说是治理，〔其实〕就是一个东西罢了。

西人自希腊昔贤即讲穷理，积至近世愈益昌明，究其致用有二大端：一曰定宪法以出政治，二曰明格致①以兴艺②学。

◆〔近代〕康有为：《万木草堂小学学记》

〔注〕① 格致：即"格物致知"，意为穷究事物原理以获得知识。② 艺：技艺。

〔译〕西方自从希腊过去有德才的人讲求穷究事物的道理，长期以来一直到近代就更为盛行了，研究它致用的有两大桩：一叫制定宪法以革新政治，二叫明白穷究事物的道理以发展科学技术。

其①为教也，德育居十之七，智育居十之三，而体育亦特重焉。

◆〔近代〕梁启超：《康有为传》

〔注〕① 其：指康有为。

〔译〕康有为办教育，德育占十分之七，智育占十分之三，对于体育也十分重视。

附康有为"长兴学说"系统表之"学纲"：

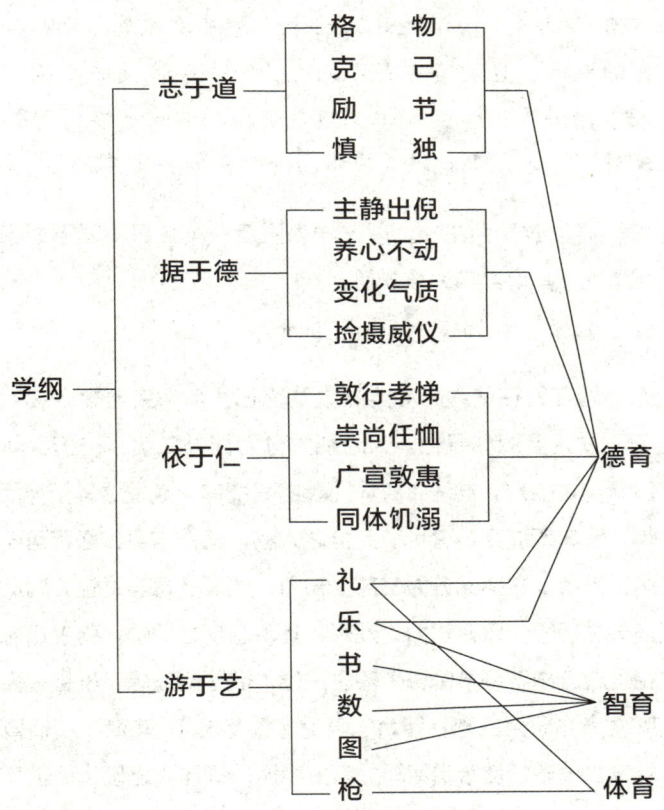

吾骤责彼等以无宗旨，彼必不服，何也？彼故曰："吾将以培人才也，吾将以开民智也，若是者安得谓非宗旨？"然则吾于其宗旨之果能成为宗旨与否，其宗旨之有用与否，无弊与否，其宗旨能合于今世文明国民所同向之宗旨与否，不可不置辩。夫培养汉奸之才，亦何尝非人才？开奴隶之智，亦何尝非民智？……夫使一国增若干之学问智识，随即增若

干有学问有智识之汉奸奴隶，则有之不如其无也。

◆〔近代〕梁启超：《论教育当定宗旨》

〔译〕我陡然用"没有宗旨"来责备他们，他们一定不会心服，什么缘故呢？他们故意说："我们将培养人才，我们将开发人民的智力，像这样怎能说不是宗旨呢？"这样我就对于这宗旨是否果真能成为宗旨，这种宗旨有无弊病，这种宗旨是否与当今文明国家的人所共同向往的相吻合，不可不置辩。培养汉奸的人才，也何尝不是人才？开发奴才的智力，也何尝不是人的智力？……假使一个国家〔的人〕增加多少学问知识，随着就增加多少有学问有知识的汉奸、奴才，那就与其有智力开发倒不如没有的好。

今日为学，当以政学为主义，以艺学为附庸……今日中国不思自强则已，苟犹思之，其必然自兴政学始。

◆〔近代〕梁启超：《学校余论》

教育之宗旨何在？在使人为完全之人物而已。何谓完全之人物？谓人之能力无不发达且调和是也。人之能力分为内外二者：一曰身体之能力，一曰精神之能力。发达其身体而萎缩其精神，或发达其精神而罢① 敝其身体，皆非所谓完全者也。完全之人物，精神与身体必不可不为调和之发达。而精神之中又分为三部：知力、感情及意志是也。对此三者而有真美善之理想：真者知力之理想，美者感情之理想，善者意志之理想也。完全之人物不可不备真美善之三德，欲达此理想，于是教育之事起。教育之事亦分为三部：智育、德育（即意志）、美育（即情育）是也。如佛教之一派，及希腊罗马之斯多噶派，抑压人之感情而使其能力专发达于意志之方面；又如近世斯宾塞尔之专重智育，虽非不切中一时之利弊，皆非完全之教育也。完全之教育，不可不备此三者，今试言其大略。

一、智育

人苟欲为完全之人物，不可无内界及外界之知识，而知识之程度之广狭，应时地不同。古代之知识至近代而觉其不足，闭关自守时之知识，至万国交通时而觉其不足。故居今之世者，不可无今世之知识。知识又分为理论与实际二种；溯其发达之次序，则实际之知识常先于理论之知识，然理论之知识发达后，又为实际之知识之根本也。一科学如数学、物理学、化学、博物学等，皆所谓理论之知识。至应用物理、化学于农工学，应用生理学于医学，应用数学于测绘等，谓之实际之知识。理论之知识乃人人天性上所要求者，实际之知识则所以供社会之要求，而维持一生之生活；故知识之教育，实必不可缺者也。

二、道德

然有知识而无道德，则无以得一生之福祉，而保社会之安宁，未得为完全之人物也。夫人之生也，为动作也，非为知识也。古今中外之哲人无不以道德为重于知识者，故古今中外之教育无不以道德为中心点。盖人人至高之要求，在于福祉，而道德与福祉实有不可离之关系。爱人者人恒爱之；敬人者人恒敬之。不爱敬人者反是。如影之随形，响之随声，其效不可得而诬②也。《书》云："惠迪吉，从逆凶。"③希腊古贤所唱福德合一论，因无古今中外之公理也，而道德之本原又由内界出而非外铄我者。张皇④而发挥之，此又教育之任也。

三、美育

德育与智育之必要，人人知之，至于美育有不得不一言者。盖人心之动，无不束缚于一己之利害；独美之为物，使人忘一己之利害而入高尚纯洁之域，此最纯粹之快乐也。孔子言志，独与曾点⑤；又谓兴于诗，成于乐。希腊古代之以音乐为普通学之一科，及近世希痕林、敬尔列尔等之重美育学，实非偶然也。要之，美育者一面使人之感情发达，以达完美之域；一面又为德育与智育之手段，此又教育者所不可不留意也。

然人心之知情意三者，非各自独立，而互相交错者。如人为一事时，知其当为者知也，欲为之者意也。而当其为之前又有苦乐之情伴之：此三者不可分离而论之也，故教育之时，亦不能加以区别。有一科而兼德育智育者，有一科而兼美育德育者，又有一科而兼此三者。三者并行而得渐达真善美之理想，又加以身体之训练，斯得为完全之人物，而教育之能事毕矣。

```
            ┌── 体育
教育之宗旨 ──┤            ┌── 智育
            └── 心育 ──┤── 德育 ── 完全之人物
                        └── 美育
```

◆〔近代〕王国维：《论教育之宗旨》

〔注〕① 罢（pí）：通"疲"。疲劳。② 其效不可得而诬也：意思是，这种效果是不能否认的。③ 惠迪吉，从逆凶：语出《尚书·大禹谟》。意思是顺着道理办事就会有好的结果。逆着道理办事就会得到坏结果。惠：顺。迪：道。④ 张皇：扩大的意思。⑤ 与：赞同。点：曾点，孔子的学生。典出《论语·先进》。

以教育界之分言三育者衡之，军国民主义为体育；实利主义为智育；公民道德及美育毗于德育；而世界观则统三者而一之。

◆〔近代〕蔡元培：《对于教育方针之意见》

所谓健全的人格，内分四育，即：（一）体育，（二）智育，（三）德育，（四）美育。这四育是一样重要，不可放松一项的。

◆〔近代〕蔡元培：《普通教育和职业教育》

我们的教育方针，应该使受教育者在德育、智育、体育几方面都得到发展，成为有社会主义觉悟的有文化的劳动者。

◆毛泽东：《关于正确处理人民内部矛盾的问题》

不论是知识分子，还是青年学生，都应该努力学习。除了学习专业之外，在思想上要有所进步，政治上也要有所进步，这就需要学习马克思主义，学习时事政治。没有正确的政治观点，就等于没有灵魂。

◆毛泽东：《关于正确处理人民内部矛盾的问题》

红与专、政治与业务的关系，是两个对立物的统一。一定要批判不问政治的倾向。一方面要反对空头政治家，另一方面要反对迷失方向的实际家。

◆毛泽东：《工作方法（草案）》

四、才能与知识

前节讲的是智力发展与外部因素——"德"之间的关系。而智力内部的两个侧面——知识与才能（或曰能力）的关系，也是人们所长期探讨的问题。一般说来，人的知识愈丰富，愈有助于能力的增强；而能力愈强，又可以愈益有效地吸收知识、发挥知识的力量。当然，知识不等于能力，能力也不等于知识本身，能力显示在获得知识、运用知识的动态上。总之，知识与能力之间并不是简单地成正比例，知识多不一定能力强。我国古代一些史论家和文论家看到了才能与学问之间既相统一又相矛盾的辩证关系。唐人刘知几说，一个人如果有学问而无才能，好比拥有巨大的财富，却不会经营它；如果有才能而无学问，则像本领高超的工匠没有刀斧，无法建造宫室。（见《旧唐书·刘子玄传》）清人袁枚形象地比喻道，学问好比是弓，才能好比是箭头，它们要靠见识来控制发射，方可射中目标。（见《续诗品·尚识》）可见，古人已认识到，一个有用之才，不仅要有具体的知识，还必须具备发达的能力；一个人只有在才、学、识三方面都有所发展，方能取得较高成就。这种人比仅仅拘泥于一点死板知识的学究更有用处。这就是古语所谓"授人以鱼，供一饭之需；教人以渔，则终生受用无穷"。明代科学家徐光启曾打比方说，培养刺绣工人，不仅要给他提供现成的鸳鸯图形，还要教他掌握金针的技能，如此，"其绣出鸳鸯，直是等闲细事。"教育的任务，便是培养有健全能力的人：不仅要给人鱼吃，还要教他学会捕鱼；不仅要给人精美的工艺品，也要教他制造这种工艺品的方法；不仅要给人黄金，而且要教他以点金术。

在当代，随着生产力和科学技术的突飞猛进，出现了"知识爆炸"和"知识陈旧率剧增"的新局面，各个领域的新知识，以前所未见的高速度涌现出来。据统计，现在全世界每年发表的科学论文达五百万篇之多，平均每天发表包含新知识的论文一万三千至一万四千篇，加上各种古典的科学理论和形形色色的既往经验，知识的海洋确乎是"一望无际"的，一个人要记住本专业（哪怕是其中的一个小分支）日新月异的知识总和，是绝不可能的；而只有当他具备了较强的能力，才有把握新知识、运用新知识、创造新知识的本领，才有可能在这个"知识爆炸"的新纪元游刃有余。那种偏重于知识传授，忽视能力培养的教育方法，显然是不符合时代提出的要求的。毛泽东同志说的"要把精力集中在培养分析问题和解决问题的能力上"，既是一条普遍性的教育规律，又在当代的新形势下具有特别的针对性。

子曰："工欲善其事，必先利其器。……"

◆《论语·卫灵公》

〔译〕孔子道："工匠要搞好他的工作，一定要先磨砺他的工具。……"

子曰："诵诗三百①，授之以政，不达②；使于四方，不能专对③，虽多亦奚以为④？"

◆《论语·子路》

〔注〕① 诗三百：即《诗经》三百篇。② 不达：不练达，办不通。③ 专对：古代的外交使节接受使命之后去进行交涉应对，称为专对，专对要有随机应变，独立行事的才干和能力。④ 亦奚以为：有什么用呢？

〔译〕孔子说："熟读《诗经》三百篇，交给他以政治任务，却办不通；叫他出使外国，又不能独立地去谈判筹措，纵然是读的多，有什么用呢？"

孟子曰："梓匠轮舆①，能与人规矩，不能使人巧。"

◆《孟子·尽心下》

〔注〕① 梓匠：木匠；轮舆：做车轮或车身。

〔译〕孟子说："木匠做车轮或车身，能够把制作的规格尺码传授别人，却不能够使别人具有高明的技巧和方法。"

（孟轲指出，方法的掌握、能力的培养，要靠自己的摸索，而不能依赖别人传授。）

智，譬则巧也，圣，譬则力也。由①射于百步之外也，其至，尔力也，其中，非尔力也。

◆《孟子·万章下》

〔注〕① 由：同"犹"，似。

〔译〕智，好比技巧；圣，好比力气。犹如在百步以外射箭，箭射到了，是你的力气，射中却不是你的力气。〔而是你的技巧。〕

故谕教者取辟①焉。

◆《管子·宙合》

〔注〕① 辟（pì）：方法。

〔译〕所以懂得传授知识的人〔就〕传授〔获得知识的〕方法。

夫①学须静也，才须学也，非学无以广才，非志无以成学。

◆诸葛亮：《诫子书》。见《太平御览》卷四百五十九

〔注〕① 夫（fú）：发语词。

〔译〕学习必须心静，有才能还必须学习。不学习就不能多才，不立志学习就没有成就。

53

礼部尚书郑惟忠尝问子玄①曰："自古已来，文士多而史才少，何也？"对曰："史才须有三长，世无其人，故史才少也。三长，谓才也，学也，识也。夫有学而无才，亦犹有良田百顷，黄金满籝②，而使愚者营生，终不能致于货殖③者矣。如有才而无学，亦犹思兼匠石④，巧若公输⑤，而家无梗柟⑥斧斤，终不果成其宫室者矣。……"

◆《旧唐书·刘子玄传》

〔注〕① 子玄：唐代史学家刘知几的字。② 籝（yíng）：竹笼。③ 货殖：经商。④ 匠石：传说是楚国的能工巧匠，他能挥舞斧子，砍掉沾在人的鼻尖的一点石灰，而不伤鼻尖。故事出自《庄子·徐无鬼》。⑤ 公输：即春秋建筑工匠公输

般，又称鲁班。⑥楩（pián）枬（nán）：均为树木名。

〔译〕礼部尚书郑惟忠曾经问子玄说："自古以来，文学之士多，而史学人才却很少，什么缘故呢？"子玄回答说："史学人才必须要有三种长处，世界上没有这样的人。所以史学人才很少。三种长处，说的是才能，学问，见识。有学问而没有才能，也就像有良田百顷，黄金满笼，而让那愚蠢的人用以经营生意，终究不能获得一点利息。如果有才能而没有学问，也就像有那个巧匠挥斧头的本领，公输般做木工的技巧，而没有楩木枬木和斧头，终究不能建成房屋的一个样。……"

昔人云："鸳鸯绣出从君看，不把金针度与人。"①吾辈言几何之学，政②与此异，因反其语曰："金针度去从君用，未把鸳鸯绣与人若"。③此书者，又非止金针度与而已，只是教人开卝④冶铁，抽线造针；又是教人植桑饲蚕、涷⑤丝染缕。有能此者，其绣出鸳鸯，直是等闲细事。

◆〔明〕徐光启：《几何原本杂议》

〔注〕①"金针"，借指方法。"度"，授。②政：通"正"。③金针两句：徐光启的意思是不必把现成的结果告诉人家，而把方法告诉人家，听凭人家去掌握运用。④卝（kuàng）：古"矿"字。⑤涷（liàn）：将生丝煮熟。

〔译〕古人说："鸳鸯绣出随你看，不把金针给与人"，我们讲几何学，正和这不同。因此反过来说："金针拿去随你用，不把鸳鸯绣给你。"像这本书，（指《几何原本》）更不止是把方法教给人而已，简直是教他开矿冶铁，抽线制造金针；又是教他种桑养蚕，煮丝染线。有能掌握这些本领的人，让他绣出鸳鸯，那真是极其普通的小事了。（徐光启强调培养智力的重要。他认为不仅仅要教人们掌握一些现成的知识，而且要教人们掌握科学的方法论，培养思辨能力。）

算术者，工人之斧斤寻尺，历律两家，旁及万事者，其所造宫室器用也，此事不能了彻，诸事未可易论。

◆《徐光启集·刻同文算指序》

〔译〕算术，就好比是工人的工具；历法、乐律两项〔需要它〕。〔而且还〕涉及很多部门，如建筑工程、器物制造〔等〕。算术没有懂清楚，其他学科就不容易研究了。（徐光启认为掌握了数学，才能具备从事科学研究和实际技术工作的能力。）

周公①之法，春秋教以礼乐，冬夏教以诗书。岂可全不读书，但古人是读之以为学，如读琴谱以学琴，读礼经以学礼，博学之是学六府六行六艺②之事也。

◆颜元：《存学编》卷一

〔注〕① 周公：姓姬，名旦，周文王的儿子，辅助武王讨伐商纣王。武王死，成王年幼，周公摄政。相传礼乐制度，都是他制定的。② 六府六行六艺：六府：即水、火、金、木、土、谷。六行：即孝、友、睦、姻、任、恤；六艺，即六经：《诗经》《尚书》《易经》《礼记》《春秋》《乐经》。古代学校的教育内容亦有六艺，即礼、乐、射、御（驭）、书、数。

〔译〕周公的法令，是春秋教人学习《礼记》《乐经》，冬夏教人学习《诗经》《尚书》。哪能完全不读书，但古人读书是为了学会掌握〔实际知识和技能〕，比如读琴谱用来学习弹琴，读礼经用来学习礼节，广博地学习是学习六府、六行、六艺的事情。

学如弓弩，才如箭镞，识以领之，方能中鹄①。

◆〔清〕袁枚：《续诗品·尚识》

〔注〕① 鹄（gǔ）：箭靶的中心。

〔译〕学问就像弓，才能好比箭，以见识来控制发射，才能够射中目标。

夫才须学也，学贵识也，才而不学，是为小慧；小慧无识，是为不才。

◆〔清〕章学诚：《文史通义》

〔译〕才能还须学习，学习贵在能增长见识，有了才能而不加学习，就是小聪明；小聪明没有见识，就是不才。

才、学、识三者，得一不易，而兼三尤难。……史所贵者义也，而所具者事也，所凭者文也。孟子曰："其事则齐桓、晋文①，其文则史，"义则夫子②自谓"窃③取之矣"。非识无以断其义，非才无以善其文，非学无以练其事。

◆〔清〕章学诚：《文史通义·内篇三》

〔注〕① 其事则齐桓、晋文，其文则史：语出《孟子·离娄下》。齐桓、晋文：齐桓公、晋文公，春秋齐国、晋国的国君，都是"五霸"中的诸侯。② 夫子：指孔子。③ 窃：私自，个人。

〔译〕才能、学问、见识这三样，得到一样就不容易，而兼有三样就更为难得。……史学贵在"义"，而它所具备的是事实，所借以表达的是文笔。孟子说："所记载的事情不过如齐桓公、晋文公之类，所用的笔法不过一般史书的笔法。"〔《诗经》中寓表扬好的，贬斥坏的大义，〕孔子自己说："我在《春秋》中已经借用了。"没有见识就无法判它义或不义，没有才能就无法使文笔美好，没有学问，就无法概括事实。

我以为好的先生不是教书，不是教学生，乃是教学生学。……对于一个问题，不是要先生拿现成的解决方法来传授学生，乃是要把这个解决方法如何找来的手续程序，安排停当，指导他，使他以最短的时间，经过相类的经验，发生相类的理想，然后学生才能探知识的本源，求知识的归宿，对于世界间一切真理，不难取之无尽，用之无穷了。这就是孟子所说的"自得"，也就是现今教育家所主张的"自动"。

◆陶行知：《教学合一》

据说某大学有个学生，平时不记笔记，考试时得三分半到四分，可是毕业论文在班里水平最高。在学校是全优，工作上不一定就是全优。……不要把分数看重了，要把精力集中在培养分析问题和解决问题的能力上，不要只是跟在教员的后面跑，自己没有主动性。

　　◆《毛泽东论教育革命》

五、先天素质与智力的形成

　　智力不同于知识。知识全然是后天获得的，而智力作为获得知识、运用知识的能力，还与人的先天素质有关。这种先天素质是指人的感觉器官和思维器官的状态，它们是物质的、生理的东西，是智力形成的自然前提，为智力的发展提供了可能性。现代生理学证明，人脑由 150 亿个神经元组成，每个神经元可以接受数千种不同的信息。据专家估计，一个人的大脑可以贮存 1000 亿个信息单位。目前的人类只运用了大脑潜力的 10%—20%。因此，人类智力发展的生理潜力是极其巨大的。对于生理素质在智力形成中的作用，我国古人已有粗略的认识。战国时期的思想家墨翟说："知，材也。"（《墨子·经上》）把智力看做是人的器官的本性。稍后于墨翟的孟轲进一步指出，思维是人的思维器官——"心"所特有的功能，他说："耳目之官不思，……心之官则思。"（《孟子·告子上》）荀况则提出"材朴"的概念，认为人的感官（耳、目等）是自然的材质，是人能够认识世界，形成智力的物质基础。

　　当然，由于时代的局限，一些古代哲人对先天素质在智力形成中的作用，往往陷于神秘主义的认识，如儒家创始人、春秋时的思想家孔丘虽然强调了"学而知之"，但毕竟虚悬了一种"生而知之"的"圣人"，供人们崇奉，追慕；孟轲发展了这种观念，认为有"不学而能"的"良能"、"不虑而知"的"良知"（《孟子·尽心》），这显然是应当扬弃的错误看法。战国时期的哲学家荀况对人的先天素质在智力形成中的作用有较为接近科学的说明。他一方面肯定了人的思维器官在智力形成中的作用，指出："人何以知道？曰：心。"（《荀子·解蔽》）同时又认为："凡以知，人之性也。可以知，物之理也。"（同上）"以可以知人之性，求可以知物之理"，即具有认识能力的人与可以认识的客观对象相结合，才会产生知识，获得智慧。这就把人的主观的认识能力在智力形成中的作用，作了唯物主义的解释。以后，明清之际的王夫之更明确指出，人具有先天的感知和思维的能力，但这种能力的充分发挥，需要通过努力，所谓"天与之心思，必竭而后睿焉。"（《续春秋左传博议》）从而阐明了人的先天认识能力，必须在后天得到发展的道理。

知①：材也。

◆《墨子·经上》

〔注〕① 知：同"智"。

〔译〕智力〔的获得〕：〔有赖于人的〕天生的质材。

闻，耳之听也。循①所闻而得其意，心之察②也。

◆《墨子·经上》

〔注〕① 循：顺着。② 察：思考。

〔译〕闻，是用耳朵听到的事物。顺着所听到的〔事物〕领会到它的意义，是心思考〔的结果〕。

耳目之官不思，……心之官则思。

◆《孟子·告子上》

〔译〕耳目器官不能思考问题，……心这个器官才能思考。

人何以知道？曰：心。

◆《荀子·解蔽》

〔译〕人用什么去思考事物的道理呢？回答说：用心。（古人误以为心是思维器官）

今人之性，目可以见，耳可以听。夫可以见之明不离目，可以听之聪不离耳，目明而耳聪，不可学明矣。

◆《荀子·性恶》

〔译〕眼睛可以看得见东西，耳朵可以听得见声音，是人共同的本性。看得明白离不开眼睛，听得清楚离不开耳朵，而眼睛明亮，耳朵听力好，是后天学不到的。（荀子在这里指出了眼睛、耳朵等感觉器官是人认识世界的先天物质基础。）

凡以知，人之性也，可以知，物之理也。

◆《荀子·解蔽》

〔译〕能够认识事物，是人的本性，可以被认识，是事物本身的道理。

不可学，不可事①，而在天者，谓之性②；可学而能，可事而成之在人者，谓之伪③。

◆《荀子·性恶》

〔注〕① 事：做，人为。② 性：人的本性。③ 伪：人为的，指后天的培养。

〔译〕不可以学，不可以做，而属于先天的东西，叫做人的本性；可以学会，可以做成，属于人为的，叫做后天的培养。

性者，本始材朴①也；伪者②，文理③隆盛也。无性则伪之无所加④，无伪则性不能自美。性伪合⑤，然后成⑥圣人之名，一⑦天下之功于是就⑧也。

◆《荀子·礼论》

〔注〕① 材朴：自然的材质。② 伪：人为。③ 文理：礼法。④ 无所加：无法进行加工改造。⑤ 性伪合：本性和人为相结合。⑥ 成：成全。⑦ 一：统一。⑧ 就：完成。

〔译〕人的本性，是自然的材质；人为的东西，是完备的礼法制度。没有自然的材质，礼法制约就没有对象，而没有礼法制度，自然的材质便不能自己变得完美。自然的材质与礼法制度相合，然后才能成就圣人之名，统一天下之功。（荀况所提出的培养人才的方法——"礼法制度"，以及所希望造就的人才——"成就圣人之名"，当然都属于封建意识的范畴。这段话的可取之处在于，它指出人的天生材质，一定要通过后天的教育培养去加以完善。）

今人之性，生而离其朴，离其资，必失而丧之。

◆《荀子·性恶》

〔译〕人的本性，离开了它固有的自然素质，那就必然会丧失〔它的本性〕。

人皆欲知，而莫索①之其所以知。其所知②，彼③也；其所以知，此④也，不修⑤之此，焉能知彼？

◆《管子·心术》

〔注〕①莫索：不求。②所知：指认识的对象。③彼：指客观事物。④此：指认识的主体——心。⑤修：治，修整。

〔译〕人都希望认识客观事物，而却不去探求用什么去认识。认识的对象是客观事物；用以认识的是心，不修治心，怎能认识客观事物？

聪明睿智①，天也；动静思虑，人也。人也者，乘②于天明③以视，寄④于天聪⑤以听，托⑥于天智⑦以思虑。……目不明则不能决黑白之分⑧；耳不聪⑨则不能别清浊之声；智识乱则不能审⑩得失之地⑪。

◆《韩非子·解老》

〔注〕①聪：指耳。明：指目。睿（ruì）智：指思维器官。②乘：凭借。③天明：指人的眼睛。④寄：依附；依赖。⑤天聪：指人的耳朵。⑥托：依托，依靠。⑦天智：指人的思维器官。⑧分：王先慎认为"当依下文作'色'"。⑨聪：听力好。⑩审：明白，清楚。⑪地：陈奇猷案："地，亦别也。"

〔译〕耳、目、思维器官，是天生的；动静思虑，是人的活动，人凭借眼睛去看，依赖耳朵去听，依靠思维器官去思考，……眼不明亮，就不能分辨黑白的颜色；耳朵听力不好，就不能分别清声和浊声；思维器官活动紊乱就不能明白得失的区别。（韩非子把人的认识能力看做是天然的一种属性，它的产生有赖于天生的感觉器官和思维器官，这些器官的灵敏度对人的智力的形成有影响。）

五脏不伤，则人智惠；五脏有病，则人荒忽；荒忽则愚痴矣。

◆〔东汉〕王充：《论衡·论死》

〔译〕五脏（心、肝、脾、肺、肾）不受损伤，人就神志清醒；五脏有病，人就神志不清。神志不清，就痴呆了。

是非之虑以心为主。……心病则思乖，……心为虑本。

◆〔梁〕范缜：《神灭论》

〔译〕能判断是非的思维以"心"为基础。……如果"心"生了病，思维就会混乱，……"心"是思维的根本。

人所贵者心，而不离五官①。始造文字，皆意也，而不离五者，则当以意为第一。胜先形事者②，以就可见者起意也。名为五官，用时并用；名为六书③，一字并存。如见日月之事，而指为日月之意，即会焉。

◆〔明清之际〕方以智：《通雅卷首之一》

〔注〕① 五官：眼、耳、鼻、身、肤五种感觉器官。② 胜先形事者：意思是说，以形事为先为重的原因。③ 六书：据《说文解字·序》说为：指事、象形、形声、会意、转注、假借。

〔译〕人所宝贵的是思维器官，而却离不开感觉器官。当初创造文字，都是表示意象的，而不能离开五官，就应当以首先表意象为主。之所以以象形、指事为先，是因为一接触到即可明白它所表明的意思。感官的名字虽分别叫做五官，然而用的时候是同时并用的；字的名目虽然分为"六书"，但在一个字里面同时并存。比如看到日月，而定为日月两字的意思，就能够领会得出来。

夫天①与之目力，必竭②而后明焉；天与之耳力，必竭而后聪焉；天与之心思，必竭而后睿③焉。……可竭者天也，竭之者人也。

◆〔明清之际〕王夫之：《续春秋左传博议》卷下

〔注〕① 天：指大自然。② 竭：尽。这里有充分发挥它的作用的意思。③ 睿（ruì）：通达，深远。这里有想得深远的意思。

〔译〕天给人以目力，〔然而〕必须充分发挥这种目力的作用才能看得明白；天给人以耳力，〔然而〕必须充分发挥这种耳力的作用才能听得清楚；天给人以心来思考，〔然而〕必须充分发挥心的思维作用才能考虑得深远。……提供充分认识世界能力的是大自然〔赋予人的天性〕，〔而〕充分发挥这种认识能力的则是人〔的后天努力〕。

君子善养之，则耄期①而受命。

◆〔明清之际〕王夫之：《思问录·内篇》

〔注〕① 耄（mào）期：《礼记·曲礼》："八十九十曰耄。"期：百岁。

〔译〕君子只要善于养性，即使到八九十岁、一百岁，也还能接受自然界的赋予，而得到不断的发展。

识知者，五常之性，所与天下相通而起用者也。知其物乃知其名，知其名乃知其义；不与物交，则心具此理，而名不能言，事不能成。赤子之无知，精未彻也，愚蒙之无知，物不审也，自外至曰"客"。

◆〔明清之际〕王夫之：《张子正蒙注》卷一

〔译〕认识客观事物，是五种感觉、思维器官的本能，这些本能与天下各种事物相结合而起作用。认识了某事物就能对它作出判断，知道判断，就能推理；不和事物相接触，就认识到了事物的道理，而判断不出是否正确，事情就做不成功。婴儿的无知，是因为精气没有长成；愚蠢人的无知，是没有明白事物的道理。客观事物是感觉认识的对象。

禽兽有天明而无己明，去天近，而其明较现；人则有天道而抑有人道，去天道远，而人道始持权也。

◆〔明清之际〕王夫之：《读四书大全·〈论语·季氏〉》

〔译〕禽兽只有天然的本能而不能通过后天的学习去得到知识和才能，它离自然界近，本能也就较为明显；而人却既有天然的本能，还有认识和掌握客观规律的能力，他们离开天然的本能越远，人的自觉的认识、活动能力就越是能够起支配作用。

命曰降，性曰受①。性者生之理②，未死以前皆生也，皆降命受性之日也。初生而受性之量③，日生而受性之真④。为"胎元"之说者，其人如陶器乎？

◆〔明清之际〕王夫之：《思问录·内篇》

〔注〕① 命曰降，性曰受：这是"天降曰命，人受曰性"的省略倒装。② 性者生之理：意思是，人性的形成是一个生长发展的过程并有其规律性。③ 量：限量。④ 真：有充实、成熟的意思。

〔译〕就自然界授给人以生命来说叫做降，就人性受于自然界来说叫做受。人性的形成是有其生生不已的发展规律的。在死之前，人都是不断生长的，这都是自然界每日授予人以生命而人受之以形成人性的过程。人性的形成，在初生阶段，是有一定限量的，但在每天的生长发展过程中，得到不断的充实和发展。那种把人性说成是从娘胎里带来的永不变化的"胎元"说者，难道不是把人看作"一受成型"的陶器一样了吗？（王夫之指出，人性是受之于天，也受之于人，它始终处于一个生生不已、不断发展的过程，它决非一经形成，就一成不变。这就启发人们认识到，人可以充分利用先天素质，加强后天的影响和培养，以改变自己的愚钝，而获得智力。）

大抵格物①之功，心官与耳目均用，学问为主，而思辨辅之，所思所辨者皆其所学问之事。致知②之功，则唯在心官，思辨为主，而学问辅之，所学问者乃以决其思辨之疑。

◆〔明清之际〕王夫之：《读四书大全说·大学》

〔注〕① 格物：穷究事物的原理。② 致知：获得知识。

〔译〕大体说来，"格物"的功夫，思维器官和感觉器官都要发挥作用，学习和请教别人为主，自己思考辨析为辅，思考和辨析的内容，都是所学所问来的事情。"致知"的功夫，就只靠思维器官，以思考、辨析为主，学习和请教别人为辅，凡所学所问的，都是用来解决思辨中所产生的疑难的。

形①也，神②也，物③也，三相遇而知觉乃发。

◆〔明清之际〕王夫之：《张子正蒙注·太和》

〔注〕① 形：人的感觉器官。② 神：人的思维活动。③ 物：客观事物。

〔译〕人的感觉器官，思维活动，与客观事物，三者相遇合，然后产生认识。

耳有聪，目有明，心思有睿知，入天下之声色而研其理者，人之道也。聪必历于声而始辨，明必择于色而始晰，心出思而得之，不思则不得也。岂暮然有闻，瞥然有见，心不待思，洞洞辉辉，如萤乍曜之得为生知哉！果尔，则天下之生知，无若禽兽。故羔雉之能亲其母，不可谓之孝，唯其天光乍露，而于已无得也。今乃曰生而知者，不待学而能，是羔雉贤于野人，而野人贤于君子矣。

◆〔明清之际〕王夫之：《读四书大全说·论语·季氏》

〔译〕耳朵有灵敏的听觉，眼睛有明亮的视觉，头脑有高超的智慧，能够接受天下万事万物的声音和颜色并研究其中的道理，这就是人所具有的认识和活动能力。灵敏的听觉必须遍听各种声音才能辨别，明亮的视觉必须鉴别各种颜色才能认清，思维器官经过思考才能得到知识，不思考是不能得到的。难道突然听到一点，忽然看了一眼，也不需要思维器官的思考，道理就明明白白，好像萤火虫的光那样忽然闪耀一下，就能叫做"生而知之"吗？果真如此，那么天下"生而知之"的，反而不如禽兽了。所以幼小的禽兽能亲近它的母亲，不能叫做"孝"，只不过是自然本能的忽然表现，它自己并不懂得什么。现在如果说"生而知之"的人，可以不经过学习而有知识和才能，这就是说幼小的禽兽比普通老百姓高明，而普通老百姓比有道德、学问的君子还要高明。

目彻四方之色，适以大吾目性之用，……耳达四境之声，正以宣吾耳性之用。

◆〔清〕颜元：《存人编》

〔译〕眼睛看清楚了四方的颜色，恰恰就增强了我的视觉。……耳朵听见了四边的声音，就刚刚通畅了我的听觉。

耳目鼻口之官，臣道也；心之官，君道也。臣效其能，而君正其可否。

◆〔清〕戴震：《孟子字义疏证》卷上

〔译〕耳、目、鼻、口这些感觉器官〔好比〕是做人臣的事，心这个思维器官，〔好比〕是做人君的事。感知器官的臣把感知的东西，送到思维器官的君面前。由君通过思维再确定这些感知的东西是否正确。

心能使耳目鼻口，不能代耳目鼻口之能。

◆〔清〕戴震：《孟子字义疏证》卷上

〔译〕心可以支配耳、目、鼻、口去感知事物，但它却不能代替耳、目、鼻、口去感知事物。

思者，心之能也。精爽①有蔽隔而不能通之时。乃其无蔽隔无弗通，乃以神明称之。凡血气之属②皆有精爽。

◆〔清〕戴震：《孟子字义疏证》卷上

〔注〕①精爽：即精神。②血气之属：指各种动物。

〔译〕思考，是心的功能。〔人的〕精神有阻隔不通的时

66

候。及至它没有阻隔，没有不通时，〔思考问题起来〕明了之快极为神速。凡是动物之类，都是有精神的。

耳能辨天下之声，目能辨天下之色，鼻能辨天下之臭①，口能辨天下之味，心能通②天下之理义；人之才质得于天，若是其全也。

◆〔清〕戴震：《原善》

〔注〕① 臭（xiù）：气味。② 通：理解。

〔译〕耳朵能辨别天下各种声音，眼睛能辨别天下各种颜色，鼻子能辨别天下各种气味，口能辨别天下各种味道，心能了解天下各种道理。人的这些才质得之于自然界，若是这样就齐全了。

六、后天"习染"在智力形成中的作用

先天素质固然为智力发展提供了可能性，却不能决定人的智力发展的方向和所达到的水准。智力作为一种动态的过程，是可以改变的，而这种改变是在人类的社会生活环境中实现的。

我国的思想家在肯定人的生理素质为智力形成提供先决条件的同时，更强调了"习染"——即环境影响和教育力量对智力发展的决定性作用。有趣的是，虽然我国古代思想家围绕着人的本性是"善"还是"恶"，进行过长期而激烈的论辩，但无论是倡言"性善论"的思孟学派，还是倡言"性恶论"的荀况，以及主张人性如白纸的学者，都明确肯定了环境影响和教育作用对人的品性、智力形成的巨大影响，这应当说是中国思想史、教育史上一个大可宝贵的特色。如墨家认为，"人性如素丝"，将人的本性比喻为白丝，染上青色就是青丝，染上黄色就是黄丝。（见《墨子·所染》）孔丘则提出了"性相近也，习相远也"（《论语·阳货》）的著名命题；孟轲为了说明环境影响的威力，曾提出，如果要一个楚国人说齐语，最好的办法是让他到齐国去住上几年。（见《孟子·滕文公下》）；荀况则更深入地谈到，人的先天材质区别不大，"材性知能，君子、小人一也"（《荀子·荣辱》），而人们之所以出

现智力和品性的巨大差异，乃是环境影响、后天教育的结果，所谓"蓬生麻中，不扶而直；白沙在涅，与之俱黑。"（《荀子·劝学》）正是出于对环境影响力的重视，我国自古以来便有"择邻而处"、"居必择乡"、"游必就士"这样一类教育原则的实行。

　　人的智力的形成和发展，决不能脱离社会环境的影响和教育的功效，我国历代哲人在证明这一真理时，还采取了反证法。如明人王廷相提出："赤子生而幽闭之，不接于人间，壮而出之，不辨牛马矣；而况君臣、父子、夫妇、长幼、朋友之节度乎？而况万事万物几微变化，不可以常理测乎？"（《石龙书院学辩》）宋人王安石则在《伤仲永》这篇著名散文中告诉人们，"天才"不足恃，素质良好的人，如果"不使学"，不加以教育，也会降为庸才，"泯然于众人"。

　　此外，《宋公要编辑·选举九》记载，宋代曾选出一百多个神童，除杨忆、晏殊外，其余的人后来都不见经传。造成这种"小时了了，大未必佳"的局面，原因是那些先天素质优越的少年，后天习染不加，或者教育不得法，或者由于社会舆论不恰当的吹捧，结果好材料没有得到适当的加工，终于不堪大用。这类现象证明，后天"习染"对人的智力的发展具有决定性影响。

　　强调智力是环境和教育的产物，这是一种可贵的唯物主义观点，但我们也不能忘记，"环境正是由人来改变的，而教育者本人一定是受教育的。……环境的改变和人的活动的一致，只能被看做是并合理地理解为革命的实践。"（马克思：《费尔巴哈论提纲》，《马克思恩格斯选集》第 1 卷第 17 页）当然，这更深一层的道理，是古代哲人所不可能明确意识到的。

饮之食之，教之诲之。

　　◆《诗经·小雅·绵蛮》

　　〔译〕给老百姓喝的吃的，并给予不断的教育。

子曰："性相近也，习相远也。"

　　◆《论语·阳货》

〔译〕孔子说："人的性情本相近，由于习染不同，便相距悬远了。"

子曰："里①仁为美，择不处②仁，焉③得知④？"

◆《论语·里仁》

〔注〕① 里：古代一种居民组织，先秦以二十五家为一里。这里引申为居住。② 处（chǔ）：居处。③ 焉：怎么，哪里。④ 知：智。

〔译〕孔子说："住在有仁人的地方才好，不选择有仁人的地方居住，哪里算得聪明呢？"

子路见孔子，子曰："汝何好乐？"对曰："好长剑。"孔子曰："吾非此之问也，徒①请以子之所能，而加之以学问，岂可及乎？"……子路曰："南山有竹，不柔②自直，斩而用之，达于犀革③，以此言之，何学之有？"孔子曰："括而羽之④，镞而砺之⑤，其入之不亦深乎？"子路再拜曰："敬受教。"

◆《孔子家语·子路初见》

〔注〕① 徒：只是，仅仅。② 柔：揉，使木变形。③ 犀（xī）革：犀牛的皮，一种坚实的皮革。④ 括（kuò）而羽之：装上箭尾，安上羽毛。（使箭射出后能直线急速前进）。⑤ 镞（zú）而砺之：装上箭头，而且磨快。

〔译〕子路拜见孔子，孔子问道："你爱好和乐于什么呢？"子路回答说："我喜欢〔舞〕长剑。"孔子说："我问的不是这个，只是想请你针对自己的所长，加以学问，〔使它得到更好的发展。如果真能这样，你的所长，〕别人哪里能赶得上呢？"……子路说："南山有种竹子，不须整形自己就是直的，砍来用它作箭，可以射穿坚硬的犀牛皮。从这个例子来说，有什么必要学习呢？"孔子说："〔在它上面〕装个箭尾，安上羽毛；装个箭头，加以磨快，它射入得不是更深么？"子路又行了个礼，说"恭恭敬敬接受您的教导。"

69

子①墨子言②见染丝者而叹曰:"染于苍③则苍,染于黄则黄,所入者变,其色亦变。五入必④而己则为五色矣。故染不可不慎也!"

◆《墨子·所染第三》

〔注〕① 古人记自己的师常于师姓前冠一"子"字,意为老师,以示尊敬。② 言:可能是多余字。③ 苍:青色。④ 必:读为毕。

〔译〕老师墨子看见染丝的而感叹地说:"放进青染料里染,就成青色,放进黄染料里染,就成黄色,所放进的染缸不同,它的颜色也就不同。〔分别〕放进五种不同颜色的染缸里染了后拿出来就成五种色彩了,所以"染"是不可不慎重的呀!"

孟子曰:"牛山之木尝美矣①,以其郊于大国也②,斧斤③而伐之,可以为美乎? 是其日夜之所息④,雨露之所润,非无萌蘖⑤之生焉;牛羊又从而牧之,是以若彼濯濯⑥也,以为未尝有材焉,此岂山之性也哉。"

◆《孟子·告子上》

〔注〕① 牛山:山名,在今山东省临淄县南十里。尝:曾经。② 以:因为。郊:作动词用,意为"在……的郊外"。大国:指齐国的国都——临淄。③ 斧斤:斧头。④ 息:生长。⑤ 萌蘖(niè):萌,指树木的嫩芽。蘖,指树木再生的枝条。⑥ 濯:用水洗涤。这里意为一根草木也没有,有如水洗涤过的一样干净。

〔译〕孟子说:"牛山的树木曾经是很茂盛的。因它位于齐国的国都临淄的郊外,人们常常用斧头去砍伐,还能够茂盛吗? 这里日夜所生长的,雨露所滋润的,不是没有嫩芽新条长出来,但又跟着在那里放牛、放羊,所以变成那样光秃秃的。人们见到这光秃秃的样子,以为这山不曾有过大树木。这难道是山的本性吗?"

孟子曰:"无或①乎王之不智也。虽有天下易生之物也,一日暴②之,十日寒之，未有能生者也。吾见亦罕矣，吾退而寒之者至矣，吾如有萌焉何哉？"

◆《孟子·告子上》

〔注〕①或：同"惑"。怪的意思。②暴（pù）：同"曝"，晒。

〔译〕孟子说："王的不聪明，不足奇怪。纵使有一种最容易生长的植物，晒它一天，冷它十天，没有能够生长的。我和王相见的次数太少了，我退居在家，把他冷到了极点了，他虽有善心的萌芽，我于他有什么帮助呢？"

孟子谓戴不胜①曰："……有楚大夫于此，欲其子之齐语也②，则使齐人傅诸③？使楚人傅诸？"曰："使齐人傅之。"曰："一齐人傅之，众楚人咻④之，虽日挞⑤而求其齐也，不可得矣。引而置之庄岳⑥之间，数年，虽日挞而求其楚，亦不可得矣。"

◆《孟子·滕文公下》

〔注〕①戴不胜：人名。〔汉〕赵岐注云："宋臣"。一说即戴盈之。②欲其子之齐语：希望他的儿子学会说齐国语。③傅（fù）：教。诸："之、乎"两字的合声，助词，表示疑问。④咻（xiū）：喧、呼，大声干扰。⑤挞（tà）：用鞭、棍等打人。⑥庄岳：据杨伯峻先生引顾炎武《日知录》云：庄，是街名；岳，是里名。

〔译〕孟子对戴不胜说："……这里有位楚国的官员，希望他的儿子学会说齐国话，是请齐国人教他呢，还是请楚国人教他？"回答说："请齐国人教。"孟子说："一个齐国人教他，许多楚国人大声说话干扰他，纵然每天鞭策他，逼他学会说齐国话，那是办不到的。假如领他到齐国首都临淄的庄街岳里住上几年，纵然每天鞭策他，要他〔仍然〕说楚国话，也是办不到的。"

今夫①麰麦②，播种而耰③之，其地同，树④之时又同，浡⑤然而生。至于日至⑥之时，皆熟矣。虽有不同，则地有肥硗⑦，雨露之养，人事⑧之不齐也。故凡同类者，举⑨相似也，何独至于人而疑之，圣人⑩

与我同类者。

◆《孟子·告子上》

〔注〕① 夫（fú）：提起连词，即发语词。② 麰（móu）麦：大麦。③ 耰（yōu）：用耙、耖之类的农具耙土覆盖已播种的种子。④ 树：种植。⑤ 浡（bó）：蓬勃。⑥ 日至：夏至。⑦ 硗（qiāo）：土地瘠瘦。⑧ 人事：指人工的培育。⑨ 举：全。⑩ 圣人：古人称具有最高智慧和道德的人为"圣人"。

〔译〕就拿种大麦说吧，播种后用耙、耖之类把土把种子覆盖好。土地一样，播种时间又相同，便蓬勃地生长起来，到了夏至，都成熟了。纵有不同，也只是土地的肥瘠、雨露的多少，人工的勤惰的不同。所以一切同类的东西，都大体上相同。为什么独独讲到人就怀疑呢？圣人和我们是同类的。

婴儿生无硕师①而能言，与能言者处②也。

◆《庄子·外物》

〔注〕① 硕师：又作"石师"，师匠。② 处（chǔ）：居住。

〔译〕小孩子没有高明的老师教他讲话而却会讲话，这是由于他同会讲话的人居住在一起的缘故。

木直中绳①，𫐓②以为轮，其曲中规③，虽有槁暴④，不复挺⑤者，𫐓使之然也。

◆《荀子·劝学》

〔注〕① 木直中（zhòng）绳：树木直得切合画直线的墨绳。极言其直。② 𫐓（róu）：通"揉"，使木弯曲。③ 中规：切合画圆形的规，极言其圆。④ 槁暴：枯干。⑤ 挺：直。

〔译〕木材直得合乎准绳，把它拿来弯曲做成车轮，那么它就弯曲得合乎圆规。纵然以后干枯了，也不再挺直。〔这是人力〕弯曲使它变成这样的。

蓬生麻中①，不扶而直；白沙在涅②，与之俱黑。兰槐之根是为芷③，其渐之滫④，君子不近⑤，庶人不服⑥，其质非不美也，所渐者然也。故君子居必择乡，游必就士⑦……。

◆《荀子·劝学》

〔注〕① 蓬：飞蓬，草名。② 涅（niè）：黑色泥土。③ 槐：白芷（zhǐ），一种香草名。④ 其：若，倘若。渐：浸泡。滫（xiǔ）：臭水。⑤ 君子：古人称有道德、学问的人为君子。⑥ 庶人：众人，普通人。服：佩戴。⑦ 就士：接近学问、品行好的人。

〔译〕飞蓬生长在麻中间，不去扶它自然而直；白沙放在黑土里，就和黑土一样黑。槐的根就是一种叫白芷的香草，假如把它浸泡在臭水里，君子不接近它，普通人也不佩戴它，它的本质并非不好，而是用以浸泡的水使它这样的。所以君子居家必定要选择好的乡里，出游必定要接近有学问、有品行的人……。

干越夷貉之子①，生而同声，长而异俗，教使之然也。

◆《荀子·劝学》

〔注〕① 干、越：均为春秋战国时国名。在今江苏、浙江一带。夷、貉（mò）：指春秋战国时居住在东方和北方的少数民族。子：指人。

〔译〕干国、越国、夷族、貉族的人，初生时啼哭的声音都是相同的，长大后风俗、习惯却各异，这是后天的教育使其这样的。

可以为尧、禹①，可以为桀②、跖③；可以为工匠，可以为农贾④，在埶⑤注错⑥习俗之所积耳。

◆《荀子·荣辱》

〔注〕① 尧、禹：唐尧、夏禹，都是传说中的古代贤君。② 桀：夏桀。传说中的古代暴君。③ 跖（zhí）：传说中春秋时代的奴隶起义领袖，被封建统治阶级当作强盗的代

表，称其为"盗跖"。④ 贾（gǔ）：囤积商人。⑤ 埶：同势，形势。⑥ 注错：举止；举动。

〔译〕一个人可以成为唐尧、夏禹那样的人，可以成为夏桀、盗跖那样的人。可以做工匠，可以务农、经商。这都不过是形势、个人的行动举止和社会习俗长期如此所决定的吧。（荀子强调了环境影响和习俗熏陶对人的智力品性发展的巨大作用。）

习俗移志，安①久移质。

◆《荀子·儒效》

〔注〕① 安：语首助词。

〔译〕风俗习惯能够改变人的思想，长久地受它的影响，就会改变人的素质。

居楚①而楚，居越②而越，居夏③而夏：是非天性也，积靡使然也④。

◆《荀子·儒效》

〔注〕① 楚：春秋战国时国名，治地在今湖北和湖南北部一带。② 越：春秋战国时的国名，治地在今浙江北部一带。③ 夏：春秋战国时中原各国的总称，包括周、鲁、卫、齐、晋、郑、宋、曹等国，主要分布在今河南、河北、山东、山西、陕西等地。④ 积靡：靡，"摩"的借字，观摩。全句意思是：这不是天生的本性，而是长期习摩使得如此的。

〔译〕居住在楚国就成为楚国人，居住在越国就成为越国人，居住在中原等国就成为中原人。长期的相互观摩，习染使得这样的。

匹夫不可以不慎取友，友者所以相有①也。

◆《荀子·大略》

〔注〕① 有：通"佑"，帮助。

〔译〕普通老百姓不可不慎重地结交朋友，朋友就是互相帮助。

夫①必恃②自直之箭，百世无矢；恃自圜③之木，千世无轮矣。自直之箭，自圜之木，百世无有一，然而世皆乘车，射禽者何也？隐栝之道用也④。虽有不恃隐栝而有自直之箭，自圜之木，良工弗贵也，何则？乘者非一人，射者非一发也。

◆《韩非子·显学》

〔注〕① 夫（fú）：发语词。② 恃：依赖；凭藉。③ 圜（yuán）：通"圆"。④ 隐栝（yǐn kuò）：本作"檃栝"。矫正竹木弯曲的工具。

〔译〕一定要依赖自直的箭，一百代也不会有箭；依赖自圆的木料，一千世也不会有车轮。自直的箭，自圆的木，百世没有一根，然而世人都坐车、射鸟兽，什么原因呢？这是由于用了矫正和弯曲的办法。纵使有不依靠整形而自直的箭，自圆的木料，高明工匠并不以为宝贵，什么道理呢？因为坐车的不止一人，射箭的不止射一发。

戎①人生乎②戎，长乎戎，而戎言不知其所受之③。楚人生乎楚，长乎楚，而楚言不知其所受之。今使楚人长乎戎，戎人长乎楚，则楚人戎言，戎人楚言矣。

◆《吕氏春秋·用众》

〔注〕① 戎（róng）：我国古代对西部民族的通称。② 乎：相当于"于"。③ 不知其所受之：不晓得怎样学会了它。

〔译〕戎族的人生于西部地区，长于西部地区，戎族的语言他们不知不觉就学会了。楚国人生于南部地区，长于南部地区，楚国语言不知不觉就学会了。现在假使让楚国人生活于西戎，戎人生活于楚国，那就会〔变成〕楚国人讲戎族的话，而戎族人讲楚国话了。

今使人生于辟陋之国，长于穷檐①漏室之下，长无兄弟，少无父母，目未尝见礼节，耳未尝闻先古，独守专室而不出门，使其性虽不愚，然其知者必寡矣。

◆《淮南子·脩务训》

75

〔注〕① 楣：同"檐"。

〔译〕假如有人，出生在僻远不发达的地方，生长于穷苦人家的破屋里，长无兄弟，少无父母，从没有看到过所谓礼节一类东西，也从没有听到过古代圣贤的道理，孤零零地守着一间小屋子，从不出门一步，就算他生来资质并不愚笨，然而他懂得的事情必定很少。

今万民之性，有其质而未能觉，譬如瞑者待觉，教之然后善。当其未觉，可谓有善质而不可谓善，与目之瞑而觉，一概之比也。

◆〔西汉〕董仲舒：《春秋繁露·深察名号》

〔译〕现在人民的本性，其素质是好的而只是没能觉悟，譬如闭着眼睛的人等待睁开来看事物一样，要加以教育然后才能好。当他没有觉悟，只可说是有好的素质而还不能叫做好。这和眼睛的闭着而等待睁开，是一类的比喻。

物实①无中核②者谓之郁③，无刀斧之斲④者谓之朴⑤，文吏不学世之教⑥，无核也，郁朴之人，孰⑦与程⑧哉？骨曰切⑨；象曰磋⑩；玉曰琢⑪；石曰磨⑫；切磋琢磨，乃成宝器。人之学问，知能成就⑬，犹骨象玉石切磋琢磨也。

◆〔东汉〕王充：《论衡·量知》

〔注〕① 物实：植物的果实。② 中核：内核。③ 郁：不详。④ 斲（zhuó）：砍；削。⑤ 朴：未加工过的木料。⑥ 世之教：指儒家和经书中的说教。⑦ 孰：谁。⑧ 程：衡量，比较。⑨ 骨曰切：加工骨的方法叫切。⑩ 象曰磋：加工象牙的方法叫磋。⑪ 玉曰琢：加工玉的方法叫琢（雕刻）。⑫ 石曰磨：加工石器的方法叫磨。⑬ 人之学问，知能成就：人的学问知识才能的形成。

〔译〕植物果实无核的叫做"郁"，没有经过加工的木头叫做"朴"，文吏不学习儒家经传，就没有一种思想体系作基础。这种没有经过学习的人，用什么来和他比较呢？治骨器的方法叫"切"；治象牙器的方法叫"磋"；治玉器的方法叫"琢";治石器的方法叫"磨",经过切、磋、琢、磨,才能制成宝贵的器物。人的学问、知识,才能的形成,犹如骨、象牙、玉、石经过切、磋、琢、磨才能成为宝器一样。

凡含血气者①,教之所以异化也。

◆〔东汉〕王充:《论衡·率性》

〔注〕① 含血气者:有血气,有生命的动物,这里指人。

〔译〕人,对他进行教育,目的是为了使他们发生变化。

性虽善,待教而成;性虽恶,待法而消。

◆〔东汉〕荀悦:《杂言》下

〔译〕人的本性虽然好,有待于教育方能成材;人的本性虽然恶,有待于法治才能消除。

鲍鱼①之肆,不自以气为臭;四夷之人,不自以食为异,生习使之然也。居积习之中,见生然之事,夫熟②自知非者也!斯何异蓼③中之虫不知蓝之甘乎!

◆〔东汉〕仲长统:《齐民要术·序》

〔注〕① 鲍鱼:湿的腌鱼,有一种腥臭的气味。② 熟:通"孰",谁。③ 蓼(liǎo):蓼蓝。一年生草,茎高二尺余,秋冬之交抽长梗,开小红花结穗。这种草有甜味。

〔译〕腌鱼商店里〔的人〕,不自以为那种气味臭;四方的少数民族,不自以为他们的吃食与人不同。生活习惯使得他们这样。处在那种积习当中,看到那种生来如此的事物,谁能自己知道其中的异样呢!这和蓼蓝草中的虫不感到蓼蓝草是甜的有什么不同呢!

金溪①民方仲永,世隶耕②。仲永生五年,未尝识书具,忽啼求之。父异焉,借旁近与之。即书诗四句,并自为其名。其诗以养父母、收族③为意,传一乡秀才观之。自是④指物作诗立就,其文理皆有可观者。邑人奇之,稍稍宾客其父,或以钱币乞之。父利其然也,日扳仲永环谒于

邑人，不使学。

余闻之也久。明道⑤中，从先人⑥还家，于舅家见之，十二三矣；不能称⑦前时之闻。又七年，还自扬州，复到舅家问焉。曰："泯⑧然众人矣！"王子⑨曰："仲永之通悟，受之天也。其受之天也，贤于材人远矣；卒之为众人，则其受于人者不至也。彼其受之天也，如此其贤也，不受之人，且为众人；今夫不受之天，固众人，又不受之人，得为众人而已耶？"

◆〔宋〕王安石：《伤仲永》

〔注〕①金溪：地名，今江西省金溪县。②世隶耕：世世代代都是农民。隶：属于。③收族：和同一宗族的人搞好关系。④自是：从此。⑤明道：宋仁宗年号。⑥先人：对自己已去世的父亲的尊称。⑦称：相符。⑧泯（mǐn）：尽，完全。⑨王子：王安石自称。

〔译〕金溪地方的人方仲永，世世代代以种田为业。仲永长到五岁，从没有看见过书本和笔墨纸砚，忽然哭着要这些东西，他父亲感到很奇怪，从隔壁左右人家借来给他，他马上就写了四句诗，并且题上自己的名字。诗的大意是孝敬父母，和睦邻里，传给全乡秀才们观看。自这以后，命题作诗，即刻就能写成，诗的文彩、义理都还有可以看得的地方。全县人都认为他不是一个普通的孩子，于是逐渐对他父亲客气起来了，有的还用钱来买仲永写的东西。他父亲也就这样图利，每天牵着他四处去拜见县里的人，不让他学习。

我听到这件事很久了，明道年间，跟随我的现已去世的父亲从外地回家，路过舅父家时看见过仲永，那时已十二三岁了；和以前听到的情况就不大相符了。又过了七年，我从扬州回来，再到舅父家去问仲永。舅父告诉我说："全然是一个普通人了。"我有一点感想："仲永的通达明白，是先天赋予的，他的先天素质，大大超过了一般先天素质较好的人；其结果仍然成了一个普通人，就是因为他没有得到后天的培养。他的天赋那样好，没有得到后天的培养，尚且成为普通人；现在〔有的人〕没有天赋，本来就是一个普通的人，又不去学习，能够做一个普通的人么？"

赤子①生而幽闭②之，不接于人间，壮而出之，不辨牛马矣；而况君臣、父子、夫妇、长幼、朋友之节度③乎？而况万事万物几④微变化不可以常理测乎？

◆〔明〕王廷相：《石龙书院学辨》

〔注〕①赤子：初生的婴儿。婴始生赤色，故称"赤子"。②幽闭：禁闭。③节度：礼节法度。④几（jī）：隐微，不明显。

〔译〕婴儿一出生就禁闭起来，不让他接触人世间一切事物。到了壮年时放出来，就连牛马也辨识不了，更何况对于君臣、父子、夫妇、长幼、朋友之间的礼节法度呢？更何况于万事万物那些不可常理推测的不太明显的变化呢？

凡人之性成于习，圣人教之率之。……

◆〔明〕王廷相：《答薛君采论性书》

〔译〕人性是由于习染形成的，圣人〔应该〕教育人，作人的楷模。

蛮夷者，封疆土俗限之地，圣人之教可达，孰与异吾民哉！

◆〔明〕王廷相：《慎言·小宗》

〔译〕少数民族，〔由于〕地域、风土习俗的限制〔而成为少数民族，〕〔如果〕圣人的教导可以达到那里，怎么会和我们不相同呢！

一亩之田，可粟可莠；一罌之水，可沐可灌。

◆〔明清之际〕王夫之：《续春秋左氏传博议》

〔译〕一亩田，可以长粟，也可以长杂草；一瓶水，可以洗头，也可以浇地。（王夫之用以比喻人性的可塑性和习染对它所起的作用。）

习与性成者，习成而性与成也。

◆〔明清之际〕王夫之：《尚书引义·太甲二》

〔译〕环境的习染影响着人的性质的形成，环境和实践变了，人性也就随着变化。

夫性者，生理也，日生则日成之。

◆〔明清之际〕王夫之：《尚书引义·太甲二》

〔译〕人性是一种生理现象，它是在日有所生、日有所成中发展而形成的。

未成可成，已成可革。性也者，岂一受成侀①，不受损益也哉？故君子之养性，行所无事，而非听其自然，斯以择善必精，执中必固，无敢驰驱而戏渝已。

◆〔明清之际〕王夫之：《尚书引义·太甲二》

〔注〕①侀：通"刑"。

〔译〕〔人性〕没有形成的可以形成，已经形成的可以改变。人性怎么会一经形成就再也不变呢？所以君子的养性，总是因势利导，而不是放任自流。这就是说，选择好的一定要精益求精，坚持正确的一定要毫不动摇，切不可放荡而沉醉于安乐享受之中。

80

孟子言性①，孔子言习②。性者天道，习者人道。《鲁论》二十篇皆言习，故曰"性与天道不可得而闻也。③"已失之习，而欲求之性，虽见性且不能救其习，况不能见乎？

◆〔明清之际〕王夫之：《俟解》

〔注〕①性：指"性善"。见《孟子·滕文公上》。②习：指"习相远"。见《论语·阳货》。③鲁论：《论语》经秦始皇焚书以后，民间流传有鲁论、齐论、古论。鲁论为鲁国人所传，即今之《论语》。"性与天道不可得而闻也"：语出《论语·公冶长》。天道：古代所讲的天道一般是指自然和人类社会吉凶祸福的关系。

〔译〕孟子说人性是善的，孔子说习染使人性产生了差异，《论语》二十篇都是谈的习染，所以〔子贡〕说："〔老师〕关于天性和天道的言论，我们听不到。"〔这是说〕已经失掉了学习〔的机会〕，而希望求得禀赋的弥补，但是，有禀赋的人尚且不能补救不学的损失，何况那些看不到什么禀赋的人呢？

人之为学不日进则日退，独学无友则孤陋①而难成，久处一方则习染而不自觉。……若既不出户，又不读书，则是面墙之士。

◆〔明清之际〕顾炎武：《与友人书》

〔注〕①孤陋：知识浅薄。

〔译〕人们做学问不是每天有所进步就会每天有所退步，自己单独学习而不和朋友相切磋就会知识浅陋而难于取得成就，这样长久地住在一个地方就会不自觉地形成了习惯。……假若既不到外面去游历，又不读书，那就成了对着墙壁修行的人了。

大凡一花一木，虽得雨露自然之功，而欲其本根之蕃茂，花叶之鲜新，非培养不能也。先君子①偶种凤仙花数十盆，置于庭砌，朝夕灌溉，颇费精神。及花开时，千枝万蕊，五色陆离，竟有生平未经见之奇者。次年灌溉稍懈，仍是单叶常花，平平无奇矣。乃知培养人材，亦犹是耳。或曰："每见丛莽中时露好花一枝，则谁为之培养耶？"余曰："本根有花，虽不培养，亦能开放；然狂风撼其枝，严霜凌其叶，吾见其有花亦不舒畅矣。"

◆〔清〕钱泳：《履园丛话·臆论·培养》

〔注〕①先君子：作者称自己死去的父亲。

〔译〕大凡一朵花一棵树，虽然得到雨露等自然界的功劳〔得以成长〕，然而想要它的本根长得多而茂盛，花叶鲜艳新嫩非培养不可。我已故的父亲以前偶尔种了几十盆凤仙花，摆在庭前的石级上，早晚浇肥灌水，费了不少精神。等到花开时，千枝万朵，五彩缤纷，竟然有生平没有见到过的奇景。第二年浇灌稍微懈怠一点，就仍然是长单叶开普通花，平平淡淡没有什么新奇的。于是悟到培养人材，也是和这一样的。有人说："常常看见花丛草莽中时时露出好花一枝，那是谁培养的呢？"我说："本根能够开花的，虽然不培养它，也能开放；然而狂风摇动它的枝子，严霜寒侵它的叶子，我看它开花也不会怒放。"

人与人相去之远……则全视所习。

◆〔近代〕康有为：《论语注·卷十七》

〔译〕人和人之间情性相隔之远……就完全由他们所受的习染来决定。

吾尝①闻西人之言矣，震旦②之人学于彼土者，才力智慧无一事弱于彼。其居学数岁，裒③然试举首④者，往往不绝。人之度量相越⑤，盖不远也。而若是者何也？梁启超曰：春秋万法托于始，几何万象起于点，人生百年，起于幼学。吾向⑥者观吾乡塾⑦，接与其学究⑧，蠢陋野悍，迂缪⑨猥贱，不向迩⑩。退而傀⑪焉忧，愀⑫然思，无惑乎⑬乡人之终身为乡人也。既而游于它乡，而它县，而它道，而它省，观其塾，接语其学究。其蠢陋野悍，迂谬猥贱，举⑭无异于向者之所见。退而瞪⑮然芒然皇⑯然曰：中国四万万人之才，之学、之行、之识见、之志气，其消磨于此蠢陋野悍迂缪猥贱之人之手者，何可胜⑰道！其幸而获免者，盖万亿中不得一二也。

◆〔近代〕梁启超：《变法通议·论幼学》

〔注〕①尝：曾经。②震旦：印度古时称中国为震旦。因"东方属震，是日出之方，故云震旦"。一说震即秦，一声之转。旦，近于"斯坦"，地方的意思，合起来就是"秦地"，即中国。③裒（póu）：盛，众多。按：《汉书·董仲舒传》"裒然举首"，颜师古注"裒然，盛服貌"。④试举首：考试举为头等。⑤越：超过。⑥向（xiàng）：从前。⑦乡塾（shú）：乡间私塾学堂。⑧学究：对儒生通称。⑨迂谬（miù）：不通世情，荒谬无知。⑩向迩：接近。

⑪ 儳（chán）：苟且。⑫ 愀（qiǎo）：忧惧。⑬ 乎：于。
⑭ 举：全。⑮ 瞠（chēng）：睁着眼睛。⑯ 皇：惶恐。
⑰ 胜（shèng）：尽。

〔译〕我曾经听见西方人说，中国人在西洋学习的，才力智慧没有一桩比他们差。那些中国人在西洋留学几年，考试成绩名列前茅的很多，而且不断地有。人的度量都差不多而这是什么缘故呢？梁启超说：历史的各种法则必有一个开始，几何学的各种现象必起于点。人的一生开始于幼年时期的学习。我从前参观我们乡下私塾学堂，同那里的学究先生们接触，感到他们愚蠢浅陋，野蛮顽固，迂腐荒谬，猥亵卑贱，而不愿意接近。回来很快就发愁，我想，没有见识的人终身是没有见识的这并不奇怪。后来不久又到别的乡，别的县，别的地区，参观那里的私塾学堂，和那些学究先生们谈话，他们的愚蠢浅陋，野蛮顽固，迂腐荒谬，猥亵卑贱，和过去所见到的完全没有两样，回来，瞠着眼睛感到茫然而又惶惑，我说：中国四万万人的才能、学问、品行、见识、志气，消磨在这些愚蠢浅陋，野蛮顽固，迂腐荒谬，猥亵卑贱的人的手里，那里数得清楚啊！幸免的人，大概一万、一亿人中没有一两个。

83

……盖人类之可能性非常之大，教育之目的即在扩张其可能性，愈用愈发达，愈不用亦遂退化，证之生理学中不乏其例。今有二人于此：年岁相若，体质相若，衣服之厚薄亦相若，乃一则畏寒，一则不畏寒，则皮肤中可能性发达之程度异也。盖人类皮肤中反抗外界刺激之可能性愈受强迫，愈益发达，……人之精神亦复如是。昔人谓精神愈用而愈出，实为名言；……。

◆〔近代〕梁启超：《中国教育之前途与教育家之自觉》
〔译〕人类的主观能动性非常大，教育的目的就在于增强这种能动性。人的能动性愈使用愈发达，愈不用也就愈退化，用生理学来证明这点是不乏其例的。现在有两个人在这里，年龄相似，体质相像，所穿的衣服的厚薄也差不多，而一个人怕冷，一个人不怕冷，这就是两人的皮肤功能发达的程度不相同。人类皮肤中反抗外界刺激的功能愈是受强迫，就愈益增强……人类的精神也是这样。往常人说精神愈用愈增强，这实在是名言。……

智恶乎①开？开于学；学恶乎立？立于教，……亡而存之，废而举之，愚而智之，弱而强之，条理万端，皆归本于学校。

◆〔近代〕梁启超：《变法通议·学校总论》

〔注〕①恶（wù）乎：于何，从哪里。

〔译〕智力开发从哪里着手呢？从学校着手。办学校从何着手呢？从教育着手。失去了东西而赖以保存，废置了东西而赖以兴举，愚蠢的人而赖以变为聪明的人，衰弱的而赖以变为强盛的，千头万绪，归根结底都在于学校。

夫人不能生而知之，必待学而后知，人不能皆好学，必待教而后学，故作之君，作之师，所以教养之也。……质有愚智，非学无以别其才；才有全偏，非学无以成其用。有学校以陶冶之，则智者进焉，愚者止焉，偏才者专焉，全才者普焉。盖贤才之生，或千百里而见一，或千万人而有一，若非随地随人而施教之，则贤才亦以无学而自废，以至于湮没①而不彰②。

◆〔近代〕孙中山：《上李鸿章书》

〔注〕①湮（yān）没：埋没。②彰（zhāng）：明显；显著。

人心之智慧，自竞争而后发生；今日之民智，不必恃他事开之，而但恃革命以开之。

◆〔近代〕章太炎：《驳康有为论革命书》

请看世界万国，那教育发达的和那教育不发达的人民，智愚贤否迥然不同，这就是吾人必须教育的铁证了。

◆陈独秀：《近代西洋教育》

天才并不是自生自长在深林荒野里的怪物，是由可以使天才生长的民众产生，长育出来的，所以没有这种民众，就没有天才。

◆鲁迅:《坟·未有天才之前》

我想，天才大半是天赋的；独有这培养天才的泥土，似乎大家都可以做。做土的功效，比要求天才还近切；否则，纵有成千成百的天才，也因为没有泥土，不能发达，要象一碟子绿豆芽。

◆鲁迅:《坟·未有天才之前》

七、"好学"、"敏求"与智力的形成发展

重视后天学习在智力形成中的作用，是中国许多思想家共同的认识。孔丘虽然有"生而知之"的唯心命题，但他更多、更实际地肯定了"学而知之"。他认为，人的智力的获得，首要之点在于"学"，所谓"好学近乎知（智）"（《中庸》第20章）。当门徒子贡问，何以给孔文子一个"文"的谥号，他回答，这是由于孔文子，"敏而好学，不耻下问"（《论语·公冶长》）。他本人也不以"生而知之者"自居，一再宣布"吾非生而知之者，好古敏以求之者也"（《论语·述而》）。荀况更明确地指出，人的知识才能是通过后天学习和积累获得的。"不登高山，不知天之高也；不临深溪，不知地之厚也；不闻先王之遗言，不知学问之大也。"（《荀子·劝学》）王夫之则说，"才以用而日生，思以引而不竭"（《周易外传》卷四），深刻揭示了后天的学习、锻炼和运用，对人的智力形成发展所起的能动作用。现代生理学研究证明，人脑运用越少，衰老越快；反之，人脑紧张工作开始得越早，持续时间越长，脑细胞的灵敏度越高，脑细胞的老化过程也越慢。古人虽然不懂这种科学道理，但他们从实际生活中得出了与现代科学实验结果相近似的结论。

超常儿童（或曰"神童"）问题，是讨论智力形成时常常涉及的一个复杂论题。古人喜欢举出七岁童子项托质疑孔子的故事，说明有"不学自能，无师自达"的"神"童。东汉哲学家

85

王充对此有相当精辟的分析。他认为，"早成"儿童，并非"不学而知"的"神"童，乃是由于那些领悟力较强的儿童，很早就"多闻见"，注意学习，并且有"家问室学"，幼年即"受纳人言"，这样才有"幼成早就"局面的出现。王充的结论是"人才有高下，知物由学。学之乃知，不问不识。"（《论衡·实知》）王充不仅对"智力超常"这一复杂现象给予了合理的解释，而且也为"学之乃知"这个真理作了有力的论证。无数历史事实表明，超常儿童如果固步自封，便会由"超常"变为"平常"，六朝时期那位"梦笔生花"、蜚声文坛的江淹，便由于自己不努力，终于"文思枯竭"、"江郎才尽"。

"才以用而日生，思以引而不竭"

太宰①问于子贡②曰："夫子圣者与③？何其多能也！"子贡曰："固天纵之将圣，又多能也。"子闻之曰："太宰知我乎？吾少也贱，故多能鄙事。"

◆《论语·子罕》

〔注〕① 太宰：官名。② 子贡：孔子弟子，姓端木，名赐。③ 与（欤）：语气词，表疑问。

〔译〕太宰问子贡道："孔老先生是位圣人吧！为什么这样多才多艺呢？"子贡回答道："本是天生的圣人，又多才多艺。"孔子听到后说："太宰了解我吗？我小时候贫贱，所以学会了不少鄙贱的技艺。"（孔丘与子贡的认识不同，他认为自己的才能是锻炼出来的，并非天生的。）

子曰："我非生而知之者，好古敏①以求之者也。"

◆《论语·述而》

〔注〕① 敏：勤奋敏捷。

〔译〕孔子说："我并不是生来就知道世界上的道理的，我是好研究古代文献、文化而勤奋学来的。"

子曰："十室之邑，必有忠信如丘者焉，不如丘之好学也。"

◆《论语·公冶长》

〔译〕孔子说："在十户人家这个小范围内，一定有像我这样诚实守信的人，只是赶不上我喜欢学习罢了。"

子曰："君子食无求饱，居无求安，敏于事而慎于言，就有道而正焉，可谓好学也。"

◆《论语·学而》

〔译〕孔子说："君子饮食，不必定求饱足；居住，不必定求安逸，做事勤劳灵活，说话谨慎，再向有道德学问的人去请教，这样，可以算是好学的了。"

子曰："加我数年，五十以学《易》，可以无大过矣。"

◆《论语·述而》

〔译〕孔子说："给我多活几年，到五十岁时去学习《易经》，便可以不犯大过错了。"

子曰："由①也！女②闻六言③六蔽④矣乎？"对曰："未也。""居！吾语女：好仁不好学，其蔽也愚；好知不好学，其蔽也荡；好信不好学，其蔽也贼；好直不好学，其蔽也绞；好勇不好学，其蔽也乱；好刚不好学，其蔽也狂。"

◆《论语·阳货》

〔注〕① 由：仲由，即子路，孔子弟子。② 女（rǔ）：汝，你。③ 六言：六字（仁、知、信、直、勇、刚）。④ 六蔽：六种弊病。

〔译〕孔子说："仲由！你听说过仁、知、信、直、勇、刚这六种品德有六种弊病吗？"子路答道："没有"。孔子道："坐下！我告诉你：爱仁德，却不爱学问，那弊病就是容易被人愚弄；爱聪明，却不爱学问，那弊病就是浮荡而无根基；爱诚实，却不爱学问，那弊病就容易〔被别人所利用，反而〕害了自己；爱直率，却不爱学问，那弊病就是容易刺激人；爱勇敢，却不爱学问，那弊病就是容易闯祸；爱刚强，却不爱学问，那弊病就是狂妄自大。"

子曰："学如不及，犹恐失之。"

◆《论语·泰伯》

〔译〕孔子说："求学要像来不及学一般，学到了知识还恐怕再失去它。"

唱而不和①，是不学也，智少而不学，必寡。和而不唱，是不教也，智而不教功适息。

◆《墨子·经说下》

〔注〕① 和（hè）：跟着唱。

〔译〕只是自己唱而不和人，就是不学习，知识少而又不学习，必然是孤陋寡闻。只是和人而自己不唱，是不肯教人。知识多，而不肯教人，那就没有人来继承，知识不能传下去。

人积耨①耕而为农夫，积斫②削而为工匠，积反③货而为商贾④，积礼义而为君子。

◆《荀子·儒效》

〔注〕① 耨（nòu）：锄草。② 斫（zhuó）：砍。③ 反：通"贩"。④ 贾（gǔ）：贩卖、囤积的生意人。

〔译〕人长期锄草耕田就成为农夫，长期砍削就成为工匠，长期贩卖货物就成为商人，长期学习礼义就成为君子。（荀子强调了长期学习什么，对人成为什么样的人材，起着决定作用。）

孔子曰："少而不学，长无能也。"

◆《荀子·法行》

〔译〕孔子说："小时候不学习，长大了就没有才能。"

我欲贱而贵，愚而智，贫而富，可乎？曰：其为学乎！

◆《荀子·儒效》

〔译〕我想由卑贱变成高贵，由愚蠢变成聪明，由贫穷变成富足，可以吗？回答说：大概唯一的办法就在于学习吧！

人一能之，己百之，人十能之，己千之。果能此道矣，虽愚必明，虽柔必强。

◆《中庸》

〔译〕人家只要学一次就学会了的，我用一百次去学会它；人家十次可以学会的，我用一千次去学会它。果真能照这个办法去做，即使愚笨也必然会变得聪明，即使柔弱也必然会变得刚强。

玉不琢①，不成器，人不学，不知道。

◆《礼记·学记》

〔注〕①琢（zhuó）：雕刻，治玉的方法。

〔译〕玉不经过雕刻，就不能成为器物；人不经过学习，就不明白道理。

使失路者而肯听习问知，即不成迷也。今众人之所以欲成功而反为败者，生于不知道理而不肯问知而听能。

◆《韩非子·解老》

〔译〕如果迷失道路的人肯向别人打听求教，也就不会迷路了。现在许多人之所以想成功反而失败，根源在于他们不懂得事物的规律而又不愿意求问和听取有本领人的指教。

夫纯钧鱼肠之始下型，击则不能断，刺则不能入，得加之砥砺，摩其锋锷，则水断龙舟，陆剸犀甲。明镜之始下型，朦然未见形容，及其（粉）〔扢〕①以玄锡，摩以白旃，鬓眉微毫，可得而察。夫学，亦人之砥锡也。而谓学无益者，所以论之过。

◆《淮南子·脩务训》

〔注〕①（粉）〔扢〕：依王念孙说改。扢音"骨"，磨。

〔译〕有名的纯钧剑、鱼肠剑，在刚脱模时，拿来砍东西砍不断，刺东西也刺不进去，等到放到磨石上磨出了锋刃，在水上就可斩断龙舟，在陆地上就可以刺穿犀甲。青铜的明镜刚刚脱模时，一片朦胧照不出人的面容来，等到用玄锡来磨过，又用白毛毡擦亮，鬓发眉毛的尖端，都可以看得清清楚楚。学习，也就是人的磨石和玄锡。而说学习无用的，这就是他用以立论的根据错了。

夫瘠地之民，多有心者，劳也；沃地之良多不才者，饶也。由此观之，知人无务，不若愚而好学。自人君公卿至于庶人，不自彊而成功者，天下未之有也。《诗》云："日就月将，学有缉熙于光明。"①此之谓也。……

◆《淮南子·脩务训》

〔注〕①见《诗·周颂·敬之》。

〔译〕贫瘠地方的人民，有心智的人很多，是由于勤劳；肥沃地方的人民，不成材的很多，是由于富足安逸。从这看来，聪明人不务正业，还不如愚蠢的人好学不倦。从人君、公卿以至于平民，不自努力而能成功的，天下从来没有过。《诗经》上说："日日有所成就，月月有所进步，不断学习就能达到无比光明。"就是说的这个道理。……

学者所以修性也。视、听、言、貌、思，性所有也，学则正，否则邪。

◆〔西汉〕扬雄：《法言·学行》

〔译〕学问是用来修养人的本性的。眼睛能够看，耳朵能够听，嘴能够说，脸能够表情，心能够思考，是人的本性所有的。通过学习才会上正轨，不然就要走上邪路。

夫儒生①之所以过文吏②者，学问日多，简练其性③，雕琢④其材也。故夫学者，所以反情治性⑤，尽材成德也⑥。

◆〔东汉〕王充：《论衡·量知》

〔注〕①儒生：指当时的知识分子。②文吏：掌握和熟悉文书、法令的官吏。③简练其性：指培养和引导天生的善性使之逐渐滋长。简练：磨炼。性：指人先天具有的属性。④雕琢：雕刻。比喻精心培养。⑤反：违反。情：指人的喜、怒、哀、乐等感情。治：治理，改造。⑥尽材成

德：使才能和品德完善起来。

〔译〕儒生之所以超过文吏，是因为他们学习质疑勤奋，磨炼和发展自己的良质，精心培养自己的才干。因此学者要改造自己的情性，使自己的才能和品德完善起来。

天地之间，含血之类，无性（生）知者。

◆〔东汉〕王充：《论衡·实知》

〔译〕世界上的人以及某些动物，没有生来就知道某些东西的。〔都是后天学来的。〕

所谓圣者，须学以圣。

◆〔东汉〕王充：《论衡·实知》

〔译〕所谓大德大才的圣人，必须通过学习才达到圣人的境界。

知无以知，非问不能知也。不能知，则贤圣所共病也。

◆〔东汉〕王充：《论衡·实知》

〔译〕仅凭自己的才智无从知道的事物，不请教别人就不能知道。不请教别人，就不知道，这是贤人圣人同样具有的缺陷。

才性有优劣，思理有修短，……速悟时习者，骥①之脚也，迟解晚觉者，鹑鹊②之翼也。彼虽寻飞绝景③，止而不行，则步武④不过焉。此虽咫尺⑤以进，往而不辍，则山泽可越焉。

◆〔晋〕葛洪：《勖学篇》

〔注〕①骥（jì）：骏马，好马。②鹑（chún）：鸟名。形状如鸡，头小尾秃，嘴脚均短，飞翔能力很弱。③寻：古以八尺称寻。绝景：尽头。④步武：古以六尺为步，半步为武。⑤咫（zhǐ）：八寸。咫尺，谓很短或很近的距离。

〔译〕人的才能性质有优劣之分，思辨能力有长短之别，……领悟力敏捷而又时时学习的人，〔进步得快〕，就像良马奔驰；迟钝的人进步慢，好比鹑鹊的飞翔。但良马虽可一步八尺，飞奔抵达尽头，如果停止不走，那就一步半步的距离也不能移动；而不善飞翔的鹌鹑前进虽缓，但一往直前，决不停止，那么高山大湖都可以越过。（比喻先天素质好的人，如果不努力学习，就不能成为有才智的人。反之，先天素质差的人，只要不断努力学习，也可以成为有才智的人。）

世人不问愚智，皆欲识人之多，见事之广，而不肯读书，是犹求饱而懒馔，欲暖而惰裁衣也。

◆〔北齐〕颜之推：《颜氏家训·勉学》

〔译〕世界上的人不管愚蠢的还是聪明的，都想知道很多人，见识许多事，却又不肯多读书，这好比是希求肚子饱而懒于吃饭，希求身体暖而惰于做衣裳。

居近识远，处今知古，惟学矣。

◆〔隋〕王通：《中说》

〔译〕居在近处而了解远处的事情，处在今天而知道古代的事情，只是由于学习的缘故。

读书破万卷，下笔如有神。

◆〔唐〕杜甫：《奉赠韦左丞丈二十二韵》

〔译〕熟读了万卷书，写起诗文来就好像有一种力量使你达到高超特异的境界。

人不知学，其任智自以为人莫及，以理观之，其用智乃痴耳。

◆〔北宋〕张载：《理窟·义理》

〔译〕一个人如果不知道去学习，他凭着智力自以为别人赶不上，〔其实〕，用道理来观察他，他所运用的智力不过是痴愚罢了。

凡人便是生知之资①也须下困学勉行②的功夫方得。

◆〔南宋〕朱熹：《总论为学之方》，见《性理精义》

〔注〕① 生知之资：生而知之的天赋。② 困学勉行：困学，

遇到困难然后学习，引申为刻苦学习；勉行：尽力去实行。

〔译〕凡是人即便有生而知之的天赋，也必须要下刻苦学习、努力实践的功夫才能获得知识。

不使他事胜好学之心，则有进。

◆《薛文清公读书录》

〔译〕不让其他的事情在头脑里的位置摆在好学之上，这就有了进步。

余幼时即嗜学，家贫无以致书以观，每假借于藏书之家，手自笔录，计日以还。天大寒，砚冰坚，手指不可屈伸，弗之怠。录毕，走送之，不敢稍逾约。以是人多以书假余，余因得遍观群书。既加冠，益慕圣贤之道，又患无硕师、名人与游。尝趋百里外，从乡之先达，执经叩问。先达德隆望尊，门人弟子填其室，未尝稍降辞色。余立侍左右，援疑质理，俯身倾耳以请；或遇其叱咄，色愈恭，礼愈至，不敢出一言以复；俟其忻悦，则又请焉。故余虽愚，卒获有所闻。

◆〔明〕宋濂：《送东阳马生序》

〔译〕我小时候就爱好学习，家里贫穷无法弄到书来读，常常到藏书的人家去借，亲手抄写，约定日期归还。天气很冷，砚池里的墨汁结了冰，手指冻得不能弯曲和伸直，也不因此而停止。抄录完了，亲自送还人家，不敢稍微超过一点约定的时间。所以人家就借给我很多书，我因此能够读到很多很多的书。已经到了二十岁，就更加仰慕圣贤的学说，又苦于没有大师、名人同他们交游请教。曾经赶到百里以外，跟当地学术界有名望的前辈学习，拿着书本〔向他们〕请教。学术界有名望的前辈德高望重，门人弟子挤满了他家，他的言语态度一直非常严肃，我谨慎地站在他的身旁，提出疑难，探问究竟，躬着身子侧着耳朵请教；有时遭到指责，态度越是恭敬，礼貌越是周到，一句话也不敢说。等他高兴起来，就又来请教。因此我虽然愚钝，终于得到不少教益。

婴儿在胞中自能饮食，出胞时便能视听，此天性之知，神化①之不容已者。自余因习而知，因悟②而知，因过③而知，因疑而知，皆人道之知也。

◆〔明〕王廷相：《雅述》上篇

〔注〕① 神化：神奇、超人的教化。② 悟：省悟，感悟。③ 过：过错，犯错误。

〔译〕婴儿在胎胞之中就能自己吃喝，出了胎胞就会看会听，这是本能的知识，所谓超人的教化对他们是不适合的。后来由于学习而增长知识，由于〔因某件事而〕感悟增加知识，因为犯了错误〔改正后〕而增加知识，因为疑惑〔经过探讨〕而增加知识，这都是一般人增长知识〔的情况〕。

君子之于学也，终身焉而已；则其于知也，亦终身而已。故今日有今日之至善，明日有明日之至善，非吾能素知也，又非可以一概而知也，又非吾之聪明知识可以臆而尽之也。

◆〔明清之际〕陈确：《大学辨》

〔译〕君子对于学习，是活到老学到老罢了；那么他对于知识的追求，也是终身不会停止的了。因此今天有今天的最高境界，明天有明天的最高境界，这不是我能原先就知道的，又不是可以什么都知道的，又不是凭我的聪明和所掌握的知识去臆测而完全了解的。

物之成以气①，人之成以学。

◆〔明清之际〕陈确：《性解》下

〔注〕① 气：古代哲学名词，指构成宇宙万物的物质性的东西。

〔译〕物质是由气构成的，人的成就是由学习取得的。

人之生也，自赤子不能求其母；自是而进，皆学而后能之，无学不学则无所不能。

◆〔明清之际〕方以智：《东西均·译诸名》

〔译〕人诞生以后，从婴儿时代开始〔其智慧〕就不能依靠母亲；自这时以后，都要靠学习以后方可以有本领，没有应学而不学便可达到无所不能。

朱子以尧、舜、孔子为生知①，禹、稷、颜子为学知②，千载而下，吾无以知此六圣贤者之所自知者何如，而夫子之自言曰，"发愤忘食"③，……亦安见夫子之不学……？

◆〔明清之际〕王夫之：《读四书大全说》卷七

〔注〕① 朱子：宋代理学家朱熹。尧舜：唐尧和虞舜，相传都是古代的贤君。② 禹：夏禹，传说治水有功，作了夏朝的开国之君，也很贤明，稷（jì）：后稷。相传为舜的农官，教民种庄稼有功。颜子：孔子学生颜回。③《论语·述而》："发愤忘食，乐以忘忧。"

〔译〕朱熹认为尧、舜、孔子是生而知之的，禹、稷、颜回是学而知之的。千载之后，我无从知道这六位圣人、贤人的知识是怎样得来的。然而孔子自己说过："发愤学习，连吃饭都忘记了"。……又怎么见得孔夫子不是"学而知之"……的呢？

庶物①之理，非学不知，非博不辨。

◆〔明清之际〕王夫之：《俟解》

〔注〕① 庶物：万物。庶：众，多。

〔译〕〔世间〕万物的道理，人不学就不知道，不博学就不能辨识。

人之有心，昼夜用而不息。虽人欲杂动，而所资以见天理者，舍此心而奚主？其不用而静且轻，则寤寐之顷是也。……才以用而日生，思议引而不竭。

◆〔明清之际〕王夫之：《周易外传》卷四

〔译〕人有思维器官，日夜思考而不停息。人虽然能从各方去思考，而所凭借以认识自然道理的除了思维器官还能有什么呢？大概不思考而处于静止和不经意的思维状态，只是在睡觉的那一会儿。……人的才能因为使用而每天都在增长，思想因为思考事理，引申意义，而不枯竭。

失理者，限于质之昧，所谓愚也。惟学可以增益其不足而进于智。

◆〔清〕戴震：《孟子字义疏证》

〔译〕人只是由于资质的不聪明，没能认识客观事物的道理，这就叫做愚蠢。惟有学习才可以弥补这一缺陷而使他变得聪明起来。

人之初生，不食则死，人之幼稚，不学则愚。食以养其生，充①之使长，学以养其良②，充③之至于贤人圣人，其故④一也。才虽美，譬之良玉，成器而宝之⑤，气泽日亲⑥，久能发其光，可宝加乎其前矣⑦；剥之蚀之⑧，委弃⑨不惜，久且伤坏无色，可宝减乎其前矣⑩。

◆〔清〕戴震：《孟子字义疏证》

〔注〕① 充：充实。这里有吃足的意思。② 良：指良好的品德和智能。③ 充：充实。这里指用知识充实。④ 故：道理。⑤ 意谓良玉必经雕琢成为器物以后才能被看得宝贵。⑥ 意谓玉器的光泽一天天变得可爱。⑦ 意谓这时看得比以前更加宝贵。⑧ 使它剥落、腐蚀。⑨ 委弃：抛弃。⑩ 意谓没有以前那样宝贵了。

〔译〕人在初生的时候，不给他吃东西就会死掉，人当幼小时，不学习就会愚蠢。给他吃是为了维持生命，吃饱使他成长；给他学习，以培养良好的品德和智能，掌握丰富的知识以成为贤人圣人，这个道理是一样的。〔一个人〕的才质即使很好，譬如美玉一样，琢成了器物以后才被看得贵重，光泽一天天变得可爱，时间长了更能发出光辉，比起以前就更可宝贵了。〔如果〕让它剥落腐蚀，毫不可惜地抛弃不管，时间一长便毁坏得没有光泽，就不再像以前那样可贵了。

就人言之，有血气，则有心知。有心知，虽自圣人而下，明昧各殊，皆可学以牖其昧而进于明。

◆〔清〕戴震：《孟子字义疏证》

〔译〕就人来说，有了躯体和精神，就有通过思维活动认识客观事物的能力。有了这种能力，一般人虽然明白和蒙昧的程度各有不同，但是都可以通过学习以开启自己的蒙昧而变得聪明起来。

黄生允修借书，随园主人①授以书而告之曰：书非借，不能读也。子不闻藏书者乎？"七略"、《四库》②，天子之书；然天子读书者有几？汗牛③塞屋，富贵家之书；然富贵人读书者有几？其它，祖父积，子孙弃者无论焉。

非独书为然，天下物皆然。非夫人之物而强假焉，必虑人逼取而惴惴④焉摩玩之不已。曰："今日存，明日去，我不得而见之矣！"若业为我所有，必高束焉，庋藏焉⑤，曰："姑俟异日观云尔。"

◆〔清〕袁枚：《黄生借书说》

〔注〕①随园主人：作者有别墅名随园。②七略：辑略、六艺略、诸子略、诗赋略、兵书略、术数略、方技略，总称"七略"，是汉成帝命刘向父子所编辑的。四库：《四库全书》的简称。③汗牛：牛车运书时牛累得出汗，指书籍之多。④惴（zhuì）惴：恐惧不安。⑤庋（guǐ）藏：搁置。

〔译〕学生黄允修来借书，随园主人给他书并且告诉他：书不是借来的，就不会去读它。你没听说过那些藏书家么？"七略"、"四库"，天子所藏的书，然而天子读书的有几个呢？满车满屋的书，是富贵人家所藏的，然而富贵的人读书的有几个呢？其他，如祖父、父亲收藏，而子孙散掉了的就不必说他了。

不独书是这样，天下其他东西都是这样的。不是自己的东西而是勉强借来的，一定会想到人家要来催还而心里不安，恐怕观摩玩赏不完。说："今天在我这里，明天人家就拿回去了，我就不能再看到它了！"如果业已成为我自己所有的东西，必定会高高挂起，搁置不用，说："姑且放着，等到以后再看它罢。"

四十年来画竹枝，日间挥写夜间思；

冗繁削尽留清瘦，画到生时是熟时。

◆〔清〕郑板桥：《题画竹》

〔译〕四十年来不断地画竹子，白天随手画夜里就深深思考；闲叶闲枝都删掉以保持清秀瘦硬的精神，画到新的意境感到技法有点生疏而画下去就又熟练了。

天下事有难易乎？为之，则难者亦易矣；不为，则易者亦难矣。人之为学有难易乎？学之，则难者亦易矣；不学，则易者亦难矣。

吾资之昏，不逮人也；吾材之庸，不逮人也；旦旦而学之，久而不怠焉，迄乎成，而亦不知其昏与庸也。吾资之聪，倍人也；吾材之敏，倍人也；屏弃①而不用，其与昏与庸无以异也。圣人之道，卒于鲁也传之②，然则昏庸聪明之用，岂有常哉！

蜀之鄙，有二僧，其一贫，其一富。贫者语于富者曰："吾欲之南海③，何如？"富者曰："子何恃而往？"曰："吾一瓶一钵足矣。"富者曰："吾数年来欲买舟而下，犹未能也。子何恃而往！"越明年，贫者自南海还，以告富者，富者有惭色。西蜀之去南海，不知几千里也，僧富者不能至，而贫者至之。人之立志，顾不如蜀鄙之僧哉！

是故聪与敏，可恃而不可恃也；自恃其聪与敏而不学者，自败者也。昏与庸，可限而不可限也；不自限其昏庸而力学不倦者，自力者也。

◆〔清〕彭端淑：《为学一首示子侄》

〔注〕① 屏（bǐng）弃：丢弃，抛弃。② 圣人之道，卒于鲁也传之：孔子的道统，终于由资质愚钝的曾参传了下来。③ 南海：指今浙江的普陀山，我国佛教的胜地之一，俗称南海。

〔译〕天下的事情有难易之分吗？去做它，就是困难的也变成容易的了；不去做它，就是容易的也变成困难的了。人的做学问有难易之分吗？去学它，就是困难的也变得容易了，不去学它，就是容易的也变得困难了。

我的资质愚钝，赶不上人家；我材质很平庸，赶不上人家，而我天天学习，长久而不懈怠，一直到成功，而这样也就不觉得我的愚钝和平庸了。我的资质的聪明，比人家强一倍，我的材质灵敏，比人家强一倍；而把这种优越条件抛弃不用，这就与愚钝，与平庸，没有什么区别了。圣人的道理，结果是由资质愚钝的人传下来的。这就表明昏庸聪明的作用，哪里是固定不变总是那个样子呢？

四川的偏远地区，有两个和尚，他们一个富有，一个贫穷。穷的告诉富的说："我想到南海去，怎么样？"富的问道："你依靠什么去呢？"穷的回答说："我只要一个瓶子一个钵子就足够了。"富的说："我几年来就想雇只船下南海，现在还没能办到，你靠什么去呢？"到了第二年，穷和尚从南海回来了，把这事告诉富和尚，富和尚感到惭愧。西边的四川距离南海，不晓得有几千里，和尚富的不能到，而穷的到了。人树立志向，难道还不如四川偏远地方的和尚吗？

因此聪明与灵敏，可以依靠而又不可以依靠；自己依靠聪明与灵敏而不学习的人，是自甘失败者。愚钝与平庸，可以被它限制而又不可以被它限制，不受它们的限制而努力学习不知疲倦的人，就是力求上进者。

甲乙二人，甲聪明而不好学，乙聪明虽不如甲，而好学过之。其结果，乙之所得，必多于甲，此则由于力学也。

◆孙中山：《军人精神教育》

学 贵 有 恒

子曰：譬如为山，未成一篑①，止，吾止也。譬如平地，虽覆一篑，进，吾往也。

◆《论语·子罕》

〔注〕①篑（kuì）：盛土的竹筐。

〔译〕孔子说：好比堆土成山，只差一筐土便成了，如果停止不做了，山就堆不成功，这是我自己停止的。又好比在平地上堆土成山，虽是只倒下一筐土，如果努力前进，我坚持下去，山是可以堆成功的。（比喻学习的人，纵然基础好，如中途停止，不可能成材；反之即使基础差，只要不断努力，就会有所成就。）

冉求①曰："非不说②子之道，力不足也。"子曰："力不足者，中道而废，今女（汝）画。"

◆《论语·雍也》

〔注〕① 冉求：孔子弟子。字子有，也称冉有。鲁国人。② 说（yuè）：悦，欢喜。

〔译〕冉求说："不是不欢喜您的学说，由于力量不够。"孔子说："力量不够，半途而废。现在你是停步不前啊！"

有为者辟若掘井，掘井九轫①而不及泉，犹为弃井也。

◆《孟子·尽心上》

〔注〕① 轫：同"仞"，七尺曰"仞"。

〔译〕做一件事情譬如掘井，掘到六七丈深还不见水，仍然是个废井。（比喻做事不能半途而废，而要持之以恒，才能见成效。）

孟子谓高子曰："山径①之蹊②，间介然③用之而成路；为间④不用，则茅塞之矣。今茅塞子之心矣。"

◆《孟子·尽心下》

〔注〕① 山径：径同"陉"，山坡。② 蹊（xī）：刚刚踏出的小路。③ 间介然，同"介然"，意志专一而不旁骛的样子。④ 为间：即"有间"，为时不久之意。

〔译〕孟子对高子说："山坡的小路只一点点宽，经常去走它便变成了一条路；只要有一个时候不去走它，又会被茅草堵塞了。现在〔好像〕茅草把你的心堵塞了。"

骐骥①一跃，不能十步；驽马十驾②，功在不舍③；锲④而舍之，朽木不折；锲而不舍，金石可镂⑤。

◆《荀子·劝学》

〔注〕①骐（qí）骥（jì）：良马。②十驾：一天驾一次马，十驾，指马十天的行程。③舍：放弃。④锲（qiè）：用刀子刻。⑤镂（lòu）：雕刻。

〔译〕良马虽然日行千里，但是一跳不能跨越十步；驽马走十天，同样也可以行千里。成绩的取得在于不放弃努力。用刀具刻东西，如果中途放弃，不继续刻，就是腐朽的木头也刻不断；如果不断地刻去，决不放弃，即使是金属和石头，也可以雕出花纹来。（荀子强调学习要持之以恒。）

"智明早成"者也是"知物由学"

智能之士，不学不成，不问不知。难曰："夫项托①年七岁教孔子。案七岁未入小学，而教孔子，性自知也。……王莽②之时，勃海尹方③年二十一，无所师友，性智开敏，明达六艺，魏都牧淳于仓奏④，方不学，得文能读诵，论义，引五经文，文说⑤议事，厌合人之心，……天下谓之圣人。……不学自能，无师自达，非神如何？"曰："虽无师友，亦已有所问受矣。不学书，已弄笔墨矣。儿始生产，耳目始开，虽有圣性，安能有知。项托七岁，其三四岁时而受纳人言矣。尹方年二十一，其十四五时，多闻见矣。"

◆〔东汉〕王充：《论衡·实知》

〔注〕①项托：又作"项橐（tuó）"，春秋时人。传说他"七岁而为孔子师"。②王莽：西汉末外戚，后夺取汉政权，建立"新"朝。不久被农民起义军推翻。③勃海：郡名，在今河北省东南部，尹方：人名。④魏都：指西汉末年曾为冀州治所的邺县。邺县（今在河北临漳县西南），战国时曾为魏文侯的国都，在汉代又一直是魏都的治所，所以称为魏都。当时，尹方的家乡勃海郡归冀州管

辖。牧：州牧，治理一州的官。淳于仓：人名，姓淳于，名仓。⑤ 文说：解释文字。

〔译〕聪明而有才能的人，不学习就不能造就自己的才智，不问就不明白道理。这样就有人问难说："那项托七岁教孔子呀！七岁的年纪没有进小学，却教孔子，自然是天生就知道事理的。……王莽那个时候，勃海有个叫尹方的年纪只有二十一，没有从老师学习，没有同朋友切磋，天生就是聪明的，通晓儒家六部经典，魏都的地方长官淳于仓向朝廷上奏说，尹方不学习，见到文章就能读诵，议论事理，还引了儒家的五部经书作论证，解说文字，议论事理，能够满足和符合人们的心愿。……天下人称他为圣人。不学自能，无师自通，不是神又是什么呢？"回答说："虽然没有师友，有些事情也请教过别人和接受过解答。虽没学习书本，但已经舞弄笔墨了。婴儿刚生下来，耳朵、眼睛才张开，纵然有良好的先天素质，又怎么能够了解道理。项托七岁，他三四岁时就接受别人的教诲。尹方年二十一，他十四五岁就耳闻目睹了很多事物和道理。"

智明早成，项托尹方其是也。……黄帝、帝喾①虽有神灵之验，亦皆早成之才也。人才早成，亦有晚就。虽未就师，家问室学。人见其幼成早就，称之过度。云项托七岁，是必十岁；云教孔子，是必孔子问之；云黄帝帝喾生而能言，是亦数月；云尹方年二十一，是亦且三十；云无所师友，有不学书，是亦游学家习。世俗褒称过实，毁败逾恶。世俗传颜渊年十八岁升太山，望见吴昌门外②，有系白马。定考实，颜渊年三十，不升太山，不望吴昌门，项托之称，尹方之誉，颜渊之类也。人才有高下，知物由学。学之乃知，不问不识。

◆ 王充：《论衡·实知》

〔注〕① 黄帝：传说中中原各族的共同祖先。姬姓，号轩辕氏。相传炎帝扰乱各部落，他得到各部落的拥戴，在阪泉（今河北琢鹿东南）打败炎帝。后蚩尤扰乱，又率各族

在琢鹿击杀蚩尤。从此，被拥戴为部落联盟的领袖。相传他还有许多发明创造，如：养蚕、舟车、文字、医、算等。帝喾（kù）：传说中古代部族首领。号高辛氏。② 吴：指春秋时吴国的国都，即今江苏省苏州市。昌门：即阊门，吴国国都的西城门。

〔译〕聪明才智有成熟得早的，项托、尹方或许属于这一类吧。黄帝、帝喾虽然有些表现神灵的事情，也都是成熟得早的人才。人的聪明才智有成熟得早的，但也离不开后天的学习所得。〔有些人〕虽然没有从师学习，但是却接受过父兄的教导。别人看见他们年幼即取得成就，称赞过度。说项托七岁，想必是十岁；说教孔子，想必是孔子问他；说黄帝、帝喾生下来就会说话，看来也是几个月；说尹方年二十一，看来也是快三十；说没有从老师学过什么，同朋友切磋过什么，又没有读书，看来也到外面去学习过，在家里听过父兄的教导。世间习俗总是称赞人超出了事实，讲人坏话往往超过实际情况。世间相传颜渊三十岁登泰山，望见吴国国都的西城门外，有白马系在那儿。考查实际情况，可以肯定，颜渊三十岁时没有登上泰山，没有远望过吴国都城。对项托的称赞，对尹方的称誉，都是像对颜渊的传说一类的，不足信。人的聪明才智有高下，但不论怎样，认识事物，都要通过学习，学它才懂，不请教别人就不懂得。

南方多没人①，日与水居也，七岁而能涉，十岁而能浮，十五而能没矣。夫没者岂苟然②哉？必将有得于水之道者③。日与水居，则十五而得其道。生不识水，则虽壮，见舟而畏之。故北方之勇者，问于没人，而求其所以没，以其言试之河，未有不溺者也。故凡不学而务求道，皆北方之学没者也。

　　◆〔北宋〕苏轼：《日喻说》
　　〔注〕① 没：深入水中，潜水。② 苟：随便。③ 水之道：水性，水的规律。

103

〔译〕南方有很多会潜水的人，他们每天都和水相处，七岁就能在浅水里行走，十岁就能在水面漂浮，十五岁就能潜水了。潜水的人哪能不认真学习就会呢？必定是掌握了水的规律。每天和水相处，十五岁就掌握了它的规律。生来没有见过水的人，虽然到了壮年，见了船就怕。所以北方勇敢的人，去请教那些会潜水的人，想求得潜水的方法，照他们讲的方法到河里去试着潜水，没有不被淹死的。因此凡是不学习而想懂得事物的道理的，都是属于北方的学潜水的这一类人。

荀卿五十始学①，朱云②四十始受《易》与《论语》。乃以其所知者，与世之黠慧小儿较，果谁为上而谁为次也？其将以王雱③之答獐鹿者为圣，而卫武公④之"睿圣"，反出于其下耶？必将推高尧、舜、孔子，以为无思无为而天明自现，童年灵异而不待壮学，斯亦释氏夸诞之淫词。学者不察，其不乱人于禽兽也鲜矣！

◆〔明清之际〕王夫之：《读四书大全·〈论语·季氏〉》

〔注〕①《史记·荀卿列传》："年五十，始游学齐。"荀卿，名况。②朱云：字游，西汉成帝时人。③王雱（pāng）：〔宋〕王安石的儿子。《梦溪笔谈》中记载：王雱年幼时，有一次客人带来了一只獐和一只鹿，关在一个笼子里，要他区别。他分不清楚，就模棱两可地回答说："獐旁边的是鹿，鹿旁边的是獐。"④卫武公：春秋时卫国人，姓武，名和。"公"是封号。传说他九十五岁还坚持学习，死后被谥为"睿圣"。

〔译〕荀况五十岁才游学齐国，朱云四十岁才学习《易经》和《论语》。假如把他们学到的知识，与世间灵敏聪慧的小儿相比较，究竟哪个是上等的，哪个是次等的呢？难道能将幼童王雱关于獐鹿问题的回答看得是聪明绝顶，而卫武公深刻渊博的知识，反而在他之下吗？硬要将尧、舜、孔子抬高，以为他们既不要想问题，也不要去实践，天然本能就会自己表现出来，童年就聪明奇特，等到长大了也不要再去学习，这也就成了佛教夸张荒诞的邪说了。那些求学问的人对这一点不加以认真考察，那就很少不把人与禽兽混淆起来的了。

八、意志、兴趣等非智力因素对智力发展的影响

智力的形成和发展既然在很大程度上是学习、努力的结果，而学习是需要一定的心理因素作保证的。这种心理因素大致可分为两类，一类是学习过程本身的各种心理成分，如感知、记忆、想象、思维等等；另一类则是激发学习积极性的各种心理成分，如注意、兴趣、情绪、情感、意志等等。其中，意志和兴趣就是两种至关紧要的非智力学习心理条件。

意志，是决定达到某种目的而产生的心理状态，是人的意识能动作用的表现。这种意向活动，作为一种非智力因素，对智力的形成和发展有着不小影响。我国历代哲人对此有相当明确的认识，他们把"立志"作为求学的先决条件，并有"志是入道先锋，先锋勇，后军方有进步；志气饶，学问乃有成功"（陆世仪：《思辨录辑要》卷二）的形象说法，肯定了意志对人的智力发展的能动作用。

兴趣，是积极探究某种事物或进行某种活动的倾向，它作为一种非智力的心理因素，同样也对智力的形成和发展产生影响。孔丘说的"知之者不如好之者，好之者不如乐之者"（《论语·雍也》），便是强调兴趣在人的求学、获智中的积极功能。明人王守仁还力主使学生学得趣味盎然，"趋向鼓舞，中心喜悦，则其进而不能已"（《阳明全书·训蒙大意示教读刘伯颂等》），反对那种对学生"鞭挞绳缚，若待拘囚"的恶劣作法。近人梁启超在肯定兴趣对智力发展的重要作用的同时，又指出不应"纯用趣味引诱"，不可陷入趣味主义。这是相当深刻、完备的观点。

此外，一些哲人还谈到情欲这种非智力的心理因素对智力形成的影响。如先秦的宋尹学派认为，"嗜欲充盈，目不见色，

耳不闻声"（《管子·心术上》）。荀况则指出，情欲要受"知"的指导和调节，所谓"情然而心为之择谓之虑"（《荀子·正名》）；又说："心忧恐则口衔刍豢而不知其味，耳听钟鼓而不知其声，目视黼黻而不知其状，轻暖平簟而体不知其安。"（同上）中国古代思想家多论证了情欲对智力形成的消极作用，事实上，情欲除对智力形成有消极影响外，也有积极的杠杆作用。

"立志"与智力发展

子曰："吾十有五①而志②于学，……"

◆《论语·为政》

〔注〕① 有：即"又"，十有五：十五岁。② 志：立志。

〔译〕孔子说："我十五岁就立志于做学问，……"

志不彊①者智不达。

◆《墨子·修身》

〔注〕① 彊：即"强"字。

〔译〕意志不坚定的人，〔学习不会精进，〕智力就不可能增强。

有志尚者，遂能磨砺以就素业①，无履立②者，自兹堕慢，便为凡人。

◆〔北周〕颜之推：《颜氏家训·勉学》

〔注〕① 素业：清素之业，指讲议经书。② 履立：操行树立。

〔译〕有志气的人，才能磨砺自己去从事清苦的治学，那些没有把德操树立起来的人，自己堕落放松，便成为才智平凡的人。

"凡学，官先事，士先志。"谓有官者先教之事，未官者使正其志焉。志者，教之大伦①而言也。

◆〔北宋〕张载：《正蒙·中正》

〔注〕① 大伦：大端。

〔译〕"凡是求学的，有官职的人先教他办事能力，还没有官职的人教他端正志向。"所谓端正志向，是指教育人的最重要的环节而说的。

学者不论天资美恶①，亦不专在勤苦，但观其趣响着心处如何②。

　◆〔北宋〕张载：《经学理窟·学大原》

　〔注〕①美恶：美，好；恶，差。②趣响（向）：志趣所在。

　〔译〕从事学习的人不论其天资的好坏，也不必专门要求他们在勤苦上下工夫，只要看看他内心深处的志趣怎么样〔就行了〕。

有志于学者，都更不论气之美恶，只看志如何。

　◆《张载集·语录中》

　〔译〕对有志于学习的人，都不管他们天资的高下，只看他们的志向怎么样。

今人为学如登山麓，方其迤逦①之时，莫不阔步大走，及到峭峻之处便止，须是要刚决果敢以进。

　◆《经学理窟·学大原下》

　〔注〕①迤（yǐ）逦（lǐ）：曲折绵延的样子。

　〔译〕现在的人学习好比爬山，当他们走在平缓绵延的地方时，没有不大步快走的，〔但是〕一到险峭的地方，只有坚决而果敢的人〔才能〕前进了。

学者大不宜志小气轻。志小则易足。易足则无由进。

　◆〔北宋〕张载：《经学理窟》

　〔译〕学习者最不应志气小。志气小则容易满足。容易满足则没有办法进步。

学者须是立志。今人所以悠悠者，只是把学问不曾做一件事看，遇事则且胡乱恁地①打过了，此只是志不立。

　◆〔南宋〕朱熹：《朱子语类辑略》

107

〔注〕① 恁（nèn）地：宋元俗语，这样地，那样地。

〔译〕学习必须立志。如今〔学习的〕人之所以糊糊涂涂的，只是由于没有把做学问当做一件事情对待，遇到〔学问的〕事情便那么胡乱对付过去，这就是不立志〔的原因〕。

书不记，熟读可记；义不精，细思可精。惟有志不立，直是无著力处。

◆《性理精义》卷七

〔译〕读书记不住，读熟了就可以记住；〔对书的〕内容理解不精深，细细地思索就可理解精深。只有〔学习〕不立志，简直是没有使力气的地方。

问为学功夫，以何为先？曰：亦不过如前所说，专在人自立志。既知这道理，办得坚固心，一味向前，何患不进。只患立志不坚，只听人言语，看人文字，终是无得于己。

◆《性理精义》卷七

〔译〕要问治学的功夫，首先做什么？回答说：也不过如前面所说的，一定要使人自己立志。〔如果〕已经知道了这个道理，使其〔学习的〕决心非常坚定，何愁不进步呢。只是害怕立志不坚，只是〔被动地〕听人讲学，看别人的文章，终究是不会有收获的。

有志者，事竟①成。又曰：用志不分，乃凝于神②。此之谓也。志苟③不立，虽细微之事，犹无可成之理，况为学之大乎？

◆〔元〕虞集：《尚志斋说》

〔注〕① 竟：终于。② 用志不分，乃凝于神：心志专一，精神就集中了。分，分散。③ 苟：如果。

〔译〕有志向的人，他的事业终归会成功。又说：心志专一，精神就集中了。说的就是这个意思。如果不立志，即使是细小的事情，还是不会成功的，何况是求学这样的大事呢。

志不立，如无舵之舟，无衔①之马，飘荡奔逸，终亦何所底乎！

◆〔明〕王守仁：《教条示龙场诸生》

〔注〕① 衔（xián）：勒在马口上的嚼子。

〔译〕〔学习〕不立志的人，就像没有舵的船，没有缰绳的马，飘荡奔跑，始终没有目标。

志立则学思从之，故才日益而聪明盛，成乎富有；志之笃①，则气从其志，以不倦而日新。

◆〔明清之际〕王夫之：《张子正蒙注》卷五

〔注〕① 笃：原意为厚，这里作"坚定"解。

〔译〕立下了〔学习的〕志向，学习和思考会随之而来，所以〔他的〕才能会一天天增加而变得十分聪明，成为富有才华的人；志向坚定，〔好学的〕精神就会随着志向产生，以不疲倦的〔学习〕而日益获得新的〔学问〕。

有自修之心则来学，而因以教之。若未能有自修之志而强往教之，则虽教无益。

◆〔明清之际〕王夫之：《礼记章句·曲礼》

〔译〕一个人有了自觉性来学习，就因此教他。假若还没这种自觉性而勉强教他，虽然教了也是不会有什么收效的。

> 万事有不平，尔①何空自苦？
> 长将一寸身，衔木到终古。
> 我愿平东海，身沉心不改。
> 大海无平期，我心无绝时。

◆〔明清之际〕顾炎武：《精卫》

〔注〕① 尔：你，指精卫鸟。相传古时炎帝女淹死在东海里，化为精卫，常衔西山木石以填东海。

〔译〕万事万物都有不公平的，你又何必空苦自己呢？长期将小小的身躯，衔树枝一直到无穷无尽的时候。我立志要填平东海，身体虽然沉到了海底而志气是不会改变的。

大海没有填平的时候，我要填平它的决心也没有动摇的时候。（比喻人做事、求学应有恒心，有苦志。）

圣人①亦人也，其口鼻耳目与人同，惟能立志用功则与人异耳。故圣人是肯做工夫庸人②，庸人是不肯做工夫圣人。

◆〔清〕颜元：《习斋③年谱》卷上

〔注〕① 圣人：具有最高道德和智慧的人。② 庸人：平庸没有作为的人。③ 习斋：颜元的号。

〔译〕圣人也是人，他的鼻、耳、目都和常人一样，只有立志用功〔学习〕与一般人不同。所以说，圣人是肯下功夫〔学习〕的庸人，庸人是不肯下功夫〔学习〕的圣人。

学者欲学圣人，须是立志第一。……志是入道先锋。先锋勇，后军方有进步；志气饶，学问乃有成功。

◆〔清〕陆世仪：《思辨录辑要》卷二

〔译〕学习的人想向圣人学习，必须首先立志。……立志是学习明了事物道理的先锋，先锋勇猛向前，后军才能前进；〔学习的〕志气高涨，做学问便能成功。

立志是读书人最要紧的一件事。

◆〔近代〕孙中山：《求学与救国》

"乐学"与智力发展

子曰："知之者不如好之者，好之者不如乐之者。"

◆《论语·雍也》

〔译〕〔对于任何学问和事业，〕懂得它不如爱好它，爱好它不如以它为乐。

叶公①问孔子于子路，子路不对，子曰："汝奚②不曰，其为人也，发愤忘食，乐以忘忧，不知老之将至云尔③。"

◆《论语·述而》

〔注〕① 叶公：叶（shè），地名，当时属楚国，今为河南叶县南三十里的叶城。公，一县之长，叶公姓沈，叫诸梁，字子高，是楚国的一位贤人。② 奚：何。③ 云尔：语助词，无实义。

〔译〕叶公向子路打听孔子的情况，子路回答不上来。孔子说："你何不这样回答他：〔孔丘〕那个人，发愤〔学习〕，废寝忘食，乐于〔学习〕而忘掉了忧愁，不知老暮之年快到来了。"

颜渊喟然叹曰①："……夫子循循然②善诱人，博我以文③，约我以礼④，欲罢⑤不能。……"

◆《论语·子罕》

〔注〕① 颜渊：即颜回，孔子的弟子。喟（kuì）然：叹息的样子。② 循循然：一步一步的样子。③ 博：用作动词，丰富。以文：用文献典籍。④ 约：约束。以礼：用礼。⑤ 罢：停业，这里指停止学习。

〔译〕颜渊叹息道："……老师善于一步一步地诱导我们，以文献典籍丰富我们的知识，用礼节来约束我们的行为，使我们想不学习也不可能。"

大学之教也，时教必有正业①，退息必有居学。不学操缦②，不能安弦；不学博依③，不能安诗；不学杂服④，不能安礼。不兴其艺⑤，不能乐学，故君子之于学也。藏⑥焉修焉，息焉游焉。夫然，故安其学而亲其师，乐其友而信其道，是以虽离师辅而不反也。

◆《礼记·学记》

〔注〕① 时教：平时的教学；正业：经常学习的正式课业。② 操缦：操弄杂乐。③ 博依：唱歌时声音的清浊高下合于声律。④ 杂服：指洒扫应对进退等杂事。⑤ 艺：指前面提到的"操缦"、"博依"、"杂服"等。⑥ 藏：入学受业。

〔译〕"大学"里的教学工作，平时必须有经常学习的正式课业；〔学习疲劳后〕下课休息，必须有家庭作业。不去学习杂乐〔以练习手指〕，就不能调正琴弦。不学习歌咏杂曲，就无法熟悉和掌握诗歌的节拍。不练习〔洒扫应对进退等〕杂事，就无法知道仪文礼节。不去引导学生去学习以上这些事情，就不能引起他们学习正常课业的兴趣。所以，君子对于学习，在学校要注意正课学习，课余在家，则注意游玩杂艺。这样，才能〔使学生〕安心学习并亲爱其师长，乐于交朋友并深信其道；即使将来离开了师友，也不会违反〔师友的教导〕。

达师①之教也，使弟子安焉，乐焉，休焉，游焉，肃焉，严焉。此六者得于学，则邪辟之道塞矣，理义之术②胜矣，……人之情，不能乐其所不安，不能得其所不乐。

◆《吕氏春秋·诬徒》

〔注〕① 达师：通达的教师。② 术：思想学说。

〔译〕高明的教师在教学当中，能使学生安心学习，体会到学习的快乐，〔并注意〕休息和游玩，有严肃的学习态度和严格的要求。在学习中〔如果能〕做到这六点，那么邪门歪道的东西就会被堵死，而〔关于〕理义的正确的思想学说就会占上风。……按照人的常情，他不安心干的事情，是不会感到快乐的，他不感到快乐的事情，干起来是不会有收获的。

有急求义理复不得，于闲暇有时得，盖意乐则易见，急而不乐则失之矣。

◆张载：《经学理窟·义理》

〔译〕有的人〔读书时〕急于想得到"义理"的精神反而得不到，〔可是〕在闲暇中有时却可以得到，〔这是由于〕精神愉快就容易发现，心情急躁而不愉快就得不到。

书当快意读易尽。

◆〔南宋〕魏庆之：《诗人玉屑·卷十八·陈履常·得意诗》

〔译〕书应该在心情愉快的时候读，这样容易全面地了解书的内容。

读书须读到不忍舍①处，方是见得真味。若读之数过，略晓其义即厌之，欲别求书看，则是于此一卷书，犹未得趣②也。

◆〔清〕张伯行：《学规类编》

〔注〕①舍：放弃。②趣：意旨。

〔译〕读书必须要读到不忍心放下〔书本〕的程度，才算是体会到了它的精髓。如果读了几遍，知道其大致的内容便厌弃了，想找别的书看，那么对于这一本书来说，还没有得到它的意旨呢。

教人未见意趣，必不乐学。

◆〔南宋〕朱熹：《小学集注》

〔译〕教学生〔如果〕显不出有什么意向和兴趣，学生一定不喜欢学。

大抵童子之情，乐嬉游而惮拘检①，如草木之始萌芽，舒畅之则条达，摧挠之则衰痿②，今教童子，必使其趋向鼓舞，中心喜悦，则其进自不能已③。譬之时雨春风，沾被卉木④，莫不萌动发越⑤，自然日长月化。若冰霜剥落⑥，则生意萧索，日就⑦枯槁矣。

◆〔明〕王守仁：《阳明全书·卷二·训蒙大意示教读刘伯颂等》

〔注〕①惮（dàn）：怕。拘检：拘束，限制。②条：枝条，这里指幼苗；达，幼苗冒出地面的样子。摧挠（náo）：折断弯曲。衰痿：衰弱而显出病态。③已：止。④沾被卉木：使花木得到滋润。⑤发越：发，花开；越，超过，这里引申为不断成长。⑥剥："扑"，击，打。⑦就：趋向，接近。

〔译〕一般说来儿童的性情，喜欢玩耍游戏而不喜欢拘束，这好像草木开始发芽时那样，自由自在地就会长得苗壮，使它折断弯曲就长得萎靡不振。如今教育儿童，一定要引导他们活活泼泼〔地学习〕，使他们〔学习时〕心情愉快，那么他们的进步是不会停止的。比如温暖的春风和及时雨滋润花木，没有不发芽、开花，不断成长的，自然一天变一个样。如果遭到冰霜的伤害，那么就会长势不旺，一天天枯萎下去。

近世之训蒙稚①者，日惟督以句读课做②，责其检束，而不知导之以礼③，求其聪明，而不知养之以善④，鞭挞绳缚，若待拘囚⑤，彼视学舍如图狱而不肯入，视师长如寇仇而不欲见，窥避掩复以遂其嬉游⑥，设诈饰诡以肆其顽鄙⑦，偷薄庸劣，日趋下流，是盖驱之于恶而求其为善也，何可得乎？

◆《阳明全书·卷二·训蒙大意示教读刘伯颂等》

〔注〕① 训蒙稚：教授启蒙儿童。② 做：即"仿"。③ 导之以礼：用礼加以引导。④ 养之以善：用和善的方法加以教养。⑤ 拘囚：在押的囚犯。⑥ 窥避掩复以遂其嬉：意思是通过躲藏掩蔽等办法达到嬉戏玩耍的目的。⑦ 设诈饰诡以肆其顽鄙：意思是顽皮捣蛋，说谎骗人。

〔译〕近代教授启蒙儿童的人，每天只是督促〔学生〕读书写字，要求他们循规蹈矩，而不知道用"礼"加以引导，要求他们聪明〔起来〕，而不知道用和善的方法去教养他们。〔老师〕用鞭子抽，用绳索捆〔学生〕，像对待囚犯一样。学生把学校看作监狱一样而不愿意进校学习，把老师当做仇敌一样而不愿意看见，通过躲藏掩蔽等办法达到嬉戏玩耍的目的，顽皮捣蛋，说谎骗人，品德变坏，一天天走下坡路。这是驱使学生去做坏事情而又要求他们成为好人，这怎么可能呢？

龙湖卓吾①，其乐何如？四时读书，不知其余。……其乐无穷，寸阴可惜，曷敢②从容！

◆〔明〕李贽：《焚书·卷六·读书乐并引》

〔注〕① 卓吾：李贽的字。② 曷敢：何敢。

〔译〕龙湖的李卓吾呵，快乐得怎么样呢？一年到头只知道读书，不知道别的事情。……〔读书的〕快乐无穷无尽，每寸光阴都值得爱惜，怎么敢懒懒散散啊！

养蒙之道通于圣功，苟非其本心之乐为，强之而不能以终日。故学者在先定其情，而教者导之以顺。

◆〔明清之际〕王夫之：《四书训义》

〔译〕教育蒙童的道理与神圣的功业是相通的，如果〔学生〕本心不乐意学习，〔即使〕强迫〔他〕学习也不能整天如此。所以对于学习的人先要安定他的情绪，老师则要因势利导。

学生是人，不是猪狗；读书而不讲，是念藏经①也。嚼木札②也，钝者或俯首受驱使，敏者必不甘心。人皆寻乐，谁肯寻苦，读书虽不如嬉戏乐，然书中得有乐趣，亦相从矣。

◆〔清〕王筠：《教童子法》

〔注〕① 藏（zàng）经：佛教道教经典的总称。如"道藏"、"大藏经"。② 木札：小木片。

〔译〕学生是人，不是猪狗；〔只是叫学生〕读死书而不给讲解，是和尚念经，嚼木渣〔毫无味道〕。迟钝的学生可能服服帖帖地受〔老师的〕驱使，机灵的学生就不会心甘情愿〔地受驱使了〕。人们都想快乐，谁肯受苦呢？读书虽然不像嬉戏那样使人快乐，但是也应该在书本中得到乐趣，〔学生〕才肯来读书。

115

若夫学童者，脑实未充，干肉①未强，操业之时，益当减少。《论语》曰："学而时习。"《记》曰"蛾子时术之②。"但使教之有方，每日伏案一二时，所学抑已不少，自余暇晷③，或游苑囿④以观生物；或习体操以强筋骨；或演音乐以调神魂，何事非学？何学非用？其宏多矣，而必立监佐史以莅之⑤，正襟危坐以围⑥之，庭内湫隘⑦，养气不足，圈禁拘管，有如重囚，对卷⑧茫然，更无生趣，以此而求其成学，所以师劳而功半，又从而怨之也。

◆梁启超：《变法通议·论幼学》

〔注〕① 干肉：人体的躯干、肌肉。②《记》：即《礼记·学记》。蛾（yǐ）：一种小虫，名蚍蜉，它能衔土堆积

起土堆；术：取玩，效法。③ 暇晷：闲暇的时间。④ 苑
囿（yòu）：花园，果园。⑤ 必立监佐史以莅之：监佐史，
这里指学监。莅（lì）临：从上监视。⑥ 圉（yǔ）：禁。
⑦ 湫（jiǎo）隘：低下，狭窄。⑧ 卷：书本。

〔译〕至于小学童，〔他们的〕大脑尚未发达，身体还不强
壮，学习的时间，更应当减少。《论语》说："学习要按时
复习"，《礼记·学记》上说："蚯蚓之子虽是小虫，但它能时
时不息地学习衔土的工作。"只要教导得法，〔学生〕每天
在课桌旁学习一两个时辰，所学的东西也就不少了。其余
的空闲时间，或者去果园中观察生物〔的生长情况〕，或者
做体操锻炼身体，或者欣赏音乐以便调节神经，〔这样〕什
么事不能学习呢？学到的什么知识没有用呢？〔学生〕活
动的天地广阔得很哪。〔但是现在〕却设立学监来监视学
生，〔要求学生〕规规矩矩地坐着以束缚自己。校园狭窄，
使人憋气，〔把学生放在这里〕拘禁看管起来，像对待重案
囚犯一样，〔使学生死气沉沉，〕对着书卷发呆，感到一点
兴趣也没有。而以这种方法要求学生学到东西。因此，老
师辛辛苦苦，而成效甚少，反而还埋怨学生〔蠢笨〕。

……故教育儿童，徒①以趣味教育，俾②其毫无勉强，必不能扩张儿童
之可能性也。回思吾侪③束发④受书之际，并无今日美丽之教科书，悦
目之图画，成绩亦颇不恶，则以受各种逼迫之故，其可能性自然发达
也。读书而令儿童自己思索，不为讲解，未免近于野蛮；然好为师长者
或授一书而强使记诵，或发一义而使之思索，衡以今日教授之法固属不
合，然往往因此而生记忆力与理解力焉，鄙人言此，并非主张旧日之教
法，不过证明今日纯用趣味引诱，不加强迫，亦未免过犹不及。

◆ 梁启超：《中国教育之前途与教育家之自觉》

〔注〕① 徒：仅仅，只是。② 俾（bǐ）：使。③ 侪（chái）：
辈。④ 束发：古时男子成童将头发束成髻。后因用"束
发"代表男子成童之年。

〔译〕所以教育儿童，仅仅凭趣味教育，使他们在学习上毫无勉强，这一定不能发展儿童的主观能动性。回想我们年少读书的时候，并没有像今天这样美丽的教科书，好看的插图，成绩也很不坏，这是因为受各种强迫的缘故，这样主观能动性就自自然然得到发展了。读书而教儿童自己思索，不给讲解，这未免近于野蛮；然而做老师家长的或者教一本书而勉强他们记忆背诵，或者启发一种意义而让他们思索，用今天的教育法来衡量固然属于不合适，但往往因为这样做而培养了儿童的记忆力和理解力。我说这些话，并不是主张用过去旧的教学法，不过是证明今天完全用趣味引诱，不加强迫，也未免过犹不及了。（梁氏这段话的意旨在于，培养学习兴趣固然重要，但又不能搞兴趣主义，要给学生一定的压力，使其努力学习，方能让智力得到较充分的发展。）

凡嗜好的读书，能够手不释卷的原因也就是这样。他在每一叶每一叶里，都得着深厚的趣味，自然也可以扩大精神，增加知识的……。

◆鲁迅：《而已集·读书杂谈》

情欲与智力发展

性者，天之就也；情者，性之质也；欲者，情之应也。

◆《荀子·正名》

〔译〕性是天生就有的，情是由性的本质表现出来的，欲是情对于外物的感应所产生的。

性之好、恶、喜、怒、哀、乐谓之情。情然，而心为之择谓之虑。

◆《荀子·正名》

〔译〕人性〔所表现出来的〕好、恶、喜、怒、哀、乐就叫做感情。感情就是（以上）那些方面，而心加以选择判断就叫做思虑。

心忧恐，则口衔刍豢①而不知其味，耳听钟鼓而不知其声，目视黼黻②而不知其状，轻暖、平簟而体不知其安③。

◆《荀子·正名》

〔注〕① 刍（chú）豢（huàn）：原指牛羊猪狗等，这里指肉类。② 黼（fǔ）黻（fú）：古代礼服上绣的花纹，这里泛指华丽的衣服。③ 轻暖：指轻暖的褥子。平簟：平整的竹席。安：舒适。

〔译〕心情忧愁、恐惧〔的人〕，口里吃着肉却尝不出滋味，耳朵听到钟鼓的鸣响却好像没有听到，眼睛看到华丽的衣服却像没有看到，睡在轻暖的褥子或平整的竹席上却没有舒服的感觉。

性者，天之就也；情者，性之质也；欲者，情之应也。以所欲为可得而求之，情之所必不免也。以为可而道之，知所必出也。

◆《荀子·正名》

〔译〕性是天生成的；情是性的本质；欲望又是因情对外物的感应而产生的。以为自己的欲望是对的，从而想方设法来达到这个欲望，人的智慧必然会这样产生出来。

嗜欲充盈，目不见色，耳不闻声。

◆《管子·心术上》

〔译〕人的头脑里充满了欲望，〔心智就被欲望惑乱了，以致〕眼睛看不见色彩，耳朵听不到声音。

夫心有欲者，物过而目不见，声至而耳不闻也。

◆《管子·心术上》

〔译〕凡是心里专注地考虑问题时，有东西经过而眼睛看不见，有了声音而耳朵听不见。

人生而后有欲、有情、有知，三者，血气心知之自然也。给于欲者，声色臭味也，而因有爱畏。发乎情者喜怒哀乐也，而因有惨舒。辨于知者，美丑是非也，而因有好恶。声色臭味之欲，资以养其生。喜怒哀乐之情，感而接于物。美丑是非之知，极而通于天地鬼神。是皆成性然也。

◆〔清〕戴震：《戴氏遗书》卷下

〔译〕人从生下来以后便有欲望、有感情、有思辨能力，这三个方面，凡是有血气心知的人自然都具备。就欲望来说，指的声、色、味等感觉，人因此而有所爱恶。抒发感情包括喜、怒、哀、乐，人因此而有悲戚和舒畅。辨别于认识能力，有美、丑、是、非之分，人因此而有爱好和厌恶。声、色、味等欲望，人藉以滋养生命。喜、怒、哀、乐等感情，人藉此以与外物发生联系。美、丑、是、非的辨知力，使人能了解天地鬼神。这（指欲、情、知）都是组成人性的东西。

九、"专心致志"、"虚壹而静"
——集中注意力与智力形成的关系

注意力，是心理活动指向和集中于一定对象的努力。注意是获得知识的窗口，因此，发展注意力对人的智力的形成具有毋庸置疑的意义。荀子指出，只有"专心一致，思索孰察"，方能"通于神明，参于天地"（《荀子·性恶》）；孟轲以下棋作比喻，揭示"不专心致志，则不得也"的道理。（见《孟子·告子上》）

我国哲人对于发展注意力的具体方法，也有精彩的论述，"虚壹而静"（《荀子·解蔽》），"目不两视"，"耳不两听"（《荀子·劝学》），"专于意，一于心，耳目端"（《管子·心术下》），"心到、眼到、口到"（朱熹：《训学斋规》）都是至理名言。

此外，一些思想家为了引导人们集中注意力，十分强调学习的"专一"性，希望学习者由博反约，由泛览到精读。这对智力发展方向的确定，有着重要意义。

120

"不专心致志则不得也"

二三子有复于子墨子学射者。子墨子曰："不可，夫知者必量其力所能至而从事焉。国士战且扶人，犹不可及也；今子非国士也，岂能成学又成射哉？"

◆《墨子·公孟》

〔译〕有几个人又想从墨子学习射箭。墨子说："聪明人一定是去做估计自己的力量能办得到的事。为国作战的武士自己一方面战斗，同时又去帮助别人战斗，尚且办不到，何况你们还不是那种国士，哪里能够学业未成功，而又去学射箭呢？”

今夫弈①之为数②，小数也，不专心致志，则不得也。弈秋，通国之善弈者也。使弈秋诲③二人弈：其一人专心致志，惟弈秋之为听；一人虽听之，一心以为有鸿鹄④将至，思援弓缴⑤而射之，虽与之俱学，弗若之⑥矣。为是其智弗若与？曰：非然也。

◆《孟子·告子上》

〔注〕① 弈：下围棋。② 数：技，技艺。③ 诲：教。④ 鸿鹄：指鹄，今名天鹅。⑤ 缴（zhuó）：本为生丝缕，这里指系着丝线的箭。⑥ 弗若之：比不上他。

〔译〕下围棋的技艺，是一种小的技艺，假如不专心致志地学，也就学不会。下围棋的秋，是全国的冠军，叫他去教两个人下棋：其中一个专心致志地学，秋教的他都听在心里，而另一个虽然也听，然而一心认为有天鹅会飞过，想着弯弓搭箭射它。虽然是和前一个人一块学，但是成绩赶不上他。这是他的智力比不上吗？回答说：不是的呀。

人有鸡犬放①，则知求之；有放心②而不知求。学问之道无他，求其放心而已矣。

◆《孟子·告子上》

〔注〕① 放：指鸡犬逃散，走失。② 放心：恣纵，放任之心。

〔译〕人们的鸡犬逃走了，知道去找回来；而有放纵〔学习〕之心，却不知道收回来。做学问没有别的窍门，只要把放纵之心收回来〔专心学习〕就是了。

学也者，固学一之也。

◆《荀子·劝学》

〔译〕学习嘛，本来就应该一心一意。

今使涂之人伏术为学①，专心一志，思索孰察②，加日县久③，积善而不息，则通于神明，参④于天地矣。

◆《荀子·性恶》

〔注〕① 涂之人：普通人。伏术：遵循一定的理论。② 孰察：仔细地观察。孰，即"熟"。③ 加日县久：持续久的意思；县，同"悬"。④ 参：匹配。

〔译〕假使普通人遵循一定的理论，从事学习，专心一志，认真思考，周密观察，日久天长，坚持做好事不停，那就可以达到最高境界，能和天地比美了。

人何以知道①？曰心。心何以知？曰虚壹而静②。

◆《荀子·解蔽》

〔注〕① 道：正确的道理。② 虚壹而静：虚，这里指不因为自己的主观见解妨碍接受新的知识。壹，经过综合达到专一、纯正、冷静。荀况的"虚壹而静"，在重视和推崇人的思维的综合统一能力的同时，又强调要使心能正确地反映事物，心也要能安静。

〔译〕人用什么去认识正确的道理呢？是用思维器官。思维器官怎样才能认识呢？要专一而平静，〔不受扰乱〕。

不以夫一害此一，谓之一。

◆《荀子·解蔽》

〔译〕不因对那件事的认识而妨害对这件事的认识，就叫做专一。

目不能两视而明，耳不能两听而聪。

◆《荀子·劝学》

〔译〕眼睛〔同时〕看两个目标就看不清楚，耳朵〔同时〕听两种声音就听不明白。

心不使焉，则黑白在前而目不见，雷鼓在侧而耳不闻。

◆《荀子·解蔽》

〔译〕〔如果〕不用心思考，那么把黑色和白色〔的东西〕

放在面前也看不见，雷鼓在耳旁轰鸣也听不到。

心枝①则无知，倾则不精，贰则疑惑。

◆《荀子·解蔽》

〔注〕① 枝：分枝，分散。

〔译〕思想分散就学不到知识，不专心就学得不精深。三心二意就疑惑不解。

君子壹教，弟子壹学，亟成。

◆《荀子·大略》

〔译〕君子专心地教，弟子专心地学，很快就能完成学业。

故好书者众矣，而仓颉①独传者，壹也；好稼者众矣，而后稷②独传者，壹也；好乐者众矣，而夔③独传者，壹也；……自古及今，未尝有两而能精者也。

◆《荀子·解蔽》

〔注〕① 仓颉（jié）：传说中的黄帝时的史官、文字的创造者。② 后稷（jì）：传说中的尧时农官。③ 夔（kuí）：传说中的舜时乐官。

〔译〕喜欢文字的人很多，然而只有仓颉的名字流传下来了，这是因为他专一于文字的缘故；喜欢耕种的人很多，然而只有后稷的名字流传下来了，这是因为他专一于耕种的缘故；喜欢音乐的人很多，然而只有夔的名字流传下来了，这是因为他专一于音乐的缘故；从古到今，没有不专一而精通一种专业的。

心不在焉，视而不见，听而不闻，食而不知其味。

◆《大学·传》七章

〔译〕心不专注，看东西就会看不见，听声音就会听不见，吃东西却尝不到味道。

专于意，一于心，耳目端，知远之征。

◆《管子·心术下》

123

〔译〕注意力集中，思想专一，耳朵过细听，眼睛过细看，这是认识事物深刻的依据。

目不能二视，耳不能二听，手不能二事。一手画方，一手画圆，莫能成。

◆〔西汉〕董仲舒：《春秋繁露·天道无二》

〔译〕眼睛不能同时看两个地方，耳朵不能同时听两种声音，手不能同时做两件事。一手画方形，一手画圆形，不能成功。

弈秋，通国之善弈也。当弈之时，有吹笙①过者，倾耳听之，将围未围之际，问以弈道，则不知也。非弈道暴深②，心有蹔暗③，笙滑④之也。隶首，天下之善算。当算之时，有鸣鸿过者，弯弧拟之，将发未发之间，问以三五，则不知也。非三五难算，意有暴昧，鸿乱之也。弈秋之弈，隶首之算，穷微尽数⑤，非有差也。然而心在笙鸿，而弈败算挠者，是心不专一，游情外务也。

◆〔北齐〕刘昼：《新论·专学》

〔注〕① 笙：簧管乐器。② 暴深：陡然变得深奥起来。③ 蹔：同"暂"。④ 滑（gǔ）：通"汩"，扰乱。⑤ 穷微尽数：技艺精到极点。

〔译〕弈秋，是全国最会下围棋的人。在他下棋的时候，有人吹着笙从这里经过，〔他〕侧耳去听，把棋下成了将围未围的形势，旁人问他这是什么战术，他却不知道。这并不是下棋的战术突然变深奥了，使心里一时糊涂，是由于吹笙的干扰。隶首，是天下高明的数学家，在他计算的时候，有天鹅鸣叫着飞过，他拉弓瞄准，正在将要发射而又未发射的时候，有人问他一道数学题，他回答不上来。并不是这道题难算，智力突然变得愚昧了，而是由于天鹅扰乱了〔他的注意力〕。弈秋的棋术，隶首的数学学问，都精深到极点了，不会有差错。但是把心思放在听笙、射天鹅上面，使其输棋，不会计算，是心不专一，精力不集中〔的原因〕啊。

余尝谓读书有三到：心到、眼到、口到。心不在此，则眼看不仔细。心眼既不专一，却只漫浪诵读，决不能记，记亦不能久也。三到之中，心到最急，心既到矣，眼、口岂有不到者乎？

◆〔南宋〕朱熹：《训学斋规》

〔译〕我曾说过读书要做到"三到"：心到、眼到、口到。心思不在读书上面，那么眼睛就会看得不仔细。心与眼既不专一，只是有口无心地诵读一番，一定记不住，即使记住了也不能持久。"三到"之中，"心到"要最先做到。心既到了，眼、口岂有不到的呢？

贵精、贵专

多知而无亲，博学而无方，好多而无定者，君子不与。

◆《荀子·大略》

〔译〕学了许多门知识而没有一门是他喜欢的，学问广博却没有治学的方向，喜欢许多知识而没有固定的爱好，君子不干这种傻事。

蟥无爪牙之利，筋骨之强，上食埃土，下饮黄泉①，用心一也；蟹八跪而二螯②，非蛇蟮之穴无可寄托者，用心躁也。是故无冥冥之志者，无昭昭之明。无惛惛之事者，无赫赫之功。行衢道③者不至；事两君者不容。目不能两视而明，耳不能两听而聪。

◆《荀子·劝学》

〔注〕①黄泉：地下泉水。②跪：脚。螯（áo）：蟹钳。③衢道：十字路口。

〔译〕蚯蚓没有锋牙利爪和强健的筋骨，它能在地面上吃尘土，在地下饮泉水。这是由于它用心专一的缘故；螃蟹八个脚而两个大夹爪子，但是没有蛇和鳝鱼的洞它就没有栖身的地方。这是由于它浮躁，用心不专一的缘故。所以没有刻苦钻研精神的人，在学习上是不会有显著成绩的；

不能埋头苦干的人，在事业上就不能取得巨大的成就。在歧路上徘徊不定的人是达不到目的地的。同时事奉两个君主的人，结果任何一方也不会容纳他。〔犹之如〕眼睛不能同时看两处而看得明白，耳朵不能同时听两处而听得清楚一样。

称干将①之利，刺则不能击，击则不能刺，非刃不利，不能一旦二也。……方圆画不俱成，左右视不并见，人材有两为，不能成一。

◆〔东汉〕王充：《论衡·书解》

〔注〕① 干将：古宝剑名。

〔译〕称赞干将这种宝剑的锋利，〔但是〕用它刺杀，就不能同时用它锤击，用它锤击，就不能同时用它刺杀，这不是宝剑不锋利，是由于一物不能同时两用。……〔一只手〕不能同时画出方形和圆形，〔眼睛〕不能左右同时看清。培养人材如果不使他们专一，连一种本领也学不成。

守晷①之下，惟务贪多，连篇累牍，何由精妙？

◆《宋史·选举志》

〔注〕① 晷（ɡuǐ）：古代用来观测日影以定时刻的仪器。

〔译〕在有限的时间里，只是一味贪多，〔写起文章、著起书来〕一篇接一篇、一本堆一本，怎么能做到精妙呢？

读书先务精而不务博，有余力乃能纵横。

◆〔北宋〕黄庭坚：《先正读书诀》

〔译〕读书先要求精而不要求博，有余力才能扩大阅读范围。

此皆诚一①之所至，而专用之于习，惨淡攻苦②，屡蹉跌而不迁③，审其机以应其势，以得其致力之所在；习之又久，至精熟不失毫芒，乃始出而行世④。举天下之至险阻者，皆为简易。夫曲艺则亦有然者矣！以是知至巧出于至平，盖以志凝其气，气动其天，非卤莽灭裂之所能效。

◆〔清〕彭士望：《九牛坝观抵戏记》

〔注〕① 诚一：心志专一。② 惨淡：苦思苦想的样子。攻

苦：钻研高深的技术。③ 蹉跌：失足跌倒，这是比喻差错。不迁：不改变意志。④ 行世：指公开表演。

〔译〕这都是〔由于〕做到了心志专一，而且〔所有精力〕专门用于学习上，苦思苦想地钻研高深的技术，遇到挫折也不气馁，仔细探究事物的关键以适应它们的情势，以便找到使气力的地方。练习的时间长了，精熟的程度可以不失分毫，这才出去公开表演。天下最险阻的事情，〔他们做起来〕都非常容易。说起曲艺这一行也是这样的啊！由此可知最高超的技艺是从最平常的〔动作〕练习出来的。这都是由于立志而鼓舞精神，这种精神发展了他的天赋，并不是做事粗鲁冒失可以成功的。

开卷疾读，日得数十卷，至老死不懈，可曰勤矣，然而无益。此有说也，疾读则思之不审，一读而止，则不能识忆其文，虽勤读书，如不读也。

◆〔清〕冯班：《钝吟杂录》

〔译〕翻开书便迅速地读，每天读几十卷，到老死时也不懈怠，可以算作勤学的了，但是没有益处。这样说是有根据的：读快了便思考得不细，读一遍就过去便记不住书的内容，这样读书虽然很勤苦，〔但是〕就同没有读书一样。

127

十、"多闻"、"多见"，"好问"、"好察"
——发展感知力和观察力

感知—观察能力是智力结构的眼睛。我国思想家对发展人的感知——观察能力十分重视，提出"多闻"、"多见"的主张，反对孤陋寡闻，把闻见等感知活动作为获取知识，形成智力的起点，所谓"人无耳目则无所知"，"痾聋与盲，不成人者也。"（《论衡·别通》）为了发展学习者的感知力，一些哲人提倡直观教学，"析理以辞，解体用图"（刘徽：《〈九章算术〉注》），"用活动电影来教学生"（鲁迅：《南腔北调集·"连环图画"辩护》）便是这类主张。

与此同时，我国思想家又对观察力的训练给予特别的重视，认为"听不审不聪"，"视不察不明"（《管子·宙合》），即主张在感知的基础上，发展有目的、有计划、较深入全面的认识能力——观察力。这种观察力是由感知向思维的过渡，是智力形成的必不可少的步骤。

有些先哲还指出，要发展人的感知——观察力，须善于藉助外力，掌握工具，所谓"圣人既竭目力焉，继之以规矩准绳"，"既竭耳力焉，继之以六律正五音"（《孟子·离娄上》），"君子生非异也，善假于物也"（《荀子·劝学》）。利用外力，可以扩大和加深耳、目、鼻、舌、肤等感官对外物感知的范围。当然，古人只能"登高"以望远，乘舟以绝江河，用"规矩"确定视觉的准确性，用"六律"订正听觉的精度，近代则有作为眼睛延伸的望远镜、显微镜，耳朵延伸的听诊器、电话机、收音机，它们大大增强了感知、观察的深度和广度。因此，掌握操纵这些工具，也就成为发展感知——观察力所必不可少的侧面。

多闻、多见——发展感知力

子曰："盖有不知而作①之者，我无是也。多闻，择其善者而从之；多见而识②之，知之次也。"

◆《论语·述而》

〔注〕① 不知而作：自己不懂而凭空造作。② 识（zhì）：记住。

〔译〕孔子说：有种自己不懂却凭空造作的人，我没有这种毛病。〔我是〕多听，选择好的照办；多看，并记住它们，〔比起那些"生而知之"的人来〕我这样的"知"是次一等的。

多闻阙疑，慎言其余，则寡尤；多见阙殆，慎行其余，则寡悔。

◆《论语·为政》

〔译〕多听，有怀疑的地方，加以保留；其余足以自信的部分，谨慎地说出，就能减少错误。多看，有怀疑的地方加以保留；其余足以自信的部分，谨慎地实行，就能减少懊悔。

知：闻、说、亲。

◆《墨子·经上第四十》

〔译〕知识的来源有三：听来的；考察得来的；亲身经历得来的。

闻，传、亲。

◆《墨子·经上》

〔译〕闻，有传闻、亲闻两种。

闻：或告之，传也；身观焉，亲也。

◆《墨子·经说上》

〔译〕闻：由于旁人转告而得来的知识，是传闻；由于亲身看到听到而得来的知识，是亲闻。

见：体、尽。

◆《墨子·经上》

〔译〕见：有体见、尽见二种。

129

见，特①者，体也；二者，尽也。

◆《墨子·经说上》

〔注〕①特：奇（jī）数，单一。

〔译〕见：看到事物的一面，是体见；看到事物的两面，是尽见。

古者有语：谋而不得，则以往知来，以见①知隐。谋若此，可得而知矣。

◆《墨子·非攻中》

〔注〕①见：即"现"字。

〔译〕古人有句话说：谋划〔一件事情〕没有成功，就借鉴过去以了解未来，从明显的东西去了解不明显的东西。像这样谋划，就可以求得了解了。

天下之所以察知有与无之道者，必以众人耳目之实知有与无之为仪者也。诚惑①闻之见之，则必以为有；莫闻莫见，则必以为无。

◆《墨子·明鬼》

〔注〕①惑：通"或"。

〔译〕人们要考察知道〔某种事物〕的有无的方法，一定是以众人的耳闻目见真正知道其有无这点为标准，实在是有人亲耳听到亲眼看见它，那就一定认为有；没有亲耳听到亲眼看到，那就一定认为没有。

不闻不若闻之，闻之不若见之，见之不若知之。……闻之而不见。虽博必谬；见之而不知，虽识必妄。

◆《荀子·儒效》

〔译〕没有听到不如听到了好，听到了不如见到了好，看到了不如了解了好。只是听到而没有看到，虽然渊博，必然会有错误；看到了而没有了解，虽然有认识，必然会有荒谬的地方。

多闻曰博，少闻曰浅，多见曰闲，少见曰陋。

◆《荀子·修身》

〔译〕多听使人知识广博，少听使人知识浅陋；多见使人知识渊深，少见使人知识浅薄。

耳、目、口、鼻、形，能各有接而不相能也，夫是之谓天官。心居中虚，以治五官，夫是之谓天君。

◆《荀子·天论》

〔译〕耳、目、口、鼻、身各有接受和反应外界刺激的职能，而它们的职能又是不能互相代替的。这就叫做自然的感觉器官。心脏处于胸腔中间，是主宰五官的器官，所以把它叫做形体的天然主宰者。

心有征知①，征知，则缘耳而知声可也，缘目而知形可也，然而征知必得待天官之当簿其类然后可也②。五官簿之而不知，心征之而无说，则人莫不然谓之不知③，此所缘而以同异也④。

◆《荀子·正名》

〔注〕① 征知：检验认识。② 簿：迫，接触。③ 说：说出道理来。④ 缘：根据。

〔译〕心有检验感官得来的认识的能力。然而依靠听觉器官才能辨别声音的不同，依靠视觉器官才能辨别形状的不同。这样说来，心的检验能力一定要等到感觉器官接触所感觉的对象以后才能发挥作用。如果感觉器官接触了外界事物而不能认识它，心对它检验了而说不出道理来，那么人们没有不把这种情况说成是没有认识的。这就是根据感官接触外物而确定名称的同异的情况。

人目不见青黄曰盲，耳不闻宫商曰聋，鼻不知香臭曰痈。痈聋与盲，不成人者也。

◆〔东汉〕王充：《论衡·别通》

〔译〕人的眼睛看不见颜色叫瞎，耳朵听不见声音叫聋，鼻子闻不到气味叫鼻痈。鼻痈、耳聋、眼瞎，就不成为健康的人了。

如无闻见，则无所状。

◆〔东汉〕王充：《论衡·实知》

〔译〕假如没有听到或看到〔某个东西〕，就无法描绘出〔它〕的样子。

不目见口问，不能尽知也。

◆〔东汉〕王充：《论衡·实知》

〔译〕〔对于任何事物〕不用眼睛看，不用嘴巴问，就不能完全了解。

实者圣贤不能性知，须任耳目以定情实。

◆〔东汉〕王充：《论衡·实知》

〔译〕实际上圣人贤人不是生而知之，必须凭藉耳朵听眼睛看来认定事情的真相。

凡操千曲而后晓声，观千剑而后识器。故园照之象，务先博观。

◆〔梁〕刘勰：《文心雕龙·知音》

〔译〕只有弹过千百个曲调的人，才懂得音乐，看过千万口剑的人，才能懂得宝剑。所以全面评价作品的方法，就是必须广博地阅读。

胡先生翼之尝谓滕公曰："学者只守一乡，则滞①于一曲，隘吝②卑陋。必游四方，尽见人情物态，南北风俗，山川气象，以广其闻见，则为有益于学者矣。"

◆丁宝书辑：《安定言行录》卷上

〔注〕①滞：停留。②隘吝：偏狭。

〔译〕胡翼之先生曾对滕公说："求学的人如果只呆在一个小地方，停留在一个偏僻的地方，就会成为偏狭卑陋的人。一定要到外面去周游，多看看人情物态，南北风俗，山川气象，以扩大见闻。这对求学的人来说是有益处的。"

132

士可以游乎？"不出户，知天下"，何以游为哉！士可以不游乎？男子生而射六矢①，示有志乎天下四方也，而何可以不游也？
夫子②，上智也，适周而问礼，在齐而闻《韶》③，自卫复归于鲁，而后《雅》《颂》各得其所也。夫子而不周、不齐、不卫也，则犹有未问之礼，未闻之韶，未得所之雅颂也。上智且然，而况其下者乎？士何可以不游也！然则彼谓不出户而能知者，非欤？曰，彼老氏意也。老氏之学，治身心而外天下国家者也。人之一身一心，天地万物咸备，彼谓吾求之一身一心有余也，而无事乎他求也，是固老氏之学也。而吾圣人之学不如是。圣人生而知也，然其所知者，降衷秉彝之善而已④。若夫山川风土、民情世故、名物度数、前言往行，非博其闻见于外，虽上智亦何能悉知也？故寡闻寡见，不免孤陋之讥。取友者，一乡未足，而之一国；一国未足，而之天下，犹以天下为未足，而尚友古之人焉。陶渊明所以欲寻圣贤遗迹于中都也⑤。

◆〔元〕吴澄：《送何太虚北游序》

〔注〕① 射六矢：古代诸侯生子，以桑木做的弓，蓬梗做的矢射天、地和四方，象征儿子长大以后能抵御四方之难。② 夫子：孔夫子。③ 韶：虞舜时的乐名。④ 降衷：意为上天给予的本性。秉彝（yí）：秉持有常。彝：常，即法则，引申为本性。⑤ 陶渊明：即陶潜，晋代的隐士、诗人。中都：中州，即黄河流域。相传陶渊明作过《圣贤群辅录》，其中所录圣贤群辅多为中州人。

〔译〕读书人应该游历吗？〔老子说〕"足不出门，能知天下事情"，这还用游历做什么呢？读书人可以不游历么？男子汉刚生下来时要射六根箭，表示志在天下四方，而哪能不游历呢？

孔夫子，是上等智慧的人，到周朝去请问礼节，在齐国听了《韶》乐，从卫国再回到鲁国，后来〔整理前代流传下来的乐谱，〕使合于《雅》乐的归于《雅》，合于《颂》乐的归于《颂》。孔夫子没到周朝、没到齐国、没到卫国，还有不知道的礼节，没有听见过的《韶》乐，没有整理过的《雅》《颂》。上等智慧的人尚且如此，而况下等智慧的人呢？读书人怎么可以不游历！然而你说足不出门而能知道天下事，不是这样吗？我们说，那是老子的意思呀。老子的学说，是讲修养个人的精神道德而把天下国家的事情抛在一边。天地万物都被包容于人的身心之中，他说我只在我的身心中去探求事物的道理就足够了，而无须乎向别的地方去探求。这就是老子的学说，而我们的圣人的学说不是这样的，圣人生而知之，然而他所以知道，不过是上天赋予他的特长和本性，使它达到完善罢了。山川风土、民情世故、名物度数、前言往行，不是到外面所听到

133

很多，虽是上等智慧的人也哪能完全知道呢？因此少听少见，就不免被人讥笑为见识浅薄。结交朋友，一乡不够，就到一国，一国不够，就到天下，还认为天下不够，就与上古代的人做朋友。陶渊明所以想到中州去寻访前代圣贤的遗迹〔也就是这个道理〕。

物理不见不闻，虽圣哲亦不能索而知之。

◆〔明〕王廷相：《雅述》上篇

〔译〕对于事物的道理，如果不亲自去听去看，即使是圣贤也不能〔凭脑子〕搜索而知道。

身之所历，目之所见，是铁门限①。

◆〔明清之际〕王夫之：《夕堂永日绪论内编》

〔注〕①铁门限：语出《法书要录》。这里作限制谨严用。

〔译〕〔就写文章而言，有无〕亲身经历，亲眼所见，是根本性的限制。（意谓有了亲身的观察体验，才写得真切。）

用活动电影来教学生，一定比教员的讲义好，将来恐怕要变成这样的。……

自然，这话里，是埋伏着许多问题的，例如，首先第一，是用的是怎样的电影，倘用美国式的发财结婚故事的影片，那当然不行。但在我自己，却的确另外听过采用影片的细菌学讲义，见过全部照相，只有几句说明的植物学书。所以我深信不但生物学，就是历史地理，也可以这样办。

◆鲁迅：《南腔北调集·"连环图画"辩护》

一个人的知识，不外直接经验的和间接经验的两部分。而且在我为间接经验者，在人则仍为直接经验。因此，就知识的总体说来，无论何种知识都是不能离开直接经验的，任何知识的来源，在于人的肉体感官对客观外界的感觉，否认了这个感觉，否认了直接经验，否认亲自参加变革现实的实践，他就不是唯物论者。

◆毛泽东：《实践论》

认识的过程，第一步，是开始接触外界事情，属于感觉的阶段。第二步，是综合感觉的材料加以整理和改造，属于概念、判断和推理的阶段。只有感觉的材料十分丰富（不是零碎不全）和合于实际（不是错觉），才能根据这样的材料造出正确的概念和论理来。

◆毛泽东：《实践论》

"好问"、"好察"——发展观察力

视其所以，观其所由，察其所安。人焉廋哉？人焉廋①哉？

◆《论语·为政》

〔注〕① 廋：藏。

〔译〕考查一个人所做的事；观察他为达到一定目的所采用的方式方法；了解他的心情，安于什么，不安于什么，那么，这个人〔的真面目〕怎样隐藏得住呢？

听其言而观其行。

◆《论语·公冶长》

〔译〕听他说的话，观察他的行为。

不知言，无以知人也。

◆《论语·尧曰》

〔译〕不善于分析别人的言语〔以辨其是非善恶〕，就无法了解这个人。

子入太庙①，每事问。

◆《论语·八佾》

〔注〕① 太庙：古代开国之君叫太祖，太祖的庙，称太庙。这里具体指周公的庙。

〔译〕孔子进了太庙，凡事都向别人请教。

敏而好学，不耻下问。

◆《论语·公冶长》

〔译〕聪明而且好学习，又谦虚下问，不以为耻。

曾子①曰："以能问于不能；以多问于寡；有若无；实若虚。"

◆《论语·泰伯》

〔注〕① 曾子：孔子弟子曾参。

〔译〕曾子说："自己有能力，〔有时〕却去请问无能力的人；自己的知识多；〔有时〕却去请问知识缺少的人；有学问好像没有一样；满腹知识好像空无所有一样"。

存①乎人者，莫良于眸子②。眸子不能掩其恶。胸中正，则眸子瞭③焉；胸中不正，则眸子眊④焉。听其言也，观其眸子，人焉廋哉？

◆《孟子·离娄上》

〔注〕① 存：观察。② 眸（móu）子：目睛。③ 瞭（liǎo）：明亮。④ 眊（mào）：目不明的样子。

〔译〕观察一个人，最好观察他的眼睛。眼睛里藏不住他心中的邪恶。心术正派，他的眼睛会显得有光彩；心术不正，眼睛就会灰暗无神。听他说些什么，观察他的眼睛，他的真面目能藏到哪里呢？

朋①之为人好上识②而下问。

◆《管子·戒》

〔注〕① 朋：人名，隰朋。春秋齐国人，助管仲相齐桓公。② 好上识：喜欢了解大事。

〔译〕隰朋的为人喜欢了解重大的事情而常常请问下面的人。

听不审不聪，不聪则缪；视不察不明，不察不明则过；虑不得不知则昏。

◆《管子·宙合》

〔译〕听而不辨析就不明了，不明了就会产生错误；看而不调查就会不清楚。不明了，不清楚就会产生过失。思考没有收获，没有认识，就会糊涂。

听言不可不察，不察则善恶不分。

◆《吕氏春秋·听言》

〔译〕听到别人的言论，不能不作分析，不分析就分别不清好坏。

文王智而好问，故圣；武王勇而好问，故胜。

◆《淮南子·主术训》

〔译〕周文王多智慧而且喜欢向别人请教，所以成为圣人；周武王勇猛而且喜欢向别人请教，所以夺得天下。

明则善视，故作哲；聪则善听，故作谋。

◆〔北宋〕王安石：《洪范传》

〔译〕眼力好就会观察，所以能洞明事理；耳力好就会听，所以能谋划事情。

冬雪六出①，春雪五出，言自小说家。予每遇春雪，以袖承花观之，并皆六出，不知此说何所凭据？《小雅》②："螟蛉有子，果蠃负之③。"《诗笺》④云："土蜂负桑虫入木孔中，七日而化为其子。"予田居时，年年取土蜂之窠验之，每作完一窠，先生一子在底，如蜂蜜一点，却将桑上青虫及草上花蜘蛛衔入窠内填满；数日后，其子即成形而生，即以次食前所蓄青虫、蝴蝶，食尽则成一蛹，数日即蜕而为蜂，啮孔而出。累年观之，无不皆然。……始知古人未尝观物，踵讹立论者多矣。无稽之言勿信，其此类乎？

◆〔明〕王廷相：《雅述》下篇

〔注〕①六出：六瓣。②《小雅》：《诗经》中的诗歌分为《小雅》、《大雅》、《国风》三类。③螟蛉：粉蝶的幼虫，长寸许，青色，俗称青虫。果蠃（luǒ）：虫名，体黑色，常衔泥，其幼虫以螟蛉等为食。④《诗笺》：东汉郑玄对《诗经》的注释。

〔译〕笔记小说上说冬天的雪花是六瓣，春天的雪花为五瓣。每逢春天下雪，我就用袖子接雪花观看，也都是六瓣，不知道根据什么说它是五瓣。

《小雅》说："螟蛉的幼虫，被果蠃背去〔当做自己的孩子〕。"《诗笺》说："土蜂把桑虫背到自己的树洞里，七天便化为自己的幼虫。"我居住在乡下时，每年都要把土蜂的窠弄来看看，〔实际情况是：〕土蜂每做它一个窠，先生下一个虫卵在窠底，像一小滴蜂蜜，然后将捉来的桑虫、花蜘蛛等将窠填满；几天以后，土蜂的虫卵就变成了幼虫，幼虫以窠内的青虫、蝴蝶等为食物，吃完后变成一个蛹，几天后蛹蜕为土蜂，把蛹壳咬开一个洞钻出来。几年观察，都是这个样子。……我这才知道古人没有亲自观察事物，跟随别人的错误结论而人云亦云的情况是不少的。没有根据的话不要相信它，上面说的就是例子。

夫圣贤之所以为知者，不过思与见闻之会而已。

◆〔明〕王廷相：《雅述》

〔译〕圣贤之所以是有知识的人，不过是〔由于〕他们在思考问题时，是结合自己所见所闻的情况进行的。

假如从广东乡下找一个没有历练的人，叫他从上海到北京或者什么地方，然后问他观察所得，我恐怕是很有限的，因为他没有练习过观察力。

◆鲁迅：《而已集·读书杂谈》

观察是得到一切知识的一个首要步骤。

◆（《人民教育》80年第一期《漫谈李四光的治学方法》）

"善假于物"，使观察向深度广度进军

离娄①之明，公输子②之巧，不以规矩，不能成方圆；师旷③之聪，不以六律④，不能正五音⑤；……圣人既竭目力焉，继之以规矩准绳，以为方圆平直，不可胜用也；既竭耳力焉，继之以六律正五音，不可胜用也。

◆《孟子·离娄上》

〔注〕① 离娄：相传为黄帝时人，目力极强，能于百步之外望见极细微的东西。② 公输子：即鲁班。③ 师旷：晋平公的"太师"（乐官之长），我国古代有名的音乐家。④ 六律：指阳六律，即黄钟、太簇、姑洗、蕤宾、夷则、无射。相传黄帝时伶伦截竹为筒，以筒的长短分别声音的清浊高低，乐器的音也依此为准则。分阴阳各六，阳为律，阴为吕，合称十二律。⑤ 五音：中国音乐的五种音阶——宫、商、角、徵（zhǐ）、羽。

〔译〕离娄的眼力那么好，公输的技术那么高明，不用规和矩两样仪器，还是做不出方和圆的东西来；师旷的听力那么好，不用六律，还是不能订正五音。圣人既充分利用自己的眼力，又继之用规、矩、准绳这类工具，来做方的、圆的、平的、直的东西，那就运用自如了。既充分利用了自己的听觉，又继之用六律来订正五个音阶，那就能运用自如了。

吾尝终日而思矣，不如须臾所学也；吾尝跂①而望矣，不如登高之博见也。登高而招，臂非加长也，而见者远；顺风而呼，声非加疾也，而闻者彰。假舆马者，非利足也，而致千里；假舟楫者②，非能水也，而绝③江河。君子生非异也，善假于物也。

◆《荀子·劝学》

〔注〕① 跂（qǐ）：同"企"，踮起脚跟。② 楫：船桨。③ 绝：横渡。

〔译〕我曾经整天思考问题，不如学习一会儿〔的收获大〕；我曾踮起脚来看，不如登上高处所看见的广阔。登上高处招手，我的手臂并没有加长，但是很远地方的人也能看见；顺风呼喊，声音并没有加大，但是听的人听得很清楚。乘坐车马的人，并没有长一双能快走的脚，却能走完千里路程；乘船的人，并不会游水，却能横渡江河。君子生来并没有什么〔与常人〕不同的地方，只是善于利用物质条件罢了。

十一、"知而有藏","学而时习"
——加强记忆力

记忆，是人脑对经验过的事物加以贮藏，并在以后再现，或在它重新呈现时再认识的过程。没有记忆，就没有智力的保留和积累，人的认识能力和实践能力便都要从零开始。因此，记忆力是智力结构中不可缺少的环节，它起着智力系统的信息储存器的作用。我国古代思想家对记忆的功能已有所认识，荀子说："心未尝不藏也"（《荀子·解蔽》），肯定了"心"（应为脑）贮藏过去的经验和知识的能力。宋人张载说："不记，则思不起。"（《张载集》第275页）认为记忆是思维的基础，记不住知识，就思考不起来。

遗忘是记忆的敌人，它是记忆现象中与保持、回忆、再认识呈反方向的一种情况，是记忆中的不良因子。而复习是战胜遗忘、巩固记忆的武器。现代生理学和心理学告诉我们，"遗忘"是大脑中"痕迹"的隐没，是旧联系的受阻；而复习则使这种旧联系重新接通。我国教育史有着重视复习的优良传统，"学而时习之，不亦说乎"（《论语·学而》），"朝益暮习，一此不解（懈）"（《管子·弟子职》）等名言，千古传诵。本来，孔丘的"学而时习"中的"习"，是指从经验中、从实践活动中取得知识，但后世将这个"习"解为复习（如何晏注曰："学者以时诵习之"，朱熹注曰："学之不已，如鸟数飞也"），于是"学而时习"便被理解为"学习了还要经常复习"，成了强调复习重要性的格言。这种约定俗成的用法，已经在历代教育实践中发生了作用，我们也就应当对这种解释给予必要的尊重。

有些思想家还对记忆与理解的关系问题作过探讨。张载说，"书多阅而好忘者，只是理未精耳，理精则须记了无去处也。"（《张载集》第279页）认为对义理缺乏深入理解，就不易记住。宋代所选的一百多个"神童"，后来成器的很少，除其他原因外，片面训练儿童的机械记忆能力，用机械记忆能力代替整个智力发展，也是重要缘由。如宋高宗发现，他选出的"神童"没有一个"登科显名",高宗问臣僚是何原因,臣僚答,这些孩子只能背书,不懂义理,不会作文,背起书来,"诵声如流,略无差异",但要他作诗,就"笔搁不下"。(见《宋会要辑稿·选举九》)可见,片面强调记忆,并不能发展健全的智力。近人梁启超指出,人有"记性"(记忆力)和"悟性"(理解力),"悟性"是"记性"的基础,要在理解的前提下记忆,反对死记硬背,这与捷克教育家夸美纽斯如下名言暗合:"除了很好地理解了的东西以外,决不能强迫去熟记任何东西。"

子曰:"学而时习之,不亦说①乎!"

◆《论语·学而》

〔注〕① 说:同"悦"。喜悦。

〔译〕孔子说:"学了,然后按时演习它,〔这样熟悉了自己所学的东西,〕不也能高兴吗!"

日知其所亡①,月不忘其所能,可谓好学也已矣。

◆《论语·子张》

〔注〕① 亡(wú):通"无"。

〔译〕每天知道所没有知道的东西,每月不忘掉自己所已经掌握了的东西,这可以说是好学了。

温故①而知新,可以为师矣。

◆《论语·为政》

〔注〕① 温故:温习旧知识。

〔译〕在温习旧的知识时,能有新体会、新发现,就可以做老师了。

默而识①之,学而不厌。

◆《论语·述而》

〔注〕① 识(zhì):记住。

〔译〕默默地记住所学得的知识,努力学习而不厌倦。

记问之学，不足以为人师。必也其听语乎！力不能问，然后语之①，语之而不知，虽舍②之可也。

◆《礼记·学记》

〔注〕①语（yù）：告诉，讲话。②舍：放弃，停止。

〔译〕只有机械记忆的零散知识，不够资格做别人的老师。一定要因学生提出问题才加以解答；学生心里有疑难，而没有能力表达，老师才加以开导；老师加以开导，学生仍然不明白，可以暂时放弃指导，〔以待将来。〕

士朝而受业，昼而讲贯，夕而复习，夜而计过，无憾而后即安。

◆《国语·鲁语下》

〔译〕学士早晨接受老师传授的知识，白天讲习融会贯通它，傍晚复习，夜间盘算全天的经过，觉得没有因失误而感到悔恨，这样心里就踏实了。

心未尝不臧①也，然而有所谓虚；……人生而有知，知而有志②，志也者臧也；然而有所谓虚，不以所已臧害所受谓之虚。

◆《荀子·解蔽》

〔注〕①臧：通"藏"，储藏，指记忆。②志：记忆。

〔译〕心何尝不能记忆呢，然而有所谓虚心，〔不以先入为主；〕……人生下来就有认识事物的能力。有认识就会有记忆，记忆就是"藏"；然而有所谓虚心，不因已有的认识去妨碍接受新的知识，这就叫做"虚"。

朝益①暮习，一此不解②。

◆《管子·弟子职》

〔注〕①益：增加。②解（xiè）：即"懈"，松懈，懈怠。

〔译〕上半天学得的新知识，下半天就复习，一直这样做下去，决不懈怠。

习乎习，以习非之胜是也，况习是之胜非乎！

◆〔西汉〕扬雄：《法言·学行》

〔译〕复习呵复习，即使复习的短处也比不复习的长处好，何况复习的长处比不复习的短处更好得多。

经籍亦须记得，虽有舜禹之智，吟而不言，不如聋盲之指麾。故记得便说得，说得便行得。故始学亦不可无诵记。

◆〔北宋〕张载：《经学理窟·义理》

〔译〕经书也须记得，虽然有舜和禹那样的智力，只读书而不记住，〔这人〕不如聋子和瞎子指点方向。记住了便讲得出来，讲得出来就做得到。所以开始学习也不可不诵读、记忆。

不记则思不起。

◆〔北宋〕张载：《经学理窟·义理》

〔译〕记不住知识，就思考不起来。

书多阅而好忘者，只是理未精耳，理精则须记了无去处也。

◆〔北宋〕张载：《经学理窟·学大原上》

〔译〕书多半读了好忘记，只是由于理解不深，理解得深就记住了不会忘记到哪里去。

若或记性迟钝，则多诵数遍，自然精熟，记得坚固。

◆〔清〕张伯行：《学规类编》卷五

〔译〕如果有人记性迟钝，就多背诵几遍，〔这样，〕自然精熟，记得牢固了。

学问之始，未能记诵。博涉既深，将超记诵。故记诵者，学问之舟车也。人有所适也，必资乎舟车，至其地，则舍舟车矣。一步不行者，则亦不用舟车也。不用舟车之人，乃托舍舟车者为同调焉，故君子恶夫似之而非者也。

◆〔清〕章学诚：《文史通义·内篇三》

〔译〕做学问开始的时候，不能够记忆背诵。广泛涉猎已深，就超过了记忆背诵。所以记忆背诵，只是做学问用的船和车子。人要到什么地方去，一定要乘坐船和车，到了目的地，就离开船车了。一步不走的人，也就不用船车。不用船车的人，于是引离开了船车的人为同调。所以君子怎么能这样似是而非呢。

教童子者，导之以悟性①甚易，强之以记性甚难。何以故？悟性主往（以锐入为主），其事顺，其道通，通故灵。记性主回（如返照然），其事逆，其道塞，塞故钝。是故生而二性备者上也。若不得兼，则与其强记，不如其善悟。何以故？人之所异于物者，为其有大脑也，故能悟为人道之极。凡有记也，亦求悟也，为其无所记，则无以为悟。悟赢而记绌者②，其所记恒足以佐其所悟之用（吾之所谓善悟者指此非尽弃记性也，然其所记者实多从求悟得来耳，不可误会）。记赢而悟绌者，蓄积虽多，皆为弃材。惟其顺也，通也，灵也，故专以悟性导人者，其记性亦必随之而增。惟其逆也，塞也，钝也，故专以记性强人者，其悟性亦必随之而减。西国之教人，偏于悟性者也，故觑③烹水而悟汽机，觑引芥④而悟重力。……中国之教人，偏于记性者也，故古地理、古宫室、古训诂、古名物，纤悉考据⑤，字字有来历。其课⑥学童也，不因势以导，不引譬以喻，惟苦口呆读，必求背诵而后已，所得非不坚定也。虽然，人之姿禀英异而不善记诵者，盖有之矣。吾以为如其善记也，则上口十次，若二十次，未有不能成诵者也。若过此以往而不能，则督之至百回，亦无益也。试变其法，或示之以卷中之事物，或先之以篇中之义理，待其悬解，助其默识，则未有不能记者也。人生五六年，脑颥⑦初合，脑筋初动，宜因而导之，无从而窒之。就眼前事物，随手指点，日教数事，数年之间，于寻常天地人物之理，可以尽识其崔略⑧矣，而其势甚顺，童子之所甚乐。今舍此不为，而必取其所不能解者。而逼之以强记，此正《学记》所谓"苦其难而不知其益"⑨也。由前之说，谓之"导脑"，由后之说，谓之"窒脑"。导脑者脑曰强，窒脑者脑曰伤。

◆梁启超：《变法通义·论幼学》

〔注〕① 导之以悟性：导，引导；悟性，指理解能力。② 悟赢而记绌者：悟赢，理解力很强；赢，满有余。记绌（chù）：

记忆力不强；绌，不足。③觌（dǔ）：即"睹"。④芥：小草。⑤纤悉考据：对细微末节也加以详尽考据。纤，细小；悉，详尽。⑥课：按照规定的内容和分量教授。⑦颟：即囟门。连合胎儿或新生儿（包括哺乳类）颅顶各骨间的膜质部。⑧崖略：大略，概略。崖，边际；略，粗略。⑨苦其难而不知其益：意思是感到（这种教学方法给人的）痛苦而不知道自己有什么收益。

〔译〕教育儿童，启发他们的理解容易，强迫他们记忆困难。什么缘故呢？理解依据往事（以感受快为主），顺理成章，道理通达。因为通达，所以反映就灵敏。记忆力依据回忆（如回光返照一样），事情就倒过来了，道理就不通达。不通达，所以记忆力就迟钝。因此一个人生来理解力和记忆力两者都具备了自然最好，假如不能两全，那就与其具备强的记忆力不如具备强的理解力。什么原因呢？人之所以与动物不同的地方，在于人有大脑，所以能深深理解做人的道理。凡是已经具备了记忆力的，也要求具备理解力。假如没有记忆，也就无从理解。理解力强、记忆力差的人，他的记忆常常能够帮助他去理解（我所说的理解力强指此而言，并非完全不要记忆力，然而记忆实际上多半是从求得理解中得来的，不可以误会）。记忆力强而理解力差的人，记忆的东西虽然多，但都是些没有用的。正因为能"顺"、"通"、"灵"，所以专从理解力这方面去启发人，他的记忆力也一定会随着增强。正因为"逆"、"塞"、"钝"，所以专门勉强人家记忆，〔那么〕他的理解力也会随之而减弱。西方国家教育人偏重于理解力，所以看到烧水而领悟到蒸汽机，看到牵引小草而领悟到物体的重力。……中国教育人，偏重于记忆力，所以对古地理、古宫室、古训诂（对古书的注释）、古名物的细微末节都加以考证，字字都有来历。教育儿童，不因势利导，不用譬喻启发，只是要求苦口呆读，一定要能背诵。

〔这样〕所获得的知识不是不牢固。虽是如此，禀赋很高然而不善于记忆背诵的人，大概是有的。我认为他如果记忆力强，上口朗诵十次、二十次，没有不能背诵的。假若超过这个回数而不能背诵，就是督促他诵读到一百回，也没有益处。试着改变一下这种方法，或者告诉他书里所写的事物，或者讲解书中的义理，等到疑问解决了，帮助他默默地记住，就没有不能记忆的。人生长到五六岁，脑囟门刚刚长拢，脑筋开始活动，应该因势利导，不要随即窒息他，就眼面前看到的事物，随手指点，每天只教他认识几样，几年之中，对于一般自然、社会的道理，可以了解其大概了。因势利导，孩子们非常喜欢。现在放弃这方法不用，而一定要用他们所不理解的办法教，强迫记忆，这正如《礼记·学记》所说的"只是令人感到困难而收不到实效。"前一种说法，叫做"开导脑筋"。后一种说法叫做"窒息脑筋"。开导脑筋，脑力就会一天天增强；窒息脑筋，脑力就会一天天受到损伤。（梁启超强调理解是记忆的基础，应当先理解后记忆，反对死记硬背；培养学生的记忆能力，也要首先从培养理解能力入手，引导学生在理解的基础上记忆。）

146

西医大须记忆，基础科学等，至少四年，然尚不过一毛胚，此后非多年练习不可。

◆鲁迅：《书信集上卷·致曹聚仁》

十二、"近思"、"深思"，思学结合
——训练思维能力

思维是人的理性认识过程，是在感性认识的基础上，大脑对客观事物间接的和概括的反映。思维能力是智力的核心部分，是智力活动的组织者，也是人区别于动物的一个基本特征。感觉、情绪等心理活动，为动物和人所共有，而思维活动才是人

类所独具的。恩格斯曾把"思维着的精神"称作"地球上最美的花朵"。我国教育史上有着重视思维力发展的传统。"近思"、"多思"、"深思"、"精思"是前哲的谆谆告诫。东汉王充在肯定感知是认识源泉的前提下，进一步提出，仅仅依靠感知还把握不住事物的实质，如"人坐楼台之上，察地之蝼蚁，尚不见其体"；同时，感知获得的印象有可能是假象，感知必须发展为思维，才能获得真正的智慧，即所谓"不徒耳目，必开心意。"（《论衡·薄葬》）王充还对思维的各种方式有所描述："揆端推类，原始见终"，"放象事类"，"推原往验"、"推原事类"等等（见《论衡·实知》），它们也就是今天所谓的分析、综合、比较、判断、推理等思维过程。近人王国维还借宋词中的名句，描绘了求学的三境界，而其中潜学深思、废寝忘食，弄得"衣带渐宽"、"人憔悴"的第二境界，是最关键的阶段。这个第二境界，实际上就是紧张的思维阶段，经历了这个阶段，方能柳暗花明、豁然开通，达到论理的认识。

　　知识的掌握与思维力的发展，是否同步并进，是否成正比例？目前心理学界争议很大。我国古代思想家对这个问题提出过一些虽然不甚精密，却颇有价值的观点。他们的基本意见是，思维能力的发展与知识的积累，是互相联系、互为因果的两个侧面。因此，应当思学结合、思学并重。从孔丘的"学而不思则罔，思而不学则殆"（《论语·为政》），到朱熹的"熟读精思"，以至于王夫之的"学愈博则思愈远"，"思之困则学必勤"（《四书训义》卷六），都意在强调知识的积累与思维的发展并行不悖、相得益彰，二者不可偏废。

147

"思索以通之"

子夏曰："博学而笃志，切问而近思，仁在其中矣。"

　　◆《论语·子张》

　　〔译〕子夏说："从多方面去学习，而且要牢牢地记住它，有疑问急于提出来求教，问明白后从内心里加以思考，仁德就体现在这里面了。"

孔子曰："君子有九思：视思明，听思聪，色思温，貌思恭，言思忠，事思敬，疑思问，忿思难，见得思义。"

◆《论语·季氏》

〔译〕孔子说："君子有九种考虑：看的时候，考虑看明白了没有；听的时候，考虑听清楚了没有；脸上的颜色，考虑是否温和；容貌仪表，考虑是不是谦恭；所说的话，考虑是不是诚实；对待工作考虑是不是严肃认真；有了疑问，考虑是不是向人请教过了；要发怒时，考虑有什么后患；看到有利可得时，考虑是不是应该得。"

子曰："不曰'如之何？如之何？'者，吾未如之何也已矣。"

◆《论语·卫灵公》

〔译〕孔子说："〔遇事〕不说'怎么办？怎么办？'的人，我也不知道把他们怎么办。"（意思是要人遇事多提疑问，多加思考。）

循所闻而得其意，心之察也。

◆《墨子·经上》

〔译〕根据所听到的事物加以思考，认识到了它的意义，是心体察的结果。（意思是把感知得来的知识转化为智力，是思维器官的作用。）

虑，求也。

◆《墨子·经上》

〔译〕思虑，是由思索探求道理。

虑：虑也者，以其知有求也，而不必得之。若睨。

◆《墨子·经说上》

〔译〕思虑：所谓思虑，是人们用已经知晓和认识的通过

思索来探求道理，探求不一定就得到。这正像斜着眼睛寻
视物件不一定看得到一样。

夫辩①者，将以明是非之分，审治乱之纪，明同异之处，察名实之
理；处利害，决嫌疑：焉摹略万物之然，论求群言之比；以名举实，
以辞抒意，以说出故；以类取，以类予。有诸己不非诸人，无诸己不
求诸人。

　　　◆《墨子·小取》
　　　〔注〕①辩：即逻辑学，《墨子》称作"辩"。
　　　〔译〕"辩"的任务，就是明确是非的界限，了解治乱的
　　　规律，明白同异的所在，考察名实的道理；判别利害，解
　　　决嫌疑：反映万物的自然现象，推求各种说法的类别；用
　　　概念来表实在，用辞句来表判断，用推论表原因；按类同
　　　的原则归纳，按类同的原则演绎。自己有〔持之以故的立
　　　说〕，就不怕别人非难，〔假如〕没有，就不要非难别人。

言无务为多，而务为智，无务为文，而务为察。
　　　◆《墨子·修身》
　　　〔译〕言语不求多，而求得当，不求有文彩，而求有逻辑性。

慧者，心辩而不繁说。
　　　◆《墨子·修身》
　　　〔译〕有智慧的人，思想的逻辑性强而说话就要言不繁。

辩是非不察者，不足与游。
　　　◆《墨子·修身》
　　　〔译〕用逻辑学的方式判断是非而不明察的人，不能和他
　　　交往。

思索以通之。
　　　◆《荀子·劝学》
　　　〔译〕通过思维活动把所学得的知识融会贯通起来。

149

是故知不务多，务审其所知。

◆《荀子·哀公》

〔译〕所以知识不求多，但一定要审察所认识的是否正确。

博学之，审问之，慎思之，明辨之，笃行之。

◆《礼记·中庸》

〔译〕广博地学习，谨慎地求教，慎重地思考，明白地辨认，坚决地实行。（肯定了思维在教学过程中的重要地位。这里的"审问之"、"慎思之"、"明辨之"，都是思维的具体化。）

知止①而后有定，定而后能静，静而后能安，安而后能虑，虑而后能得。

◆《礼记·大学》

〔注〕① 止：即这段话前面说的"止于至善"，意思是对客观事物的道理的理解达到彻底的程度。止：到。

〔译〕明了"止于至善"然后才能确定志向，志向确定了然后才不会轻举妄动，不轻举妄动然后才能安定，安定然后才能考虑周到，考虑周到然后才能达到"止于至善"。

有弗问①，问之弗知弗措也②；有弗思，思之弗得弗措也；有弗辨，辨之弗明弗措也。

◆《礼记·中庸》

〔注〕① 有弗问：不问则已。② 措：放弃，废置。

〔译〕不求教则已，既求教就不弄明白不停止；不思考则已，既思考没有收获就不停止；不辨认则已，既辨认辨不清楚就不停止。

思之，思之；思之不得，鬼神教之。非鬼神之力也，其精气之极也。

◆《管子·心术下》

〔译〕思考，思考；反复思考而不得明白，那就只好请教于鬼神了。不是鬼神的力量使我想明白了，而是〔思考认识到〕世界本原的极点。

凡圣人见祸福也，亦揆①端推类，原②始见终，从闾巷论朝堂，由昭昭察冥冥。……放象③事类以见祸，推原往验以处来，……先知之见，方来之事，无达视洞听之聪明，皆案兆察迹，推原事类。

◆〔东汉〕王充：《论衡·实知》

〔注〕① 揆（kuí）：估量。② 原：考察。③ 放象：放，通"仿"。放象，仿效。

〔译〕大凡圣人预见祸福，也是估量事物的苗头而加以类推。考察事物的开端而预见它的结果。从民间小事推论到朝廷大事。由显而易见的事推论到隐而难见的事。……揣摩同类的事情以预测祸患。推究考察过去的经验以判断未来。……先知先觉的人预见未来的事情，并没有过人的聪明才智，都是通过考察事情的迹象，根据同类事物进行推论得来的。

夫论不留精澄意①，苟以外效立事是非②。信闻见于外，不诠订于内③。是用耳目论，不以心意议也。夫以耳目论，则以虚象为言。虚象效④，则以实事为非。是故是非者，不徒耳目，必开心意⑤。

◆〔东汉〕王充：《论衡·薄葬》

〔注〕① 留精澄意：精力集中，头脑清醒。② 苟：但，只是。外效：指耳目所听到、看到的表面现象。③ 诠（quán）订：考订，判断。④ 虚象效：相信了虚假的现象。⑤ 不徒耳目，必开心意：不能只依靠耳目，必须通过内心思考。

〔译〕评论一件事情（或一种道理），精力不集中，头脑不清楚，只是凭听到和看到的表面现象来立断是非，相信这些见闻，不从内心进行分析考察，这就是光凭见闻而不从思考来论事。凭见闻来论事，那就是凭虚假的现象说话。相信了虚假的现象，那就会以实为非。所以判断是非的人不只凭耳目的见闻，一定要通过内心的思考。

言恢之而弥广，思按之而逾深。

◆〔晋〕陆机：《文赋》

〔译〕用言辞发扬出去就更加广大，越思考下去越是深刻。

问曰："知之与虑，为一为异？"答曰："知即是虑。浅则为知，深则为虑。"

◆〔南北朝〕范缜：《神灭论》

〔译〕问道："知和虑，是相同还是不相同？"回答："知就是虑。浅思就叫知，深思就叫虑。"

行成于思，毁于随。

◆〔唐〕韩愈：《进学解》

〔译〕一个人德行的养成是由于〔经常〕思考反省自己，败坏是由于随同流俗，因循恶习。

万物皆有理，若不知穷理，如梦过一生。

◆《张载集·语录抄》

〔译〕万物都有它自身的规律，假若不彻底了解这些规律，那就像在梦中糊涂过了一生。

学不能推究事理，只是心粗。

◆〔北宋〕张载：《经学理窟·义理》

〔译〕学习不能够推求研究事物的客观规律，只是由于心粗的缘故。

书须成诵精思。

◆〔北宋〕张载：《经学理窟·义理》

〔译〕读书必须要背诵深思。

观书必总其言而求作者之意。

◆〔北宋〕张载：《经学理窟·义理》

〔译〕看书必须全面看它说的是什么而去理解作者的创作意图。

思虑要简省，烦则所存都昏惑，……

◆《张载集·自道》

〔译〕思考问题要简明扼要，〔不能烦琐。〕烦琐就会使所考虑的问题都考虑不清楚。

古人之观于天地、山川、草木、虫鱼、鸟兽，往往有得，以其求思之深而无不在也。

◆〔北宋〕王安石：《游褒禅山记》

〔译〕古人观察天地、山川、草木、虫鱼、鸟兽，常常有所收获，因为他们探求思考问题的深刻程度是没有什么地方没有达到的。

后生学问聪明强记不足畏，惟思索寻究者为可畏耳。

◆〔南宋〕朱熹：《读书法》见《性理精义》

〔译〕青年人学习聪明记忆力强没有什么了不起，只有思考问题深入钻研的精神才是值得敬畏的。

熟读而精思可也。

◆《朱子大全卷七十四·读书之要》

〔译〕〔读书〕多读而且经过深思就可以了。

读书须是看着那缝罅①处，方寻得道理透彻，若不见得缝罅，无由入得，看见缝罅时，脉络自开。

◆《朱子语类辑略·读书法》

〔注〕① 罅（xià）：裂缝。

〔译〕读书必须是看到它的关键的地方，才弄得清楚它所说的道理，假若没有看到关键的地方，就无法深透，看到了关键，思想脉络自然就清楚了。

思曰睿①，睿作圣②。心之官则思。思则得之，思其可少乎?

◆〔明〕王守仁：《答欧阳崇》

〔注〕① 睿（ruì）：通达；看得远。② 圣：通达事理。

153

〔译〕思考就认识得深远。认识深远，就能通达事理。心就是思考的器官。思考才有收获，思考可少得掉么？

不略于明，不昧于幽，善学思者也。

◆〔明清之际〕王夫之：《思问录·内篇》

〔译〕明白的道理不要只知其粗略，高深的道理一定要理解清楚。这样就是会学习，会思考的人。

苟知问学犹饮食，则贵其化，不贵其不化。记问之学，入而不化者也。自得之，则居之安①，资②之深，取之左右逢其源，我之心知③，极而至乎圣人之神明矣。

◆〔清〕戴震：《孟子字义疏证》卷上

〔注〕① 居之安：指牢固掌握所学的东西不动摇。② 资：积蓄。③ 心知：思想认识。

〔译〕假如学习像饮食一样，那就要重视对所学得的东西进行消化，反对只学习不消化。死记硬背不加理解地学习，就是学而不化。经过消化得来的知识就记得牢固，知识积蓄得多，用起来就能左右逢源，我们的思想认识就能达到和圣人一样"神明"的境界。

154 夫科学者，系统之学也，条理之学也。凡真知特识，必从科学而来也，舍科学而外之所谓知识者，多非真知识也。如中国之习闻，有谓天圆而地方，天动而地静者，此数千年来之思想见识，习为自然，无复有知其非者，然若以科学按之，以考其实，则有大谬不然者矣。

◆〔近代〕孙中山：《建国方略》

古今之成大事业、大学问者，必经过三种之境界："昨夜西风凋碧树，独上高楼，望尽天涯路①"。此第一境也。"衣带渐宽终不悔，为伊消得人憔悴②"。此第二境也。"众里寻他千百度，蓦然回首，那人正在，灯火阑珊处③"。此第三境也。

◆〔近代〕王国维：《人间词话》

〔注〕① 宋朝晏殊《蝶恋花》词中语。② 宋朝柳永《蝶恋

花》词中语。消得：值得。③ 宋朝辛弃疾《青玉案·元夕》词中语。蓦（mò）然：忽然。

〔译〕古今能成就大事业、大学问的人，必定经过这三种境界："昨夜的秋风使碧绿的梧桐衰落了，我独自登上高楼，一眼望到了直通天边道路的尽头。"这是第一种境界。"衣服和带子都逐渐嫌宽大了，我终究一点也不后悔，为了他而消瘦，是值得的。"这是第二种境界。"在人丛里寻找他寻了一百次、一千次，陡然回头，只见那个人正站在零零落落灯光里。"这是第三种境界。（所谓三种境界的意思是：一、博览群书，纵目深远的求知之路。二、潜心研究，深思熟虑，达到废寝忘食的程度。三、豁然开朗，有所发现。）

校中功课，只求记忆，不须思索，修习未久，脑力顿锢。四年而后，恐如木偶人矣。

……

前曾译《物理新诠》，此书凡八章，皆理论，颇新颖可听。只成其《世界进化论》及《元素周期则》二章，竟中止，不暇握管。而今而后，只能修死学问，不能旁及矣，恨事！恨事！

◆鲁迅：《仙台书简》

不过我并非要大家不看批评，不过说看了之后，仍要看看本书，自己思索，自己做主。看别的书也一样，仍要自己思索，自己观察。倘只看书，便变成书厨，即使自己觉得有趣，而那趣味其实是已在逐渐硬化，逐渐死去了。我先前反对青年躲进研究室，也就是这意思，……。

◆鲁迅：《而已集·读书杂谈》

较好的是思索者。因为能用自己的生活力了，但还不免是空想，所以更好的是观察者，他用自己的眼睛去读世间这一部活书。

◆鲁迅：《而已集·读书杂谈》

认识的真正任务在于经过感觉而到达于思维，到达于逐步了解客观事物的内部矛盾，了解它的规律性，了解这一过程和那一过程间的内部联系，即到达于论理的认识。重复地说，论理的认识所以和感性的认识不同，是因为感性的认识是属于事物之片面的、现象的、外部联系的东西，论理的认识则推进了一大步，到达了事物的全体的、本质的、内部联系的东西，到达了暴露周围世界的内在的矛盾，因而能在周围世界的总体上，在周围世界一切方面的内部联系上去把握周围世界的发展。

◆毛泽东：《实践论》

"学博则思远"，"思困则学勤"

学而不思则罔①，思而不学则殆②。

◆《论语·为政》

〔注〕①罔：诬罔，受欺。②殆（dài）：疑惑。

〔译〕只是读书而不思考，就会受骗；只是空想，却不读书，就会缺乏信心。

吾尝终日不食，终夜不寝，以思，无益，不如学也。

◆《论语·卫灵公》

〔译〕我曾经整天不吃，整晚不睡，去想，没有益处，不如去学习。

博学而不自反①必有邪也。

◆《管子·戒》

〔注〕①自反：自己给自己提出问题，自己发现自己存在的问题。

〔译〕具有广博的知识而不自己给自己提出问题，不自己发现自己存在的问题，必然要走上错误的道路。

吾尝终日而思矣，不如须臾①之所学也。

◆《荀子·劝学》

〔注〕①须臾：一会儿。

〔译〕我曾经整天苦思冥想，但是不如学习一会儿收获大。

学以治之，思以精之，朋友以磨之，名誉以崇之，不倦以终之：可谓好学也已矣。

◆〔西汉〕扬雄：《法言·学行》

〔译〕通过学习增强自己的修养，通过思考使自己能够精通，同朋友讨论研究，以增进自己的品德和学问，保持好名誉，使自己受到尊重，对于这些方面的努力终身都不倦怠：这样的人可以说是好学的了。

孔子曰："弗学何以行？弗思何以得？"小子勉之。

◆〔东汉〕徐干：《中论·治学》

〔译〕孔子说："不学习用什么去实行呢？不思考哪来的收获呢？"后生小子你们要以此自勉啊！

不学而好思，虽知不广矣。学而慢其身，虽学不尊矣。

◆《韩诗外传》六

〔译〕不学习而好思考，纵然知道也不广博。学习而懒得去实行，纵然学习了也不可贵。

问之不切，则所听之不专；其思之不深，则其取之不固。不专不固，而可以入者口耳而已矣。吾所以教者，非将善其口耳也。

◆〔北宋〕王安石：《书洪范传后》

〔译〕发问不切题，就是所听到的东西不专一；思考得不深入，那所得到的东西就不巩固。不专一不巩固，而只停留于口耳而已。我们用以教人的，不是将要使他会说会听，〔而是要善于思考。〕

大抵观书须先熟读，使其言皆若出于吾之口；继以精思，使其意皆若出于吾之心，然后可以有得尔。

◆《朱子大全·读书之要》

〔译〕大体说来，读书须要先熟读，使书上的话好像出于我之口；接着深入思考，使书上的意思好像出于我的心，然后才能有收获。

读便是学。夫子说：“学而不思则罔，思而不学则殆。”学便是读，读了又思，思了又读，自然有意。若读而不思，又不知其意味，思而不读，纵使晓得，终是臲卼①不安。一似倩②得人来守屋相似，不是自家人，终不属自家使唤。若读得熟而又思得精，自然心与理一③，永远不忘。

◆〔清〕张伯行：《学规类编》

〔注〕① 臲（niè）卼（wù）：动摇、困顿。② 倩（qìng）：请别人代自己做事。③ 心与理一：人的思想和书上的道理统一，意思是指融会了书中的道理。

〔译〕读书就是学习。孔夫子说：“只是读书而不思考，就会受骗；只是空想而不读书，就会缺乏信心。”学习便是读书，读了又思考，思考了又读，自然有意味。假若只读书而不思考，就不会知道它的意味。只思考而不读书，纵使知道，心里终究是动摇不定。完全像请了人来看守房子似的，不是自己家里人，终究不属于自己使唤。倘若读得熟而思考得深，自然道理就融会贯通了，永远不会忘记了。

学而不思，思而不学，孔子之时，其言必有所指。由后世言之，其祖习训故①，浅陋相承者，不思之类也；其穿穴性命，空虚自喜者，不学之类也。士不越此二途也。

◆〔南宋〕叶适：《习学记言》卷十三

〔注〕① 训故：即“训诂”，概括地说就是“解释”。

〔译〕学习而不思考，思考而不学习，孔子那个时候，他这话一定是有针对性的。拿后代人来说，他们学习那些古书的解释，把一些肤浅的缺乏见解的意见继承下来，这是属于不思考一类的人。那些穿凿附会“人性天命”之说，腹中空虚自喜的人，是属于不学习一类的。〔平庸的〕读书人不超出这两种途径。

思不废学，学不废思。

◆〔明〕王廷相：《慎言·小宗》

〔译〕思考不废置学习，学习不废置思考。

能思之自得者，真；习之纯熟者，妙。

◆〔明〕王廷相：《慎言·潜心》

〔译〕能够通过思考而自己获得知识，是真知；通过复习而纯熟地掌握知识，是高妙的。

致知之途有二：曰学，曰思。学则不恃己之聪明，而一唯先觉之是效；思则不徇古人之陈迹而任吾警悟之灵①，……学非有碍于思，而学愈博则思愈远；思正有功于学，而思之困则学必勤。

◆〔明清之际〕王夫之：《四书训义》卷六

〔注〕①徇（xún）：顺从。警觉之灵：指敏锐的理解能力。

〔译〕获得知识的途径有两种：叫做学习，叫做思考。学习就不能依靠自己的聪明，而只是学习前辈学者正确的东西；思考就不能因袭前人陈旧的东西而听凭自己的敏锐的理解能力去发挥作用。……学习并不妨碍思考，而且学习愈广博思考就愈深远：思考正是对学习有好处。思考以后发现有些疑难问题，学习也就一定随之更勤奋了。

159

学博而识精，理到而辞达。

◆〔明清之际〕顾炎武：《日知录·序》

〔译〕学问渊博而见识就会精到；理解透彻而言辞就会畅达。

十三、"思接千载"，"视通万里"
——让想象力张开翅膀飞翔

想象，是在原有感性形象的基础上创造新形象的心理过程。想象能够冲破时间和空间的限制，达到一种"思接千载"、"视通万里"的奇妙境界。一般而言，创造性想象往往是现实中尚未出现的事物的新形象，因此，想象激励着人们去创造；借助想象的阶梯，人们可以摘取耸入云端的智慧之果。想象力是在社会实践中产生和发展起来的，是智力结构得以飞翔的翅膀，它尤其与创造性的思维能力联系在一起，马克思曾把"想象力"称为"十分强烈地促进人类发展的伟大天赋"。我国教育家论及想象力培养的似不多见，而一些文论家对想象却有若干生动的描述，"精骛八极，心游万仞"，"登山则情满于山，观海则意溢于海"等名句，虽然讲的是文艺创作过程中的想象，但对我们认识想象力这种智力成分也是有作用的。

想象力的能动作用，可在一些古代文学家的创作活动中得到生动的表现。他们往往通过丰富的想象，提出若干超越当时科学水平的假设，而这些假设被近现代科学证明是有道理的。如屈原在《天问》中关于宇宙成因、人类起源、星辰运行、江河流向等复杂问题所作的极富于想象力的描述，就包含着不少科学观念的萌芽；又如，南宋词人辛弃疾在《木兰花慢》一词中说："可怜今夕月，向何处，去悠悠？是别有人间，那边才见，光影东头……谓洋海底问无由，恍惚使人愁……。"辛弃疾在这首中秋赏月词里提出了月亮绕地球旋转的设想。近世王国维在评论中说，"词人想象，直悟月轮绕地之理，与科学家密合，可谓神悟。"（《人间词话》）这里所谓的"神悟"，也即想象力的灵威。当然，想象力不仅是文艺创作的需要，也是科学思维和一切创造性思维所必要的。列宁指出："有人认为，只有诗人才需要幻想，这是没有理由的，这是愚蠢的偏见！甚至在数学上也是需要幻想的，甚至没有它就不可能发明微积分。"（《列宁全集》第 33 卷，第 282 页）郭沫若亦说过："科学也需要创造，需要幻想，有幻想才能打破传统的束缚，才能发展科学。科学工作者同志们，请你们不要把幻想让诗人独占了。"

庄周①……以谬悠②之说，荒唐③之言，无端崖④之辞，时纵恣而不傥⑤，不以觭⑥见之也。以天下为沉浊，不可与庄⑦语。以卮言为曼

衍⑧，以重言为真，以寓言为广。独与天地精神往来，而不敖倪⑨于万物，不谴是非，以与世俗处。其书虽瑰玮而连犿无伤也⑩。其辞虽参差而诚诡可观⑪。彼其充实不可以已。……其于本也，宏大而辟⑫，深闳而肆⑬。

◆《庄子·天下》

〔注〕① 周：庄子名。② 谬（miù）悠：意为渺远而忘怀于自己的实情。③ 荒唐：意为广大无际。④ 无端崖：意为不着边际。⑤ 恣纵：放纵，无所顾忌。傥（tǎng）：恍惚。⑥ 觭（jǐ）：不偶。⑦ 庄：庄子。一说是"端庄"或"大"的意思。⑧ 卮（zhī）言：无主见的话。曼衍：枝曼漫延，不拘常规的意思。⑨ 敖倪：骄矜。⑩ 瑰（guī）玮：奇特；宏壮。连犿（fān）：婉转的意思。⑪ 参差：意为或虚或实不一。诚（chù）诡：奇异。⑫ 辟：开。⑬ 闳：大。肆：申张。形容广阔无限。

〔译〕庄周……以邈远而忘怀于实情的论说，广博的言论，不着边际的言辞，〔论说事理。〕常放任而不固执，不持一端之偏见。认为天下沉浊，不能讲严正的话，用无主见的话来推衍引申，引用重言使人觉得真实，运用寓言来推广道理。独自同天地精神往来而不傲视万物，不拘泥于是非，以与世俗相处。他的书虽奇特宏伟却婉转无伤于道理。他的言辞虽然虚实不一，变化多端却特异可观。他充实而没有止境，……他所讲的关于道的根本，宏大而开阔，深远而宽广。

赋家之心，包括宇宙，总览人物，斯乃得之于内，不可得而传。

◆〔西汉〕司马相如语，转引自《西京杂记》卷二

〔注〕赋：一种文章体裁。

〔译〕辞赋家的构思想象，要包容万象，总括人物。这是辞赋家从思想深处酝酿得来的，不能够用言语表达出来。

神心惚况，经纬万方。

◆〔西汉〕扬雄：《法言·问神》

〔译〕神情恍惚，万念交错。（扬雄描绘了人在想象过程中，进入那种物我交融，思绪万端的凝思状态。）

观古今于须臾①，扶四海于一瞬②。……笼③天地于形内，挫④万物于笔端。

◆〔晋〕陆机：《文赋》

〔注〕①须臾：片刻。②瞬（shùn）：一眨眼的时间。③笼：笼罩。④挫：折，取。

〔译〕在短暂的时间内，观察古今，接触万物。……把宇宙中的一切写进文章之中，把世界万物，用笔墨描绘出来。

遵四时以叹逝，瞻万物而思纷。

◆〔晋〕陆机：《文赋》

〔译〕随着四时的推移而感叹光阴的易逝，看到万物的变化而引起纷纭的情思。

精骛八极①，心游万仞②。

◆〔晋〕陆机：《文赋》

〔注〕①精：心神。骛（wù）：奔驰。八极，八方（四方及四角），言极远的地方。②万仞（rèn）：比喻极高的地方。仞，七尺，或八尺。

〔译〕精神奔驰在四面八方，思想悠游于万仞高空。（陆机比喻构思开始时要深思熟虑，旁求博采，善于想象，不受时间空间的限制。）

夫神思方运，万涂竞萌①，规矩虚位，刻镂无形，登山则情满于山，观海则意溢于海，我才之多少，将与风云而并驱矣。

◆〔梁〕刘勰：《文心雕龙·神思》

〔注〕①意为种种途径、办法一齐产生了。

〔译〕作家构思正当深远的时候，无数的意念都涌上了心头，各种想法都不能落实，想描绘的事物〔在脑子里〕还没有定形。他〔一想到〕登山，脑中便充满着山的秀色，〔一想到〕观海，心里便布满了海的奇景。不管作者的才华多寡，他的想象都可以随着流风浮云而任意驰骋。

古人云："形在江海之上，心存魏阙①之下。"神思之谓也。文之思也，其神远矣。故寂然凝虑，思接千载；悄②焉动容，视通万里。吟咏之间，吐纳③珠玉之声；眉睫之前，卷舒风云之色。其思理之致④乎！故思理为妙，神与物游⑤。神居胸臆⑥，而志气统其关键；物沿耳目，而辞令⑦管其枢机⑧。枢机方通，则物无隐貌，关键⑨将塞，则神有遁⑩心。是以陶钧⑪文思，贵在虚静，疏瀹⑫五藏⑬，澡雪⑭精神。积学以储宝⑮，酌理以富才，研阅⑯以穷照⑰，驯致以怿辞⑱。然后使元解之宰⑲，寻声律而定墨⑳，独照㉑之匠，阚意象而运斤㉒。此盖驭文㉓之首术㉔，谋篇之大端㉕。

◆〔梁〕刘勰：《文心雕龙·神思》

〔注〕①魏阙：指朝廷。魏，即"巍"，高的意思。阙（què）：宫殿。②悄：静寂。③吐纳：发出。④致：到达。⑤游：一起活动，密切结合的意思。⑥臆（yì）：亦胸，指内心。⑦辞令：动听的言语。⑧枢（shū）机：主要部分。⑨关键：指"志气"。⑩遁（dùn）：隐避。⑪陶：瓦器。钧：造瓦器的转轮。陶钧，引申为指文思的掌握，或酝酿。⑫瀹（yuè）：通。⑬藏：即"脏"。⑭雪：洗涤。⑮宝：指知识。⑯阅：阅历，经历。⑰穷：探索到底。照：察看，引申为理解。⑱致：情致。怿：当为"绎"，整理，运用的意思。⑲元：即"玄"，指深奥的道理。宰：主宰，指作家的心灵。⑳声律：泛指写作技巧。墨：指作品。㉑独照：独到的理解。㉒斤：斧。㉓驭文：指写作。㉔术：方法。㉕大端：要点。

〔译〕古人说："形体居留在江海，心神却系念着朝廷。"这里说的就是精神上的活动。作家写作时的构思，其精神活动也远远达到别的地方。所以当作家静静地思考的时候，

163

他就会联想到千年之前；而当他的容颜隐隐地有所变化的时候，那是他好像观察到了万里以外了。作者偶一吟咏，就像听到了珠玉般悦耳的声音；或者他凝眸一顾，也像看到了风云般变幻的景色。这就是构思所达到的境地。所以构思的妙用，使作家的精神与客观事物融合为一。精神蕴藏在内心，却为人的情志与气质所支配；客观事物接触到人的耳目，主要是靠优美的语言来表达的。如果语言运用得好，那么事物的形貌就可完全刻划出来，若是情志和气质有缺陷，那么精神就不集中了。因此，在进行构思的时候，必须做到沉寂宁静，思想专一，使内心通畅，精神净化。为了做好构思工作，首先要认真学习来积累知识，其次要辨明事理来丰富自己的才华，再次要查考自己的生活经验来获得对事物的彻底理解，最后要训练自己的情致来确切地运用文辞。这样才能使懂得深奥道理的心灵，探索写作技巧来做成文章；正如一个有独到见解的工匠，根据想象中的样子运用工具一样。这是写作的主要手法，也是考虑全篇布局时必须注意的要点。

是以诗人感物，联类不穷；流连万象之际，沈吟视听之区。写气图貌，既随物以宛转；属采附声，亦与心而徘徊。

◆〔梁〕刘勰：《文心雕龙·物色》

〔译〕因此诗人对景物的感触，所引起的联想是无穷的；在多种多样的现象中流连玩赏，在看到听到的范围内吟味体察。描绘天气和事物的形状，既要跟着景物而曲折变化；运用辞藻和摹状声音，又要联系自己的心情反复斟酌。

既异想天开，又实事求是。……科学也需要创造，需要幻想，有幻想才能打破传统的束缚，才能发展科学。科学工作者同志们，请你们不要把幻想让诗人独占了，嫦娥奔月，龙宫探宝，《封神演义》上的许多幻想通过科学，今天大都变成了现实。

◆郭沫若：《科学的春天》

十四、"袭故弥新"，别开蹊径
——培养创新能力

创新意识和创新能力，或者称之为主动探索精神和探索能力，是智力结构的重要组成部分；创新意识和创新能力的训练，是智力培养的关键环节，它与发展智力的最终目的紧密相联。我国教育家历来对此十分重视。他们认为，培养创新能力的起点，是促使学生大胆质疑，独立思考，因为思维的独立性是人们进行创造性活动的前提，人的智力体现在不断发现新的矛盾和解决新的矛盾之中，并在其中得到发展。同时，他们又认为人类知识有继承性的一面，培养创新能力不仅不能将前人积累的知识抛在一边，而且只有在接受前人智慧结晶的基础上才能有所发现，有所创造。这就是所谓"袭故而弥新"。值得注意的是，古人论及这层意思的时候，所强调的仍然是"陈言务去"，"守旧无功"，"学如蝉蜕"，别开蹊径。我国思想家提倡发展人的创新意识，表现在读书问题上，则是主张在认真读书的前提下发展人的积极主动精神，强调对于理解能力的训练和培养。主张看书要"得其神"，"看活方有用"，反对做只会死记硬背的"鹦鹉"和"书橱"。颜元等近古教育家还对严重束缚智力发展的八股制艺给予了尖锐的抨击。

学 则 须 疑

子曰："众恶①之，必察焉；众好②之，必察焉。"

◆《论语·卫灵公》

〔注〕①恶（wù）：厌恶，讨厌。②好（hào）：喜欢。

〔译〕孔子说："大家都厌恶他，一定要去考察〔为什么〕；大家都喜欢他，也一定要去考察〔为什么〕。"（孔丘强调对于别人的意见不要轻信盲从，自己应该加以考察。这个原则对于研究学问的人尤为重要。）

孟子曰："尽信《书》①，则不如无《书》。吾于《武成》②，取二三策③而已矣。"

◆《孟子·尽心下》

〔注〕①《书》：《尚书》。古称《书经》，是中国上古历史文件和部分追述古代事迹著作汇编，为儒家早期的六经之一。②《武成》：《尚书》篇名，所写的是周武王讨伐商纣王的事。③策：竹简，古代没有纸，用竹简写书。

〔译〕孟子说："完全相信《书》，那不如没有《书》。我对于《武成》一篇，所取的不过两三页罢了。"（意谓读书要能独立思考，自有主见，不盲从书上的结论。）

所以观书者，释己之疑，明己之未达。每见每知所益，则学进矣。

◆〔北宋〕张载：《经学理窟·义理》

〔译〕读书是用来解释自己的疑惑的，认识自己还没有认清的事理。每读一次书都知道有新的收获，这样学习就进步了。

在可疑而不疑者，不曾学。学则须疑。譬之行道者，将之南山，须问道路之〔出〕，若安坐，则何尝有疑！

◆〔北宋〕张载：《经学理窟·学大原下》

〔译〕对应该质疑的地方而不质疑，等于没有读书。学习就应该质疑，譬如走路的人，他将要到南山去，一定要问路怎样走法。假若安逸地坐着，哪里有什么疑问呢！

平日功夫须是作到极时四边皆黑，无路可入，方是有长进处。大疑则可大进，若自觉有长进，便道我已到了，是未足以为大进也。

◆〔南宋〕朱熹：《总论为学之方》，见《性理精义》

〔译〕做学问平日功夫应该做到顶点，这时觉得到处都是疑团，无法再深入进去，这样才是有进步。在大的地方产生怀疑，就可以大大进步。如果自己觉得有进步，便说我已经理解到了这些问题，是不足以认为有大的进步的。

为学须觉今是而昨非，日改月化，便是长进。

◆〔南宋〕朱熹：《总论为学之方》，见《性理精义》

〔译〕做学问一定要觉得今天的对，昨日的不对，经常有改进，这便是长进。

读书无疑者，须教有疑。有疑者却要无疑，到这里方是长进。

◆〔南宋〕朱熹：《读书法》，见《性理精义》

〔译〕读书如果没有疑问，一定使自己产生疑问，有了疑问却求得了解决，到了这地步才算是长进了。

读书始读，未知有疑。其次则渐渐有疑。中则节节是疑。过了这一番后，疑渐渐解，以至融会贯通，都无所疑，方始是学。

◆《晦翁学案》

〔译〕读书开始时，不晓得有什么疑问，读了些时候就渐渐有了疑问。中间就节节都是疑问，经过了这一番情景之后，疑问渐渐得到解决，以至于融会贯通，一点疑问也没有了，这样才算是真正的学习。

为学患无疑，疑则有进。

◆〔南宋〕陆九渊：《象山先生全集》卷三十五

〔译〕求学最害怕的是没有疑问，有了疑问学业便会长进。

167

学于古而法则俱在，乃度之吾心，其理果尽于言中乎？抑有未尽而可深求者也？则思不容不审也。

◆〔明清之际〕王夫之：《四书训义》卷六

〔译〕学习古人而方法则是现成的，只是用我的思想去衡量，看他的道理是说尽了，还是没有尽而尚有可以深入研究探求的？这样思考问题就不容许不详细周密了。

知识增时只益疑。

◆〔近代〕王国维：《人间词话》

〔译〕知识的增多，也仅仅是增加了疑问。

古之师道，实在也太尊，我对此颇有反感。我以为师如荒谬，不妨
叛之。

◆《鲁迅书信集·致曹聚仁》

不怀疑不能见真理，所以我很希望大家都有一种怀疑的态度，不要为已
完成的学说压倒。

◆《人民教育》1980年第二期《李四光的治学方法》

袭故弥新

子曰："温故而知新，可以为师矣。"

◆《论语·为政》

〔译〕孔子说："在温习旧知识时能有新体会，新发现，就
可以做老师了。"

子曰："殷因于夏礼，所损益可知也；周因于殷礼，所损益可知也。其
或继周者，虽百世可知也。"

◆《论语·为政》

〔译〕孔子说："殷朝沿袭夏朝的礼仪制度，它所废除的，所
增加的，是可以知道的；周朝沿袭殷朝的礼仪制度，它所
废除的，所增加的，是可以知道的。那么如果有继承周朝
的朝代，〔推论下去〕，就是到了一百代，也是可以预知的。"

公孟子曰："君子不作，述而已①。"子墨子曰："不然。人之甚不君子
者，古之善者不述，今之善者不作。其次不君子者，古之善者不述，已
有善则作之，欲善之自己出也。今述而不作，是无异于不好述而作者
矣。吾以为古之善者则述之，今之善者则作之，欲善之益多也。"

◆《墨子·耕柱》

〔注〕①作：创作。述：阐述。

〔译〕公孟子说："君子不自己创作，只是阐述前人的学说
而已。"老师墨子说："这不对。人们中最不成为君子的人，

就是对古代好的东西不阐述，对现在好的东西也不创作。
其次不成为君子的人，古代好的东西他不阐述，自己有点
好的东西就去创作，希望好的东西都是出自于自己呀。现
在你只阐述而不创作，与那些不好阐述而只好自己创作的
人是没两样的啊。我认为对古代好的东西就应该阐述它，
现在好的东西就创作它，希望好的东西更加多起来。"

又曰："君子循①而不作。"应之曰："古者羿②作弓，伃③作甲，奚仲④
作车，巧垂⑤作舟。然则今之鲍函⑥车匠，皆君子也，而羿、伃、奚仲、
巧垂皆小人邪？且其所循，人必或作之；然则其所循，皆小人道邪？"

◆《墨子·非儒下》

〔注〕① 循：述。② 羿：即后羿，传说中善射箭的古人。
③ 伃：即"杼"，帝少康的儿子。④ 奚仲：传说黄帝之后，
姓任。⑤ 巧垂：相传为尧时巧人。⑥ 鲍函：古代制革的工
匠。鲍，或作"鞄"。

〔译〕〔儒者〕又说："君子只是阐述前人的学说，而自己不
创作。"回答说："古时候羿创作弓，伃创作铠甲，奚仲创
作车子，巧垂创作船。那么，今天的工匠、车匠，都是君
子，而羿、伃、奚仲、巧垂都是小人吗？况且他们所阐述
的事，开始必定是有人创作的；那么那些所阐述的，都是
小人之道么？"

知类通达。

◆《礼记·学记》

〔译〕推理论事，触类旁通。

百川学海而至于海，丘陵学山不至于山，是故恶夫画也。

◆〔西汉〕扬雄：《法言·学行》

〔译〕很多江河学习海而终于达到了海，丘陵学习山而不
能成为山。因此〔人〕哪能〔像丘陵一样〕画地自己限制
自己呢！

169

故夫能说一经者为儒生；博览古今者为通人；采掇①传书以上奏记者为文人；能精思著文连结篇章者为鸿②儒。

◆〔东汉〕王充：《论衡·超奇》

〔注〕①掇（duō）：取。②鸿：宏大。

〔译〕因此能够讲解一部经书的叫儒生；博览古今的叫通人；援引古书用以向皇上及上级报告，提出书面意见的叫文人；能够深刻思考写文章著书的叫鸿儒。

或袭故而弥新；或沿浊而更清。

◆〔晋〕陆机：《文赋》

〔译〕有的因袭故事而使意思更为新鲜；有的出自沉浊而显得更为清新。

始者非三代两汉①之书不敢观，非圣人之志不敢存，处若忘，行若遗，俨乎其若思，茫乎其若迷。当其取于心而注于手也，惟陈言之务去，戛戛②乎其难哉！

◆〔唐〕韩愈：《答李翊书》

〔注〕①三代：夏、商、周。两汉：前汉和后汉，又称西汉和东汉。②戛戛（jiá）：象声词，形容困难之大。

〔译〕当初不是三代两汉时候的书不敢读，不是圣人的志不敢继承，停下来好像忘记了什么，行动起来好像遗失了什么，严肃得像在思考，茫茫然像有所迷惑。当思考成熟了把心里想的写出来的时候，只要是陈旧的言论就一定去掉，唉呀呀这多么困难啊！

慕尧舜者不必慕尧舜之迹。

◆《张载集·自道》

〔译〕仰慕尧舜，不必仰慕尧舜所遗留下来的事迹，〔只是学他们的精神就行了。〕

学贵心悟，守旧无功。

◆《张子全书·卷六·义理篇》

〔译〕学习所可宝贵的在于求得心中有所领悟，墨守成规是不会有什么功效的。

义理有疑，则濯①去旧见，以来新意。心中苟有所开②，即便劄记③，……

◆〔北宋〕张载：《经学理窟·学大原下》

〔注〕① 濯：洗涤。这里的濯去，是去掉的意思。② 开：启发；明白。③ 劄记：即札记。

〔译〕〔读书研究〕发现它所说的意义道理有疑问，就去掉陈旧的见解，以确立新的意义。心里如果有什么领会，就马上札记下来，……

若意新语工，得前人所未道者，斯为善也。

◆〔北宋〕欧阳修：《六一诗话》

〔译〕〔诗〕如若命意新颖语言精粹，说出来的是前人从来没有说过的，这就是好的。

世之论书者，多自谓书不必有法，各自成一家。此语得其一偏。譬如西施、毛嫱①，容貌虽不同，而皆为丽人；然手须是手，足须是足，此不可移者。作字亦然，虽形气不同，掠②须是掠，磔③须是磔，千变万化，此不可移也。若掠不成掠，磔不成磔，纵其精神筋骨犹西施、毛嫱，而手足乖戾，终不为完人。……尽得师法，律度备全，犹是奴书，然须自此入。过此一路，乃涉妙境，无迹可窥，然后入神。

◆〔北宋〕沈括：《梦溪笔谈补》卷二

〔注〕① 西施：春秋时越国美女。毛嫱：《庄子》中提到的古代美女。② 掠：书法中的撇。③ 磔：书法中的折。

〔译〕世间谈论书法的人，很多自己说书法不必有定法，各人自成一家。这话说对了一半。譬如西施、毛嫱，两人容貌不同，而都是美人；然而她们的手还是手，脚还是脚，这是不能改变的。写字也是这样，虽然字的形体、气

171

势有所不同，但撇还是撇，折还是折，随便怎样千变万化，这是不可以改变的。假若撇写得不成撇，折写得不成折，纵然精神筋骨像西施、毛嫱，而手和脚不相称，终究不能成为十全十美的美人。……〔然而〕完全学得师法、规律、法度都具备了，这样写出来的还是模仿别人而不是自成一家的字，然而也需要从模仿入手。过了这一关，于是经历一个美好的境地，再也看不到原来学习人家的痕迹了，然后就进入了特别高超的境界。

颜鲁公①书雄秀独出，一变古法。如杜子美，格力天纵，奄有汉、魏、晋、宋以来风流，后之作者殆难复措手。柳少师②书本出于颜，而能自出新意，一字百金，非虚语也。

◆〔北宋〕苏轼：《书唐氏六家书后》

〔注〕① 颜鲁公：〔唐〕颜真卿，封鲁国公。② 柳少师：〔唐〕柳公权，做过太子太师，所以称"少师"。源于周朝设置少师、少傅、少保官职以辅助天子。

〔译〕颜鲁公的书法雄健俊秀，独出一格，大大改变了旧法。就像杜甫诗的风格骨力天生成一样，包容了汉朝、魏朝、晋朝、南宋以来的书法的特异精神，后来的书法家大概难得再有谁能写得出来。柳公权的书法本来从颜鲁公学来的，然而他能够自出新意，一字值百金，并非假话。

六经创意造言，皆不相师。故其读《春秋》也，如未尝有《诗》也；其读《诗》也，如未尝有《易》也；其读《易》也，如未尝有《书》也；其读屈原、庄周也①，如未尝有六经也。如山有岱、华、嵩、衡焉，其同者高也，其草木之荣，不必均也。如渎有济、淮、河、江焉，其同者出源到海也，其曲直浅深，不必均也。

◆〔南宋〕洪迈：《容斋随笔·李习之论文》

〔注〕① 屈原：战国时楚国人，我国最早出现的伟大爱国主义诗人，他的代表作是《离骚》。庄周：即庄子。战国

著名的思想、文学家，道家代表人物。名周，宋国人。著《庄子》一书。

〔译〕六经创立旨意、遣词造句，都不相师法。因此你读《春秋》，像不曾感到它受《诗经》什么影响；你读《诗经》，像不曾感到它受《易经》什么影响；你读《易经》，像不曾感到它受《尚书》什么影响；你读屈原、庄周的文章，像不曾感到它们受六经什么影响。这就像山有泰山、华山、嵩山、衡山，它们相同的是都很高，但它们上面长的草木的茂盛，不一定是相同的。也就像大川有济水、淮河、黄河、长江，它们相同的都是从发源地流到大海，但它们的曲直浅深不一定是相同的。

识得道理源头，便是地盘。如人要起屋，须是先筑教基址坚牢，上面方可架屋，若自无好基址，空自今日买得多少木去起屋，少间，只起在别人地上，自家身已自没顿放处。

◆《朱子语类辑略》

〔译〕懂得了道理的根由，就是有了〔做研究工作〕的根据地。比如人要起房子，必须是首先筑好地基使它牢固，上面才可以架房子，假若没有好的基地，那是白白的今日买了多少木头去做房子，等会，只是做到了别人的基地上，连自己的身子也没有顿放的地方。

看人文字，不可随声迁就，我见处方可信。须沉潜玩绎①，方有见处②。不然，人说沙可做饭，我也说沙可做饭，如何可吃？

◆《朱子语类大全》卷十一

〔注〕①沉潜玩绎：意思是深钻进去，反复玩味分析。绎，分析。②见处：即自己的见解。

〔译〕看人家的文章，不可以随声附和迁就它，我自己的见解才可以相信。必须钻进去，反复玩味分析，才有见解。不然，人家说沙可做饭，我也说沙可做饭，这如何可以吃得呢？

学者不可只管守从前所见，须除了，方见新意。如去了浊水，然后清者出焉。

◆《朱子语类大全》卷十一

〔译〕做学问的人不能只管一个劲墨守前人的见解，必须丢掉了它，才能见到新的意义。好比去掉了混浊的水，清亮的水就会出来一样。

我诗有我在，何必与古人争似。如其言①，何不直抄古诗之为愈②乎？

◆钱振锽：《谪星说诗》

〔注〕① 其：指严羽。他的《沧浪诗话》说："诗之是非不必争，试以己诗置之古人诗中，与识者观之而不能辨，则真古人矣！" ②愈：胜过，好于。

〔译〕我的诗有我的特点，何必要争着和古人的诗相像呢。照严沧浪的说法，何必不直接以抄古诗为好呢？（钱氏反对《沧浪诗话》中一味模仿古人的论点，主张作诗应自成风格，这是十分正确的。）

昌黎①陈言之务去。所谓陈言者，每一题必有庸人思路共集之处，缠绕笔端，剥去一层，方有至理可言。犹如玉在璞中，凿开顽璞，方始见玉，不可认璞为玉也。

◆〔明清之际〕黄宗羲：《论文管见》

〔注〕① 昌黎：〔唐〕韩愈，昌黎（今属河南）人，世称韩昌黎。"唯陈言之务去"，是他写的《樊绍述墓志铭》中的一句话。

〔译〕韩愈对于文章中的陈腐言论是必定要去掉的。所说的陈腐言论，就是每一个篇章中一定有那些缺乏见解的人的思路共同集中的地方，它们纠缠在文章里面，必须要把这一层剥去，才能看到所讲的最好的道理。就像玉在璞石之中一样，要凿开坚硬的璞石，才能见到里面的玉，不可以直接把璞石当做玉。

学问之道，以各人自用得着者为真；凡倚门傍户，依样葫芦者，非流俗之士，则经生之业也。此编所列，有一偏之见，有相反之论。学者于其不同处，正宜著眼理会。

◆〔明清之际〕黄宗羲：《明儒学案发凡》

〔译〕学问的内容，以各人自己用得着的为真切；凡是那些没有创见的，依样画葫芦的文章，不是随声附和赶时髦的人，就是靠此谋生之辈搞出来的。这本书（指《明儒学案》）所收列的，有一家之言，有相反之论。研究学问的人对于它们各自的特点，正应该注意体会。

古今以智相积，而我生其后。考古所以决今，然不可泥古也。……智①常见数千年不决者，辄通考而求证之。……生今之世，承诸圣之表章，经群英之辩难②，我得以坐集千古之智，折中其间，岂不幸乎！

◆〔明清之际〕方以智：《通雅卷首之一·考古通说》

〔注〕① 智：作者自称。② 辩难：辩论质疑。

〔译〕古今以智慧相积累，而我生于古人之后。考察古代用以解决今天的问题，然而不可以拘泥于古代。……我常常看到几千年来还不能决断的问题，就全面考察而求证它。……生在今天这个时代，承蒙很多有道德有学问的人的表述发扬，经过很多聪明才智的人辩论质疑，我能不费什么劲地集中长期以来人们的智慧，从里面找到正确的东西，岂不是非常幸运么！

学以收其所积之智也，日新其故，其故愈新，是在自得，非可袭掩。

◆〔明清之际〕方以智：《通雅卷首之一、三》

〔译〕学习以吸收前人所积累下来的智慧，常常研究旧的东西发现新的意义，这样旧的就愈是变新了，这在于自己去体会得来，不是可以抄袭〔别人的陈见可以得来的〕。

聚古今之议论，以生我之议论；取天下之聪明，以生我之聪明，此之谓择善。

◆〔明清之际〕方中通：《陪古集》

〔译〕聚集古人和今人的议论，用以生出我自己的议论；用大家的智慧来培养我的智慧。这就叫做吸取精华。

《荀子》如蜕之蜕①，君子学问，不时变化，如蝉蜕壳。若得少自锢，岂能长进？

◆〔明清之际〕傅山：《霜红龛》卷二十五

〔注〕①《荀子·大略》："君子之学如蜕。"蜕（tuì）：蝉脱去老皮壳。这里比喻推陈出新的意思。

〔译〕《荀子》的"如蜕之蜕"，就是说，君子的学问，不时变化，就像蝉蜕壳一样。假若稍微有点固步自封，哪里能够长进呢？

君诗之病，在于有杜①；君文之病，在于有韩欧②。有此蹊径③于胸中，便终身不脱依傍两字。

◆〔明清之际〕顾炎武：《亭林文集·与人书十七》

〔注〕① 杜：杜甫。唐代大诗人。② 韩：韩愈。唐代大古文家。欧阳修，宋代著名古文家。③ 蹊（xī）径：途径。

〔译〕您的诗的毛病，就在于有学杜诗的痕迹；您的文章的毛病，就在于有学韩愈、欧阳修的痕迹。有了这些途径在胸中，就终身不能摆脱"依傍"两个字。（顾炎武批评了友人诗文模仿、因袭前人，不能创新，指出这样写作是没有前途的。）

176

尝谓今人纂辑之书，正如今人之铸钱。古人采铜于山，今人则买旧钱，名之曰废铜，以充铸而已。所铸之钱既已麤①恶，而又将古人传世之宝，舂剉②碎散，不存于后，岂不两失之乎？承问《日知录》又成几卷，盖期③之以废铜。而某自别来一载，早夜诵读，反复寻究，仅得十余条，然庶几④采山之铜也。

◆〔明清之际〕顾炎武：《与人书》十

〔注〕① 麤：古"粗"字。② 剉（cuò）：折损。③ 期：看待。④ 庶几（jī）：也许可以。表示希望或推测之词。

〔译〕〔我〕曾经说现在的人编辑书，正像现在的人铸铜钱。古人在矿山里采铜，〔用以铸钱，〕今人则是买旧钱，叫做废铜，用来铸钱罢了。所铸造的铜钱既粗糙不好，而且又把古人传给后代的宝物折损破坏了，不能流传后世，岂不是两方面都有损失吗？承蒙你询问《日知录》一书又写成了几卷，大概只能把它看作废铜吧。然而我自从同你相别一年以来，早晚都在诵读，反反复复地探寻研究，仅仅只写了十多条，这样或者是"从矿山采来的铜"吧。（顾炎武以冶铜作譬，比喻为学应从社会实际中直接获取营养，才能有所创新。）

昔人学草书入神，或观蛇斗，或观夏云，得个入处；或观公主与担夫争道，或观公孙大娘①舞西河剑器，岂夫取草书成格而规矩效法者。

◆〔清〕郑板桥：《题画》

〔注〕① 公孙大娘：唐朝教坊妓，善舞剑器。

〔译〕往常人学写草字达到了高超奇妙的境界，有的人看蛇相斗，有的人看夏天的云的变化，得到一些启发；有的人看娇弱的女子和挑担子的脚夫抢路走，有的人看善舞剑的人舞剑，哪里是照着草书的现成格式去刻版模仿呢？

文与可①画竹，胸有成竹；郑板桥画竹，胸无成竹。浓淡疏密，短长肥瘦，随手写去，自尔成局，其神理具足也。藐兹后学，何敢妄拟前贤。然有成竹无成竹，其实只是一个道理。

◆〔清〕郑板桥：《题画》

〔注〕① 文与可：北宋人，以画竹著称。

〔译〕文与可画竹子，先就构思好了；郑板桥画竹子，没有去事先构思。〔竹子的〕颜色浓淡，枝叶的疏密，竹干的长短肥瘦，随手画去，自然成为一种格局，神情物理都具备了。我这个藐小的后学，哪敢不知高低去比以前的贤人呢！然先有构思无构思，其实都只是一个道理。

学贵自成一家。人所能者，我不必以不能为愧。

◆〔清〕章学诚：《博学篇》

〔译〕学问所可贵的在于自成一家。人家所能做到的，不必因为自己不能做到而引为惭愧。

近日学者风气，征实太多，发挥太少，有如桑蚕食叶而不能抽丝。

◆〔清〕章学诚：《文史通义》外编三

〔译〕近来学者中的风气，搞考据的太多，发挥新意的太少。这就像蚕吃桑叶不能吐丝。

欧公学韩文①，而所作文全不似韩：此八家中所以独树一帜也②。公③学韩诗，而所作诗颇似韩：此宋诗中所以不能独成一家也。

◆〔清〕袁枚：《随园诗话》卷六

〔注〕① 欧公：宋代文学家欧阳修。韩：唐代文学家韩愈。② 八家：指唐朝的韩愈、柳宗元，宋朝的欧阳修、王安石、苏洵、苏轼、苏辙、曾巩。③ 公：指欧阳修。

〔译〕欧阳修学习韩愈而所作的文章，完全不像韩愈的文章：这就是他在唐宋八大家中能够独树一帜的原因。欧阳修学韩愈的诗，而所作诗很像韩愈诗：这就是他的诗在宋诗中不能自成一家的原因。

178

善学邯郸①，莫失故步；善求仙方，不为药误。我有禅灯②，独照独知，不取亦取，虽师勿师。

◆〔清〕袁枚：《续诗品·尚识》

〔注〕① 善学邯（hán）郸（dān）：典出《庄子》。故事说，有一个燕国人到赵国来向善于走路的邯郸人学习走路，结果不但没学到邯郸人的步法，连自己原来的步法也忘掉了，只好爬着回去。（比喻摹仿别人不成，反而丧失故有的技能。袁枚将这个成语加以改变，用来说明学习别人时要保持自己的特点。）② 禅灯：佛教寺院佛堂上的灯。

〔译〕善于学习别人长处的人，不要失掉自己原有的特点，会求仙方的人，不要被药物误了自己的性命。我有我的特点，我自己完全了解，对一些没有价值的东西不吸取它也是就是一种吸取，虽然有所师法，但不为师法所囿，〔自成一家。〕

然〔诗〕格律莫备于古，学者宗师，自有渊源。至于性情遭遇，人人有我在焉，不可貌古人而袭之，畏古人而拘之也。

◆〔清〕袁枚：《答沈大宗伯论诗书》

〔译〕然而诗的格律的完备没有比得上古人的诗，学习的人，可宗奉师法，自己的诗就自然有根底。至于性情和遭遇，人人各不相同，不可以从表面仿效古人的诗而照抄，怕古人而受到拘束。

平居有古人，而学力方深；落笔无古人，而精神始出。

◆〔清〕袁枚：《随园诗话》

〔译〕平素〔读书〕应该向古人学习，〔这样〕学力才能深厚；下笔写文章不拘泥于古人，自己的个性才能表现出来。

蚕食桑，而所吐者丝，非桑也；蜂采花，而所酿者蜜，非花也。读书如吃饭，善吃者长精神，不善吃饭者生痰瘤。

◆〔清〕袁枚：《随园诗话》卷十三

〔译〕蚕吃桑叶，而它所吐的是丝，不是桑叶；蜜蜂采花，而它所酿制的是蜜，不是花。读书像吃饭一样，会吃的人吃了可以长精神，不会吃的人吃了生病。

高清邱笑古人作诗，今人描诗，描诗者，象生花之类，所谓优孟衣冠①，诗中之乡愿②也。譬如学杜竟如杜，学韩而竟如韩③，人何不观真杜真韩之诗，而肯观伪杜伪韩之诗乎？孔子学周公，不如王莽之似也；孟子学孔子，不如王通④之似也。唐义山、香山、牧之、昌黎⑤，同学杜者，今其诗集，都是别树一旗。杜所伏膺⑥者，庾鲍⑦两家；而集中亦绝不相似。萧子显⑧云："若无新变，不能代雄。"陆放翁曰："文章切忌参死句。"黄山谷⑨云："文章切忌随人后。"皆金针度人语。

◆〔清〕袁枚：《随园诗话》卷七

〔注〕① 优孟衣冠：优孟，春秋时楚国艺人，擅长滑稽讽谏。楚相孙叔敖死了以后，他的儿子十分贫困。有一天，优孟穿戴孙叔敖的衣冠，模仿孙的神态，去见楚庄王。庄王大惊，以为孙叔敖复活了，要再任命他为相。这时，优孟趁机讽谏楚庄王说，孙叔敖做官廉洁，可是他死后，妻子儿女却穷困不堪，楚国的相做不得。于是，庄王召见了孙叔敖的儿子，给他封了官。后人因而称登场演戏为"优孟衣冠"。这里的意思是，写诗生硬模仿前人，像演戏一样。② 乡愿：一作"乡原"。无是非，无主见的世俗小人。③ 杜、韩：指杜甫和韩愈。④ 王通：隋朝哲学家。⑤ 义山、香山、牧之、昌黎：唐代诗人李商隐，字义山；白居易，自称香山居士；杜牧，字牧之；韩愈，《旧唐书》载为昌黎人，故世称韩昌黎。⑥ 伏膺：在心里推崇折服。⑦ 庾鲍：庾，即庾信，梁文学家，鲍，即鲍照，刘宋文学家。⑧ 萧子显：齐文学家、历史学家。⑨ 黄山谷：即宋代诗人黄庭坚。

〔译〕高清邱笑古人是创作诗，今人是照着描诗。照着描诗，就像绣花，也即所谓化妆演戏，这是没有个性没有见解的诗。譬如学习杜诗而完全像杜诗，学习韩文而完全像韩文，人何必不去看真正的杜诗韩文，而肯去看那假杜诗假韩文呢？孔子学周公，不如王莽学得像，孟子学孔子，不如王通学得像。唐代的李商隐、白居易、杜牧、韩愈都是学杜甫的。现在他们的诗集，都是别树一帜。杜甫内心里最推崇的是庾信、鲍照两家，而他的诗集中的诗也完全和他们的不同。萧子显说："假若不能革新，就不能代代出人才。"陆游说："写文章切忌掺进那些没有意义的话。"黄庭坚说："写文章最要忌讳人云亦云。"这都是把写诗作文的最好方法教人的至理名言。

历来野史，皆蹈一辙，莫如我这不借此套者，反倒新奇别致，不过只取其事体情理罢了，……至若佳人才子等书，则又千部共出一套，且其中终不能不涉于淫滥，以致满纸潘安、子建、西子、文君①，不过作者要写出自己的那两首情诗艳赋来，故假拟出男女二人名姓，又必旁出一小人其间拨乱，亦如剧中之小丑然。且鬟婢开口即者也之乎，非文即理。故逐一看去，悉皆自相矛盾，大不近情理之话，……

◆〔清〕曹雪芹：《红楼梦·第一回》

〔注〕① 潘安：即潘安仁，名岳，晋朝人，传为美男子。子建：即曹子建，名植，三国魏人，有高才。前人评说：天下才共一石，子建独居八斗。西子：即西施，春秋越国美女。文君：即卓文君。西汉人，美而慧。司马相如妻。

〔译〕历来私人记载的史事，都是一个样子，不如我这不借那种陈套，反倒显得新奇别致，不过只是用它的故事情理罢了。……至于像那些佳人才子等等的书，就是一千部也都是出于一个格式，而且其中有的终究不能不涉及淫滥的情节，以至于满纸写的都是什么潘安仁的貌、曹子建的才，西施、卓文君的漂亮聪明之类，这也不过是作者要把自己的那两首情诗艳赋写出来罢了，因此假充拟出男女二人的名姓，又一定要写从旁冒出一个小人在他们中间进行挑拨，也像戏剧中的小丑那个样。并且女婢开口就是"者也之乎"，不是文就是理。所以一个个看去，全都是自相矛盾，大大不近情理的话，……

"芭蕉心尽展新枝，新卷新心暗已随。愿学新心养新德，长随新叶起新知。"张子厚咏芭蕉句也。先大父尝取"养新"二字榜于读书之堂①。大昕儿时侍左右尝为诵之，且示以"温故而知新"之旨②。

◆〔清〕钱大昕：《十驾斋养新录·自序》

〔注〕① 先大父：作者自称去世的祖父。榜于：题书匾额悬在……上面。② 温故而知新：《论语·为政》：子曰："温故而知新，可以为师矣。"意为，孔子说："温习旧知识时，

能有新体会，新发现，就可以做老师了。"

〔译〕"芭蕉的心叶枯萎了又发出了新枝，新叶也随着暗暗地把新心包卷起来。我愿意学习这芭蕉的新心培养自己新的德行，长期随着新叶获得新的知识。"这是张子厚咏芭蕉的诗句。我的祖父曾经取"养新"二字题书匾额悬挂在书房里。我做小孩的时候陪在祖父身边曾经背诵过这首诗，祖父还用"温故而知新"这话的意思启发我领会诗意。

开生面，立新场，是书不止《红楼梦》一回，惟是回更生更新。且读去非阿颦①无是佳吟，非石兄②断无是章法行文，愧杀古今小说家也。

◆《脂砚斋重评石头记》（第二十七回黛玉葬花一段的眉批）

〔注〕① 阿颦：林黛玉。② 石兄：指《石头记》（即《红楼梦》）作者。

〔译〕别开生面，写出新的场景，这种书不仅仅是《红楼梦》的第一回，只是这一回更是从未见过更是新颖。而且读下去就会感到不是林黛玉就没有那样好的诗，不是雪芹兄就绝无这样章法做文章，真是使古今小说家惭愧得要死。

我们决不可拒绝继承和借鉴古人和外国人，那怕是封建阶级和资产阶级的东西。但是继承和借鉴决不可变成替代自己的创造，这是决不能替代的。

◆毛泽东：《在延安文艺座谈会上的讲话》

对于外国文化，排外主义的方针是错误的，应当尽量吸收进步的外国文化，以为发展中国新文化的借镜；盲目搬用的方针也是错误的，应当以中国人民的实际需要为基础，批判地吸收外国文化。苏联所创造的新文化，应当成为我们建设新文化的范例。对于中国古代文化，同样，既不是一概排斥，也不是盲目搬用，而是批判地接受它，以利于推进中国的新文化。

◆毛泽东：《论联合政府》

自古以来，创新学派都是学问不足的青年人，他们一眼看出一种新东西，就抓住向老古董开战。……从来创立新学派的青年，一抓到真理，就藐视古董，有所发明。

◆毛泽东：《在成都会议上的讲话》

"看活方有用"

好学勤力，博闻强识，世间多有，著书表文，论说古今，万不耐①一。然则著书表文，博通所能用之者也。入山见木，长短无所不知；入野见草，大小无所不识，然而不能伐木以作室屋，采草以和方药者，此知草木所不能用也。夫通人览见广博，不能掇以论说，此为匿生书主人。

◆〔东汉〕王充：《论衡·超奇》

〔注〕①耐（néng）：通"能"。

〔译〕好学勤奋，见识多又记得牢，这样的人世间多得很，而著书写文章，论说古今，这种人一万个里面没有一个。看来能著书写文章的只是那些知识渊博，事理通达又善于运用的人。走进山里，看见树木，长的短的都知道；到了野外，看见草儿，大的小的无不认识。然而却不会伐木用以盖房屋，不懂得采草用以配方调药。这就是认识草木而不善于利用它。什么都知道的人，见识广博而不能运用自己的见闻来论述事理，这就叫做"只收藏而不阅读"的藏书家了。

183

假有学穷千载，书总五车①，见良直而不觉其善，逢牴牾而不知其失，葛洪所谓"藏书之箱箧"、"五经之主人"。而夫子有云：虽多亦安用为？其斯之谓也。

◆〔唐〕刘知几：《史通·杂说下》

〔注〕①五车：意思是说书籍很多。《庄子·天下》："惠施多方，其书五车"。

〔译〕假如有人学识渊博，读书很多，而见到好的正确的道理而不觉得它好，遇到不同意见不知道哪是错误的，〔这种人〕就是葛洪所说的"藏书箱子"、"五经的主人"。而孔子有句话说：虽然学得多又有什么用呢？就是说的这种人。

半亩方塘一鉴①开，天光云影共徘徊。问渠②那得清如许，谓有源头活水来。

◆〔南宋〕朱熹：《读书有感二首》之一

〔注〕① 鉴：镜子。② 渠：代词，它。

〔译〕方方半亩大的池塘水面像块镜子敞开了，日光云影倒映在水里一同荡来荡去。问它怎能这样清亮，说是源头有活水不断地流来。（比喻读书求学要不断从生活实际中获得活的知识。）

孟子曰："尽信《书》，不如无《书》"，非不要书也，但当以理推断，不可刻舟求剑①耳。书如人之杖，老者、力不足者倚此而行，若两足不能步履，而竟以杖行，此必无之理也。

◆〔明清之际〕朱之瑜：《答野传问》

〔注〕① 刻舟求剑：比喻拘泥于成法而不切实际，典出《吕氏春秋·察今》。故事说，楚国有个人乘船过江，佩剑掉落在水里，他在船边刻上记号，然后照着这个记号下水去摸。而他却没有意识到船已经前进了。

〔译〕孟子说："完全相信《尚书》，不如没有《尚书》的好"，并不是叫人不要读书。但〔读书〕应当凭道理去推断，不可以刻舟求剑。书就像人的拐杖，年老人、体力不够的人倚仗它走路，假苦两只脚根本不能走路，而全然靠拐杖走路，一定没有这种道理的。

看书洒脱①一番，长进一番，若只在注脚中讨分晓，此所谓钻故纸，此之谓蠹鱼②。

◆〔明清之际〕傅山：《霜红龛·卷三十六·杂记一》

〔注〕① 洒脱：不受局限。② 蠹（dù）鱼：一种蛀书虫。

这里比喻死啃书本的人。

〔译〕看书能够摆脱书本的束缚一次，就进步一次。假若只是从注脚中弄清它的道理，这就是所说的钻故纸堆，这就叫做"啃书虫"。

一部《四书》，看活方有用，他人俱看在纸墨上，《四书》死矣。

◆〔清〕颜元：《习斋言行录》

〔译〕一部《四书》，读得活才有用，人们都只看在文字表面上，这样《四书》就没有生命力了。

写凤姐写不尽，却从上下左右写。写秋桐极淫邪，正写凤姐极淫邪。写平儿极义气，正写凤姐极不义气。写使女欺压（尤）二姐，正写凤姐欺压二姐。写下人感戴二姐，正写下人不感戴凤姐。史公①用意，非念死书子之所知。

◆《脂砚斋重评石头记》（第六十九回"开始总批"）

〔注〕① 史公：指汉朝太史公司马迁，他写《史记》用了很多"互见"的笔法。

〔译〕从凤姐本身来描写凤姐还不足以刻划得淋漓尽致，却从她的身边有关人物陪衬着写。写秋桐非常淫荡不正派，正是写凤姐非常淫荡不正派。写平儿非常讲义气，正是写凤姐非常不讲义气。写使女欺压尤二姐，正是写凤姐欺压尤二姐。写下人对尤二姐感恩戴德，正是写下人对凤姐不感恩戴德。这太史公的笔法，不是念死书的人所能够了解的。

古人文章可告人者惟法耳，然不得其神而徒守其法，则死法而已，要在自家于读时微会之。

◆〔清〕刘大櫆：《论文偶记》

〔译〕古人的文章可以教给人的只是方法，然而不懂得古人文章的精神而仅仅墨守它的方法，那就变成死法了。这需要在自己读书时细细体会它。

读父书者不可与言兵①，守陈案者不可与言律，好剿②袭者不可与言文，善琴奕者不视谱，善相马者不按图，善治民者不泥法。

◆〔清〕魏源：《默觚》

〔注〕① 战国时赵孝成王要用名将赵奢之子赵括为将，蔺相如说赵括"徒能读其父书"，不能用。但赵王仍用赵括为将，与秦战，果败。② 剿：即"抄"。

〔译〕只会读父亲兵书〔而不会用〕的人不能去同他谈论兵法，拘守于老的案例不放的人不能同他谈论法律，喜欢抄袭的人不能与他谈文章，善于弹琴下棋的人不必看着琴谱、棋谱，善于相马的人不必按照〔良马的〕图形去寻马，善于治理百姓的官吏不拘泥于旧法。

读书固不可不晓文义，然只以晓文义为足，只是儿童之学，须看意旨所在。

◆〔清〕杨希闵：《读书举要》

〔译〕读书固然不可以不了解文义，然而只是以了解文义为满足，那只是儿童的学习。必须要看全篇的意义和旨趣是什么。

我手写吾口，古岂能拘牵。

186

◆〔清〕黄遵宪：《杂感》

〔译〕我的手写我口里所说的，古人哪能拘圄牵制我呢。

诸生荒弃群经，惟读《四书》，谢绝学问，惟事八股，于是二千年之文学，扫地无用，束阁不读矣。……但八股清通，楷书园美，即可为巍科进士①，翰苑②清才，而竟有不知司马迁、范仲淹为何代人，汉祖、唐宗为何朝帝者！若问以亚非之舆地，欧美之政学，张口瞪目，不知何语矣。

……

……夫以总角③，至壮至老，实为最有用之年华，最可用之精力，假以从事科学，讲求政艺，则三百万之人才，足以当荷兰、瑞典、丹麦、瑞士之民族矣，以为国用，何欲不成？乃以三百万可用之精力人才月日钩心斗角，敝精费神，举而投之枯困搭截文法之中，以言圣经之大义，皆不与之以发明也，徒令其不识不知，无才无用，盲聋老死。是比白起之坑长平赵卒四十万，尚十倍之。

◆〔近代〕康有为：《请废八股试贴楷法试士改用策论折》

〔注〕① 进士：明、清都以举人经会试考中者为贡士，由贡士经殿试赐出身的为进士，是一种很高的功名。② 翰苑（yuàn）：翰林院的别称。翰林院在清代掌编修国史，记载皇帝言行的起居注，进解经史，以及草拟典礼文件。③ 总角：男子幼时将头发结扎起来，故童年称"总角"。

〔译〕经科举考试进学为秀才的人荒废抛弃许多百家经典著作，只读《四书》，不做学问，仅仅从事八股文的练习，于是两千年的文学，都弃置不用，束之高阁不读了。只要八股文做得清白通顺，字写得圆润华美，就可以做高科进士，翰林院的清才，然而竟有人不晓得司马迁、范仲淹为哪个朝代的人，汉高祖、唐太宗是哪个朝代的帝王。倘若问他亚洲、非洲的地理，欧洲、美洲的政治，便张着口瞪着眼睛，不晓得是说的什么。

…………。

……人从少年到壮年到老年，这个时候实在是最有用的年华，最为有用的精力，假使让他们从事于自然科学、社会科学研究，哪怕只有三百万的人才，就完全敌得过荷兰、瑞典、丹麦、瑞士这些民族了。国家使用这些人才，有什么理想不能实现呢？而以三百万精力充沛的人才时时钩心斗角，使他们精神疲敝，放到那种枯燥刻板，拼凑抄袭的八股程式之中，来论圣人经典的大义，却不给他们以发明创造的机会和条件，只能使他们变得无知无识，无才无用，以致像瞎子聋子般地死去。这比秦国的白起在长平活埋赵国的降卒四十万，还厉害十倍。

在学校不能单靠教科书和教习，讲堂功课固然要紧；自动学习，随时注意自己发现求学的门径和学问的兴趣，更为要紧。

◆〔近代〕蔡元培：《对于学生的希望》

读死书是害己，一开口就害人；但不读书也并不见得好。

◆鲁迅：《花边文学·读几本书》

读死书会变成书呆子，甚至于成为书厨，……

◆鲁迅：《花边文学·读几本书》

我们加入儿童生活中，便发现小孩子有力量；不但有力量，而且有创造力。我们要钻进小孩子队伍里才能有这个新认识与新发现。
……
解放小孩子的头脑，儿童的创造力被固有的迷信、成见、曲解、幻想层层裹头布包缠了起来，我们要发展儿童的创造力，先要把儿童的头脑从迷信、成见、曲解、幻想中解放出来。……
解放小孩的双手。……中国对于小孩子一直是不许动手，动手要打手心，往往因此摧残了儿童的创造力。一个朋友的太太，因为小孩子把她的一个新买来的金表折坏了，在大怒之下，把小孩子结结实实打了一顿。……我对她说："恐怕中国的爱迪生被你枪毙掉了。……"

◆陶行知：《创造的儿童教育》

几十年来，很多留学生都犯过这种毛病。他们从欧美日本回来，只知生吞活剥地谈外国。他们起了留声机的作用，忘记了自己认识新鲜事物和创造新鲜事物的责任。

◆毛泽东：《改造我们的学习》

出二十个题，学生能答出十题，答得好，其中有的答得很好，有创见，可以打一百分，二十题都答了，也对，但是平平淡淡，没有创见的，给五十分、六十分。

◆毛泽东：《在春节座谈会上的讲话》

十五、"躬行"，"践履"
——锻炼实践能力

智力要转化为物质力量，有待于实践。而实践能力本身，也是智力的一种综合表现。我国许多思想家都注重实践和实践能力的培养，荀况有"不闻，不若闻之；闻之，不若见之；见之，不若知之；知之，不若行之，学至于行而止矣"的名言。朱熹强调"躬行"，王阳明提出"知行合一"。王夫之还有"行可兼知，而知不可兼行"的卓越见解，指出了实践能力包含着认识能力，而具有认识能力不一定就有实践能力。清代教育家颜元则批评宋明以来的教育"讲说多而践履少"的弊病，指出这种作法是以"章句误苍生"。他主张培养"通经致用"的人才，在"富天下安天下"的事业中发挥作用。

当然，古代哲人所强调的"行"和"践履"，还只限于个人的行动，与我们今天所说的社会实践不能打等号。而只有生产斗争、阶级斗争、科学实验等社会实践活动，才是改造社会、改造人的伟大动力；人的智力也只有在这些社会实践中才能得以运用和发挥，转化为巨大的物质力量。

子路有闻，未之能行，唯恐有闻。

◆《论语·公冶长》

〔译〕子路有所闻，还没有能够去做，只怕又有所闻，〔来不及去做。〕

子曰："诵诗三百①，授之以政，不达②，使于四方，不能专对③，虽多亦奚以为④？"

◆《论语·子路》

〔注〕① 诗三百：即《诗经》三百篇。② 不达：不练达，办不通。③ 专对：古代的外交使节接受使命之后去进行交涉应对，称为专对。专对要有随机应变，独立行事的才干和能力。④ 亦奚以为：有什么用呢？

〔译〕孔子说："熟读《诗经》三百篇，交给他以政治任务，却办不通；叫他出使外国，又不能独立地去谈判筹措。纵然是读的多，又有什么用呢？"

子曰："小子何莫学夫诗？诗可以兴，可以观，可以群，可以怨①，迩②之事父，远之事君，多识于鸟兽草木之名。"

◆《论语·阳货》

〔注〕① 兴、观、群、怨：兴，培养联想能力的意思；观，提高观察力的意思；群，锻炼合群性的意思；怨，讽刺。这里指学得讽刺的方法。② 迩（ěr）：近。

〔译〕孔子说："你们青年学生为什么不去研读《诗经》呢？读《诗》，可以培养联想力，可以提高观察力，可以培养合群性，可以学到讽刺方法。在家，可以运用其中的道理事奉父母；在朝，可以用之服事君上。〔还〕可以多多认识鸟兽草木的名称。"

子曰："君子欲讷①于言而敏②于行。"

◆《论语·里仁》

〔注〕① 讷（nà）：言语迟钝。② 敏：勤奋快速。

〔译〕孔子说："君子说话要慎重，做事要敏捷。"

子贡问君子。子曰："先行其言而后从之。"

◆《论语·为政》

〔译〕子贡问怎样才能做个君子。孔子道："先把你要说的话付诸行动，然后再说出来，〔这就可以算得个君子了。〕"

子曰："古者言之不出，耻躬之不逮也①。"

◆《论语·里仁》

〔注〕① 耻：认为……可耻。躬：躬行；自己的行动。逮（dài）：赶上。

〔译〕孔子说："古人的言语不轻易出口，认为说了做不到是可耻的。"

子曰："始吾于人也，听其言而信其行；今吾于人也，听其言而观其行。于予与改是①。"

◆《论语·公冶长》

〔注〕① 于予与改是：从宰予的表现，我改变了这种态度。予：孔子学生，宰我之名。

〔译〕孔子说："从前我对于人，听了他的说话，就相信他的行动。现在我对于人，听了他的说话，还要看看他的行动，这是因为宰予〔的表现〕而改变我的态度的。"

子曰："弟子入则孝，出则悌，谨而信，泛爱众而亲仁，行有余力，则以学文。"

◆《论语·学而》

〔译〕孔子说："后生小子，在父母跟前，就孝顺父母；离开自己的家庭，便敬爱兄长；寡言少语，说话诚实可信，博爱众人，亲近有仁德的人。这样实行之后，有多的力量，再去学习文献典籍。"（孔子在这里所标榜的"孝""悌"等宗法制的伦常观念已不足取，但他强调实行的意见，值得重视。）

子曰："文，莫①吾犹人也。躬行君子，则吾未之有得。"

◆《论语·述而》

〔注〕① 莫：约莫，大约。按，文、莫分断系从杨伯峻先生引吴检斋先生说。

〔译〕孔子说："书本知识，大约我同别人差不多。像君子那样凡事切切实实亲自去做，那还没有达到这个地步。"

士虽有学，而行为本焉。

◆《墨子·修身》

〔译〕知识分子虽然需要学习，然而实践则是根本。

君子之学也，入乎耳，箸乎心①，布②乎四体，形乎动静③，端而言，蠕而动，一可以为法则④。

◆《荀子·劝学》

〔注〕① 箸（zhù）：通"著"，铭记。② 布：分布，贯注。③ 形乎动静：形，表现；动静，人的行动。④ 端：通"喘"微言；蠕（rú）：微动；一：皆，都。

〔译〕君子对于学习，听在耳里，记在心里，体现在举止上，表现在行动上。哪怕是细小的一言一行，都可以作为别人学习的榜样。

学至于行而止矣。行之，明也，明之，为圣人。圣人也者，本仁义，当是非，齐言行，不失毫厘，无他道焉，已乎行之矣。

◆《荀子·儒效》

〔译〕学习到了能够实践，就算达到目的了。实践了，就能明白事理。明白事理就可以做圣人。圣人是以仁义为根本，判断是非恰当，言行一致，丝毫不差，没有别的途径，只是把学到的东西切切实实地去实践。

博学之，审①问之，慎思之，明辨之，笃②行之。有弗③学，学之弗能弗措也；有弗问，问之弗知弗措也；有弗思，思之弗得弗措也；有弗辨，辨之弗明弗措也；有弗行，行之弗笃弗措也。人一能之，己百之，人十能之，己千之。果能此道矣，虽愚必明，虽柔必强。

◆《礼记·中庸》

〔注〕① 审：详细；仔细。② 笃：厚；切实。③ 弗：不。

〔译〕广博地学习，仔细地求教，慎重地思考，明白地辨认，切实地实行。不学则已，既学习没有学会就不停止；不求教则已，既求教没有弄清楚就不停止；不思考则已，既思考没有收获就不停止；不辨认则已，既辨认不辨明白就不停止，不实行则已，既实行不切实就不停止。别人学一次就会了，我就学它一百次，别人十次学会了，我就学它一千次。果真能够这样做了，即使愚蠢一定能变为聪明，即使柔弱一定能变为刚强。

凡贵通者，贵其能用之也。即徒诵读①，读诗讽术②，虽干篇以上，鹦

鹉能言之类也③。衍传书之意④，出膏腴⑤之辞，非俶傥⑥之才，不能任也。

◆〔东汉〕王充：《论衡·超奇》

〔注〕① 即：如果。徒：仅仅。② 讽：读。术：艺，经。③ 鹦鹉能言：意为只是传声器，不能发挥。④ 衍：引申。传书：泛指古书。⑤ 膏腴（yú）：美好。⑥ 俶傥（tì tǎng）：卓越超群。

〔译〕凡以融会贯通为可贵，就是贵在能够运用所学得的知识。如果仅仅只是诵读，读《诗经》，讽诵儒家的经艺，纵然读得千篇以上，也不过是鹦鹉学舌之类，照本宣科。发挥古书的意义，写出美好的文章，不是具有卓越超群的才智的人是不能胜任的。

涉浅水者见虾，其颇深者察鱼鳖，其尤甚者观蛟龙。足行迹殊，故所见之物异也。

◆〔东汉〕王充：《论衡·别通》

〔译〕淌浅水的人看到了虾，淌得稍深一点就看到了鱼鳖，行到更深处则看到了蛟龙。足迹所到的地方不同，所见到的东西也就不同。（王充指出了人的实践深入程度不同，获得的智慧的深度广度则不一样。）

知言而不能行，谓之疾。此疾虽有天医，莫能治也。

◆〔东汉〕仲长统：《意林》

〔译〕知道所说的话是对的却不能去照着做，这叫做一种毛病。这种毛病纵然有极其高明的医生，也不能够医治。

夫学者犹种树也，春玩其华，秋登其实。讲论文章，春华也；修身利行，秋实也。

◆〔北周〕颜之推：《颜氏家训·勉学》

〔译〕学习好比是种树，春天赏玩树木的花朵，秋天收获树木的果实。讲论文章，好比是〔赏玩〕春天的花朵；

修养自己的身心以利于实际行动，好比是〔收获〕秋天的果实。

生而不知学，与不生同；学而不知道①，与不学同；知而不能行，与不知同。知而后行者，尚②矣。

◆〔北宋〕黄晞：《歔欷琐微论·生学篇》

〔注〕① 道：道理。② 尚：同"上"。

〔译〕人活着不知道学习，等于没有活；学而不明白道理，等于没有学；知道了而不能去实行，等于不知道。明白了道理而后照着做，这是最好的了。

世俗之学，所以与圣贤不同者，亦不难见。圣贤直是真个去做，说正心，直要心正，说诚意，直要意诚，修身齐家，皆非空言。今之学者说正心，但将正心吟咏一饷，说诚意，又将诚意吟咏一饷，说修身，又将圣贤许多说修身处讽诵而已。或掇拾言语，掇缉时文，如此为学，却于自家身上有何交涉①？

◆〔南宋〕朱熹：《朱子语类辑略》

〔注〕① 交涉：关系。

〔译〕世间一般人的学习，和圣人贤人的学习不同的地方，并不难区别清楚。圣人贤诚心说了，真的就去做，说端正思想就要思想端正，说要使自己意思诚恳，就要意思诚恳，说修养自身的品德，和睦家庭，都不是空话。今天学习的人说端正思想，只是把"端正思想"写成诗文吟咏一下，说使自己的意思诚恳，又将"使自己的意思诚恳"为题吟咏一下，说修养自己的品德，又将圣人贤人关于修养品德的语录背诵一通而已。有人捡人家的话，凑成时髦的文章，像这样做学问，对于培养自己的品德才能有何关系呢？

讲学固不可无，须是更去自己分上做工夫。若只管说，不过一二日，都说尽了，只是工夫难。

◆《朱子语类辑略》

〔译〕讲学固然不可以没有，而更要紧的在于自己本身努力学习。假若只管对人说，不过一两天就都说完了，只是自己做学问难。

方①其知之，而行未及②之，则知尚浅。既③亲历其域，则知之益④明，非前日之意味。

◆《性理精义》卷八

〔注〕① 方：副词，正在。② 未及：没至，没到。③ 既：副词，已经。④ 益：更加。

〔译〕当你知道了，而还没来得及去实行，这样知道的就还不深。已经亲自做过了，这样就知道得更清楚了，不再是以前所知的那个程度了。

若不用躬行，只是说得便了，则七十子①之从孔子，只用两日说便尽，何用许多年随着孔子不去。不然，则孔门诸子皆是呆无能底人矣。

◆《朱子语类辑略》

〔注〕① 七十子：传说，孔子的弟子中，有七十贤人。

〔译〕假如不用去实践，只是说得出来就行了，那么七十位贤人跟随孔子，孔子只需用两天的时间就都说完了，哪用得着跟随孔子那多年而不离去呢。要不然，孔子的这些学生就都是呆笨无能的人了。

195

论先后，知为先；论轻重，行为重。

◆《朱子语类辑略》

〔译〕〔知和行的关系〕论先后，知为先；论轻重，行为重。（朱熹在这里说的"行为重"是有道理的，但"知为先"是不科学的。）

学之之博，未若知之之要，知之之要，未若行之之实。

◆《朱子语类辑略》

〔译〕学得渊博，不如学懂了重要。学懂了，还不如去实行来得切实。

纸上得来终觉浅，绝知此事要躬行。

◆〔南宋〕陆游：《冬夜读书示子聿》之三

〔译〕书本上得来的知识终究觉得是肤浅的，要深入了解事物的道理一定要亲身去切实地实行。

夫学、问、思、辨、行皆所以为学，未有学而不行者也。如言学孝，则必服劳奉养，躬行孝道，然后谓之学；岂徒悬空口耳讲说，而遂可以谓之学孝乎？学射则必张弓挟矢，引满中的；学书则必伸纸执笔，操觚染翰①；尽天下之学，无有不行而可以言学者：则学之始固已即是行矣。

◆〔明〕王守仁：《答顾东桥书》

〔注〕① 操觚：拿着木简，意为作文。觚，通"籀"，古人书写时所用的木简。染翰：以笔蘸墨，意为写字。翰，笔。

〔译〕博学、审问、慎思、明辨、笃行总的都是学习，没有学习而不去实行的。比如说学习孝道，就必须服侍奉养父母，自行孝道，然后才叫做学习；哪里能只凭空口说，而就可以叫做学习孝道呢？学习射箭就一定要拉开弓搭上箭，把弓拉得满满的射出去命中目标；学写字就必须伸开纸拿着笔，写字作文；所有天下人的学习，没有不实行而可以谈得上是学习的：那么学习的开始本来已经就是实行了。

196 真知即所以为行，不行不足谓之知。

◆〔明〕王守仁：《答顾东桥书》

〔译〕真正的知识就是为了用以实践的，不能付诸实践的就不足以叫做知识。

知之真切笃实处，即是行，行之明觉精察处，即是知，知行工夫，本不可离。只为后世学者分作两截用功，失却知行本体，故有合一并进之说。

◆〔明〕王守仁：《答顾东桥书》

〔译〕知道得真切实在的地方，就是实行，实行得明确体会深刻的地方，就是知道。知和行的功夫，本来是不可以分开的。只是因为后代学习的人分作两半截下工夫，失掉了知和行本身的含义，因此我有〔知行〕合一、两者同时并进的说法。

食味之美恶，必待入口而后知，岂有不待入口而已先知食味之美恶邪？……路歧之险夷，必待身亲履历而后知，岂有不待身亲履历而先知路歧之险夷者邪？

◆〔明〕王守仁：《传学录中·答顾东桥书》

〔译〕食物味道的好坏，一定要等到食物进口以后才知道，哪里有不等进口就事先已经知道它的味道的好坏的呢？……道路的艰险或平坦，一定要等亲自走过后才能知道，哪里有不等亲自走过就事先已经知道艰险平坦的呢？

讲得一事，即行一事；行得一事，即知一事，所谓真知矣。徒讲而不行，遇事终有眩惑。如人知越在南，必亲至越①而后知越之故，江山、风土、道路、城域可以指掌②而说，与不至越而想象以言越者，大不侔③矣。故曰："知至至之，可与几④也；知终终之，可与存义也。"其此之谓乎？晚宋以来，徒为讲说；近日学者崇好虚静，皆于道有害。

◆〔明〕王廷相：《与薛君采二首》之二

〔注〕①越：周代诸侯国，在今浙江一带。②指掌：指其手掌，比喻道理浅显易明，有"了如指掌"之说。③侔（móu）：合，相同。④几：考察。

〔译〕说到一件事情，就实行一件事情，能实行一件事情，就了解一件事情的道理，这就叫做真知了。只说而不实行，遇事终究有些认识不清。比如某人知道越国在南方，必定要亲自到越国而后才知道越国的情况，对它的江山、风土人情、道路、城市区域都可以明白地说出来，和那些没有到过越国而凭想象来谈越国的人，大不相同了。所以说："要认识得深刻就要身临其境，以便考察。认识达到终极就告一段落，并可确定这个认识对象的意义了。"大概说的是这个道理罢？自宋末以来，只是讲说；近来学习的人们崇尚爱好"虚静"之说，对于知行学说都是有妨害的。

世有闭户而学操舟之术者，何以舵、何以招、何以橹、何以帆、何以引笮①，乃罔不讲而预也，及夫出而试诸山溪之溢，大者风水夺其能，次者滩漩汨②其智，其不缘而败者几希！何也？风水之险，心熟其机③者然后能审而应之；虚讲而臆度，不足以擅其功矣。夫山溪且尔，而况江河之澎汹，海洋之渺茫乎？彼徒泛讲而无实历者，何以异此？

◆〔明〕王廷相：《雅述》下篇

〔注〕① 笮（zuó）：用竹皮编成的索。俗称竹缆子。② 汨（gǔ）：弄乱，扰乱。③ 机：事情的苗头或预兆。

〔译〕世间有关着门在家里学习驾船的方法的，怎样用舵，怎样用桨，怎样用橹，怎样用帆，怎样牵竹缆子，竟没有一项不解说而预习的，等到出去在山溪的下游试航，大的问题是风浪使得他无能为力，其次的问题是滩里的漩涡旋晕了他的头，那不因此而失败的是太少了啊！什么缘故呢？对于风浪的危险，必须熟知它的预兆然后才能仔细地应付它；口里说空话心里猜测，不能够收到效果。山溪尚且如此，而又何况江水的汹涌澎湃，海洋的浩瀚渺茫呢！那些只会泛讲而没有实际经历的人，跟这种情况有什么不同呢？

学易而好①难，行易而力②难，耻易而知③难。

◆〔明清之际〕王夫之：《俟解》

〔注〕① 好（hào）：好学。② 力：努力实践。用力去做。③ 知：懂得羞耻。

〔译〕学习容易而好学难，行动容易而努力实践难，〔感到〕羞耻容易而懂得〔为什么〕羞耻难。

非致知，则物无所裁，而玩物以丧志；非格物，则知非所用，而荡智以入邪。二者相济，则不容不各致焉。

◆〔明清之际〕王夫之：《尚书引义·说命中二》

〔译〕没有"致知"的功夫，就无法对事物的情况作出正确的判断，结果就会沉溺于对外界事物现象的考查而失去了做学问的主见。没有"格物"的功夫，心的思考就不能正确地发挥作用，结果就会摇荡心智而上邪路。"格物"和"致知"这两种求知的方法既然是相辅相成的，那就必须在两个方面都下功夫〔不能有所偏废〕。

格致有行者，如人学弈棋相似，但终日打谱①，亦不能尽达杀活之机②，必亦与人对弈，而后谱中谱外之理，皆有以悉喻③其故。且方其进著④心力去打谱，已早属力行矣。

◆〔明清之际〕王夫之：《读四书大全·卷一·传·第六章》

〔注〕① 打谱：从棋谱中研究棋局的变化。② 尽达：全部了解。杀活：指下棋时战术上的杀子、活子，战略上的杀死对方，救活自己。机：诀窍。③ 悉喻：完全明白。④ 进著：拼着。

〔译〕"格物致知"要有实践，和人们学习下棋相像，只是终日从棋谱中研究棋局的变化，也不能全然了解杀死对方而救活自己的诀窍。必定也要和人家对弈，然后对谱中谱外的道理，都能知道它的所以然。况且当初他用尽心思去从棋谱中研究棋局的变化，那早已就是属于实践了。

且夫知也者，固以行为功者也。行也者，不以知为功者也。行焉可以得知之效也，知焉未可以得行之效也。

◆〔明清之际〕王夫之：《尚书引义·说命中二》

〔译〕况且，知本来是要通过行来完成的；行呢，却不必通过知来完成。行可以作为知的检验，而知不可以作为行的检验。

行可兼知，而知不可兼行。下学而上达，岂达焉而始学乎？君子之学，未尝离行以为知也必矣。

◆〔明清之际〕王夫之：《尚书引义·说命中二》

〔译〕行包含着知，而知不能包含行。只有在实践的基础上努力学习，才能逐步达到对事物的深刻认识，哪里有先对事物有了深刻的认识再去学习的呢？君子的学问，从来没有离开行去求知，这是必然的。

某①为此惧，著《存学》一编，……大旨明道不在《诗》、《书》章句，学不在颖悟诵读，而期如孔门博文约礼②，身实学之，身实习之，终身不懈者。

◆〔清〕颜元：《上太仓陆桴亭先生书》

〔注〕① 某：意为"我"。② 孔门博文约礼：指孔子对学生用文献来丰富他们的知识，用礼节来约束他们的行动。语本《论语·子罕》"博我以文，约我以礼"。

〔译〕我为这件事担忧，写了《存学》一篇……大意是说明白事理不在于了解《诗经》、《尚书》的解释，学习不在于体会诵读，而是希望像孔子那样对学生"博文约礼"，从自己本身来学，本身来演习，终身都不懈怠。

譬之学琴然：《诗》、《书》犹琴谱也，烂熟琴谱，讲解分明，可谓学琴乎？故曰以讲读为求道之功，相隔千里也。更有一妄人指琴谱曰："是即琴也，辨音律，协声韵，理性情，通神明，此物此事也。"谱果琴乎？故曰以书为道，相隔万里也。

◆〔清〕颜元：《性理评》

〔译〕譬如学弹琴一样：《诗经》、《尚书》好比是琴谱，把琴谱学得烂熟，讲解清楚明白，这可以说是学弹琴么？所以说用讲读去作为求得明白道理的办法，那是相隔十万八千里的事。还更有一种无知的人指着琴谱说："这就是琴，辨别音律，协调声韵，调理情性，通达神明，都有赖这个东西。"谱果真是琴么？所以说以读书为方法，〔而不讲究实践，想获得对事物的认识，〕是相隔万里的事情。

从源头体认，宋儒①之误也，故讲说多而践履少，经济②事业则更少；若宗孔子下学而上达，则反是矣。

◆〔清〕颜元：《存学编》卷三

〔注〕① 宋儒：指宋代以程颢、程颐、朱熹为代表的理学家。② 经济：经世济民；治理国家。③ 下学上达：语出《论语》，意思是说下学礼乐而上达天命。是唯心主义的天命论。

〔译〕从源头来体察认识，是宋儒的错误，原因在于讲说的多而实践的少，关于治理国家，救助人民的事业就更少了。如果尊奉孔子的"下学上达"的原则那么情况就会与此相反了。

读书无他道，只须在行字着力，如读"学而时习"，便要勉力时习；读"其为人孝弟①"，便要勉力孝弟，如此而已！

◆〔清〕颜元：《习斋言行录》卷上

〔注〕① 弟：又作"悌"。弟弟顺从兄长。

〔译〕读书没有别的方法，只需在实行这方面用力，比如读"学而时习"，便要努力去"时习"；读"其为人也孝弟"，便要努力去孝顺父母，尊敬兄长，就是这样罢了。

终日兀坐①书房中，萎惰人精神，便筋骨皆疲软，以至天下无不弱之书生，无不病之书生，生民之祸，未有甚于此者也。

◆〔清〕颜元：《朱子语类评》

〔注〕① 兀（wù）坐：昏昏然坐着。一说"端坐"。

〔译〕整天昏昏然坐在书房里，使人的精神萎靡倦怠，筋骨疲乏酸软，以至养成天下没有不弱的读书人，没有不病的读书人，人民的祸患，没有比这更厉害的。

心中醒①，口中说，纸上作，不从身上习过，皆无用也。

◆〔清〕颜元：《存学编·卷二·性理评》

〔注〕① 醒：觉醒，明白。

〔译〕心里明白了，嘴里讲出来了，写成了文章，但是没有亲自实习它，都是没有用的。

今有妄人①者，止务览医书千百卷，熟读详说，以为予②，国手矣。视诊脉、制药、针灸、摩砭③以为术家之粗，不足学也。书日博，识日精，一人倡之，举世效之，岐黄④盈天下，而天下之人，病相枕⑤，死相接也，可谓明医乎？愚以为从事方脉、药饵、针灸、摩砭，疗疾救世者，所以为医也，读书取以明此也。若读尽医书而鄙视方脉、药饵、针灸、摩砭，妄人也。不惟岐、黄，并非医也。

◆〔清〕颜元：《存学斋·学辨》

〔注〕①妄人：狂妄自大之人。②予：我。③摩砭（biān）：摩，按摩；砭，古代用石针扎皮肉治病。④岐黄：岐，指岐伯，传说中的古代医学家；黄，指黄帝。《内经》中托名岐伯与黄帝讨论医学，以问答的形式写成。⑤病相枕：病倒的人身子压着身子，形容病人很多。

〔译〕如今有这么一个狂妄自大的人，只是读了许多医书，并且能读得滚瓜烂熟、能详细解说，于是，他便以为自己是国内的第一流医生。他认为诊脉、制药、针灸、摩砭这些医疗方法是医术当中粗浅的东西，不必去学它。他读的医书日益广博，医学知识也日益精深。〔由于出了名，〕他一个人推行这种方法，全国医生都争着仿效。于是，名声如岐伯、黄帝一样风闻全国，可是天下生病的人越来越多，病死的人尸体相压，能说他是懂得医术的医生吗？我认为，从事拿脉看病、泡制药物、针灸、摩砭的工作，用以治病救人，这是作医生的职责，读书，只是为了明白医学原理。如果读完所有的医书而看不起方脉、药饵、针灸、摩砭等实际工作，他便是狂妄的人。不仅不能算作是岐伯、黄帝那样的名医，连作普通的医生也不够格。

读乐谱几百遍，讲问思辨几十层，总不能知，直须博拊击吹①，口歌身舞，亲下手一番，方知乐是如此。

◆〔清〕颜元：《四书正误》

〔注〕①博拊击吹：博拊，使用弹拨乐器。击，使用打击乐器。吹，吹奏。

〔译〕把乐谱读了几百遍，讲说、提问、思索辨析搞了几十次，总是不能知道〔音乐、曲调是什么〕，直到把乐器拿来弹拨吹打一番，亲自动手，才知道音乐、曲调是这样的。

及之而后知，履之而后艰，乌有不行而能知者乎？缮"十四经"之编①，无所触发，闻师友一言而终身服膺②者，今人益于古人也。耳聒义方③之灌，若罔闻知，覩一行之善而中心惕然者，身教亲于言教也。披五岳④之图，以为知山，不如樵夫之一足；谈沧溟⑤之广，以为知海，不如估客⑥之一瞥；疏八珍⑦之谱，以为知味，不如庖丁⑧之一啜。

◆〔清〕魏源：《默觚》

〔注〕① 缮"十四经"之编：缮，同"翻"。十四经，泛指所有的书籍；古人把《诗》、《书》、《礼》、《乐》、《易》、《春秋》等六经，又加六纬，合称为十二经；这里又把《孝经》和《孝经纬》加进来，故称"十四经"。编，古时无纸，书籍是一片片的竹、木条用皮绳穿在一起而成的，故称书籍为"编"。② 终身服膺：犹言终身铭记不忘。或说为心中推重。③ 耳聒义方：聒，乱吵乱叫。义方，正道。④ 五岳：指东岳泰山，西岳华山，南岳衡山，北岳恒山，中岳嵩山（见《尔雅·释山》）。⑤ 沧溟：大海。⑥ 估客：商人。⑦ 八珍：泛指佳肴名菜。⑧ 庖丁：厨师。

〔译〕接触〔实际〕然后才会知道〔真相〕，经过实践之后才体会到困难，哪里有不去身体力行而能获得知识的呢？翻遍十四部经书，没有什么感受，而听了师友一句话却终身不忘的，今人比古人多。正确的道理〔成天〕聒噪地向耳朵里灌输，好像听不见，不懂得，看到一个好的行为而心中却深有感触，〔说明〕身教比言教〔使人〕体会得深。披阅五岳地图，便以为自己了解了山势地理，〔其实〕不如砍柴人的一条腿〔对山势的熟悉〕；能用嘴谈一些〔关于〕大海十分广阔的知识，便以为自己了解海洋的情形，〔其实〕不如商人〔在海上〕看一眼；能说明许多名菜的菜谱，便以为自己知道味道〔的好坏〕，其实不如厨师尝一口〔所知道的多〕。

吾人须知纸的学问之害，于学生在学校时，令其研究一切社会应用之事，则学校愈多，国家愈进步；盖人之机能愈用而愈发达。如专在纸的学问上用功夫，则空耗费脑力而已。

◆〔近代〕梁启超：《中国教育之前途与教育家之自觉》

我们自动的读书，即嗜好的读书，请教别人是大抵无用，只好先行泛览，然后决择而入于自己所爱的较专的一门或几门；但专读书也有弊病，所以必须和实社会接触，使所读的书活起来。

◆鲁迅：《而已集·读书杂谈》

教学做合一的理论不是不要书，要用的书数目之大，比现在的教科书要多得多，它只是不要纯粹以文字来做中心的教科书。因这些书是木头刀切不下菜来。过什么生活用什么书，做什么事用什么书。不用书，即用书而用得不够，用得不当，都非教学做合一的理论所允许的。

◆陶行知：《教学做合一下之教科书》

教学做是一件事，不是三件事。我们要在做上教，在做上学。在做上教的是先生；在做上学的是学生。从先生对学生的关系说，做便是教；从学生对先生的关系说，做便是学。先生拿做来教，乃是真教；学生拿做来学，方是实学。不在做上用功夫，教固不成教，学也不成学。

◆陶行知：《教学做合一》

"墨辩"①提出三种知识：一是亲知；二是闻知；三是说知。亲知是亲身得来的就是从"行"中得来的。闻知是从旁人那儿得来的，或由师友口传，或由书本传达，都可以归为这一类。说知是推想出来的知识。现在一般学校里所注重的知识，只是闻知，几乎"心闻知"概括一切知识，亲知是几乎完全被挥于门外。说知也被忽略，最多也不过是些从闻知里推想出来的罢了。我们拿"行是知之始"来说明知识之来源，并不是否认闻知和说知，乃是承认亲知为一切知识之本，闻知与说知必须根于亲知里面方能发生效力。

◆ 陶行知:《教学做合一》

〔注〕① "墨辩":即《墨子》的辩学。《墨子》称逻辑学作"辩学"。

认识从实践始,经过实践得到了理论的认识,还须再回到实践中去。认识的能动作用,不但表现于从感性的认识到理性的认识之能动的飞跃,更重要的还须表现于从理性的认识到革命的实践这一个飞跃。抓着了世界的规律性的认识,必须把它再回到改造世界的实践中去,再用到生产的实践、革命的阶级斗争和民族斗争的实践以及科学实验的实践中去。这就是检验理论和发展理论的过程,是整个认识过程的继续。

◆ 毛泽东:《实践论》

马克思主义的哲学认为十分重要的问题,不在于懂得了客观世界的规律性,因而能够解释世界,而在于拿了这种对于客观规律性的认识去能动地改造世界。

◆ 毛泽东:《实践论》

读书是学习,使用也是学习,而且是更重要的学习。从战争中学习战争——这是我们的主要方法。

◆ 毛泽东:《中国革命战争的战略问题》

马克思、恩格斯、列宁、斯大林之所以能够作出他们的理论,除了他们的天才条件之外,主要地是他们亲自参加了当时的阶级斗争和科学实验的实践。没有这后一个条件,任何天才也是不能成功的。

◆ 毛泽东:《实践论》

十六、智力差异与"因材施教"

由于人们思维器官灵敏程度不一致，更由于人们所受教养和主观努力程度不相同，这就决定了人的智力的差异性，即所谓"才性有优劣，思理有修短"（葛洪:《勖学篇》）。辩证唯物主义承认差别的绝对性，因而也承认智力的差异性。马克思说:"天赋的特殊性，是分工依此长芽的基础。"（《资本论》第 1 卷第 140 页）列宁也说:"期望社会主义社会的人们在力气和才能上平等是愚蠢的。"（《列宁全集》第 20 卷第 139 页）我国许多古代思想家都注意到智力差别这一现象，如孔丘便以智慧、能力，以及志向、爱好等方面的区别，对自己的弟子进行了分类。此外，孔丘还对人作了"生知"、"学知"、"困知"、"困而不学"的分野。唐人韩愈则提出"性三品"之说。这相当于现代心理学把儿童按智力水平区分为"超常"、"正常"、"低常"的分类法。应当指出的是，有些思想家把人的智力差异看做是不可改变的，所谓"唯上智与下愚不移"（孔丘语），"禀得衰颓薄浊者，便为愚不肖"（朱熹语），陷入了唯心主义的命定论。事实上，人的才赋的差别主要是后天造成的，它"与其说是分工的原因，不如说是分工的结果"（马克思:《哲学的贫困》）。我国有一些前哲已经发现，人的智力差异在后天实践中是可以改变的，所谓"中人可易为上智"，"造化自我立焉"（魏源:《默觚》）。这是闪耀着辩证法光芒的卓见。

有些思想家还认识到人的智力有类型之别，在某一领域有很高智慧的人，在别的领域却可能不如普通人。《淮南子》指出:"知者之所短，不若愚者之所修；贤者之所不足，不若众人之有余。"（《脩务篇》）这是一种公允而有见地的看法。

古代思想家关于智力差异的原因所作的解释，虽然不一定精当，但对人的智能、品行进行分类的努力是颇有价值的。这种分类在教育实践上具有很大意义，"因材施教"、"量力而教"的原则，正是在这种认识的基础上确立起来的。

生而知之者上也；学而知之者次也；困而学之又其次也①；困而不学，民斯为下矣。

◆《论语·季氏》

〔注〕① 困而学之：遇到困难而去学它。

〔译〕生下来便有知识的人是上等；通过学习以后才有知识的人是次等；遇到困难而去学习〔以获得知识〕的又次一等；遇到困难还不去学习，这样的人是下等的了。（孔丘认为有"生而知之"的天才，是错误的。但他指出人的材质有优劣，并给以粗略的品秩，这对因材施教有指导意义。）

由也，千乘之国，可使治其赋也①。……求也，千室之邑，百乘之家②，可使为之宰③也。……赤④也束带立于朝⑤，可使与宾客言也。……

◆《论语·公冶长》

〔注〕① 由：子路名。千乘（shèng）：一千辆兵车。赋：主要指兵役制度。② 求：冉求。千室之邑：一千家人家住的小县。家：古代的卿大夫由国家封以一定的地方，由他派人治理，收租收税。这地方叫做采地。"家"，就是指的这种采地。③ 宰：大夫家的总管。④ 赤：公西赤。⑤ 束带：束着衣服的带子。立于朝：站在朝廷里。

〔译〕子路，〔让他到〕有一千辆兵车的国家去，他可以治理其赋役。……冉求，〔让他到〕有一千家人住的县，有百辆兵车的采邑去，可以当一个总管。……公西赤，让他穿着礼服，站在朝廷里，可以与宾客交谈。

德行：颜渊、闵子骞、冉伯牛、仲弓；言语：宰我、子贡；政事：冉有、季路；文学：子游、子夏。

◆《论语·先进》

〔译〕孔子弟子中，德行好的算颜渊、闵子骞、冉伯牛、仲弓；会说话的算宰我、子贡；善于办理政事的算冉有、季路；熟悉古籍文献的算子游、子夏。（这是对弟子品性、才能的分类。）

子谓子贡①曰："女与回②也，孰愈③？"对曰："赐也何敢望回？回也闻一以知十④，赐也闻一以知二。"子曰："弗如⑤也，吾与女⑥，弗如也。"

◆《论语·公冶长》

〔注〕① 子贡：姓端木，名赐，孔子弟子。② 回：颜回。孔子弟子。③ 孰愈：哪一个强些。④ 闻一以知十：听到一件事，可以推演领悟到十件事。⑤ 弗如：不如，赶不上。⑥ 与：称许，同意。吾与女：我同意你的看法。

〔译〕孔子对子贡说："你和颜回哪个强些？"子贡回答说："我哪里敢比颜回呢？颜回听到一种事理，可以推悟知道十种事理，我么听到一种事理只能推悟知道两件事理。"孔子说："不如他，我同意你的话，是不如他。"

中人①以上，可以语上②也；中人以下，不可以语上也。

◆《论语·雍也》

〔注〕① 中人：中等资质的人。② 语上：语（yù），告诉，"语上"即告诉高深的学问。

〔译〕孔子说："具有中等以上资质的人，可以告诉他高深的道理；具有中等以下资质的人，不可以告诉他高深的道理。"

子路问："闻斯行诸？"子曰："有父兄在，如之何其闻斯行之。"冉有问："闻斯行诸？"子曰："闻斯行之。"公西华曰："由也问'闻斯行诸?'子曰:'有父兄在。'求也问'闻斯行诸?'子曰:'闻斯行之。'赤也惑。敢问。"子曰:"求也退,故进之。由也兼人,故退之。"

◆《论语·先进》

〔译〕子路问:"听到了就干起来吗?"孔子答道:"有父亲哥哥在世,怎么能听到就干起来呢?"冉求问:"听到了就干起来吗?"孔子答道:"听到了就干起来。"公西华说:"仲由问'听到了就干起来吗?'您说'有父亲哥哥在世,〔不能这样做;〕'冉求问'听到了就干起来吗?'您说'听到了就干起来。'我有些不理解,大胆地问问。"孔子道:"冉求平日做事退缩不前,所以我给他壮胆;仲由的胆量却有常人的两个大,勇于作为。所以我要压压他。"(这是针对不同对象采取不同教育方法的典型故事。)

能谈辩者谈辩。

◆《墨子·耕柱》

〔译〕〔只有那些〕能够交谈辩论的人,才去同他交谈辩论。

二三子①有复于子墨子②学射者。子墨子曰:"不可! 夫知③者必量其力所能至而从事焉"。

◆《墨子·公孟》

〔注〕① 子:古代对男子的通称。② 子墨子:墨子的学生对他的尊称。③ 知:同"智"。

〔译〕有几个学生还想从老师墨子学射箭。老师墨子说:"不可以! 聪明人一定衡量自己的能力办得到才去做那件事。"

孟子曰:"君子之所以教者五:有如时雨化之者;有成德者;有达财①者;有答问者;有私淑艾②者。此五者,君子之所以教也。"

◆《孟子·尽心上》

〔注〕① 财:同"材"。② 私淑艾:私下学习别人的长处。

〔译〕孟子说:"君子有五种教人的方法:有像时雨润育草木的;有成就他的道德品行的;有使之通达而成为有用之

209

材的；有解答他的疑问的；有虽未直接授业，而使他私下自己学习别人的优点的。这五种，就是君子教人的方法。”

孟子曰：“教亦多术矣。予不屑之教诲也者，是亦教诲之而已矣。”

◆《孟子·告子下》

〔译〕孟子说：“教导人的方法是多样的啊！我不屑于教导他，〔他如果能意识到这点，自己发愤〕这对他也是一种教导了。”

短绠①不可以汲深井之泉，知不几者不可与及圣人之言②。

◆《荀子·荣辱》

〔注〕① 绠（gěng）：绳子。② 知不几者：知识相差得远的人。及：涉及。这里意为谈论。

〔译〕短绳不可以用来〔系桶〕汲深井里的水，知识相差得远的人，不可以和他谈圣人所说的道理。

有圣人之知者，有士君子之知者，有小人之知者，有役夫之知者。多言则文而类，终日议其所以，言之千举万变，其统类一也，是圣人之知也。少言则径而省，论①而法，若扶②之以绳，是士君子之知也。其言也诇③，其行也悖，其举事多悔，是小人之知也。齐④给便敏而无类，杂能旁魄⑤而无用，析速粹孰而不急，不恤是非，不论曲直，以期胜人为意，是役夫之知也。

◆《荀子·性恶》

〔注〕① 论：与“伦”字通，有次序，有条理的意思。② 扶：拨正的意思。③ 诇：诞妄。④ 齐：疾。⑤ 旁魄：即“旁薄”，充满广被的意思，此处是说上天下地，无所不通。

〔译〕有的是圣人的智慧，有的是士君子的智慧，有的是小人的智慧，有的是奴役贱人的智慧。话说得多，词句文雅而有系统，一天到晚议论他所以这样主张的理由，说来千变万化，却是系统一贯，这是圣人的智慧。话说得少，却直截了当，有次序，又有法则，就像拿墨绳拨正过的一样，这是士君子的智慧。说话荒谬，行为不合道理，做事常常后悔，这是小人的智慧。口才流利，应对敏捷，但是说起话来没有系统；多才多能，上天下地无所不通，却没有实际用处；玩弄词句迅速熟练，却不切合当前急需，既不考虑是非，也不深究曲直，总是以胜过别人为目的，这是奴仆贱人的智慧。（荀况的这种智力分类，打上了鲜明的封建等级思想的烙印。）

浅不足以测深，愚不足与谋知，坎井①之蛙不可与语②东海之乐。

◆《荀子·正论》

〔注〕①坎井：坏井。②语（yù）：谈论。

〔译〕浅的东西是不足以用来测量深的东西的，愚蠢的人是不足以和他商量智谋的事情的。废井之蛙是不足以和它谈论东海的乐趣的。

民杂处而各有所能，所能者不同，此民之情也。

◆《慎子·民杂》

〔译〕人混杂地居住在一起，就各有所能，而这种所能是各不相同的。

故天之生物，必因其材而笃焉①。

◆《中庸》

〔注〕①材：材质。笃：厚。

〔译〕所以自然界生育万物，一定要因它的材质〔不同〕而〔分别〕给予笃厚的培植。

学者有四失，教者必知之。人之学也，或失则多，或失则寡，或失则易①，或失则止②。此四者，心之莫③同也。知其心，然后能救其失也。

◆《礼记·学记》

〔注〕①易：改变。②止：限制。③莫：不。

〔译〕学习的人一般常犯这四种毛病，教导的人一定要了解清楚。人在学习时，有的贪多而不求理解透彻；有的满足于学习那么一点东西，知识面太窄；有的见异思迁，学不专一；有的固步自封，不求进步。这四种心理都不相同，必须先了解清楚，然后有针对性地救治这些毛病。

今之教者，呻其佔毕①，多其讯，言及于数②，进而不顾其安，使人不由其诚。教人不尽其材，其施之也悖③，其求之也佛④。

◆《礼记·学记》

〔注〕①呻：吟诵。佔：通"觇"，注视。毕：竹简。古时发明纸以前，是用竹简或木板刻字或写字的。②数（shuò）：频繁。③悖（bèi）：违背。④佛：拂逆的意思。

〔译〕今日一般做教师的，只注意诵读学生所学的竹简上的文字，经常提问他们所难于了解的问题，讲话频繁而烦琐。进行教学，又不顾学生的接受能力，使他们不能尽心竭力地进行学习，教师不因材施教，以发挥各人的才能。教的人既然违背了教学原则，学的人也就不能顺利地前进。

知者之所短，不若愚者之所修；贤者之所不足，不若众人之有余。何以知其然？夫宋画吴冶，刻刑镂法，乱修曲出，其为微妙，尧舜之圣不能足。蔡之幼女，卫之稚质，捆纂组，杂奇彩，抑黑质，扬赤文，禹汤之智不能逮。

◆《淮南子·脩务训》

〔译〕聪明人的所短，不如愚人的所长；贤人所不足的地方，不如一般人有余的地方，何以知道是这样呢？宋国的绘画，吴国的冶铸，刻画和镂刻都有法度，文理和修饰的精巧出人意料，它的微妙，就是尧舜那样的圣人也做不到。蔡国的姑娘，卫国的少女，编织系佩玉的彩带，错杂着奇妙的文采，黑色的底子，红色的花纹，就是禹汤那样的智慧也赶不上。

甘戊使于齐①，渡大河。船人曰："河水间耳，君不能自渡，能为王者之说乎②？"甘戊曰："不然，汝不知也。物各有短长，谨愿敦厚，可事主不施用兵；骐骥、骡骊③，足及千里，置之宫室，使之捕鼠，曾不如小狸④；干将为利⑤，名闻天下，匠以治木，不如斤斧。今持楫而上下随流，吾不如子；说千乘之君⑥，万乘之主⑦，子亦不如戊矣。"

◆〔西汉〕刘向：《说苑·杂言》

〔注〕①使于齐：以大使的身份到齐国去。②水间耳：水齐耳朵边。意思是很浅。能为王者之说（shuì）乎：能为大王去游说些什么呢？③皆良马名。④曾：竟。狸：猫。⑤干将：宝剑名。利：利器。⑥说（shuì）千乘之君：到能出一千辆兵车的国家去游说其国君。⑦万乘之主：指天子。

〔译〕甘戊出使齐国，渡大河。划船人说："就这小小的河水，你都不能自个儿渡过去，还能替大王去游说些什么呢？"甘戊说："话不是这样讲的，你不知道，各种东西都有它们自己的能耐，忠厚谨慎的人扶助国君，可以使国君不施行战争；良马可以跑千里路，把它们关在房子里捉老鼠，还不如一只小猫；天下最有名的宝剑，木匠拿去砍木头，还不如斧头好用。现在依靠船、桨而随波上下，我是不如你了；如果去说动实力雄厚的国君，威力强大的帝王，你也就不如我甘戊了。"

然才有庸儁①，气有刚柔，学有浅深，习有雅郑②，并情性所铄③，陶染所凝。是以笔区云谲，文苑波诡者④。

◆〔梁〕刘勰：《文心雕龙·体性》

〔注〕①儁：同"俊"。②雅郑：雅俗。③铄（shuò）：熔化。④云谲（jué）、波诡：意思是千变万化的奇观。

〔译〕然人的才性有的平庸、有的英俊，气质有的刚、有的柔，学力有的深、有的浅，习惯有的雅、有的俗。这些都是情性所熔化成的，熏陶习染所凝聚成的。所以文学创作领域里表现出千变万化的奇观。

性也者，与生俱生也。……性之品有三，而其所以为性者五。……性之品有上中下三：上焉者，善焉而已矣；中焉者，可导而上下也；下焉者，恶焉而已矣。其所以为性者五，曰仁、曰礼、曰信、曰义、曰智。上焉者之于五也，主于一而行于四；中焉者之于五也，一不少有焉，则少反焉，其于四也混；下焉者之于五也，反于一而悖①于四。

◆〔唐〕韩愈：《原性》

〔注〕①悖（bèi）：违背。

〔译〕"性"这个东西，是人一生下来就具有的。……人性可以分为三个品级，而用以培养、陶冶的有五个方面：〔仁、礼、信、义、智〕。……人性的品级可分成上中下三等：上等的，善性已经具备了；中等的，引导他向上就成上材，引导他向下就成下材；下等的，恶的本性已经确定了。用以培养人性的五个方面是：仁、礼、信、义、智。上等材质的人对这五方面，只要掌握其中一种，其余四种就可以领悟并去实行；中等材质的人，对其中一种稍有一点没有掌握到，行动就有点违反，至于其他四种则认识不清；下等材质的人，只要违反其中一种，则其他四种都违背了。

教人者必知至学之难易，知人之美恶，当知谁可先传此，谁将后倦此。

◆〔北宋〕张载：《正蒙·中正篇》

〔译〕教育人的人必须懂得掌握学问的难易，懂得人的优点缺点，知道谁可以先传授这种学问，谁将会厌倦于这种学问。

教人至难，必尽人之材，乃不误人；观可及处然后告之。圣人之明，直若庖丁之解牛①，皆知其隙，刃投余地，无全牛矣。

◆〔北宋〕张载：《张子全书·语录抄》

〔注〕①庖（páo）丁解牛：厨子解剖牛。比喻道理了解得透彻，操作十分熟练。典出《庄子·养生主》。

〔译〕教育人是最困难的。一定要使他的材质完全得到发展，才不致耽误他。看他可以教育的地方教育他。圣人对教育人的道理是看得十分明白的，简直就像庖丁解剖牛，

全然知道它的骨肉之间的缝隙，刀子就插入空隙里，眼里看到的不是一头完整的牛，〔而是一堆皮、骨、肉了。〕

人之才德，高下厚薄不同，其所任有宜有不宜。先王知其如此，故知农者以为后稷，知工者以为共工①。

◆〔北宋〕王安石：《上仁宗皇帝言事书》

〔注〕① 共工：传说中虞舜时的工官。

〔译〕人的才智品德，有高下厚薄的不同，对他们的使用也就有所不同。古圣先王知道这一点，所以懂得让精通农业的人当农官，让精通工艺的人当工官。

上者，以①知而不尽知，因于所知而学焉。次者，未学之先，一未尝知，循名以学，率教以习，而后渐得其条理。师襄②之于琴也，上也；夫子之于琴也，次也。推此而或道或艺，各有先后难易之殊，非必圣人之为上，而贤人之为次矣。

◆〔明清之际〕王夫之：《读四书大全·论语·季氏》

〔注〕① 以：通"已"，已经。② 师襄：春秋时鲁国的乐官，师是官名，姓襄。相传孔子曾向他学过琴。

〔译〕上等智慧的人，已经有一些知识，却不是什么都知道，需要依靠已有的知识去进行学习；次等智慧的人，学习以前，一点知识也没有，他们只能遵循事物的名称去学，按照师长的教导去做，然后才能逐渐掌握事物的规律。师襄在弹琴的技艺上，是上等的"知"；而孔子对弹琴，则是次等的了。按照这个道理来推论，某一种道理或技艺的学习过程，只是各有先与后、难与易的区别罢了，不一定圣人就是上等的，贤人就是次等的。

教思之无穷也，必知其人德性之长而利导之，尤必知其人气质之偏而变化之。

◆〔明清之际〕王夫之：《张子正蒙注·中正》

〔译〕教育、思考是无穷无尽的，〔在教育过程中〕必须明了〔被教育者〕的品德方面的长处而加以利导，尤其必须明了这个人气质方面的偏颇之处，以便帮助他改变〔这种偏颇〕。

夫子略于"生"、"学"分上、次，而后人苦于上、次分"生"、"学"。乃不知上、次云者，亦就夫知之难易迟速而言；困而不学，终于不知，斯为下尔。

　◆〔明清之际〕王夫之：《读四书大全·〈论语·季氏〉》

　〔译〕孔子只简略地从"生而知之"和"学而知之"这点上，把人分成上等和次等，而后人却死死地从上等和次等来区别所谓"生而知之"和"学而知之"。竟不了解所谓上等与次等，也只是就获得知识的难与易、慢和快来说的；只有自己不懂又不学习，到头来还是一无所知的人，这才是下等的呢。

然人与人较，其才质等差凡几，古贤圣知人之才质有等差，是以重问学，贵扩充。

　◆〔清〕戴震：《孟子字义疏证》

　〔译〕人与人比较，其先天材质的等级差别是很小的，古圣先贤知道人的材质差别〔不大〕，所以注重于〔后天的〕求问和学习，〔认为〕可宝贵的是扩充自己的知识学问。

德行、言语、政事、文学①，皆圣人之学也。惟圣人能兼备之，诸贤则各为一科，所谓学焉而得其性之所近也。惟诸贤各为一科，故合之而圣人之学乃全。
朱子②《名臣言行录》、黄东发《日钞》皆载胡安定③教授湖州，敦尚行实，置经义斋、治事斋④。……其在太学⑤，有好尚经术者，好谈兵战者，好文艺者，好节义者，使各以类群居讲习。谓此乃四科之遗意。《学记》云："教人不尽其材。"如胡安定之教，可谓尽其材者也。

　◆〔清〕陈澧：《东塾读书记》

　〔注〕① 德行、言语、政事、文学：四科出自《论语·先

进》。② 朱子：朱熹。③ 胡安定：宋代海陵人，学者称为安定先生。④ 置：设置。斋：室。置经义斋、治事斋：意为设置学习经义、治事两科，分室讲授。⑤ 太学：中国古代的大学，为传授儒家经典的最高学府。

〔译〕德行、言语、政事、文学，都是圣人的学问。惟有圣人能全都具备，诸位贤人则各人只能各长于一科，这就是学习这一种与本性所相近的那一门。但诸贤各擅长一科，合起来圣人的学问就完备了。

朱熹在《名臣言行录》、黄东发在《日钞》里都记载着胡安定先生在湖州教书，设置经义斋、治事斋。……古代太学，有的学生崇尚经术，有的学生研讨兵法战术，有的学生喜好文学艺术，有的学生喜好礼节信义，〔太学〕将这各类学生分舍居住讲习。〔胡安定的分斋教学〕便是古代分四科教学的传统办法。《学记》说："〔不善教的人〕教人不尽其材。"而像胡安定的教育方法，可以说是教人尽其材了。

子弟如花果，原要培植，如所种者牡丹，自然开花，所种者桃李，自然结实；若种丛竹蔓藤，安能强其开花结实乎？虽培植终年，愈生厌恶。

◆〔清〕钱泳：《履园丛话·培养》

〔译〕青少年好比花果，是需要培植的，如果所种植的是牡丹，自然会开花，如果所种植的是桃李，自然会结果实；如果种植的是丛竹蔓藤，怎么能强迫它们开花结实呢？〔如果种竹、藤，而企望开花结实〕，即使培植整年，〔也不可能开花结实〕，而只会产生厌恶情绪。

敏者与鲁者①共学，敏不获而鲁反获之，敏者日鲁，鲁者日敏。岂天人②之相易耶？曰：是天人之参③也。

◆〔清〕魏源：《默觚》

〔注〕① 敏者与鲁者：敏，机灵；鲁，笨拙。② 天人：天，指先天性的；人，指人为的，后天的。③ 参：参合。

〔译〕机灵的人与笨拙的人在一起学习，机灵的没有收获而笨拙的人却获得了知识，机灵的人日益变得笨拙起来，笨拙的人却日益变得机灵起来，这难道是先天素质与后天努力相变换了吗？回答说：是两者相参合。（魏源指出，智力差异是可以通过后天努力得到改变的，智力状况是先天素质与人为努力二者的结合。）

技可进乎道①，艺可通乎神，中人②可易为上智，凡夫③可以祈天④永命。造化⑤自我立焉。

◆〔清〕魏源：《默觚》

〔注〕① 道：指道理，理论。② 中人：天资平常的人。③ 凡夫：平凡的人。④ 祈天：求福于天。⑤ 造化：指天，古人认为天是创造和化育万物的。

〔译〕技艺可以上升到理论的高度，可以达到神奇的熟练程度，天资平常的人可以变成有高等智慧的人，平凡的人可以向上天求福而长寿。天是由人决定的。

质有愚智，非学无以别其才；才有全偏，非学无以成其用。有学校以陶冶之，则智者进焉，愚者止焉，偏才者专焉，全才者普焉。盖贤才之生，或千百里而见一，或千万人而有一，若非随地随人而施教之，则贤才亦以无学而自废，以至于湮没而不彰。

◆〔近代〕孙中山：《上李鸿章书》

且人之才志不一，其上焉者，有不徒苟生于世之心，则虽处布衣而以天下为己任，此其人必能发奋为雄，卓异自立，无待乎勉勖也，所谓"豪杰之士不待文王而后兴也"。至中焉，端赖乎鼓励以方，故泰西之士，虽一才一艺之微，而国家必宠以科名，是故人能为奋，士不虚生。

◆〔近代〕孙中山：《上李鸿章书》

夫新教育所以异于旧教育者，有一要点焉，即教育者非以吾人教育儿童，而吾人受教于儿童之谓也。吾国之旧教育……预定一目的，而强受教者以就之，故不问其性质之动静，资禀之锐钝。而教之止有一法，能者奖之，不能者罚之，如吾人之处置无机物然。……新教育则否，在深知儿童身心发达之程序，而择种种适当之方法以助之。……

…………

因而知教育者，与其守成法，毋宁尚自然；与其求划一，毋宁展个性。

◆〔近代〕蔡元培：《新教育与旧教育之歧点》

如果家庭里、学校里、铺子里的孩子，在小的时候，已被发现有特殊的才干，那么，立刻就应该给他以适当之肥料、水分、阳光，使他欣欣向荣。十二岁的爱迪生因为醉心于科学把戏，三个月就被冬烘先生开除了，那对于爱迪生的小心灵是多么大的打击。爱迪生的母亲却了解他，给他在地下室做实验，那对于爱迪生又是多么大的幸福呵。

◆陶行知：《敲碎儿童的地狱，创造儿童的乐园》

我们的领导人中，陈毅同志喜欢写诗，写得很快，是多产作家，是捷才。毛主席则不同，他要孕育得很成熟才写出来，写得较少，而气魄雄伟，诗意盎然。当然，陈毅同志的诗也很有诗意。我们不能要求毛主席一天写一首诗，也不必干涉陈毅同志，叫他少写。精神生产是不能划一化地要求的。

◆《周恩来论文艺》，人民文学出版社 1979 年版

十七、"愤启悱发"，"道而弗牵"
——启发积极思维

人的思维活动处于积极主动状态与处于消极被动状态，其效果是大相径庭的。要想使思维能力这个智力的核心部分得到健康发展，调动人的思维的积极性、主动性是关键的一环。我国教育史源远流长的"启发式"原则，便是在解决这一重大课题中应运而生的。孔丘的"不愤不启，不悱不发"，孟轲的"自得"和"引而不发"，《学记》中的"道而弗牵，强而弗抑，开而弗达"，都是反对静止的、注入式的教学方式，反对把学生当做消极、被动的知识接收器，主张诱导学生积极主动地思考，自觉、自动地掌握知识。毛泽东同志也多次批评注入式教学，将"启发式（废

止注入式）"列为十大教授法的第一条，他还反复强调，"要自学，靠自己学"。启发的作用，如同点燃熊熊大火的"打火石"，又像使相对静止的物质沸腾起来、活跃起来的"催化剂"。叶圣陶最近在一首诗中说："找到根源古有云，愤悱启发最精纯。揠苗刻板都抛却，乐育全新一代人。"这都是提倡发展人的主动、积极的思维能力，让智力得到健全、充分的生长。

应当指出的是，古人启发思维的方式还是比较粗略、简单的，如人们所熟知的孔丘同子贡、子夏论《诗》的例子，主要是采取的相似性联想，运用的思维方式是类比推理、比喻推理，这属于"原型启发"。"原型启发"在调动人的积极思维方面当然是有作用的，但也不能作过高估价，因为单纯运用类比法，既有牵强附会之弊，也会限制思想的广阔性。而一味地运用"无类类比"，不善于运用归纳法和演绎法，正是以孔丘为代表的中国正宗儒学思维方式上的弱点。

较完备、较高级的启发方式，则应是全面运用各种思维方式（分析、归纳、综合、比较等等），充分调动两种信号系统互相传递信息，达到激发人的积极思维的目的。

子曰："不愤①不启，不悱②不发，举一隅③不以三隅反，则不复也。"

◆《论语·述而》

〔注〕① 愤：心里想弄通但还没能弄通的意思。② 悱（fěi）：口里欲说却没说出来的样子。③ 隅：角落。

〔译〕孔子说："教导学生，不到他想求明白而不得的时候，不去开导他；不到他想说出来却说不出的时候，不去启发他。教给他东方，他却不能由此推知西、南、北三方，便不再教他了。"

子贡曰："贫而无谄，富而无骄，何如？①"子曰："可也，未若贫而乐②，富而好礼者也。"子贡曰："《诗》云：'如切如磋，如琢如磨③'，其斯④之谓与？"子曰："赐也，始可与言《诗》已矣，告诸往而知来者。"

◆《论语·学而》

〔注〕① 何如：怎么样。② 贫而乐：皇侃本下有"道"字。郑玄注云："乐谓老于道，不以贫为忧苦。"这里的意思是，虽贫穷却乐于道。③ 如切如磋，如琢如磨：语出《诗经·卫风》。④ 斯：这、这个。

〔译〕子贡说："〔一个人〕贫穷却不巴结奉承，有钱却不骄傲自大，怎么样？"孔子说："可以了；但还不如虽贫穷却乐于道，有钱却谦虚好礼。"子贡说："《诗》上说：'要像对待骨角、象牙、玉石一样，先开料，再糙锉，细刻，然后磨光。'您说的就是这个意思吧？"孔子道："子贡呀，现在可以同你讨论《诗》了，告诉你已知的事情，你可以推出未知的事了。"

子夏问曰："巧笑倩①兮！美目盼②兮！素以为绚③兮。何谓也？"子曰："绘事后素。"④曰："礼后乎？"⑤子曰："起予者商⑥也，始可与言《诗》已矣。"

◆《论语·八佾》

〔注〕① 倩（qiàn）：面颊长得好看。② 盼：黑白分明。③ 绚（xuàn）：有文采。④ 绘事后素：绘事，画花；素，白色。意思是，先有白色底子，然后画花。⑤ 礼后：据杨伯峻《论语译注》，"礼"宜在"仁义"之后。原文没说出。⑥ 起：启。商：子夏的名。

〔译〕子夏问道："'有酒窝的脸笑得美呀！黑白分明的眼睛流转得媚呀！洁白的底子上画着花呀。'这几句话是什么意思？"孔子道："先有白色底子，然后画花。"子夏道："那么，是不是礼乐的产生在〔仁义〕之后呢？"孔子道："卜商呀，你真是能启发我的人。现在可以同你讨论《诗》了。"

子曰："吾有知乎哉？无知也。有鄙夫问于我，空空①如也。我叩其两端而竭焉。"

◆《论语·子罕》

〔注〕① 空空：同"悾悾"，无知的样子。

〔译〕孔子说："我有很多知识吗？没有哩。有鄙陋的人问我，我本是一点也不知道的；但我从他提的问题的正反两面去询问他，〔从而有所了解〕，然后尽量地告诉他。"

颜渊喟然叹曰："……夫子循循然善诱人，博我以文，约我以礼，欲罢不能。"

◆《论语·子罕》

〔译〕颜渊感叹着说："……老师善于有步骤地诱导我们，用各种文献来丰富我们的知识，又用礼节来约束我们的行为，使我们想停止学习都不可能。"

孟子曰："……君子引而不发，跃如也。"

◆《孟子·尽心上》

〔译〕孟子说："君子教导别人正如射箭，张满了弓，却不发箭，作出跃跃欲试的样子。"

大人①之教，若形之于影，声之于响。有问而应之，尽其所怀②。

◆《庄子·在宥》

〔注〕① 大人：指圣人。② 怀：心中包藏的知识和思想。

〔译〕圣人的教诲，好比形体对于影子，声音对于回声。有问便有应答，〔使受教者〕心中所包藏的知识和思想都被诱发出来。

故君子之教，喻①也。道而弗牵②，强而弗抑③，开而弗达④，道而弗牵则和⑤，强而弗抑则易⑥，开而弗达则思，和易以思，可谓善喻矣！

◆《礼记·学记》

〔注〕① 喻：晓喻，含有启发诱导的意思。② 道而弗牵：指示学习的道路、方法，而不是硬拖着前进。③ 强而弗抑：强，激勉鼓励；抑：压抑推动。④ 开：启；达：通过。⑤ 和：教师和学生之间彼此和悦亲爱。⑥ 易：学习不困难。

〔译〕所以君子教人，就是诱导启发。对学生要引导他们自己前进，而不能强牵硬拉，要鼓励他们自己学习，而不勉强推动。要指示学习门径，而不代为求得通达。如果做到了引导而不强牵、硬拉，师生之间，便能和悦相亲。做到了鼓励而不勉强推动，学习自然会感到容易。做到了只指示门径，不代求通达，学生自然能运用思考。做教师的真能使学生感到"和悦"、"容易"并能运用"思考"，才可以说是善于诱导启发。

善问者①如攻坚木，先其易者，后其节目②，及其久也，相说③以解。不善问者反此。善待问者如撞钟，叩之以小者则小鸣，叩之以大者则大鸣，待其从容，然后尽其声。不善答问者反此，此皆进学之道也。

◆《礼记·学记》

〔注〕① 善问者：指善于启发的教师。② 节目：木材中最坚硬的部分。③ 说：读为"悦"，即心悦诚服的意思。

〔译〕教师善于提问的，好像攻伐坚木一样。先从脆弱的部分入手，然后再破除它坚硬的节目。对学生提问，也应当先易后难，这样，久而久之，学生自然能愉快接受，了解各个问题的意义。不善于提问的则与此相反。教师善于启发的，如同撞钟一样，小撞就小鸣，大撞就大鸣，随着学生所发问题的大小而给以相当的回答。做到从容不迫，像钟声一样，等它的余音完尽后再去进行。不善于答问的人正与此相反，这都是用问答方法进行教学的原则。

223

圣人之言，不能尽解；说道陈义①，不能辄②形。不能辄形，宜问以发之③；不能尽解，宜难以极之④。皋陶陈道帝舜之前⑤，浅略未极⑥，禹问难之⑦，浅言复深，略指复分⑧；盖起问难，此说激而深切，触而著明也。

◆〔东汉〕王充：《论衡·问孔》

〔注〕① 陈：陈述。义：义理；道理。② 辄：立即。形：显著，明白。③ 发：弄明白。④ 难：责难。极之：透彻地理解。⑤ 皋（gāo）陶（yáo）：传说是虞舜的臣子。舜：传说中的上古帝王。⑥ 浅略未极：肤浅，粗略，不透彻。

⑦ 禹：夏禹，传说是舜的大臣，后来做了夏朝的开国之君。问难：提出难懂的问题请教。⑧ 指：通"旨"。

〔译〕圣人的讲话，不能完全理解，陈述义理不能明白，就应该问清楚。不能完全理解应该提出疑问以便透彻地理解。皋陶在舜帝前讲述治国道理，有点肤浅粗略，不够透彻，禹就提出问题请教，肤浅的话变深刻了，简略的意思分明了。由于对皋陶的质疑，使得他的讲话因激发而变得深切了，因触动而变得显著明白了。

凡九数以为篇名，可以广施诸率，所谓告往而知来，举一隅而三隅反者也。

◆〔晋〕刘徽：《〈九章算术〉注》

〔译〕凡是九章算术中各篇，都可以广泛施用于各种比率的运算，这就是所谓告诉已知的便明白未知的，举出一个方面，另三个方面也知道了。

善教者浃①于民心而耳目无闻焉，以道扰②民者也。不善教者，施于民之耳目而求浃于心，以道强民者也。

◆〔北宋〕王安石：《临川文集·卷六十九〈原教〉》

〔注〕① 浃（jiā）：透彻。② 扰：驯服。

〔译〕善于教导的人，使老百姓从内心里透彻理解你的教导，而不只是在耳目的感知上下工夫，这是以理服人。不善于教导的人，只是给老百姓听一些东西，看一些事情，强求得他们内心透彻理解你的教导，这是强迫人接受。

记诵词章既已误，训诂注疏又甚拘①，江河日下，以致于今日之经义八股②，则适足以破坏人才，复何民智之开之与有耶？且也六七龄童子入学，脑气未坚，即教以穷玄极眇③之文字，事资强记，何裨灵襟④！其中所恃以开瀹神明者，不外区区对偶已耳。所以审覈物理，辨析是非者，胥⑤无有焉。

◆〔近代〕严复：《原强》

〔注〕① 训诂：解释古书中词句的意义。注疏：注文为注，解释注为疏。拘：拘泥。② 八股：即明清科举考试制度所规定的文体，由破题、承题、起讲、入手、起股、中股、后股、束股八个部分所组成。③ 穷玄极眇：意为极玄妙，极深奥。④ 裨（bì）：助益。灵襟：胸怀，头脑，指智力。⑤ 胥（xù）：全，都。

〔译〕记忆背诵词汇文章就已经不对，加之训诂注疏又非常拘泥，〔这种学习有如〕江河日下，以致使今日的经义八股，足够毁坏人才，又哪里有什么开发人民的智力呢？尤其是六七岁的儿童入学，脑子还没有长坚固，就教他们学习极其玄妙深奥的文字，用事实帮助记忆，这对于培养智力有什么好处呢！这里面所赖以开启智力的，不外是那微不足道的讲求文字对仗骈偶罢了。那种用来明白事物道理，辨认是非的学问，全都没有。

我们教书，并不是象注水入瓶一样，注满了就算完事。最要是引起学生们读书的兴味，做教员的，不可一句一句，或一字一字，都讲给学生听。最好使学生自己去研究，教员竟不讲也可以，等到学生实在不能用自己的力量了解功课时，才去帮助他，至于常用口头的讲授，或恐有失落系统的毛病，故定出些书本来，而定书本也要看学生的程度、高下适宜，才对。做学生的，也不是天天到校把教科书熟读了，就算完事。要知道书本是不过给我一个例子，我要从具体的东西内抽出公例来，好应用到别处去。譬如从书上学得菊花，看见梅花时，便知也是一种植物；从书上学得道南学校，看见端蒙学校，便也知道是什么处所；若果能象这样的应用，就是不能读熟书本，也可说书上的东西都学得了。

◆〔近代〕蔡元培：《普通教育和职业教育》

通常学校的教习，每说我要学生圆就圆，要学生方就方，这便大误。最好使学生自学，教者不宜硬以自己的意思，压到学生身上。不过看各人的个性，去帮助他们作业罢了。

◆〔近代〕蔡元培：《普通教育和职业教育》

不专叫学生在课堂上听讲，要留出多少时间，让他们自己去研究。把课程表重新整理一番，把几种不要紧的功课，可以让学生自修的，减去了。

◆〔近代〕蔡元培：《北京大学第二十三年开学日演说词》

教授法：

1. 启发式（废止注入式）；

2. 由近及远；

3. 由浅及深；

4. 说话通俗化；

5. 说话要明白；

6. 说话要有趣味；

7. 以姿势助说话；

8. 后次复习前次的概念；

9. 要提纲；

10. 干部班要用讨论式。

◆毛泽东：《中国共产党红军第四军第九次代表大会决议案》

反对注入式教学法，连资产阶级教育家在五四时期就早已提出来了。我们为什么不反？……

……大学生，尤其是高年级，主要是自己研究问题，讲那么多干什么？

◆《毛泽东论教育革命》

要自学，靠自己学。肖楚女没有上过学校，不但没有上过洋学堂，私塾也没有上过。我是很喜欢他的。农民运动讲习所教书主要靠他。他是武昌茶馆里跑堂的，能写得很漂亮的文章。在农民运动讲习所，我们就是拿这一省那一省农民运动的小册子给人家看。现在大学不发讲义，教员念，叫学生死抄。为什么不发讲义？据说是怕犯错误，其实还不是一样？死抄就不怕犯错误？应该印出来叫学生看，研究。你应该少讲几句！主要是学生看材料，把材料给人家。材料不只发一方面的，两方面的（正反面）都要发。我写的《中国革命战争的战略问题》，就是红军大学的讲义。

◆毛泽东：《关于教育问题的讲话》

十八、"适时而教","不陵节而施"
——智力培养要注意阶段性和节奏感

人的智力的发生和发展，是随着年龄的增长而变化的。因此，培养人才应当考虑年龄特征。一般而言，人的学习能力在10—20岁之间是高峰，30岁以前脑力最好，以后逐渐迟钝，记忆力减退。古人也意识到这种学习的年龄特征，正是有鉴于此，《学记》提出了"适时而教"，"不陵节而施"的原则，肯定了智力培养要注意阶段性和节奏感。此外，知识的积累，智力的增长，又是一个循序渐进的过程，不可能毕其功于一役。古人也深知此中之昧，孟轲曾用"揠苗助长"的故事，说明不能超越必经阶段，一厢情愿地加快发展过程。南北朝时期的教育家颜之推指出："人生小幼，精神专利"，"固须早教，勿失机也"；与此同时，他又说，"失于盛年，犹当晚学，不可自弃。"（《颜氏家训·勉学》）比较全面地论述了"早教"的必要性与"晚学"的不可忽视。这也与现代科学研究成果相暗合。有些生理学家、心理学家的研究证明，人过了40岁以后，虽然记忆力和思维的敏捷性有所下降，但理解力、判断力正处在佳境，所以中年以后仍然是智力发展的重要阶段。

至于"胎教"，我国"古已有之"。注意孕妇和婴儿保健，对人的身心健康肯定是有益的，但"胎教"对人的智力形成究竟有怎样的作用，尚缺乏科学的证明。这里录取几段有关"胎教"的记载，算是聊备一格吧。

合抱之木，生于毫末；九层之台，起于累土；千里之行始于足下。

◆《老子》六十四章

〔译〕合抱粗的树，是由细小的〔树苗〕长大的；九层的高台，是从土堆〔基础上〕建筑起来的；千里远的路程是从脚底下开始走的。

宋人有闵①其苗之不长而揠②之者，芒芒然③归，谓其人曰："今日病矣④，予助苗长矣。"其子趋而往视之，苗则槁矣。天下之不助苗长者

寡矣！以为无益而舍之者，不耘⑤苗者也。助之长者，揠苗者也，非徒无益，而又害之。

◆《孟子·公孙丑上》

〔注〕① 闵：忧伤。② 揠（yà）：拔。③ 芒芒然：疲倦的样子。④ 病：疲倦。⑤ 耘：又作"芸"，除草。

〔译〕宋国有个着急禾苗长不快而往上拔的人，疲倦地回到家里，对家里人说："今天太累了，我帮助禾苗长高了。"他的儿子急忙走到地里一看，小苗都枯萎了。孟子说：天下不想帮助禾苗长快的人太少了。以为帮助禾苗长快的打算没有用便丢下不管，这是不培苗的人。〔违背规律〕帮助禾苗长快的，便是拔苗的人，〔这样做〕不仅没有好处，反而有害。

不问而告谓之傲①，问一而告二谓之喷②。傲，非也；喷，非也。君子如响③也。

◆《荀子·劝学》

〔注〕① 傲：急躁。② 喷（zá）：繁琐。③ 响：回响。

〔译〕别人没有问就告诉叫做急躁，问一个问题而告诉两个问题叫做唠叨。急躁，不对；唠叨，不对。君子回答问题要像回声一样相应。

228

比年①入学，中年②考校。一年视离经辨志③；三年视敬业乐群；五年视博习亲师；七年视论学取友；谓之小成。九年知类通达，强立而不反，谓之大成。

◆《礼记·学记》

〔注〕① 比年：每年。② 中年：每隔一年。③ 离经辨志：离，分析；辨，辨别。

〔译〕〔各家子弟〕每年入学，每隔一年要考查学生的学业成绩；第一年考查他们是否能分析经义和章句，辨别自己的志愿和决定学习的方向；第三年考查他们是否能专心致志于自己的学业，是否能同其他人接近，共同研究；第五年考查他能否普遍地学习，亲爱其师长；第七年考查他能否讨论学业是非，识别别人的贤与不贤，并择其善者结为朋友；这样，就算有了一点成绩。到了第九年，就应该做到推理论事，触类旁通，有坚定不移的意志，不再违反老师的教诲，这叫做取得了很大的成就。

良冶之子，必学为裘；良弓之子，必学为箕；始驾马者反之，车在马前。君子察于此三者，可以有志于学矣。

◆《礼记·学记》

〔译〕善于用熔化金属的方法来修补器具的工人的儿子，要继承父业，一定要先从补缀兽皮为皮衣入手；善于做弓的工人的儿子，一定要从学习编柳条筐子入手；小马在学习驾车时〔与成年的马在车前〕相反，是车在马前〔小马随着大马驾的车边走边学〕。君子仔细看看这三件事，便能产生学习的志向了。（指应当循序渐进）

大学之法，禁于未发之谓豫；当其可之谓时；不陵节而施之谓孙；相观而善之谓摩。此四者，教之所由兴也。发然后禁，则扦格而不胜；时过然后学，则勤苦而难成；杂施而不孙，则坏乱而不修；独学而无友，则孤陋而寡闻。燕朋逆其师，燕辟废其学。此六者，教之由废也。

◆《礼记·学记》

〔译〕"大学"的方法，是在学生的情欲动机尚未发生的时候就予以禁止，这叫做预防；按照相当年龄和适当时机进行教育，叫做及时；按照各人的年龄特征和个性特征施教，叫做应顺；学生在学习中相互取长补短，叫做互相切磋。这四点，是教学取得成功的原因。〔如果学生的〕情欲动机已经发生而后再来禁止，就会遇到很大的困难和阻力而不能奏效；学习的时机已过而再来学习，即使很勤劳、辛苦也不易学成；教学时杂乱无章，也不管学生年龄的大小和才能的高下，就会使教学秩序混乱而无法教学；只是一个人埋头学习，没有可供切磋的朋友，就会变得孤陋寡闻。平时喜欢与游狎之徒往来，必然会逐渐地违反老师的教导；喜欢与私友作些淫邪的谈论，必然会荒废学业。这六点，是教学之所以失败的原因。

学不躐等。

◆《礼记·学记》

〔译〕学习〔必须循序渐进，〕不可超越等级。

太子之善，在于早教。……心未滥而先谕教，则化易成也。

◆〔西汉〕贾谊：《保傅》

〔译〕太子的优点，是由于教育得早形成的，……在〔太子的〕思想还没有受到坏影响的时候就加强教育，就容易培养好他的思想品德。

幼而学者，如日出之光，老而学者，如秉烛夜行，犹贤乎瞑目①而无见者也。

◆〔北周〕颜之推：《颜氏家训·勉学》

〔注〕①瞑目：闭上眼睛。

〔译〕从小就开始学习，好比是初升的阳光，老了再学习，好比是点着蜡烛走夜路，但这还是比闭着眼睛什么也看不见要好得多。

230

人生小幼，精神专利，长成以后，思虑散逸，固须早教，勿失机也。吾七岁时，诵《鲁灵光殿赋》①，至于今日，十年一理，犹不遗忘。二十之外，所诵经书，一月废置，便至荒芜矣。然人有坎壈②，失于盛年，犹当晚学，不可自弃。

◆〔北周〕颜之推：《颜氏家训·勉学》

〔注〕①《鲁灵光殿赋》：东汉王延寿作。赋见《文选》。
②坎壈（lǎn）：失意，不得志。

〔译〕人在幼年的时候，精神专注而锐利。长大成人以后，思想分散而不容易集中，因而教育要从小进行，不要错过机会。我七岁的时候就会背诵《鲁灵光殿赋》，到了现在，十年检查一次，还没有忘记。二十岁以后所读的经书，一个月不复习，便忘了。人有倒楣的时候，失去了学习的大好时光，但老了也应该学习，不要自暴自弃。

夫才有天资，学慎始习，斲梓染丝，功在初化①，器成綵②定，难可翻移。故童子雕琢③，必先雅制。

◆〔梁〕刘勰：《文心雕龙·体性》

〔注〕①"斲（zhuó）梓染丝"二句：斲梓，语本《尚书·梓材》"若作梓材，既勤朴斲"。染丝，语本《墨子·所染》"染于苍则苍，染于黄则黄，所入者变，其色亦变。……故染不可不慎也"。梓因斲而成器，丝因染而成色，一成莫变。所以说"功在初化"。②綵：有色的丝。③雕琢：指进行创作。

〔译〕才性有自然生成的，开始学习就要慎重，砍梓木作器物，染丝成彩丝，功效在于最初的改变。器物做成功了，丝的颜色染定了，就难于改变了。所以童子学习创作，必定要一开始就向最好的学习。

问学如登塔，逐一层登将去，上面一层，虽不问人，亦自见得。若不去实踏过，却悬空妄想，便和最下底层，不曾理会得。

◆《朱子语类辑略》

〔译〕学习像登宝塔一样，要一层一层地往上登，在上面，虽然不向别人打听，自己也能看到〔许多景象〕。如果不一步一步地往上登，妄想一步登上去，就同在最底层一样，什么也看不到。

循序而渐进，熟读而精思。

◆《朱子大全·读书之要》

〔译〕〔学习〕要循序渐进，要把书本读熟，问题考虑得深一些，细一些。

与初学讲书，教弟子先将该讲之书理会一遍，方与讲解。只用俗浅，如

闾阎①市井说话一般。……至于深文奥理，天下国家，童子理会不来，强聒反滋其惑②。师道岂易言哉！今之教者学者，只是虚套相欺，可哀也已！

◆〔宋〕吕坤：《四礼翼·养蒙》

〔注〕①闾阎：民间的意思。②聒（guō）：喧扰。

〔译〕给初学的人讲书，教他们先预习一遍，然后再讲解，〔讲解时〕只用通俗、浅显易懂的语言，就像平民百姓说话一样。……如果讲一些深奥难懂的东西，如天下国家之类，儿童们就听不明白，老师啰啰嗦嗦说了一大篇，反而把他们弄得更糊涂。当老师难道是容易的吗！如今教书的和当学生的，只是作虚弄假互相欺骗，可悲呀！

凡授书不在徒①多，但贵精熟，量其资禀，能二百字者，止可授以一百字，常使精神力量有余，则无厌苦之患，而有自得之美。讽诵之际，务令专心一志，口诵心惟②，字字句句，细绎反复，扬抑其音节，宽虚其心意，久则义礼浃洽③，聪明日开矣。

◆〔明〕王守仁：《教约》

〔注〕①徒：仅仅。②惟：应。③浃（jiā）洽：浸润，融合。

〔译〕凡是教授书本不应仅仅求多，而贵在〔使学习者〕精通、熟悉，根据其资质禀性的高低，能够掌握二百字的，只授一百字，使他们精神力量经常有余，这样便不至于有厌恶学习的毛病，而会感到自得其乐。在朗读的时候，必须要求学生专心致志，口里诵读的便在心里呼应，字字句句，仔细地反复解释，扬抑顿挫地明了其读音，充分地展开其思维力。这样久而久之，便能义礼融合，智慧一天比一天发达。

于事有大小精粗之分，于理有大小精粗之分，乃于大小精粗之分而又有大小精粗之合。事理之各殊者分为四（一、事之粗小；二、事之精大；三、粗小之理；四、精大之理），而理之合一者为五（粗小之理即精大之理），此事理之序也。始教之以粗小之事，继教之以粗小之理，继教之以精大之理，而终以大小精粗理之合一，……此立教之序亦有五焉，而学者因以上达矣。

◆〔明清之际〕王夫之：《读四书大全说》卷七

〔译〕对于事情来说，有大小精粗之分，对于道理来说也有大小精粗之分，而且这种大小精粗之分又有大小精粗综合起来的情形。事物及其道理的情况可以分为四种（一、事情粗小；二、事情精大；三、事理粗小；四、事理精大），而事理大小精粗相合又成为第五种情况（粗小之理也就是精大之理），这〔五种情况〕便是事理的序列。开始的教育内容应以粗小之事，然后教以粗小之理，再然后教以精大之理，最后教以大小精粗之理的综合，……这便是教育的顺序的五个步骤，学习者〔遵循了这五个步骤〕便可以达到上乘的水平。

有初学难而后易者，有初学易而后难者，因其序则皆可使之易。

◆〔明清之际〕王夫之：《张子正蒙注》卷四

〔译〕有的人开始学习很困难，后来就顺利了；有的人开始学习很顺利，后来却变难了，〔如果〕遵循学习的规律就会都变得容易。

233

君子之道，譬如行远必自迩，譬如登高必自卑矣。……行无有不积，登无有不渐，迩积而远矣，卑渐而高矣。故积小者渐大也，积微者渐著也。……其中无可间断之处，其极无可凌越之节。

◆〔明清之际〕王夫之：《四书训义》卷三

〔译〕有学问有道德的人的事业，好比走很远的路程而必须从近边的几步先走起，好比登高山必须从小坡子爬起。……行路没有不靠积累的，登高没有不靠逐渐攀登的，近的积累起来就远了，低的加多了就高了。所以积累小的便逐渐大了，积累微弱的便逐渐显著了。……这种过程是不能有间断的地方的，这种过程也是不能超越阶段的。

由文字以通乎语言，由语言以通乎古圣贤之心志；譬之适堂坛之必循其
阶而不可以躐等。

◆〔清〕戴震：《戴东原集·古经解钩沉序》

〔译〕经由文字而了解语言的内涵，由语言而通晓古圣先
贤的思想和志趣；这就好比到高高的殿堂、祭坛，必须沿
着阶梯一级一级地上，不能越级一样。

凡人有记性，有悟性。自十五以前，物欲未染，知识未开，则多记性，
少悟性。自十五以后，知识既开，物欲渐染，则多悟性，少记性。故人
凡有所当读书，皆当自十五以前使之熟读。

◆《养正类编卷二·张世仪：〈论小学〉》

〔译〕人都有记忆力和理解力。在十五岁以前，没有受外
界的影响，思想不成熟，这时记忆力强而理解力弱。十五
岁以后，思想成熟了，受外界的影响渐渐多起来，这时的
理解力较强，但记忆力差。所以，凡是应该读熟的书，都
应该在十五岁之前读熟。

蒙养之时，识字为先，不必遽读书。……〔识字〕先取象形、指事之纯
体教之。识"日""月"字，即以天上日月告之；识"上""下"字，即
以在上在下之物告之，乃为切实。纯体既说，乃教以合体字。又须先易
讲者，而后及难讲者。……能识二千字，乃可读书。

◆〔清〕王筠：《教童子法》

〔译〕教蒙童的时候，首先要他们识字，不要马上教读
书。……〔识字〕要先用单纯的象形字和指事字教他们，
教"日"、"月"字，便告诉他们天上的日月；教"上"、
"下"字，就用在上面、在下面的实物告诉他们，这是
符合儿童接受知识的特点的。教完单纯的字体，再教合
体字。〔教合体字〕又必须先讲容易听懂的，后讲难懂
的。……〔儿童〕能认识二千字了，才可以教他们读书。

求学譬如登楼，不经初级，而欲飞升绝顶，未有不中途挫跌者。

◆〔近代〕梁启超：《教育政策私议》

〔译〕学习就像上楼，〔如果〕不经过最低的阶梯而想一下子飞升到最高的地方去，没有不在中途摔下来的。

今中国不欲兴学则已，苟欲兴学，则必自以政府干涉之力强行小学制度始。

◆〔近代〕梁启超：《教育政策私议》

〔译〕今天中国不打算办好教育则罢，如果打算办好教育，就必须从用政府的权力强制推行小学制度开始。

附：胎教

古者胎教，王后腹之①七月，而就宴②室。

◆《大戴礼记·保傅》

〔注〕①腹：指怀孕。②宴：安逸。

〔译〕古人〔重视〕"胎教"，王后怀孕七个月后，就要迁往安逸、清静的地方休养。

古者圣王有胎教之法，怀子三月，出居别宫，目不邪视，耳不妄听，声音滋味，以礼节①之，……。

◆〔北齐〕颜之推：《颜氏家训·教子》

〔注〕①节：节制，制约。

〔译〕古代的圣王有胎教的办法，〔孕妇〕怀子三月，就让她到正宫以外的宫室居住，眼睛不随便看，耳朵不随便听，她接触的声音和味道，都以"礼"来加以节制，……。

当及婴稚，识人颜色，知人喜怒，便加教诲，使为则为，使止则止。……孔子云："少成若天性，习惯如自然"。谚云："教妇初来，教儿婴孩"。

◆〔北齐〕颜之推：《颜氏家训·教子》

〔译〕当人还在婴儿时期，便知道看人脸色好坏，知道别人的喜怒表情，这时加以教导，就可以叫他做什么他就做什么，要他停止他便停止。……孔子说："小时候的品德是天生的，形成了习惯，做起来十分自然。"谚语说："媳妇刚过门就应抓紧教训，对孩子要在很小的时候就开始教育。"

古者妇人妊子①，寝不侧，坐不边，立不跸②，不食邪味，割不正不食，席不正不坐，目不视邪色，耳不听淫声，……如此，则生子形容端正，才过人矣。

◆〔宋〕朱熹：《小学集注·立教》

〔注〕①妊（rèn）子：怀孩子。②跸（bì）：脚偏立。

〔译〕古代妇女怀了孕，不能侧身睡觉，不能歪着身子坐，不能斜着站，不吃怪味道的东西，肉切得不正不吃，座位不正不坐，眼睛不看不正派的颜色，耳朵不听下流的音乐，……这样，生的孩子才会容貌端正，才智超过普通儿童。

夫脑者，天下之至善居积者也，一有所盛于外物，终生受之而不忘，遇事逢时，萌芽发扬。……昔之人孔子乎，渊渊深思，盖知之矣，故反本溯源，立胎教之义，教之于未成形质以前。

……

……天下之人皆出于胎，胎生既误，施教无从。然则胎教之地，其为治者之第一要欤！

……

院地当择平原广野，丘阜特出，水泉环绕之所，或岛屿广平，临海受风之所，或近海广平之地，次则远背山陵，前临溪水，又次则高山之顶及岭麓广平者。……

……

孕妇既入院后，即离其所业。每日有女师讲人道之公理，仁爱慈惠之故事，高妙精微之新理，以涵养其仁心，使之厚益加厚，以发扬其智慧，使之明益加明。……

◆〔近代〕康有为：《大同书·去家界为天民·人本院》

〔译〕人的脑袋，是最能积存东西的地方，一旦装进了外面的某种东西，一辈子都可以使用而忘记不了，遇到合适的事情或时机，都会记忆起并加以联想扩大。……古代的孔子，知识渊博，考虑问题很深，他是知道这些事情的，所以〔他〕追溯这件事的本源，立下了实行"胎教"的规矩，对孩子从小就加强教育。

……

人都是由胎胞生下来的，在胎里出了毛病，生下来也无法教育，因而胎教是第一重要的。

……

〔孕妇的休养〕院应当选择广阔的原野，地势高峻，有水泉环绕的地方，或者是宽阔、平缓的岛屿、临海有风的地方，或者临近海边的广阔平坦的地方，其次是背山临水的地方，再次是高山顶上或山坡平缓的地方。……

……

孕妇进了休养院以后，便放下她原来的工作，每天由女老师给她们讲授关于人道的真理，仁爱慈惠的事例，高妙精微的新道理，用这种办法来涵养她们的仁爱之心，使这种仁爱之心得以发展、巩固，以此来发扬她们的智慧，使她们更加聪明。……

237

十九、师承与智力的传递及发展

人的智力最本质的特点，在于它的精神形态必然与它的物化形态伴生和共存。而精神形态的智力和"物化智力"（即各种物质财富和物质文化）所共同反映的一个时代的智力水平，绝不仅仅是孤立的个人或孤立的时代的产物，而是人类历代智慧和能力积累、延伸的结果。就这一意义而言，智力的发展好比是接力赛跑，千百年来，不断地有所传递和承袭。而在人类智力的传承过程中，长者与幼者、教师与学生之间的授受、承袭，是至关紧要的。由于有所师承，才不必每代人一切都从头摸索起，而可以踏着前人的肩膀攀登智力的新高峰。荀况说的"学之经莫速乎好其人","学莫便乎近其人"（《荀子·劝学》）；《淮南子》说的"教顺施续，而知能流通"（《脩务训》），就是这个意思。

对于教师在智力传递中的作用，我国哲人有许多精辟的论述。《礼记·学记》说："善教者，使人继其志。"《论语·子罕》记载颜渊的感叹："夫子循循然善诱人，博我以文，约我以礼。欲罢不能。"西汉扬雄则说得更为形象："孔子铸颜渊矣。"唐人韩愈又具体指出："古之学者必有师。师者，所以传道受业解惑也。人非生而知之者，孰能无惑？惑而不从师，其为惑也终不解矣。"（《师说》）由于教师在智力传递及其他方面有重要作用，所以我国古来即有"尊师重道"的传统。

关于教师的选择问题，我国古人也有很好的意见——谁手里有知识，谁手里有真理，谁就是老师，正如《晏子春秋·内篇·谏上》说的"列士并学，终善者为师"。这也就是孔门师徒所说的"学无常师"，"三人行，必有我师焉"。韩愈进一步发挥道："是故弟子不必不如师，师不必贤于弟子。闻道有先后，术业有专攻，如是而已。"（《师说》）如此论师道，正点明了教师是智力和道德的传递者这一精义。

我国哲人关于师承问题，还有更深一层的意见，这就是，后辈对于前辈，学生对于老师不仅有一个智力的承袭关系，还担负着超越前人已有的智力水平的责任。这便是孔丘所说的"当仁不让于师"（《论语·卫灵公》）；荀况更以形象的语言表述道："学不可以已。青，取之于蓝，而青于蓝；冰，水为之，而寒于水。"（《荀子·劝学》）

人类各代之间有所承袭，智力才得以传递；人类又只有在师承的前提下，不断突破原有的智力水平，方能呈现一种"江山代有才人出"的兴盛局面。

子贡曰："夫子焉不学？而亦何常师之有！"

◆《论语·子张》

〔译〕子贡说:"我的老师(孔子)有哪一项不学? 又哪有一定的老师专门的传授呢!"

子曰:"见贤思齐焉,见不贤而内自省也。"

◆《论语·里仁》

〔译〕孔子说:"看见贤人,便应该想向他看齐;看见不贤的人,便应该自己反省,〔有没有同他类似的毛病。〕"

子曰:"三人行,必有我师焉。择其善者而从之,其不善者而改之。"

◆《论语·述而》

〔译〕孔子说:"几个人在一起走路,其中一定有值得我学习的人。人家的优点,我学过来;人家的缺点,〔对照自己〕加以改正。"

颜渊喟然叹曰①:"仰之弥②高,钻之弥坚。瞻之在前,忽焉在后。夫子循循然善诱人,博我以文,约我以礼,欲罢不能。既竭吾才,如有所立卓尔。虽欲从之,末由也已。"

◆《论语·子罕》

〔注〕① 颜渊:孔子弟子,名回,喟(kuì):叹息。② 弥(mí):更加。

〔译〕颜渊感叹地说:"〔老师的道〕越抬头看,越觉得高;越钻研越觉得钻不到底。看看,似乎在前面,忽然又到后面去了。〔虽然这样高深,难于捉摸,可是〕老师善于有步骤地诱导我们,用各种典章制度和典籍,教我们博学,又用礼节约束我们的行为,使我们想停止学习都不可能。我已经用尽了我的才力〔向前走〕,〔而老师的道〕还是像很高很远地立着,〔要瞻望也难得瞻望〕。我虽然想要跟着他走,也无从跟随了。"

239

子曰:"后生可畏,焉知来者之不如今也? 四十、五十而无闻焉,斯亦不足畏也已。"

◆《论语·子罕》

〔译〕孔子说:"年少的人是了不起的,怎能断定他们将来赶不上现在的人呢? 一个人到了四五十岁还没有什么名望,也就没有什么了不起了。"

子曰:"当仁不让于师。"

◆《论语·卫灵公》

〔译〕孔子说:"面临有关仁的事情,弟子应当赶先去做,虽是对老师,也不谦让。"

唱①无遇,无所周,若稗②。和③无遇,使也,不得已。唱而不和,是不学也。智少而不学必寡。和而不唱,是不教也。智而不教,功适息。

◆《墨子·经说下》

〔注〕① 唱:指教。② 稗:稗子,这里有无用的意思。③ 和:指学。

〔译〕唱不遇和,就不能广为流传,没有用。和不遇唱,势所使然,不得已。唱而不和,是不学习。知识少而又不学习必然孤陋寡闻。和而不唱,是不教人。有知识而不教人,教化的功业就只能熄灭。

〔曹交①〕曰:"交得见于邹君,可以假馆,愿留而受业于门。"

〔孟子〕曰:"夫道若大路然,岂难知哉? 人病不求耳。子归而求之,有余师。"

◆《孟子·告子下》

〔注〕① 曹交:曹君之弟,名交。

〔译〕曹交说:"我打算去谒见邹君,向他借个住的地方,情愿留在您的门下学习。"

孟子说:"道就像大路一样,难道难于了解吗? 只怕人不去寻求罢了。你回去自己寻求罢,老师多得很呢。"

孟子曰:"羿①之教人射,必志于彀②;学者亦必志于彀。大匠诲人必以规矩,学者亦必以规矩。"

◆《孟子·告子上》

〔注〕①羿：后羿，传说为夏时有穷国的国君，善于射箭。
②志：期望。彀（gòu）：弓满。

〔译〕孟子说："羿教人射箭，一定希望拉满弓；学习的人
也一定要求努力拉满弓。有名的木工教导人，一定依循规
矩，学习的人也一定要依循规矩。"

**故人无师无法而知，则必为盗；勇，则必为贼；云能①，则必为乱；
察，则必为怪；辩，则必为诞②。人有师有法而知，则速通③；勇则速
威；云能，则速成；察则速尽；辩则速论。故有师法者，人之大宝也；
无师无法者，人之大殃也。**

◆《荀子·儒效》

〔注〕①云能：有才能。②诞：荒诞。③通：通达。

〔译〕人如果没有老师的教导，不学习法度而有智慧，那
么一定会做大盗；勇猛的话，就会成为贼人；有才能的
话，就会胡说八道。人如果有老师的教导，知道法度而有
智慧，很快就成为通达的人；如果勇猛，很快就树立威
严；有才能的话，就会迅速作出成就；思想敏锐就会透彻
地了解事理；有口才就能很快说出判断。所以经过老师教
导而又懂法度的人，是人最可宝贵的；未经老师教导而不
知法度的人，是大家的祸害。

国将兴，必贵师而重傅。……国将衰，必贱师而轻傅。

◆《荀子·大略》

〔译〕一个国家将要兴盛，一定会尊敬老师，又敬重师
傅。……一个国家将要衰败，一定会贱视老师，不敬重师傅。

庸众驽①散，则劫②之以师友。

◆《荀子·修身》

〔注〕①驽（nú）：劣马。②劫：强迫。

〔译〕〔一个人〕才能低下而又散漫，就用良师益友来改
造他。

学之经莫速乎好其人，隆礼次之。

◆《荀子·劝学》

〔译〕学习的途径没有比诚心请教良师益友收效更快的了，其次是尊崇礼义。

学莫便乎近其人。《礼》《乐》法而不说，《诗》《书》故而不切，《春秋》约而不速。方其人之习君子之说，则尊以遍矣，周于世矣。

◆《荀子·劝学》

〔译〕学习途径没有比接近良师益友更省事的了。《礼记》、《乐记》规定了一定的法度，但没有详细说明道理；《诗经》、《书经》记载的都是历史陈迹，不切合当前的实际。《春秋》讲的道理隐晦不明，不能很快理解。仿效良师益友学习君子的学说，就能养成崇高的品德，得到全面的知识，而通达世事了。

不事师法，而好自用，譬之犹以盲辨色，以聋辨声也，舍乱妄无为也。

◆《荀子·修身》

〔译〕不遵照老师的规定去做，而喜欢自搞一套，就好比是叫瞎子去辨认颜色，叫聋子去辨别声音，这除干妄乱的事情外，不会再有别的作为了。

242

繁弱、钜黍，古之良弓也；然而不得排檠①，则不能自正。桓公之葱，太公之阙，文王之录，庄君之忽②，阖闾之干将、莫邪、钜阙、辟闾，此皆古之良剑也；然而不加砥厉则不能利，不得人力则不能断。骅骝、骐骥、纤离、绿耳，此皆古之良马也；然而必前有衔辔之制，后有鞭策之威，加之以造父之驭，然后一日致千里也。夫人虽有性质美而心辩知，必将求贤师而事之，择良友而友之。得贤师而事之，则所闻者尧舜禹汤之道也；得良友而友之，则所见者忠信敬让之行也；身日进于仁义而不自知也者，靡③使然之。

◆《荀子·性恶》

〔注〕① 檠：音"景"。排檠：矫正弓弩的工具。② 忽：音

"忽"。庄君之智，楚庄王的剑名。③靡，借为摩，磨炼，锻炼。

〔译〕繁弱、钜黍，都是古时候的好弓；然而没有矫正弓弩的器具，好弓也不会自己变得端正。齐桓公的葱，齐太公的阙，周文王的录，楚庄王的智，吴王阖闾的干将、莫邪、钜阙、辟闾，都是古时候的好剑，然而不磨砺是不能锐利的，得不到人力是不能斩断东西的。骅骝、骐骥、纤离、绿耳，都是古时候的好马，然而必须前头有马衔、马辔来管制，后面有鞭策的威逼，再加上造父的驾驭技术，才能一日跑千里。人虽然有美好的性质，聪明的心智，也一定要访求高明的老师，跟他学习；选择良好的朋友，和他结交。得到高明的老师跟他学习，听到的便是尧舜禹汤的正道；得到良好的朋友和他结交，看到的便是忠信、恭敬、谦让的行为；自身就会一天一天地进入仁义之中而不自觉，这是环境的熏陶使他这样的。

故非我而当者①，吾师也。

◆《荀子·修身》

〔注〕① 非：批评。当：恰当，正确。

〔译〕因此，那些批评我并且批评得正确的人，是我的老师。

礼者，所以正身也；师者，所以正礼也。无礼，何以正身？无师，吾安知礼之为是也。

◆《荀子·修身》

〔译〕礼可以端正人的品格，老师可以正确地传授礼教。没有"礼"，怎么端正品格？没有老师，我怎么能知道"礼"是怎样的呢。

师术有四，而博习不与焉。尊严而惮①，可以为师；耆艾②而信，可以为师；诵说而不陵不犯，可以为师；知微而论，可以为师。

◆《荀子·致仕》

〔注〕①惮（dàn）：庄重。②耆：六十岁；艾：五十岁。

〔译〕老师必须具备四个条件，而且有广博的知识这一条不包括在内。尊严而且庄重，可以做老师；年纪大而且有威信，可以做老师；诵读解说有条理，并且不违反道理，可以做老师；了解精微的道而且能解说清楚，可以做老师。

言而不称师谓之畔①，教而不称师谓之倍②。倍畔之人，明君不纳，朝士大夫遇诸涂不与言。

◆《荀子·大略》

〔注〕① 称：称述。畔：通"叛"，背叛，违反。② 倍：通"背"。

〔译〕说话不称述老师就叫做背叛老师的学说，教人不称述老师就叫做违反老师的教导。这种违背师道的人，贤明的君主是不接纳的，朝廷中的居官守职的人在路上遇到他都不跟他交谈。

君子曰："学不可以已。青，取之于蓝，而青于蓝①；冰，水为之，而寒于水。"

◆《荀子·劝学》

〔注〕① 青：靛（diàn）青。取：提取，提炼。蓝：草名，即蓼（liǎo）蓝，它的叶子可以做蓝色染料。

〔译〕君子说："学问是没有止境的。靛青，是蓼蓝草中提炼出来的，但颜色比蓼草更深；冰，是水变成的，但比水更寒冷。"

时观而弗语，存在心也。

◆《礼记·学记》

〔译〕学习开始以后，教师应随时观察学生的学习动态，不要事先把所要学的内容告诉学生，等看到他们有了自觉的和急于求知的心理时，再进行教学。

善教者，使人继其志，其言也，约而达①，微而臧②，罕譬而喻，可谓继志矣。

◆《礼记·学记》

〔注〕① 约而达：约是简略；达是通达。② 臧（zāng）：善，好。

〔译〕善于教人的，不仅在于教人明晓事物的道理，而在使学的人能感到有自学自得的必要，而继承教者的志愿。所以教者的语言，要简明通畅，由浅入深，虽少譬喻，而阐述的道理容易明白。这样，才可以达到使学者"继志"的目的。

是故学然后知不足，教然后知困。知不足，然后能自反也；知困，然后能自强也。故曰：教学相长也。

◆《礼记·学记》

〔译〕因此通过学习才知道自己的知识不足，通过教授，然后才知道教学的困难。学习的人感到知识不足，然后能反求诸己，努力学习；教的人感到自己的学问不够，进行教学有困难，自己就会不倦地努力钻研。所以说：教的人和学的人通过教学相互得到长进。

凡学之道，严师为难。师严然后道尊，道尊然后民知敬学。

◆《礼记·学记》

〔译〕求学之道，以尊敬师长为最难。师长得到尊敬后，他所传授的道才得到尊重。道得到尊重，然后人民才懂得敬重学习。

善学者，师逸而功倍，又从而庸之。

◆《礼记·学记》

〔译〕善于学习的人，能够让教师用力少，而自己学得的知识多，而且还能随之运用。

是故择师不可不慎也。《记》曰："三王四代①唯其师。"其此之谓乎！

◆《礼记·学记》

〔注〕① 三王：指夏禹、商汤、周文王和周武王。四代：

指虞、夏、商、周。

〔译〕所以对选择师资不可不取慎重态度。古书上说："虞、夏、商、周各代，唯以慎重选择师资为其重要任务。"就是这个道理吧！

古之学者，比物丑类①。鼓无当于五声②，五声弗得不和；水无当于五色③，五色弗得不章；学无当于五官，五官弗得不治，师无当于五服④，五服弗得不亲。

◆《礼记·学记》

〔注〕① 比物丑类：以同类的事物相比。② 五声：指宫、商、角、徵（zhǐ）、羽。③ 五色：指青、赤、黄、白、黑。④ 五服：中国古代的丧服中分亲疏等级有五种：斩衰（cuī）、齐衰、大功、小功、缌麻。

〔译〕古代求学的人，以同类的事物相互对比，据理推论，学习时就容易了解。譬如鼓虽是乐器，并不相当于五声，但五声之中，没有鼓声，就无从调和其节拍。水是清淡无色的，并不相当于五色，但五色没有水来调和，就不鲜明。学习并不相当于人的五官，没有五官，人就无从学习。师生不相当于五服中的骨肉亲疏关系，但没有老师指导说明，学生也就无从知道五服中的亲疏关系。

列士并学，能终善者为师。

◆《晏子春秋·内篇谏上》

〔译〕很多读书人同时一齐学习，学得最好的人就是老师。

疾学在于尊师。

◆《吕氏春秋·劝学》

〔译〕学习上要想很快取得成就，在于尊敬师长。

善教者则不然，视徒如己，反己以教①，则得教之情也。所加于人，必可行于己，若此则师徒同体。

◆《吕氏春秋·诬徒》

〔注〕①反己以教：用自己所能接受的方法教学生。

〔译〕有经验的老师就不这样，〔他们〕对待学生像对自己一样，用自己所能接受的方法去教育学生，这就是懂得了教学的规律。要学生做到的，一定要自己可以做得到，如果能这样，那么师生〔的行动〕就一致了。

昔者，苍颉作书，容成造历，胡曹为衣，后稷耕稼，仪狄作酒，奚仲为车，此六子者，皆有神明之道，圣智之迹，故人作一事而遗后世，非能一人而独兼之。各悉其知，贵其所欲达，遂为天下备。今使六子者易事，而明弗能见者何？万物至众，而知不足以奄之。周室以后，无六子之贤，而皆修其业；当世之人，无一人之才，而知其六贤之道者何？教顺施续，而知能流通。

◆《淮南子·脩务训》

〔译〕从前，仓颉发明文字，容成创造历法，胡曹发明衣裳，后稷发明耕稼，仪狄发明酒，奚仲发明车，这六个人，都有神明的道术，圣智的事迹，所以各自发明一件东西留传于后世，不是一个人就能兼而有之。各人尽自己的智慧，注重实现自己想要达到的理想，从而为天下使用。假使让这六个人换一件事情做，他们的聪明才能就无法表现出来，为什么呢？万物实在太多了，一个人的聪明才智不能够全部包括它。从周朝以后，就没有出现过像这六个人的贤才，然而人们都能够搞好自己的事业；当代人中，没有出现像六个人之中之一人那样有才干的人，然而都知道六贤道术，这是为什么呢？这是由于教育顺承着，行为继续着，而知识技能互相交流传递着的缘故。

善为师者，既美其道，有①慎其行；齐②时早晚，任多少，适疾徐；造而勿趋，稽而勿苦；省其所为，而成其所湛，故力不劳而身大成，此之谓圣化，吾取之。

◆〔西汉〕董仲舒：《春秋繁露·玉杯》

〔注〕①有：又。②齐：同"剂"。

〔译〕善于作老师的人，既使学生养成良好的品德，又使他行为谨慎；调剂早晚的时间，应该多学的就多学，应该少学的就少学，当快就快，当慢就慢；循序渐进，钻研得深而不以为苦；不花太多的精力，而能使他造就深湛的学问，不用很大的气力而能养成很高尚的道德，这就叫做"圣人的教化"。我赞成这种教化。

师哉！师哉！桐①子之命也。务学不如务求师。师者，人之模范也。

◆〔西汉〕扬雄：《法言·学行》

〔注〕① 桐：通"僮"（tóng），童。

〔译〕老师啊！老师啊！老师决定儿童一生的前途。致力于学习不如致力于求得好老师。老师，是人的模范啊。

或问："世言铸金，金可铸与？"曰："吾闻觌①君子者问铸人，不问铸金。"或曰："人可铸与？"曰："孔子铸颜渊矣。"或人跦②尔曰："旨哉！问铸金，得铸人。"

◆〔西汉〕扬雄：《法言·学行》

〔注〕① 觌（dí）：见。② 跦（cù）：恭敬不安。

〔译〕有人问："大家都说铸造金子，金子可以铸造吗？"回答说："我听说君子只问铸造人，不问铸造金子。"又问："人可以铸造吗？"回答说："孔子铸造了颜回嘛。"这人恭敬而不好意思说："真好啊！我问铸金子的事，却得到铸造人材的〔启示〕。"

孟子生有淑质，夙丧其父，幼被①慈母三迁②之教，长师孔子之孙子思，治儒术之道，通五经，尤长于《诗》《书》。

◆〔东汉〕赵岐：《孟子题词》

〔注〕① 被：受。② 三迁：相传孟轲的母亲为了他儿子不受坏环境的影响曾三次搬迁，择邻而居。

〔译〕孟子天生有好的素质，早年死了父亲，小时得到母亲"三迁"的教育，长大拜孔子的孙儿子思为老师，研究儒家的学说，精通五部经典著作，尤其是对其中《诗经》、《尚书》两部更有深入的研究。

学士简练于学，成熟于师。

◆〔东汉〕王充：《论衡·量知》

〔译〕读书的人在学问上下工夫磨炼，又在老师的教导下成熟起来。

……农商工贾，厮役奴隶，钓鱼屠肉，饭牛牧羊，皆有先达，可为师表，博学求之，无不利于事也。

◆〔北齐〕颜之推：《颜氏家训·勉学》

〔译〕农民、工人、商人、杂役奴仆、渔夫、屠夫，放牧牛羊的，都有通达有关技艺的前辈，可以作为教师表率，广泛地向他们学习，没有不利于工作的。

转益多师是汝师。

◆〔唐〕杜甫：《戏为六绝句》其六

〔译〕见善即从，多向人学习，这就是你的老师。

李陵苏武①是吾师，孟子论文更不疑。
一饭未曾留俗客，数篇今见古人诗。

◆〔唐〕杜甫：《解闷十二首》其五

〔注〕① 李陵、苏武都是西汉人，相传五言诗开始于他们两人。《文选》载有他们的诗。

〔译〕李陵苏武是我的老师，孟子的文章更是不容怀疑。从来没有和俗客交往，今天读了几篇古人的诗〔从中得益匪浅〕。

陶冶性灵存底①物，新诗改罢长自吟。
熟知二谢将能事②，颇学阴何③苦用心。

◆〔唐〕杜甫：《解闷十二首》其七

〔注〕① 底：何，什么。② 二谢：谢灵运——南北朝宋代

著名诗人。谢朓——南朝齐代著名诗人。将能事：意为将要学会（二谢）的本事。③ 阴何：阴铿——南朝陈代文学家；何逊：南朝梁代诗人。

〔译〕留有什么东西来陶冶心性呢，只有将改好了的新诗时时吟哦。将要学会两谢写诗的本事，要多多地学阴铿与何逊那样下苦功夫。（从以上诗句可见杜甫能博采前辈诗人之长。）

古之学者必有师。师者，所以传道受业①解惑也。人非生而知之者，孰能无惑？惑而不从师，其为惑也，终不解矣。生乎吾前，其闻道也，固先乎吾，吾从而师之；生乎吾后，其闻也，亦先乎吾，吾从而师之。吾师道也，夫庸知其年之先后生于吾乎？是故无贵无贱，无长无少，道之所存，师之所存也。

嗟乎！师道之不传也久矣！欲人之无惑也难矣！古之圣人，其出人也远矣，犹且从师而问焉；今之众人，其下圣人也亦远矣，而耻学于师。是故圣益圣，愚益愚；圣人之所以为圣，愚人之所以为愚，其皆出于此乎？

◆〔唐〕韩愈：《师说》

〔注〕① 道：指儒家修身、齐家、治国、平天下之道。受：通"授"，教给。业：指学习经传、文辞。

〔译〕古时候的学者一定是有老师的。老师，就是给学生传授道理传授知识解决疑难问题的。人不是天生就知道事理的，哪一个没有疑惑？有了疑惑而不向老师请教，这种疑惑，终究得不到解释。生在我以前的，他懂得道理，本来在我之先，我从他学习；生于我之后的，他懂得道理，也早于我，我从他学习，我所谓的师道，哪里管他的年纪比我大或小呢？因此，不论贵贱，不论长幼，谁明白道理，谁就是老师。

啊哟！师道的不下传是很久了呀！希望人们没有疑惑是太难了！古代的圣人，他们高出普通人很多，尚且从师求教；今天大多数人，他们不如圣人也是很远的了，却以向老师学习为可耻。因此圣人愈是成其为圣，愚蠢人更为愚蠢；圣人之所以为圣，愚蠢人之所以为愚，都是由于这个原因。

圣人无常师，孔子师郯子、苌弘、师襄、老聃①。郯子之徒，其贤不及孔子。孔子曰："三人行，则必有我师②。"是故弟子不必不如师，师不必贤于弟子。闻道有先后，术业有专攻，如是而已。

◆〔唐〕韩愈:《师说》

〔注〕① 郯（tán）子:春秋时郯国的君主。《左传·昭公十七年》载:郯子朝鲁，"仲尼闻之，见郯子而学之。"苌弘:周敬王的大夫。《史记·乐书》载:孔子自言曾闻苌弘论乐。师襄:春秋时鲁国的乐官。《史记·孔子世家》载:"孔子学鼓琴师襄子。"老聃（dān）:即老子。《史记·孔子世家》载:孔子适周问礼，见老子。②《论语·述而》:子曰:"三人行，必有我师焉，择其善者而从之，其不善者而改之。"

〔译〕圣人没有固定的老师，孔子以郯子、苌弘、师襄、老聃为老师。郯子这些人，他们的道德才能不及孔子。孔子说:"几个人一块走路，其中便一定有可以为我所取法的人。"因此，学生不必不如老师，老师不必比学生强，懂得道理有先后，技艺学业有专门研究的不同，就是这样罢了。

巫医乐师百工之人①，不耻相师。士大夫②之族，曰师曰弟子云者，则群聚而笑之；问之，则曰:"彼与彼年相若也，道相似也。"位卑则足羞，官盛则近谀。呜呼！师道之不复可知矣！巫医乐师百工之人，君子不齿③，今其智乃反不能及，其可怪也与！

◆〔唐〕韩愈:《师说》

〔注〕① 巫医:古代巫医不分，所以连说。巫，指从事降神弄鬼的迷信职业者。② 士大夫:古代受职有官位的人。

③ 齿：列，因齿是排列的。

〔译〕巫师、医生、乐师、各种手工业工人，他们不以互相学习为可耻。那些身居官职之类的人，说老师说学生，大家就在一块笑话起来；问他们为什么笑，回答说："某某和某某年纪差不多，道德也差不多。"以地位低于自己的人为师感到羞耻，以达官为师则又有谄谀的嫌疑。啊哟！师道不可以再为人所知了！巫医乐师百工这些人，君子是不屑于和他们同列的，然而今天君子的智慧反不及巫医等人，这不是很可以奇怪的么！

辱书云①：欲相师。仆道不笃②，业甚浅近，环顾其中，未见可师者。

◆〔唐〕柳宗元：《答韦中立论师道书》

〔注〕① 辱书云：意为来信说。古人谦虚，说对方给自己来信对写信者是一种辱没，所以称为"辱书"。② 仆：古人自称的谦词。

〔译〕来信说：希望互相学习。我的道德不笃厚，学问很浅薄，仔细考虑了这些方面，没有发现有什么值得你学习的。

今之世，为人师者众笑之。举世不师，故道益离。

◆〔唐〕柳宗元：《师友箴》

252

〔译〕今天这个世道，做别人的老师大家都笑话他。天下都不学习，所以道德离人们更远了。

人多耻于问人，假于今日问于人，明日胜于人，有何不可？

◆〔北宋〕张载：《经学理窟·学大原下》

〔译〕人们多半认为请教别人可耻。假如今天请教于人，明天胜过人，又有什么不可以呢？

自先王之泽竭，教养之法无所本。士虽有美才而无学校师友以成就之，议者①之所患也。

◆〔宋〕王安石：《乞改科条制劄子》

〔注〕① 议者：即作者。

〔译〕自从前圣王的恩泽尽了以后，教养的方法就没有可以遵循的原则。读书人虽有美好的才质然而却没有学校师友来造就他们，这是我所忧虑的。

《诗眼》云："古人学问，必有师友渊源。汉杨恽一书，迥出当时流辈，则司马迁外孙故也。自杜审言①已自工诗，当时沈佺期、宋之问②等，同在儒馆，为交游，故老杜律诗布置法度，全学沈佺期，更推广集大成耳。沈云：'雪白山青千万里，几时重谒圣明君。'杜云：'云白山青万余里，愁看直北是长安。'沈云：'人如天上坐，鱼似镜中悬。'杜云：'春水船如天上坐，老年花似雾中看。'是皆不免蹈袭前辈，然前后杰句，亦未易优劣，山谷③云：'船如天上坐，人似镜中行。''舡如天上坐，鱼似镜中悬。'沈云卿④诗也。云卿得意于此，故屡用之。老杜'春水船如天上坐'。祖述佺期之语也，继之以'老年花似雾中看。'盖触类而长之。"

◆〔南宋〕胡仔：《苕溪渔隐丛话前集·杜少陵一》

〔注〕① 杜审言：唐代诗人，杜甫的祖父。他对律体诗的完成颇有影响。② 沈佺期：唐代诗人，对律诗的形成和发展颇有影响。宋之问：唐代诗人，与沈佺期齐名，世称"沈宋"。③ 山谷：黄庭坚，宋代著名诗人，号山谷道人。④ 云卿：沈佺期字。

〔译〕《诗眼》一书说："古人的学问，一定有师友的渊源关系。汉朝杨恽的一本书，远远超出了当时同辈人的，就因为他是司马迁的外孙的缘故。杜审言自从能做诗时起就和当时的沈佺期、宋之问等人，同在一个儒馆，做朋友，所以老杜的律诗布局法度，完全学沈佺期，更推广集大成了。沈说：'雪白山青千万里，几时重谒圣明君。'杜说：'云白山青万余里，愁看直北是长安。'沈说：'人如天上坐，鱼似镜中悬。'杜说：'春水船如天上坐，老年花似雾中看。'这都不免是蹈袭前辈的诗作。然而前后的佳句，也不容易定谁好谁坏。黄山谷说：'船如天上坐，人似镜中行。'舡如天上坐，鱼似镜中悬。'这是沈云卿的诗。云卿对此很觉满意，所以常常用它。老杜的'春水船如天上坐'，继承发挥了沈佺期的诗句，接着又用'老年花似雾中看'。这是接触同类的诗句而又加以发展了。"

学宫以外，凡在城在野寺观庵堂，大者改为书院，经师①领之；小者改为小学，蒙师②领之；以分处诸生受业。

◆〔明清之际〕黄宗羲：《学校》

〔注〕① 经师：能讲授儒家经典的教师。② 蒙师：教小学生启蒙读书的教师。

〔译〕学舍之外，凡是在城内和在郊野的庙、观、庵、堂，大的改为书院，由经师承领，讲授经典著作；小的改为小学，由蒙师承领，以分在不同的地方对学生们讲课。

夫欲使人能悉知之，能决信之，能率行之，必昭昭然知其当然，知其所以然，……欲明人者先自明，博学详说之功，其可不自勉乎。

◆〔明清之际〕王夫之：《四书训义》卷三十八

〔译〕要想使别人深切地知道〔某一种学问〕，并让别人信仰它，实行它，〔那么教育者自己〕必须十分清楚地懂得这个学问是怎么回事，懂得为什么是这么回事……。要想使别人明白的人必先自己明白。广博地学习、详尽地解说的功夫，〔首先应当是教者〕自己所应当自勉的啊。

康熙三十四年①，重建太和殿②。有老工师③梁九者董匠作，年七十余矣。自前代及本朝初年，大内④兴造，梁皆董其事。一日手制木殿一区，献于尚书所，以寸准尺，以尺准丈，不逾数尺许，而四阿⑤重室，规模悉具，殆绝技也。

初，明之季，京师有工师冯巧者，董造宫殿，自万历至崇祯末，老矣。九往执役门下数载，终不得其传；而服事左右，不懈益恭。一日九独侍，巧顾曰："子可教矣！"于是尽传其奥。巧死，九遂隶籍冬官⑥，代执营造之事。

予因叹夫一技之必有师承，不妄授受如此，矧⑦道德文章之大者乎？柳子厚⑧作《梓人传》⑨，谓画宫于堵，盈尺而曲尽其制，计其毫厘，而构大厦，无进退焉。殆类是欤？乃为之传。

◆〔清〕王士祯：《梁九传》

〔注〕① 康熙三十四年：即公元一六九五年。康熙是清圣祖的年号。② 太和殿：清宫三大殿之一。③ 工师：技工。④ 大内：皇宫的总称。⑤ 四阿（ē）：四柱的房子。⑥ 隶籍：所属编制。冬官：指工部。⑦ 矧（shěn）：况且。⑧ 柳子厚：唐代大古文家柳宗元字子厚。⑨ 梓人：建筑工人。

〔译〕康熙三十四年，重新修建太和殿。有一位叫梁九的老技工负责监督管理工匠的操作，他的年纪已经七十多了。自从前代到本朝初年，皇宫的兴建工程，梁九都监管其事。一天亲手做了木制宫殿模型一座，献到尚书所，以一比十的比例，殿身不超过几尺，而四柱几重的房间，规模完全具备，大概是绝技了。

起先，明朝初年，首都有个叫冯巧的技工，监管建筑宫殿，自从万历年间到崇祯末年，人已经老了。梁九到他家里服役几年，终究得不到他的传授；而梁九在他的身边服事，从不懈怠，更加恭敬。一天梁九一个人陪着他，冯巧对梁九说："你可以教了！"于是把所有奥妙都教给了他。后来冯巧死了，梁九就编入了冬官，代冯巧管理营造的事情。

我因此感叹一种技术必有师承，不随便传授达到这种地步，更何况关于道德学问这样的大事呢？柳宗元写《梓人传》，说〔梓人〕在墙上画宫殿，刚满一尺的篇幅而曲曲折折地把宫殿的规模全画出来了，仔细按照图样的比例推算，而建造大厦，没有一点出入。大概与这相同吧！于是我为梁九写了传记。

且夫文章信有师承，抑师又何常之有乎？韩①得于《左》，柳得于《国》②，庐陵得于西汉③，眉山父子④得于《战国策》，固未尝亲炙⑤其人，受其提命⑥者也。昔有行路得师者⑦。

◆〔清〕郑日奎：《与邓卫玉书》

〔注〕① 韩：唐代大古文家韩愈。② 柳：唐代大古文家柳宗元。③ 庐陵：北宋著名古文家欧阳修。他是庐陵（今江西省吉安县）人，散文受过西汉作家的影响。④ 眉山父子：宋代古文家苏洵和他的两个儿子苏轼、苏辙。他们都是眉山（今四川省眉山县）人。⑤ 亲炙（zhì）：直接受到熏陶。⑥ 提命：耳提面命。形容教诲殷勤亲切。⑦ 行路得师：孔子曾说："三人行，必有我师焉。"事指此。

〔译〕文章的确是有师承的，而老师又何尝能够固定呢？韩愈的文章得益于《左传》，柳宗元的文章得益于《国语》，欧阳修的文章得益于西汉人的文章，眉山三苏得益于《战国策》，他们本来没有亲自受到那些作者的熏陶，受到耳提面命。古时候有人走路而得到了老师。

我们必须克服困难，我们必须学会自己不懂的东西。我们必须向一切内行的人们（不管什么人）学经济工作。拜他们做老师，恭恭敬敬地学，老老实实地学。

◆毛泽东：《论人民民主专政》

二十、智力的检验与测验

　　智力研究的前提之一，是对人的智力状况进行检验。近代有一种测量人的智力水平的方法，即"智力测验"。这种方法是19世纪从英、法等国开始兴起的。在我国，智力检验问题很早就受到注意，孔丘常常用观察法、谈话法、调查法来判断弟子的智力水平及其他心理差异，荀况则主张通过"辨合"、"符验"来考查人们的智能；韩非更指出，应当通过实践效果来检验人的愚智；三国时的刘劭还提出，"观其词旨犹听音之善丑；察其应赞犹视智之能否也"（《八观》），主张用问答法（"应赞"）来测定人的智力水准，他的"观其感变以审常度"，则颇类似于现代的心理测验。此外，我国古代的七巧板（又称益智图）测智法，在 19 世纪 60 年代以前即已产生，早于世界上任何测定智力的机巧板。

子曰："吾与回①言，终日不违②，如愚。退而省其私，亦足以发，回也不愚"。

◆《论语·为政》

〔注〕① 颜回，孔子弟子。② 不违：不提反对意见和疑问。

〔译〕孔子说："我同颜回说了一整天的话，他从不反对，像个愚人。等他退回去自己研究，也能够发挥一些道理，可见颜回并不愚蠢。"

权①，然后知轻重；度②，然后知长短。物皆然，心为甚。

◆《孟子·梁惠王上》

〔注〕① 权：称。② 度：量。

〔译〕称一称，然后才知道东西的轻重；量一量，然后才知道东西的长短。事物都是这样，人心更是如此。

故善言古者必有节①于今，善言天者必有徵于人②。凡论者贵其有辨合，有符验③。故坐而言之，起而可设，张而可施行。

◆《荀子·性恶》

〔注〕① 节：检验。② 徵：征，验证。③ 辨：通"别"，古代借贷所用的一种凭证。符：也是古代用的一种凭证。辨合，符验，都是证明的意思。

257

〔译〕善于谈论古代事理的人，必须用现在的事理来检验，善于谈论天道的人，必须用人事来考察。凡是理论都要有凭证检验。所以坐着讲的道理，〔必须〕行动起来就能安排，公布出去就能实行得通。

君子远使之而观其忠，近使之而观其敬，烦使之而观其能，卒然①问焉而观其知。……九徵②至，不肖人得矣。

◆《庄子·列御寇》

〔注〕① 卒（cù）然：通"猝然"，仓猝，突然。② 九徵：

庄子在文中提出的九种征验。

〔译〕君子派人远行来考察他的忠心〔因为无人监督〕，派他在身边工作来考察他的礼貌恭敬，给他繁剧的工作来考察他的能力，突然提问考察他的智力。……九种征验的方法都用到了，不贤不能的人就可以被发现。

澹台子羽，君子之容也①，仲尼几②而取之，与处久，而行不称其貌。宰予之辞，雅而文也，仲尼几而取之；与处，而智不充其辩。故孔子曰："以容取人乎？失之子羽，以言取人乎？失之宰予！"故以仲尼之智，而有失实之声。今之新辩③滥乎宰予，而世主之听眩④乎仲尼，为悦其言，因任其身，则焉得无失乎？是以魏任孟卯之辩而有华下之患⑤。赵任马服之辩而有长平之祸⑥。此二者，任辩之失也。夫视锻锡而察青黄，区冶不能以必剑⑦；水击鹄雁，陆断驹马，则臧获不疑钝利。发齿吻，相形容，伯乐不能以必马；授车就驾，而观其末涂，则臧获不疑驽良，观容服，听辞言，则仲尼不能以必士；试之官职，课其功伐，则庸人不疑于愚智。故明主之吏，宰相必起于州部⑧，猛将必发于卒伍。

◆《韩非子·显学》

〔注〕①澹台：姓澹台，名灭明，字子羽。春秋时鲁国人，孔子门徒。②几：观察。③新辩：新的辩说之士。滥，超过。④眩：迷惑、糊涂。⑤孟卯：即芒卯，又名昭卯，战国时魏国大将。华下，即华阳（今河南密县），公元前二七三年，魏国任用夸夸其谈的孟卯出兵攻打韩国。秦将白起救韩，在华阳大破魏军，孟卯逃走，魏军十五万被歼，魏被迫割地求和。⑥马服：指赵括。战国时赵国将军赵奢被封为马服君。赵奢死，其子赵括继承马服君的封爵。长平：在今山西高平。公元前二六〇年秦军与赵军在长平决战，赵国任用只会纸上谈兵的赵括当大将，结果赵军四十余万被全歼。⑦锻锡：古时铸炼青铜时所掺的锡。青黄，指冶炼时炉中火焰的颜色。区冶，即欧冶子，春秋时越国人，会铸剑。⑧州部：这里指古代地方官员。

258

〔译〕澹台子羽有着君子的仪容，所以孔子看中了他，可是和他相处久了，发现他的行为和仪貌很不相称。宰予的言语谈论非常文雅，孔子看中了他，但是和他相处久了，知道他的见识不及他的口才。所以孔子说："拿仪貌取人么，在子羽的身上犯了错误；拿言语取人么，在宰予的身上犯了错误。"像孔子这样聪明，还有那样犯错误的感慨。现在新起的辩说比宰予说的还要动听，君主听人说话比孔子更不清醒，如果喜欢一个人的言谈，就任用这个人，怎么能不误事呢？所以魏国信任了孟卯的口才，就有华阳城下兵败的灾难；赵国信任了马服君的口才，就有长平大败的祸害；这两件事，都是信任辩士的过失。单看锻炼刀剑用的锡和冶铸时候火色的青或黄，就是铸剑的能手区冶也不能决定这剑的好坏；在水中能砍死鹄和雁，在陆上能斩断大小马，那么，就是奴婢之辈也不会怀疑这剑是锋利还是钝拙了。拨开马口，看看牙齿，端详马的外表形状，就是有名的伯乐也不能决定马的优劣；让马套上车辆拉着奔跑，直看到它跑到最后的终点，那么，就是奴婢之辈也不会怀疑这马好不好了。单是看看人物的相貌衣着，听听他的言谈辞令，就是圣人孔子也不能决定学者的智愚；给他一个官职，考定他的工作成绩，那么，就是平常人也不会怀疑他的聪明或愚蠢了。因此英明君主手下的官吏，宰相一定是从地方官提升起来的，猛将一定是从士兵挑选出来的。

君子之言，幽必有验乎明，远必有验乎近，大必有验乎小，微必有验乎著。无验之言谓之妄。君子妄乎？

◆〔西汉〕扬雄：《法言·问神》

〔译〕君子说的话，意义不明显的必有明显的可以验证，远的必有近的可以验证，大的必定有小的可以验证，不显著的必定有显著的可以验证。不能验证的话，叫做荒谬。君子会荒谬么？

凡论事违实，不引效验，则虽甘义繁说，众不见信。

◆〔东汉〕王充：《论衡·知实》

〔译〕凡是论说事理违背事实，不引用证据，就是道理说得再动听，话说得再多，也还是不为人所相信的。

事莫明于有效，论莫定于有证。

◆〔东汉〕王充：《论衡·薄葬》

〔译〕有效验最能表明事实的真相，有证据最能肯定论点的正确。

问之以是非，以观其志；穷①之以词解，以观其变②；咨③之以计谋，以观其识④；告之以祸难，以观其勇；醉之以酒，而观其性；临之以刑，而观其廉；期⑤之以事，而观其性。

◆〔三国　蜀〕诸葛亮：《心书》

〔注〕① 穷：深究。② 变：机变。③ 咨：询，问。④ 识：见识，见地。⑤ 期：寄希望于。

〔译〕用孰是孰非的问题去询问他，以观察他的志向；用词义的解释来深究他，以观察他的机变；以计谋方面的议题去向他咨询，以观察他的见识；告诉他灾祸危难来临，以观察他的勇气；让他喝醉酒，来观察他〔在醉态中流露出的〕本性；将他置于重刑面前，以观察他的气节；让他寄希望于某件事情，来观察他的性格。

夫人厚貌深情，将欲求之，必观其词旨，察其应赞①。观其词旨犹听音之善丑；察其应赞犹视智之能否也。故观词察应足以互相识别。

◆〔三国　魏〕刘劭：《人物志·八观》

〔注〕① 应赞：附和与赞同。

〔译〕对于人深入一层的状貌和思想感情，如果要想探求明白，必须观察他的言词的旨趣，观察他附和、赞同什么。观察他的言词的旨趣就能听出他是善良还是丑恶；观察他赞同、附和什么就能发现他有没有智慧。所以，观察言词和赞同、附和，足以互相印证，识别人的善恶和智愚。

八观者，一曰，观其夺救①，以明间杂②；二曰，观其感变③，以审常度；三曰，观其志质④，以知其名；四曰，观其所由⑤，以辨依似⑥；五曰，观其爱敬，以知通塞；六曰，观其情机⑦，以辨恕惑；七曰，观其所短，以知所长；八曰，观其聪明，以知所达。

◆〔三国 魏〕刘劭：《人物志·八观》

〔注〕① 夺：强取于人。救：救助他人。② 间杂：交错掺杂。③ 感变：喜怒等感情的变化。④ 志质：才质。⑤ 所由："由"，"由此行"的意思。⑥ 依似：仿佛相似。⑦ 情机：情感产生的根由。

〔译〕八种观察人的办法，一是观察一个人强取于人和救助他人的行为，以明了他错综复杂的思想；二是观察一个人的感情变化，以了解他平常的气度；三是观察一个人的才质，以明白他是属哪种类型的人；四是观察一个人的行为，以辨识他的真伪；五是观察一个人对人的尊敬，以了解他是不是明白道理；六是观察一个人的思想动机，以识别他的志向；七是观察一个人长处中所表现的短处，以了解他的〔真正〕长处；八是观察一个人的聪明，以了解他是什么材干。

有长者，必以短为徵。是故观其徵之所短，而其材之所长可知也。

◆〔三国 魏〕刘劭：《人物志·八观》

〔译〕人的长处，必然以他的短处为征兆。所以观察这个人短处所表现出来的征兆，那么他的材性的长处就可以知道了。

江南风俗，儿生一期，为制新衣，盥洗装饰。男则用弓矢纸笔，女则刀尺缄缕，并加饮食之物及珍宝服玩，置之儿前，观其发意所取以验贪廉、智愚，名之为试儿。

◆〔北周〕颜之推：《颜氏家训·风操》

〔译〕江南的风俗，小儿初生下来，为他制作新衣，洗浴装饰。男孩用弓箭纸笔，女孩用剪刀尺子针线，再加上各种食物及珍宝玩物，放在小儿面前，观察他想去拿哪样东西，以检验他贪婪还是廉洁，是智慧还是愚蠢，〔这种方法〕被称作"试验儿童"。

所谓察之者，非专用耳目之聪明，而听私于一人之口也。欲审知其德，问以行。欲审知其才，问以言。得其言行，则试之以事；所谓察之者，试之以事是也。

◆〔北宋〕王安石：《上仁宗皇帝言事书》

〔译〕所谓考察一个人的办法，不能专门凭耳听目见，取决于一个人的口舌。要想了解一个人的才能，则要询问他的谈吐。知道了他的言论和行为，还要交给他实际事务，以从中考察；所谓审察一个人的办法，〔主要是〕在实际事务中去考辨。

人才以用而见其能否，安坐而能者，不足恃也。

◆〔南宋〕陈亮：《上孝宗皇帝第一书》

〔译〕人才要通过使用才能发现他是否有能力，安然空坐而〔自称〕有能力的人，是不能依靠的。

〔人才在未被发现时，常常〕混于不可知之间，媢之者谓狂，而实狂者又偶似之。……策之以言，而试之以事。

◆〔南宋〕陈亮：《英豪录序》

〔译〕〔人才在没有被发现时，往往〕混淆于不可识别的人当中，有真知灼见的人被视作狂怪，而真正狂妄无知的人，又与这些有真知灼见的人有某些相似之处。……〔所以，为了识别人才，应当〕当面交谈以考查，并且要用实功实事加以试验。

谈到智力测验中广泛使用的机巧板，我们一定会首先想到我国有名的七巧板（又称益智图）。关于七巧板的创用年代，我手边缺乏资料，但可以肯定地说它早于世界上任何机巧板，至少在 1860 年之前就已经有了。据我所掌握的资料，西方第一个机巧板是法国人 E. Seguin 1864年制用的。它包括十块木制的几何形小板，被试只是把这些小板放置到形状相应的木槽里去。1908 年 A. Binet 在他的智力量表中指令被试把两张同样的三角形卡片拼成一个长方形。直到 1914 年才出现了由五块小板组成一个长方形的机巧板，称为对角线机巧板，是 G. A. Kempf 制用的。这个五巧板包括三块直角三角形（两大一小），一块长方形，一块四边形（如图 1）。规格和中国的七巧板相似，但五巧板的被试只是把五块小板拼成一块大的长方板而已。七巧板比较复杂，是用一块正方形薄板截成七小块（如图 2），可以按图样摆成多种形状。每个图样的组成都包括七块机巧板。在使用过程中图案逐渐增编，数量越来越多。下面举几个例子以见一般〔（1）"心"字；（2）人在跑步；（3）骑马；（4）帆船；（5）鹅〕。

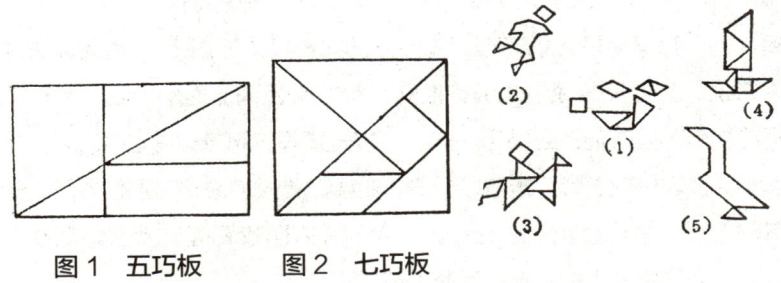

图 1　五巧板　　图 2　七巧板

刘湛恩先生在 20 年代写了《中国人用的非文字智力测验》（英文）一书，把九连环、七巧板介绍到国外。最近五巧板和七巧板已经发展成为纸笔式的测验，可应用于团体。时间经济、施测方便、计分准确，已经达到标准化的程度。下面举澳大利亚教育研究会 1976 年编制的《韦伯高级空间知觉测验》（WASP Test）中《形状分析》为例。形状分析测验中的各种形状都可以用下面五个小块拼成（图 3）。

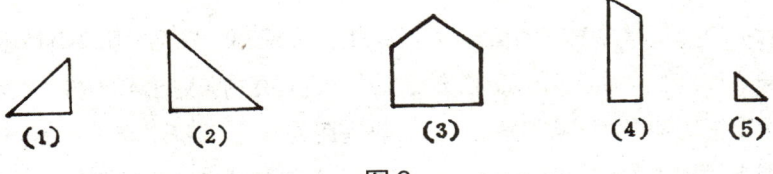

图 3

以下每一种形状都是由上面的三个小块拼成的。在每一种形状中，一个小块只能使用一次，无论哪一个小块都可以用在任何方向上。把小块的号码写在形状的下面。

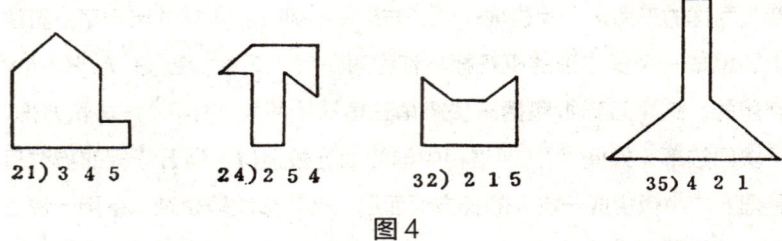

21) 3 4 5   24) 2 5 4   32) 2 1 5   35) 4 2 1

图 4

WASP 形状分析测验共有 38 种形状，1～20 是由两个小块拼成的；21～35 由三个小块拼成；36～38 包括四个小块。

这类分析测验也可以让被试在形状上画线分割。如图 5（1）由 2、5 两小块拼成；图 5（2）是由 2、1、4、5 四小块拼成的。

我推测，我国最早的机巧板可能是方圆双孔板（如图 6）。古代以天地为二仪，又有天圆地方之说。推翻帝制之前民间流通的铜钱，外形是圆的，而孔是方的。经书里还提到"规矩诚设不可欺以方圆"（《礼·经解》）。按规所以正圆，矩所以正方，封建时代人们教幼儿识别方圆，含有使他们"循规蹈矩"之意。想象中的《方圆双孔板》大致如图 6 所示，二图各由大小形状相等的两半组成。

264

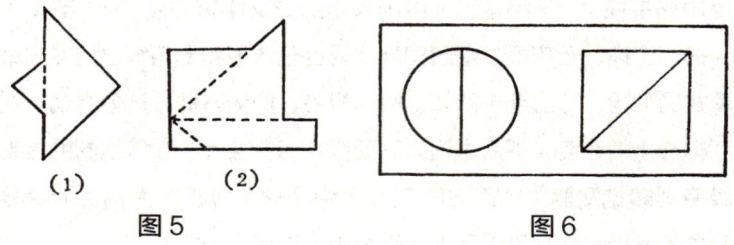

    （1）   （2）

图 5   图 6

……

《列子·汤问》中有"余音绕梁三日不绝"的记载，它描写歌女韩娥歌声高亢回旋，引起了听众的生动遗觉表象。这是古人对艺术才能的印象评定，现在作为测验的辅助，是一种有用的方法。1883 年 F. Galton 提出了西方第一个评定量表，它恰恰也是用来描述表象的明显性。现存的《列子》书是晋朝人搜集有关的传说编成的，是第三世纪的作品。歌声绕梁三日，只是印象评定法的萌芽。必须指出，这种方法按其性质说来是主观的，如果没有客观测量的验证，价值就等于零。《列子》这本书中所描写的"人有亡铁者"（见《说符篇》），对主观判断的误谬做了令人心服的揭露。故事的大意是：有人丢了一把斧子，心里怀疑是被邻居的孩子偷走。因此，看他的走路姿势、面部表情、说话等一举一动都像是偷斧子的。后来这个人自己在土堆里找到了失去的斧子。隔几天又遇到那个孩子，看他的动作态度，就一点也不像偷斧子的样子了。我们可以从这篇寓言中获得启发，它应当列为心理诊断学的必读教材。

研究心理测验必然要涉及发展近景的预测问题。明末的傅山（字青主，1607—1684）是一位有民族气节的学者。明亡后，隐居不出以医术活人。据载"傅先生精岐黄（即通医学），博学强识，复善书法。其长公子亦善书法，所书与之逼肖，外人无能辨者。一日，其长公子以所书置于案头，欲查其父之辨否。青主见而熟视之，以为己所书也；则叹曰：'中气已绝，吾其不久于人世矣！'太息不已其。长公子私哂之。后月余，其长公子果以疾卒"（清代名人笔记《傅青主传》）。这段话初看起来似乎有些神秘，但经仔细分析，一个医生兼书法家，根据临床经验，从一个人书写动作中流畅、严谨、准确等程度的突然下降来判断躯体机能发生障碍，导致心力衰弱，从而准确地预测了死亡。这种情况的出现不是没有道理的。问题在于缺乏测验标准和统计材料。最近 D. Krech 主编的《心理学纲要》一书第九单元中曾引用 Jarvik 等人 1973 年的一个研究，说明经测验发现的心理能力某些模式的变化能够预报死亡。这同三百多年前傅青主的观察结论不谋而合。这个问题很值得研究。事实已经证明，对于实现大脑机能的障碍，心理测验在一定条件下比生理测验更为灵敏。

我们对能力进行评价，总要提出一种供比较用的参照数字。古人也是这样。南朝诗人谢灵运（385—433）自称："天下才共一石，曹子建独得八斗，我得一斗，自古至今共用一斗"（《南史·谢灵运传》）。这是智力指标的一种诗意的夸大表达方式。众所周知，本世纪 10 年代 L. M. Terman 以智龄和实龄之比作为衡量智慧的指标，称为智力商数。这

265

个概念虽然是一种合理、有用的科学概念，但经常被人误用和滥用。20 年代以来，A. S. Otis 和 R. Pintner 先后在他们的团体智力测验中曾以个人分数与同年龄团体平均数的离差来计算智商。1949 年以后，D. Wechsler 在个人智力测验中全面地使用了这一方法，称为离差智商。目前各国测验工作者多仿效这种办法。约在一千五百年以前，谢灵运的说法是以百分数为指标来说明一个人智力的量在团体中所占的比重，也属于比例或指数的性质。这种方法富有心理统计学的意义。可是他狂妄自大，所说的事根本不符合实际。据载，后来有人告他谋叛，他受拘斩而终。

如上所述，就心理测验的内容和方法看来，我国古人的观察实践中就已经有了现代外国的东西。我们的心理测验当然应当尽量采用我国人民喜闻乐见的材料。但更要紧的应该是勇于探索，力求创新。

◆林传鼎：《我国古代心理测验方法试探》

附 录

本书所引典籍作者简介

姓　名	籍　贯	生卒年代（公元）	主　要　著　作
管　仲	颍上 （颍水之滨）人	前? —前 645 年	《管子》（战国时宋尹学派托管仲之名著此书）
晏　婴	夷维 （今属山东）人	前? —前 500 年	《晏子春秋》（传系齐国墨子之徒所作）
老　聃	楚国苦县 （今属河南）人	约前 580—前 500 年	《老子》（亦名《道德经》，后学于战国时托名作）
孔　丘	鲁国陬邑 （今属山东）人	前 551—前 479 年	《论语》（弟子记辑其言论而成书）
孙　武	春秋时齐国人	约前 545—前 470 年	《孙子兵法》十三篇
子　思	鲁国陬邑 （今属山东）人	约前 493—前 406 年	《中庸》等
墨　翟	相传原为宋人， 后长期居于鲁国	约前 468—前 376 年	《墨子》（弟子辑其讲学内容而成书）
孙　膑	齐国阿 （今属山东）人	生卒年不详，孙武后裔	《孙膑兵法》
慎　到	战国时赵国人	前 395—前 315 年	《慎子》十二论四十二篇
孟　轲	鲁国邹 （今属山东）人	前 372—前 289 年	《孟子》（与其弟子万章等作）

庄 周	宋国蒙 (今属河南) 人	前369—前286年	《庄子》"内篇"
荀 况	赵国人	约前313—前238年	《荀子》前二十六篇
韩 非	韩国人	约前280—前233年	《韩非子》
吕不韦	卫国濮阳 (今属河南) 人	前?—前235年	《吕氏春秋》(令宾客集合众说编纂成书)
贾 谊	洛阳 (今属河南) 人	前200—前168年	《新书》《吊屈原赋》等
刘 安	沛郡丰 (今属江苏) 人	前179—前122年	《淮南子》(令宾客作)
董仲舒	广川 (今属河北) 人	前179—前104年	《春秋繁露》《天人三策》等
刘 向	楚彭城 (今属江苏) 人	约前77—约前6年	《说苑》
扬 雄	成都 (今属四川) 人	前53—后18年	《太玄》《法言》等
王 充	会稽 (今属浙江) 人	27—约97年	《论衡》
赵 岐	京兆 (今属陕西) 人	?—201年	《孟子题词》
荀 悦	颍川 (今属河南) 人	148—209年	《汉纪》《崇德正论》
徐 干	北海 (今属山东) 人	171—218年	《中论》
仲长统	山阳 (今属山东) 人	180—220年	《昌言》
诸葛亮	琅琊 (今属山东) 人	181—234年	《出师表》
刘 劭	广平邯郸 (今属河北) 人	约182—245年	《人物志》
刘 徽	山东邹平人	约225—约295年	《〈九章算术〉注》
陆 机	吴郡 (今属江苏) 人	261—303年	《文赋》

葛 洪	丹阳 （今属江苏）人	284—364 年	《抱朴子》
刘 勰	原籍东莞 （今属山东）， 世居京口 （今江苏镇江）	约 465—约 532 年	《文心雕龙》
范 缜	南乡 （今属河南）人	约 450—510 年	《神灭论》等
刘 昼	勃海 （今属河北）人	514—565 年	《新论》
颜之推	琅琊 （今属山东）人	531—590 年	《颜氏家训》
王 通	绛州 （今属山西）人	584—617 年	《文中子》等
刘知几	彭城 （今江苏徐州）人	661—721 年	《史通》
杜 甫	巩县 （今属河南）人	712—770 年	《奉赠韦左丞二十二 韵》等
韩 愈	河南河阳 （今河南孟县南）人	768—824 年	《昌黎先生集》
柳宗元	河东 （今属山西）人	773—819 年	《河东先生集》
胡 瑗	泰州 （今属江苏）人	993—1059 年	《论语说》等
欧阳修	吉州 （今属江西）人	1007—1072 年	《六一诗话》
张 载	凤翔 （今属陕西）人	1020—1077 年	《张子全书》
王安石	抚州临川 （今属江西）人	1021—1086 年	《临川集》《临川集拾 遗》等
沈 括	钱塘 （今浙江杭州）人	1031—1095 年	《梦溪笔谈》
苏 轼	眉山 （今属四川）人	1037—1101 年	《东坡集》

269

黄庭坚	分宁 （今属江西）人	1045—1105 年	《山谷内外集》
洪　迈	鄱阳 （今属江西）人	1123—1202 年	《容斋随笔》
陆　游	山阴 （今属浙江）人	1125—1210 年	《剑南诗稿》《渭南 文集》
朱　熹	婺源 （今属江西）人	1130—1200 年	《朱子全书》
陆九渊	金溪 （今属江西）人	1139—1193 年	《象山先生全集》
陈　亮	永康 （今属浙江）人	1143—1194 年	《陈亮集》
胡　仔	绩溪 （今属安徽）人	1110—1170 年	《苕溪渔隐丛话》
叶　适	永嘉 （今属浙江）人	1150—1223 年	《叶适集》
魏庆之	建安 （今属福建）人	1240 年前后在世	《诗人玉屑》
吴　澄	崇仁 （今属江西）人	1249—1333 年	《文集》
虞　集	祖籍仁寿 （今属四川）， 迁崇仁 （今属江西）人	1272—1348 年	《道园学古录》
宋　濂	浦江 （今属浙江）人	1310—1381 年	《宋学士集》
刘　基	浙江人	1311—1375 年	《郁离子》
薛　瑄	河津 （今属山西）人	1389—1464 年	《薛文清公读书录》
王守仁	余姚 （今属浙江）人	1472—1528 年	《王文成公全书》
王廷相	仪封 （今属河南）人	1474—1544 年	《王氏家藏集》《内台 集》等
李　贽	晋江 （今属福建）人	1527—1602 年	《焚书》《藏书》等

吕　坤	宁陵（今属河南）人	1536—1618 年	《四礼翼》
徐光启	上海人	1562—1633 年	《农政全书》等
陈　确	浙江人	1604—1677 年	《大学辨》等
傅　山	曲阳人	1607—1684 年	《霜红龛集》
朱之瑜	浙江人	1600—1682 年	《答野传问》
彭士望	江西人	1610—1683 年	《九牛坝观抵戏记》
黄宗羲	浙江人	1610—1695 年	《明夷待访录》《宋元学案》《明儒学案》等
方以智	安徽人	1611—1671 年	《物理小识》《通雅》、《东西均》等
顾炎武	江苏人	1613—1682 年	《日知录》等
冯　班	江苏人	1602—1671 年	《冯氏小录》《钝吟集》《钝吟杂录》
王夫之	湖南人	1619—1692 年	《船山遗书》
王士禛	山东人	1634—1711 年	《池北偶谈》等
颜　元	河北人	1635—1704 年	《四存编》《朱子类语评》等
郑日奎	江西人	1631—1673 年	《静庵集》
刘大櫆	安徽人	1698—1779 年	《海峰文集》
郑　燮	江苏人	1693—1765 年	《板桥诗抄》
袁　枚	浙江人	1716—1797 年	《随园诗话》
曹雪芹	河北人	？—1763 年	《红楼梦》
彭端淑	四川人	约 1699—约 1779 年	《白鹤堂文集》
戴　震	安徽人	1723—1777 年	《原善》《孟子字义疏证》等
钱大昕	江苏人	1728—1804 年	《潜研堂文集》
章学诚	浙江人	1738—1801 年	《文史通义》
钱　泳	江苏人	1759—1844 年	《履园丛话》

271

焦　循	江苏人	1763—1820 年	《易章句》《论语补疏》等
王　筠	山东人	1784—1854 年	《教童子书》
龚自珍	浙江人	1792—1841 年	《龚自珍全集》
魏　源	湖南人	1794—1857 年	《魏源集》
杨希闵	新城（今属江西）人	1808—1882 年	《读书举要》
陈　澧	广东人	1810—1882 年	《东塾读书记》
郑观应	广东人	1842—1921 年	《盛世危言》
黄遵宪	广东人	1848—1905 年	《人境庐诗草》
严　复	福建人	1854—1921 年	《严几道文钞》
徐　勤	广东人	1873—1945 年	《中国除害议》
康有为	广东人	1858—1927 年	《大同书》《新学伪经考》等
孙中山	广东人	1866—1925 年	《孙中山选集》
蔡元培	浙江人	1868—1940 年	《蔡元培选集》
梁启超	广东人	1873—1929 年	《饮冰室合集》
钱振锽	江苏人	1875—1944 年	《谪星说诗》
王国维	浙江人	1877—1927 年	《静安文集》
陈独秀	安徽人	1880—1942 年	《独秀文存》
鲁　迅	浙江人	1881—1936 年	《鲁迅全集》
陶行知	安徽人	1891—1946 年	《中国教育改造》等
李四光	湖北人	1889—1971 年	《天文、地质、古生物》等
郭沫若	四川人	1892—1978 年	《沫若文集》
毛泽东	湖南人	1893—1976 年	《毛泽东选集》
周恩来	原籍浙江，生于江苏	1898—1976 年	《周恩来选集》

LA INTELIGENCIA
a los ojos de los
pensadores chinos

Grupo de autores encabezado por
Feng Tianyu

Traducido del chino por
Chen Yongyi
Cai Tongkuo
Xu Yilin
Liu Xiliang

Por inteligencia se entiende, por lo común, la suma total de las facultades cognoscitivas del hombre. Según algunos estudiosos, dentro de este concepto debe incluirse también la capacidad de resolver los problemas prácticos haciendo uso de los conocimientos que uno posee. Después de la aparición de la gran producción mecanizada, sobre todo en los tiempos contemporáneos, testigos de tan vertiginoso progreso científico y tecnológico, es aún más fuerte el impacto de la inteligencia humana sobre las fuerzas productivas de la sociedad, de modo que el desarrollo de la inteligencia ha llegado a ser un tema de interés para todos los países del mundo. Naturalmente, data de muy antiguo la historia del estudio de los fenómenos intelectuales y de la formación de la inteligencia. Siglos antes de la era cristiana, Sócrates, Platón, Aristóteles y otros filósofos griegos dejaron sobre el particular numerosos axiomas y sentencias llenas de sabiduría. En los tiempos modernos, pedagogos europeos como Jan Amos Komensky (1592—1670), John Locke (1632—1704) y Konstantin Ushinsky (1824—1871) atribuyeron gran importancia al adiestramiento intelectual. En China, desde los pensadores de las épocas que precedieron a la fundación de la dinastía Qin (221—207 a. de J. C.) hasta los contemporáneos, han sido emitidos muchos juicios penetrantes acerca de la inteligencia y se han sintetizado las experiencias de las diversas generaciones pasadas en lo que se refiere a la formación de dicha capacidad humana. Será, pues, provechoso para nuestro actual estudio del problema de la inteligencia estudiar los enunciados de los antiguos sabios y someterlos a un análisis y una apreciación científicos.

La historia de la investigación del problema de la inteligencia en China puede dividirse, en líneas generales, en tres períodos: el antiguo, el moderno y el contemporáneo.

El confucianismo (de Confucio, 551—479 a. de J. C.), escuela ortodoxa del antiguo pensamiento chino, prefirió al "hombre virtuoso" antes que al "hombre inteligente". Su campo visual se limitaba principalmente a los aspectos socio-políticos y ético-morales, esto es, al proceso de ejercitación espiritual que se dio en llamar "autocultivación de la propia persona, rectificación de la familia, reordenamiento del país y harmonización del mundo", dedicando, en cambio, muy limitados esfuerzos al problema de la inteligencia como tema aparte. Cierto es que la escuela de Mozi (O Mo Di, ¿468—376 a. de J. C.?), Xun Kuang (¿313?—238 a. de J. C.), pensador del ala izquierda del confucianismo, y materialistas de épocas posteriores como Wang Chong (27—¿97?), Wang Fuzhi (1619—1692) y otros se detuvieron más o menos directamente en el problema de la inteligencia; e incluso los sabios de lleno dedicados a los problemas políticos y éticos tuvieron que tocar, quién más, quién menos, el tema de "escudriñar la naturaleza de las cosas para llegar a la suma sabiduría" cuando desarrollaban su doctrina sobre la "autocultivación de la propia persona, rectificación de la familia, reordenamiento del país y harmonización del mundo", de modo que muchas veces tendieron sus tentáculos discursivos al reino de la inteligencia. Por ejemplo, el problema de la bondad o maldad innata de la naturaleza humana, viejo tema tantas veces discutido entre los pensadores chinos, pertenece de suyo a la categoría de la ética. Sin embargo, en el proceso de su estudio, la discusión sobre las causas de la buena o mala naturaleza humana rozó muchas veces, de pasada, el problema de las causas de la inteligencia o ignorancia del hombre. Se trata, en el fondo, del papel que en la formación de la inteligencia desempeñan diversos factores tales como las cualidades innatas, la adquisición *a posteriori*, el esfuerzo individual, etc. Además, las fecundas ideas de los antiguos filósofos chinos sobre la teoría del conocimiento encerraban observaciones relativas a los diversos aspectos de la estructura de la inteligencia (tales como la facultad de atención, la de observación, la de memoria, la de pensamiento, la de imaginación, la de creación, la de práctica, etc.). Aún más directamente ligadas con la formación de la inteligencia están las opiniones que numerosos sabios antiguos chinos, en su condición de pedagogos, emitieron sobre los principios rectores de la actividad docente, tales como el método heurístico, el principio de enseñar al alumno según su vocación, el de hacerlo según permitan las posibilidades y el de hacerlo en el momento oportuno, así como sobre el papel que desempeñan los profesores en la transmisión de los conocimientos. De este modo, si bien en los tiempos antiguos de China hubo muy pocas obras escritas ex profeso para investigar el problema de la inteligencia, en las cuatro categorías de escritos, a saber, los clásicos confucianos, los de historia, los de filosofía y los literarios, existe latente un inmenso caudal de ideas sobre la inteligencia.

En los tiempos modernos, chinos de ideas avanzadas que buscaron la verdad en el ejemplo de Occidente, como Yan Fu (1854—1921), Kang Youwei (1858—1927), Liang Qichao (1873—1929) y Sun Yat-sen (1866—1925), mientras daban a conocer al público chino las corrientes ideológicas de la ascendente burguesía europea, concedieron gran importancia a la tarea de "abrir la inteligencia". Lo hacían así conscientes de que, para lograr la prosperidad de China, era preciso acabar con la ignorancia en que se debatían las masas populares. Semejante opinión era, si se quiere, fruto de la unión de la antigua tradición china de atribuir gran importancia al cultivo de la inteligencia con las ideas iluministas de la burguesía occidental. El movimiento por la nueva cultura, iniciado el 4 de mayo de 1919, cuyo pionero fue Lu Xun (1881—1936), enalteció la Democracia y la Ciencia, la que implicó una exhortación aún más directa a despertar la inteligencia del pueblo. Los marxistas chinos, con el camarada Mao Zedong como representante, dilucidaron, por su parte, los diversos problemas relativos a la inteligencia y su formación desde la altura del materialismo dialéctico e histórico. Como es natural, debido a las limitaciones de las condiciones de la época, los sabios modernos y contemporáneos tuvieron que dedicar la mayor parte de sus energías a los estudios políticos y militares, sin que les fuese posible concentrarse en un sistemático estudio especializado del problema de la inteligencia. Por otro lado, a partir del Movimiento del 4 de Mayo de 1919, algunos pedagogos y psicólogos chinos, al dar a conocer al público chino las teorías modernas occidentales sobre la inteligencia, efectuaron por su propia cuenta ciertos experimentos y estudios sobre el particular. Su labor, que significó continuar la obra de sus antecesores y desbrozar el camino para sus sucesores, es digna de una valoración positiva.

En cuanto a la época contemporánea, en estos tiempos, o mejor dicho y ante todo, de unos pocos años a esta parte, a medida del desarrollo de la obra de modernización socialista de nuestro país, ha venido cobrando cada vez más palpitante actualidad el problema de los talentos humanos, y en conexión con el mismo, ha sido colocado, desde luego, en el orden del día el problema de la formación de la inteligencia humana. Puede decirse que nunca en China se atribuyó tan grande importancia al estudio de la inteligencia y que la atención que se le presta aún sigue en aumento.

El presente trabajo se limita a reproducir las oponiones de algunos pensadores chinos de la antigüedad y de los tiempos modernos y contemporáneos acerca del estudio de la inteligencia, con el acento puesto en lo que manifestaron los sabios antiguos. En cuanto a los trabajos de los pedagogos, psicólogos posteriores al Movimiento del 4 de Mayo de 1919, así como a los frutos de los estudios contemporáneos sobre la inteligencia, recomendamos que se consulte otro trabajo, la *Recolección de materiales de investigación sobre la inteligencia*, preparada por los camaradas del Instituto Normal de China Central.

278   Para facilitar la localización de las citas de los sabios chinos sobre la inteligencia, las clasificamos de la manera siguiente:

1. Generalidades

Aquí entran cuatro temas, a saber, la definición de la inteligencia, la importancia del desarrollo de la misma, la interrelación entre el desarrollo intelecutal y la educación moral y la existente entre la capacidad y el saber como dos aspectos de la propia inteligencia.

Es cosa de las épocas moderna y contemporánea el intento de dar una definición exacta de la inteligencia. "La inteligencia —dice el psicólogo infantil alemán William Stern—, es la capacidad general de un individuo para ajustar consentemente su pensamiento a nuevas exigencias" (*Die Intelligenz der Kinder und Jugendlichen und die Methoden ihrer Untersuchung,* Verlag von Johann Ambrosius Barth, Leipzig, 1920, pág. 3). Esta definición es considerada como la primera que haya dado de la inteligencia psicólogo alguno de nuestro tiempo. No obstante, dado que los fenómenos intelectuales son una realidad desde el comienzo de la existencia del hombre, es lógico que desde tiempos inmemoriales haya habido intentos, conscientes e inconscientes, de definir la inteligencia. Confucio, fundador de la escuela de pensamiento que lleva su nombre, si bien no llegó a definir directamente la inteligencia, más de una vez, sin embargo, describió el comportamiento que debe observar todo "hombre inteligente", lo que significó en realidad entrar en las áreas periféricas de la definición del fenómeno. Más tarde, Mozi, Xun Kuang y otros dieron, cada cual por su lado, definiciones de la inteligencia, las cuales, con ser incompletas e inexactas, no dejan de contener algo de interés.

En cuanto a la importancia del desarrollo de la inteligencia, nuestros antiguos sabios dilucidaron el problema preferentemente en términos de lo mucho que tiene que ver la "apertura de la inteligencia" con el fortalecimiento del poderío económico y militar de la nación. Si embriones de semejante idea se advierten ya en los filósofos anteriores a la dinastía Qin, muy abundantes son los enunciados sobre el particular de los pensadores modernos, enfrentados como estaban a graves crisis nacionales. Señalaban que "la inteligencia del pueblo es la fuente de la riqueza y el poderío de la nación" (Yan Fu), "que la nación es poderosa cuando son muchos los ciudadanos talentosos e inteligentes, y es débil cuando éstos son pocos" (Kan Youwei y otros), y que "puestos a hablar de procurar hoy en día el poderío de la nación, lo primordial es iluminar la inteligencia del pueblo" (Liang Qichao). Reformistas que desaprobaban la revolución social, Yan Fu, Kang Youwei y Liang Qichao pecaban de cierta exageración al hablar de la importancia de la inteligencia. No obstante, formulaban una valiosa opinión al ligar la "iluminación de la inteligencia" con el poderío de la nación.

El hombre no es un simple ser natural, sino también social, y el desarrollo de su inteligencia es inseparable de su conciencia social. De ahí la interpenetración y recíproca influencia, entre la INTELIGENCIA y la MORAL. En la historia de China, la importancia atribuida a la MORAL ha sido constante; sobre todo, la ortodoxa escuela confuciana colocaba inequívocamente la MORAL en el primer plano, asignando un papel meramente secundario y derivado a la inteligencia. Semejante "moralismo", que hacía de la inteligencia un apéndice de la moral, tuvo efectos negativos durante la época feudal al entorpecer el desarrollo de la cultura y la ciencia; esto no quita, sin embargo, que ejerciera también cierta influencia positiva en la vida social y tuviera algo que ver con el incesante surgimiento de galaxias de hombres de excelentes cualidades morales a lo largo de las diferentes épocas de la historia china. Liang Qichao desarrollaba lo que tenía el "moralismo" de positivo cuando decía que "es aún peor que la nulidad el talento en un traidor nacional o la inteligencia en un esbirro". Algunos sabios de la antigüedad, además, se percataron del papel activo de la inteligencia para influir en la moralidad, idea que halla su expresión en frases célebres tales como la de que "la inteligencia favorece la benevolencia" (*Analectas*) y la de que "la inteligencia es como el mariscal al mando de la moral" (Liu Shao, del período de los Tres Reinos, 220—265). De una manera aún más equilibrada y científica expuso el camarada Mao Zedong la interrelación dialéctica entre la inteligencia y la moral cuando señalaba: "Nuestra política educacional debe estar orientada a lograr que todos aquellos que reciben educación se desarrollen moral, intelectual y físicamente y se conviertan en trabajadores que tengan conciencia socialista y sean cultos".

El saber y la capacidad (el poder) son dos aspectos dentro de la inteligencia que se contradicen entre sí a la vez que se mantienen en unidad. Comentaristas de historia y de literatura de la China antigua dilucidaron en forma vívida la interrelación entre la CAPACIDAD y el SABER, considerando que no puede faltar ni la una ni el otro. Xu Guangqi (1562—1633), hombre de ciencias que vivió durante la dinastía Ming, puso gran énfasis en la capacitación. Dijo en forma metafórica que para el adiestramiento de una bordadora, no sólo hay que facilitarle los diseños ya hechos con el dibujo de una pareja de patos mandarines, sino también enseñarla a manejar y hasta a confeccionar la aguja, hecho lo cual "le será facilísimo bordar cuantos patos mandarines se quiera". En nuestro tiempo, a medida del progreso vertiginoso de las fuerzas productivas y de la ciencia y la tecnología, asistimos a lo que se ha dado en llamar "explosión intelectual" y "acelerado crecimiento del porcentaje de caducidad de los conocimientos", de modo que aún menos debemos darnos por satisfechos con los conocimientos específicos adquiridos por los alumnos por medio de la simple memorización, sino dedicar los esfuerzos que sean necesarios al cultivo de su capacidad para analizar y resolver los problemas prácticos. Es un imperativo de nuestra época imprimir un desarrollo sano e integral a la inteligencia del hombre.

2. Factores que inciden en la formación de la inteligencia

La formación y el desarrollo de la inteligencia están condicionados por múltiples factores internos y externos. Entre los internos se cuentan la herencia (propiedades fisiológicas), el estudio y esfuerzo personal, las características psíquicas, etc.; por factores externos se entienden principalmente la influencia del ambiente social y los efectos de la educación. En esta parte de nuestro trabajo, daremos a conocer algunos conceptos emitidos por pensadores chinos a propósito del respectivo papel de los diversos factores internos y externos en la formación de la inteligencia.

¿Es innata *a priori* o adquirida *a posteriori* la inteligencia? Hasta la fecha las opiniones discrepan. Todavía asistimos a la controversia entre teorías tan encontradas como el "determinismo hereditario" y el "determinismo ambiental". Sobre todo, el primero sigue estando hoy bastante en boga entre ciertos círculos psicológicos. El psicólogo norteamericano Granville Stanley Hall (1824—1924) exagera el factor de herencia en la formación y el desarrollo de la inteligencia cuando afirma que "una onza de herencia vale más que una tonelada de educación". Ahora bien, en la historia de la educación de China, hubo más o menos consenso entre los estudiosos en el sentido de que la inteligencia es el resultado sintético de múltiples factores tales como las propiedades congénitas del individuo, la influencia del ambiente social, los efectos de la educación y el esfuerzo personal. En términos figurados, podría decirse que la inteligencia es una "aleación" compuesta de los factores mencionados.

Un buen número de filósofos chinos señalaron inequívocamente que los órganos de los sentidos y los del pensamiento son los que brindan una base física para la capacidad cognoscitiva. Este concepto halla su expresión en frases como la de Mencio: "El oficio del corazón es pensar", y la de Xun Kuang: "¿Qué le permite saber al hombre? El corazón". Al mismo tiempo, aún con mayor énfasis subrayaban los pensadores chinos el papel de la influencia del ambiente y de la educación en la formación de la inteligencia. Un hecho muy interesante es la coincidencia de las dos escuelas de pensamiento siempre diametralmente opuestas en la historia del pensamiento chino, la de la "bondad original de la naturaleza humana" y la de la "maldad original", al admitir la una y la otra la influencia decisiva de factores *a posteriori* tales como el ambiente y la educación sobre el comportamiento moral y la sabiduría o ignorancia de un individuo. Han sido considerados como axiomas por todas las escuelas de pensamiento frases célebres como la de que "los hombres están de suyo cercanos unos de otros en su naturaleza, sólo que los hábitos distintos los van alejando unos de otros" (*Analectas*), y la de que "lo que se mete en tintura gris, sale gris, y lo que en tintura amarilla, sale amarillo" (Mozi). Además, fue denominador común de numerosos ideólogos chinos el conceder gran importancia al papel activo del estudio y del esfuerzo para influir en la formación de la inteligencia, idea que expresó en forma magistral el sabio Wang Fuzhi: "La capacidad crece diariamente porque se la utiliza, y la facultad mental se hace inagotable porque se discurre y se deduce".

Basándose en un entendimiento más o menos equilibrado de los factores que inciden en la formación de la inteligencia, algunos pensadores chinos, además, dieron interpretaciones materialistas de los fenómenos de "precocidad" intelectual. Por ejemplo, Wang Chong señaló que los niños "precoces" no son "niños prodigio", sino que sólo han podido "llegar a formarse intelectualmente en tierna edad" por poseer una más fuerte facultad de entendimiento, a la cual se suma la circunstancia de que han comenzado muy temprano a "oír y ver muchas cosas", "han sido objeto de adecuada educación en casa" y desde muy chicos "han recibido enseñanza de los mayores". La conclusión a que llega Wang Chong es que "los hombres son desiguales en su talento, pero a todos les es común el conocimiento de las cosas mediante el aprendizaje: Sólo el aprendizaje hace posible el conocimiento, el cual es imposible sin aprender de los demás". En su célebre obra de prosa "La lamentable suerte de Fang Zhongyong", Wang Anshi (1021—1086) hace notar que el "genio" no es nada confiable, pues incluso una persona con excelentes facultades intelectuales innatas pero a quien "no se le deja aprender", degenerará en hombre de mera capacidad corriente y "se perderá entre los del montón".

Asimismo, a nuestros antiguos sabios les llamó la atención la estrecha ligazón entre factores no intelectuales tales como la voluntad, el interés, el deseo, etc., por una parte, y la formación de la inteligencia, por la otra. Basándose en este entendimiento, exhortaron encarecidamente a "abrazar la vocación de estudio" y a "tomar gusto al estudio", a fin de conducir a la gente a dedicarse al desarrollo de su inteligencia con firme voluntad y vivo interés, y preconizaron la moderación de las emociones y los deseos en aras del crecimiento de la inteligencia.

3. Los componentes de la estructura de la inteligencia

La inteligencia del hombre está compuesta de las facultades de percepción y observación, de memoria, de pensamiento, de imaginación, de creación y de práctica; aparte de eso, la atención, que influye directamente en el desarrollo de las facultades de observación, pensamiento y memoria, puede ser incluida también en la estructura de la inteligencia. En términos figurados, diremos que en la estructura de la inteligencia es la atención la ventana; la facultad de percepción y observación, los ojos; la de memoria, el depósito; la de pensamiento, el centro; la de imaginación, las alas; la de creación, la llave, y la de práctica, el permutador para transformar la inteligencia en una fuerza material. Si bien carecían de una noción de conjunto de la estructura de la inteligencia, los sabios chinos de la antigüedad y de los tiempos modernos hicieron, con todo, descripciones bastante interesantes de diversos componentes de esta estructura.

Hablaron de que "es imposible lograr nada sin concentrarse mentalmente", confirmando así la importancia de la concentración mental para el desarrollo de la inteligencia.

Abogaron por "oír mucho", "ver mucho", "gustar de preguntar" y "gustar de observar", viendo en el desarrollo de la facultad de percepción y observación el primer paso en el camino de la adquisición del saber. Algunos de ellos, además, plantearon que para hacer posible el desarrollo de la facultad de percepción y observación del hombre, es preciso "saber utilizar medios materiales", o sea, aprovechar fuerzas objetivas para ampliar y profundizar la esfera de la percepción de los objetos externos por parte de los órganos de los sentidos.

Advirtieron a los estudiosos que es preciso "saber y guardar", o sea, reforzar la facultad de memoria, y "aprender y repasar constantemente", o sea, combatir el olvido.

Subrayaron la necesidad de "reflexionar con tesón", "reflexionar con profundidad" y "reflexionar para ensartar los conocimientos adquiridos", desarrollando enérgicamente la facultad de pensamiento como médula de la inteligencia, y dilucidaron la interacción entre el ESTUDIO (la adquisición de conocimientos) y la REFLEXIÓN (la ejercitación de la facultad de pensamiento).

Defendieron la necesidad de "crear cosas nuevas en medio de la continuidad de las viejas", "desechar los lugares comunes" y desarrollar la facultad de creación del hombre.

Exhortaban a los estudiosos a "actuar" y a "practicar" para templar su capacidad práctica, y a unir estudio, reflexión y acción en un todo único.

En cuanto a la facultad de imaginación, es muy poco lo que sobre este particular expusieron los pedagogos chinos de la antigüedad; en cambio, las vívidas descripciones que hicieron los críticos de literatura al analizar el proceso de la creación artística y literaria nos dan una idea de la noción que tenían ellos de este aspecto de la estructura de la inteligencia.

4. Los métodos y las vías para cultivar la inteligencia

En China, desde tiempos inmemoriales se ha acumulado un rico caudal de experiencias en lo relativo al cultivo de la inteligencia, caudal dentro del cual revisten significado universal los siguientes planteamientos:

1) Sin dejar de reconocer las diferencias de inteligencia en los distintos hombres, es aconsejable una "educación según la vocación", desarrollando así la inteligencia humana con objetivos bien definidos y, por consiguiente, con elevada eficacia.

2) No conviene hacer del educando una especie de receptáculo pasivo del saber, sino despertar en él un consciente afán de estudio, de modo que todos los componentes de su actividad psíquica (atención, observación, memoria, reflexión, etc.) se mantengan en estado de tensión y dinamismo, listos para entrar en acción.

3) Conviene "educar en el momento oportuno" y "enseñar sin equivocarse de etapas", esto es, tener muy en cuenta la edad del educando y sus características y atenerse a las etapas del proceso de cultivo de la inteligencia y su desarrollo rítmico y compasado.

4) Hay que dejar en pie la significación de la sucesión intelectual por docencia, subrayando el importante papel de la transmisión del saber por los mayores y docentes a los menores y educandos; al mismo tiempo, hay que conducir a éstos a aventajar a aquéllos, a la manera como se dice en las frases: "Cuando se trata de hacer el bien, no hay que ser segundo a nadie por motivo de modestia", "la tintura azul es extraída de la bistorta pero resulta más azul que esta planta."

5. La verificación y la prueba de la inteligencia en los tiempos antiguos de China

Uno de los prerrequisitos para el estudio de la inteligencia es la medición de esta última. Ahora bien, la prueba de la inteligencia con más o menos exactitud es cosa bastante reciente, desarrollada como tal tan sólo después del surgimiento de la psicología moderna. No obstante, en su existencia social ya sintieron los chinos antiguos la necesidad de medir el nivel de la inteligencia de los hombres e hicieron por tanto algunos ensayos en este sentido. Por ejemplo, Han Fei (¿280?—233 a. de J. C.) propuso que se averiguara la inteligencia o ignorancia de un hombre "haciéndole desempeñar cargos oficiales y comprobándolo en operaciones bélicas" y a través de otras actividades prácticas. Liu Shao, hombre de la época de los Tres Reinos (220—265), formuló en sus *Biografías* diversos métodos para someter a prueba la inteligencia y la capacidad de los hombres; además, apareció en China a mediados del siglo XIX el tangrama (rompecabezas de siete piezas), instrumento para medir la inteligencia de los hombres, el primero de su especie en el mundo.

Para facilitar la utilización del presente material, al comienzo de cada capítulo ponemos una breve explicación y comentario. La traducción española de los textos escritos en chino antiguo se ha hecho tomando en consideración una de las divergentes interpretaciones que se conocen.

Los redactores

Febrero de 1982

ÍNDICE

MÉTODOS Y VÍAS PARA LA FORMACIÓN DE LA INTELIGENCIA / *460*

288

I. Definición de la inteligencia

La China antigua conoce pocos textos que traten especialmente de la inteligencia como tema independiente. Las opiniones sobre la difinición de la inteligencia se encuentran más bien esporádicamente acá y allá, en textos de diversa índole. En las obras de los ideólogos anteriores a la dinastía Qin (221—206 a. de J. C.), los términos INTELIGENCIA y SABER se emplean por lo común indistintamente. Por ejemplo, en *Analectas* (Citas de Confucio), la palabra 知 (zhi) aparecen 110 veces, de las cuales 24 veces se usa como sustantivo con la acepción de INTELIGENCIA, en contraposición a la IGNORANCIA, como por ejemplo en las frases: "Quien tiene inteligencia está libre de confusión"; "el que tiene inteligencia no desaprovecha ningún talento ni gasta saliva en balde", "inteligencia tiene el que dice saber lo que sabe y reconoce su ignorancia de lo que ignora", frases que describen desde diversos puntos de vista lo que debe ser una persona con inteligencia.

Xun Kuang (¿313?—238 a. de J. C.) da un paso más adelante al formular de la inteligencia una definición bastante perspicaz: "Lo natural que posee el hombre para saber se llama facultad cognoscitiva, cuya conformidad con la realidad se llama inteligencia; lo natural que posee el hombre para hacer algo se llama capacidad, que sólo es real cuando va en consonancia con la realidad". Esto quiere decir que sólo hay inteligencia cuando el conocimiento del hombre concuerda con la realidad objetiva. Además, aquí Xun Kuang toma en consideración la ligazón y la distinción entre la inteligencia y la capacidad. Mozi (¿468?—376 a. de J. C.) y sus adeptos, por su parte, consideraban que "inteligencia significa claridad", lo que quiere decir que sólo hay inteligencia cuando el conocimiento humano es acertado y claro. Por otro lado, Xun

291

Kuang, Wang Chong (27—¿97?) y otros señalaban que la superioridad del hombre sobre los animales y su condición de "máximo señor del mundo" descansan sobre sus facultades de "conocimiento", "discernimiento" y "juicio".

Asimismo, algunos sabios de la China antigua llegaron a entender, aunque nebulosamente, que la inteligencia no es un mero fenómeno individual, sino más bien social. La inteligencia de un solo individuo es limitada, de modo que se hace necesario contar con la de mucha gente y actuar de conformidad con la tendencia de la historia. En *Huainanzi* (compilación de tradiciones filosóficas y taoístas compuestas bajo la dirección de Liu An, príncipe de Huainan) se dice: "Contando con la inteligencia de todos, todo se puede"; "la inteligencia de un solo hombre no alcanza ni para gobernar una pequeña finca de tres *mu*[1] de tierra". Wang Fuzhi (1619—1692), por su parte, considera que "si hay inteligencia pero no hay situación favorable, preferible es aprovechar la situación tal y como es, pues así resultará más fácil hacer valer la inteligencia". Todas estas ideas son de indudable valor.

———————————

Tiene inteligencia el que sabe valorar a los hombres de talento y hacer uso de sus aptitudes. (*Documentos de los antepasados*, titulado también "Shu Jing", colección de crónicas desde el año 625 a. de J. C.)

Confucio dice: "El hombre excelso se distingue por tres cualidades, de todas las cuales me veo desprovisto, a saber, benevolencia, que lo libra de toda preocupación; inteligencia, de toda confusión, y valentía, de todo temor." (*Analectas*)

Consultado por Fan Chi (discípulo de Confucio) acerca de lo que significa inteligencia, Confucio dice: "Comportarse como hombre y venerar a las deidades y los fantasmas pero guardar con ellos cierta distancia —he aquí lo que puede calificarse de inteligencia." (Ibíd.)

———————————

1 *Mu*: medida de superficie de China (=1/15 hectárea).

Confucio dice: "Si, pudiendo haber hablado con una persona, no lo has hecho, has perdido una persona de talento; en cambio, si, no debiendo haber hablado con ella, lo has hecho, has gastado saliva en balde. El que tiene inteligencia no desaprovecha ningún talento ni gasta saliva en balde". (Ibíd.)

Confucio dice: "¿Quieres tú, Zi Lu (discípulo de Confucio), que te enseñe la actitud que se debe asumir en eso de inteligencia? Inteligencia tiene el que dice saber lo que sabe y reconoce su ignorancia de lo que ignora". (Ibíd.)

(Confucio y su discípulo Yang Huo) se cruzan en el camino. (Yang Huo) le dice: "¡Venga!, que quisiera hablar con usted". (Confucio se le acerca.) (Yang Huo) le pregunta: "¿Tendrá benevolencia el que, con todas las virtudes y conocimientos que posee, deja a su país vegetar en el caos sin tratar de arreglarlo?" Y le responde: "No". "Y ¿tendrá inteligencia el que, queriendo emprender alguna obra con éxito, una y otra vez desaprovecha la ocasión?" Y le responde: "No". (Ibíd.)

Cuando Fan Chi le pregunta qué significa benevolencia, Confucio dice: "Es el amor al prójimo." Cuando luego le pregunta por la inteligencia, responde: "Es la capacidad para conocer a los hombres". (Ibíd.)

293

Confucio es libre de cuatro defectos: la simple suposición, la absolutización, la terquedad y la autoinfalibilización. (Ibíd.) (De aquí que la libertad de los cuatro defectos haya venido a ser considerada como una modalidad del comportamiento de los hombres inteligentes en la sociedad de la China antigua.)

Es el hombre con inteligencia el que crea, y la interpretación y aplicación de lo creado corresponde a los artífices capacitados. (*Libro de los Ritos de los Zhou*)

Es inteligencia conocer a los hombres, y es claridad conocerse a sí mismo. (Laozi, ¿580—500 a. de J. C.?)

Lo mejor es tener conciencia de su propia ignorancia, y es un defecto creerse con inteligencia sin tenerla. (Ibíd.)

Confucio dice: "La afición al estudio le aproxima a uno a la inteligencia". (*Zhong Yong*, "Doctrina del Justo Medio")

La inteligencia es una capacidad de que se valen los hombres para saber y conocer las cosas, lo cual no dejarán de lograr siempre que cuenten con ella, igual que quien tiene ojos tendrá la capacidad de ver con claridad. (Mozi, ¿468?—376 a. de J. C.)

Inteligencia presupone el contacto con las cosas. (Ibíd.)

Conocimiento es lo que obtiene el hombre al poner en contacto con las cosas su propia capacidad cognoscitiva y reflejarlas tales y como son. Es como la capacidad de ver claramente con los ojos. (Ibíd.)

Inteligencia significa claridad. (Ibíd.)

Inteligencia es la capacidad de los hombres para analizar y comentar las cosas valiéndose de lo que ya saben y conocen, lo cual les permite saberlas y conocerlas a fondo, al igual que ven los ojos con claridad. (Ibíd.)

Cuando se discute entre todo el mundo en torno a la naturaleza humana, lo único que interesa es encontrar el porqué. Y el porqué obedece al desarrollo natural de las cosas. Si la inteligencia causa en ocasiones aversión, es porque puede llevar a uno a conclusiones muy tiradas de los cabellos. En cambio, dejará de ser motivo de aversión si el que tiene inteligencia procede en consonancia con el desarrollo natural de las cosas como lo hizo Yü[1], quien, ante las crecidas, se portó de tal manera que no

---

1 Yü el Grande, soberano de la época prehistórica de China, fundador de la dinastía Xia (2207—1766 a. de J. C.), quien logró vencer las grandes inundaciones dando salida a las crecidas en lugar de contenerlas a ultranza. — *Nota del Trad.*

forzó para nada la naturaleza de las cosas. Será muy grande la inteligencia de quien sepa actuar como Yü absteniéndose de ir en contra de las leyes naturales de las cosas. Por más alto que sea el cielo y más lejanas que estén las estrellas, basta conocer el porqué de las cosas para poder deducir tranquilamente qué fecha será el solsticio de invierno y qué fecha será el solsticio de verano después de mil años. (Mencio, 372—289 a. de J. C.)

La capacidad para distinguir entre lo justo y lo erróneo es inteligencia. (Ibíd.)

Lo natural que posee el hombre para saber se llama facultad cognoscitiva, cuya conformidad con la realidad se llama inteligencia; lo natural que posee el hombre para hacer algo se llama capacidad, que sólo es real cuando va en consonancia con la realidad. (Xun Kuang, ¿313?—238 a. de J. C.) (Aquí Xun Kuang habla de la inteligencia y de la capacidad como dos conceptos distintos. Por inteligencia se entiende la facultad de saber o la sabiduría, y por capacidad, el poder de actuar. Para él, estos dos factores psíquicos, aunque ligados entre sí, son independientes uno de otro.)

Dejar en pie lo que es cierto y negar lo que no lo es, es inteligencia; negar lo que es cierto y dejar en pie lo que no lo es, es ignorancia. (Ibíd.)

Expresarse en forma apropiada es inteligencia, y lo es también guardar silencio en forma apropiada. (Ibíd.)

Por tanto, el hombre excelso dice saber lo que sabe y reconoce su ignorancia de lo que ignora, y éste es el principio cardinal para todo discurso ... El dominio de este principio cardinal en el discurso es justamente inteligencia. (Ibíd.)

El hombre no lo es solamente por poseer dos piernas y estar desprovisto de espeso pelo en el cuerpo, sino más bien por estar dotado de la facultad de discernimiento. (Ibíd.)

El agua y el fuego poseen dinamismo pero no vida; las hierbas y los árboles poseen vida pero no percepción; las aves y las bestias poseen percepción pero no juicio; en cambio, el hombre posee dinamismo, vida, percepción y juicio y es por tanto el máximo Señor del mundo. (Ibíd.)

El corazón del hombre es tal que todo afán excesivo de saber resultará perjudicial a la vida misma. Dejarlo todo a merced del curso natural de las cosas es la manera de verlas cambiadas espontáneamente, lo cual es lo que llamamos "divino"; dejarlo todo a merced del curso natural de los acontecimientos es la manera de verlos evolucionar espontáneamente, lo cual es lo que llamamos "inteligencia". Por más que cambien las cosas, el dinamismo es inmutable. Por más que evolucionen los acontecimientos, la inteligencia es inmutable. ¿No será esto algo de que sólo son capaces los hombres excelsos que defienden consecuentemente sus principios? (*Guanzi*, Tratado de política atribuido a Guan Zhong, ¿?—645 a. de J. C.)

Al estudiar todo problema estratégico, el hombre dotado de inteligencia debe tomar en consideración tanto los pros como los contras. Sólo tomando en plena consideración los pros puede armarse de fe en el triunfo, y sólo tomando en plena consideración los contras puede garantizarse contra todo cambio inesperado de la situación. (*Sunzi*)

Reflexionar hasta alcanzar el esclarecimiento es inteligencia. (*Shizi*, obra de Zhi Jiao, ¿390—330 a. de J. C.?)

Todos los seres animados, los que tienen dientes y cuernos, los que tienen garras por delante y espolones por detrás, los que forcejean agitando las alas, los que reptan con su blando cuerpo pegado al suelo, en fin, todos estos animales se juntan si les da la gana y se pelean si se irritan, se acercan al ver ventajas y se alejan cuando hay daños y peligros que eludir. Esta índole les es común a todos ellos. Este instinto de buscar ventajas y eludir daños es en ellos igual que en el hombre, pero ni sus fuertes garras ni dientes ni sus potentes músculos les sirven en nada para evitar el quedar a merced del hombre, y la razón de ello es que no pueden intercambiar la inteligencia que tienen ni unificar la capacidad que poseen. (*Huainanzi*) (En este pasaje se emplea el contraste como recurso estilístico para demostrar el carácter social de la inteligencia humana.)

Contando con la inteligencia de todos, todo se puede; utilizando la fuerza de todos, todo se vence. (Ibíd.)

Aunque uno tenga la maravillosa vista de Li Zhu (personaje legendario de los tiempos antiguos de China que tenía fama por su maravillosa vista) y sea capaz de distinguir la punta de una aguja a cien pasos de distancia, no le es posible ver los peces que nadan en aguas profundas; ni aun dotado de la excelente capacidad auditiva de Shi Kuang (músico del estado de Jin, período de la Primavera y del Otoño, 722—481 a. de J. C.) puede oír lo que suena a diez *li*[1] de distancia. Por tanto, la inteligencia de un solo hombre no alcanza ni para gobernar una pequeña finca de tres *mu* de tierra. (Ibíd.)

Inteligencia es saber. El caso es que la inteligencia puede convertir lo inútil en algo útil y lo que no presenta ventaja alguna en algo ventajoso, de modo que nada sobre ni falte. (Yang Xiong, 53 a. de J. C. —18 d. C.)

De las trescientas especies de animales desnudos de plumas, escamas o caparazones, la que manda es la especie humana. De todos los seres vivos del universo, es el hombre el más valioso, y lo es por su afán de saber. (Wang Chong, 27—¿97?)

El hombre es un ser, pero entre todos los seres es el único dotado de inteligencia. (Ibíd.)

---

1 *Li*: medida de longitud de China (=1/2 kilómetro).

El que tiene pobre inteligencia es incapaz de previsión ...(Ibíd.)

Ver mejor que los demás es perspicacia, y fijarse aun así en lo que hay de oscuro en medio de la clarividencia ya es inteligencia. (Liu Shao, hombre de la época de los Tres Reinos, 220—265)

Quienes en los tiempos antiguos eran considerados como héroes estaban dotados sin duda alguna de mayor inteligencia que los demás. En una guerra entre dos ejércitos, el saber analizar correctamente la situación del adversario en un momento crucial y tomar todas las precauciones que aconseja el caso todavía no es suficiente para ser considerado como inteligencia. Hay en el mundo hombres excepcionalmente inteligentes que, al dirigir una guerra, son capaces de vencer al adversario aun permaneciendo a mil *li* del campo de batalla. Al iniciarse las hostilidades, todo parece incomprensible, pero apenas termina la guerra cuando todo resulta exactamente tal y como ellos predecían. Esto se debe a que estaban ya muy al tanto del trayecto que había de recorrer toda la guerra en su conjunto y veían muy lejos. Por tanto, si la estrategia que elaboraban era considerada en un principio como absurda por todo el mundo, ya es considerada como sobrenatural cuando la victoria es un hecho. Pero un examen detenido revelará que no es ni absurda ni sobrenatural, sino perfectamente explicable por la razón humana, sólo que la gente suele dejarla sin examinar cuidadosamente. (Chen Liang, 1143—1194)

Los hombres inteligentes son capaces de mantener a salvo sus Estados no por otra razón que por su capacidad para calcular el poderío del adversario y el suyo propio. (Ibíd.)

Yu Lizi[1] dice: La fuerza física del tigre ¿acaso será sólo el doble que la del hombre? El tigre está provisto de garras y dientes afilados y el hombre no, a lo cual

---

1   Yu Lizi: otro nombre del propio Liu Ji — *Nota de la Red.*

se suma su fuerza varias veces mayor que la del hombre. Por tanto, nada tiene de extraño que éste sea devorado por aquél. No obstante, lo que más frecuentemente sucede no es que tigres devoren hombres, sino que hombres utilicen cueros de tigre como colchones. ¿Por qué? Lo que pasa es que mientras que el tigre se vale de su fuerza física, el hombre emplea su inteligencia, y que mientras que el tigre utiliza sus garras y dientes, el hombre echa mano de herramientas. Si la mera fuerza física es útil para un solo fin, la inteligencia lo es para cien. Oponiendo uno solo a cien, ni la más feroz fuerza física puede tener la victoria asegurada. El que hombres sean devorados por tigres se debe a que no supieron hacer pleno uso de su inteligencia y de las herramientas. Por tanto, ¿no tiene nada de extraño el que quienes sólo cuentan con su fuerza física dejando sin uso su inteligencia y se limitan a emplear su propia fuerza renunciando al uso de las herramientas se parezcan mucho a aquellos tigres que caen atrapados y dejan su pellejo como colchones en las camas? (Liu Ji, 1311—1375)

Los hombres inteligentes se valen de sus conocimientos adquiridos con los oídos y los ojos para penetrar en la esencia de las cosas y, más aún, para conocer a fondo su naturaleza misma. Los hombres estúpidos, en cambio, se ciñen a lo que han visto y oído, sin someterlo a sus reflexiones, y se cimentan en lo poco que han conjeturado unilateralmente, tomándolo por conocimientos veraces. (Wang Fuzhi, 1619—1692)

La gente del estado de Qi que suele hablar del provecho utilitario, viene perorando que hay que realizar hazañas contando con la inteligencia. Ahora bien, si hay inteligencia pero no hay situación favorable, preferible es aprovechar la situación tal y como es, pues así resultará más fácil hacer valer la inteligencia. Los aperos de labranza sirven de suyo para arrancar buenas cosechas, pero si, aun disponiendo de aperos, no es la época de las faenas agrícolas, más vale esperar a que venga para proceder entonces a abonar y ablandar el suelo, utilizando para ello los aperos. Así es como debemos proceder en todo lo que hagamos, siempre que nos interese el resultado efectivo. (Ibíd.)

Lo que distingue al hombre de todos los demás seres vivos es que conoce las leyes necesarias de la naturaleza, en tanto que los demás seres se desarrollan por un proceso natural y espontáneo. (Dai Zhen, 1723—1777)

La claridad en la mente profundiza y sistematiza el pensamiento. He aquí la inteligencia. (Ibíd.)

Lo que distingue al hombre de los animales es que sabe discernir entre lo ventajoso y lo desventajoso, o sea, entre lo justo y lo injusto o, dicho de otro modo, entre lo conveniente y lo inconveniente. Saber discernir lo conveniente de lo inconveniente ya es inteligencia ... El que tiene inteligencia es hombre y el que no la tiene es mero animal, residiendo la única diferencia, y pequeñísima, en saber o no si algo es ventajoso o desventajoso, justo o injusto, o sea, en que haya o no inteligencia. (Jiao Xun, 1763—1820)

II. El desarrollo de la inteligencia y la construcción nacional

En virtud de su profunda comprensión de lo que significa la inteligencia, los pensadores chinos llegaron a conocer desde tiempos muy antiguos la importancia que reviste el desarrollo de la misma, afirmando que el desarrollo de la inteligencia y la preparación de hombres de talento constituyen una de las condiciones necesarias para construir un país próspero y poderoso. Los filósofos de las épocas anteriores a la dinastía Qin (221—206 a. de J. C.) ya tuvieron una idea embrionaria de este problema. Por ejemplo, "Sobre los estudios", una obra pedagógica del Período de los Reinos Combatientes (403—222 a. de J. C.), postuló que "para construir el país y gobernar al pueblo, el soberano debe atribuir prioridad a la educación", y sostuvo que la preparación de hombres de talento y el desarrollo de la inteligencia son tareas de primordial importancia para los gobernantes. Celebridades intelectuales de la época moderna como Yan Fu (1854—1921), Kang Youwei (1858—1927), Liang

Qichao (1873—1929), y Lu Xun (1881—1936), hallándose ante una situación de grave crisis nacional, en que las potencias imperialistas "estaban al acecho con la mirada fiera" en tanto que las fuerzas recalcitrantes del feudalismo persistían en llevar adelante una política oscurantista, pidieron a grito la atención de toda la sociedad sobre la necesidad de "desarrollar la inteligencia del pueblo" para construir un país poderoso. Desde luego, como reformistas que desaprobaban la revolución social, Yan Fu, Kang Youwei y Liang Qichao exageraban la función de la inteligencia. Consideraban que ésta es "la fuerza más poderosa que no conoce nada igual en el mundo", prejuicio éste que debemos desechar. Sin embargo, cuando establecían una relación entre "el desarrollo de la inteligencia" y "la construcción del país", daban muestras de su brillante pensamiento iluminista y traslucieron sus ideas progresistas.

Confucio dice: "Es necesario instruir durante siete años al pueblo antes de hacerle entrar en la guerra para la nación". (*Analectas*)

Confucio dice también: "Hacer al pueblo entrar en la guerra sin previa instrucción y adiestramiento equivaldría inmolarlo en vano". (Ibíd.)

Sin ser pulido, el jade no puede convertirse en objeto de valor; sin recibir una educación, el hombre queda en la ignorancia. Es por eso que para construir el país y gobernar al pueblo, el soberano debe atribuir prioridad a la educación. (*Libro de los Ritos*)

Un general debe reunir las siguientes cinco cualidades: la inteligencia, la honradez, la benevolencia, la valentía y la seriedad. (*Tratado de Estrategia de Sunzi*) (Sunzi plantea que la inteligencia es una de las condiciones más importantes que deben reunir los mandos militares).

El asunto más importante para el mando de un ejército es dar instrucción y entrenamiento a los combatientes. (Wu Qi, estratega oriundo del principado de Wei del Período de los Reinos Combatientes, 403—222 a. de J. C.)

De una lucha para medir las fuerzas, el inteligente es el que sale victorioso. (Liu Shao, oriundo del principado de Wei del Período de los Tres Reinos, 220—265)

Para alcanzar la paz del mundo, el quid del problema está en la preparación de hombres de inteligencia; para preparar hombres de inteligencia, el quid del problema está en la educación; para echar los cimientos de la educación, el quid del problema está en el manejo de las escuelas. (Hu Yuan, 993—1059)

El problema de mayor urgencia que reclama su solución es la preparación de hombres de talento. Si llegamos a formar un número considerable de ellos, el soberano podrá elegir algunos de entre ellos y promoverlos para completar el cuerpo de gobernantes. (Wang Anshi, 1021—1086)

Los estudios académicos constituyen la base para la preparación de hombres de talento; ésta, la base para el gobierno y el manejo de los asuntos de Estado, y estos últimos, a su vez, la base para crear las condiciones necesarias para la subsistencia del pueblo. Sin los estudios académicos, no habrá hombres de talento; sin éstos no se podrá gobernar el Estado ni manejar sus asuntos; sin poder hacerlo así, no se podrá poner en buen orden al país, ni alcanzar la paz en el mundo, ni crear las condiciones necesarias para la subsistencia del pueblo. (Yan Yuan, 1635—1704)

Todas las nueve regiones del país esperan una poderosa fuerza de rayos y truenos para levantar su ánimo;

Van diez mil caballos callados y con las orejas caídas, presentando una escena sombría y penosa.

Es deseo mío que la divina Providencia se despierte de su letargo profundo, y

Que haga descender a la Tierra gentes activas y talentosas de las más variadas especialidades. (Gong Zizhen, 1792—1841)

La escuela es la base para la preparación de hombres de talento, y éstos, la base para construir un país poderoso y próspero. Por eso, la potencia y la prosperidad de los países europeos y americanos no residen en la fuerza física de sus hombres, sino en su ciencia y estudios. (Zheng Guanying, 1842—1921)

La escuela, donde se preparan hombres de talento, es la base más importante para gobernar el país. (Ibíd.)

En términos generales, para determinar si un país es poderoso o débil, si puede subsistir o está condenado a desaparecer, nadie puede pasar por alto los siguientes tres criterios más importantes: El primero consiste en saber si su pueblo tiene o no una fuerte constitución física; el segundo, si su pueblo tiene o no una inteligencia que le permita reflexionar profundamente, y el tercero, si tiene o no un nivel alto de moralidad y un gran sentido de benevolencia y justicia. Por lo tanto, al examinar los problemas relativos a la civilización y la educación y discutir los asuntos de gobierno, todos los sabios de los países europeos y americanos se basan sin excepción en la constitución física del pueblo, su inteligencia y su moralidad para juzgar el nivel de desarrollo de una nación. Cuando un país reúne estas tres condiciones, su pueblo disfruta de un alto nivel de bienestar, y su poderío tiene que ser muy grande.

303

...

Es por eso que la potencia o la debilidad de un país, la opulencia o la penuria de su población, el buen gobierno o la convulsión social son síntomas o demostraciones de la constitución física, la inteligencia y la moralidad de su pueblo. Así, el que una política o una orden puedan ponerse en práctica o tengan que ser anuladas depende de si van o no en conformidad con estos tres factores ... En consecuencia, los asuntos políticos principales de hoy son: fomentar la salud del pueblo, desarrollar su inteligencia y elevar el nivel de su moralidad.

La inteligencia del pueblo constituye la base de la prosperidad y la potencia de una nación. (Yan Fu, 1854—1921)

Cuando un hombre quiere sobrevivir, tiene que hacer uso de sus facultades mentales y físicas para luchar contra los elementos que le impiden mantener su existencia. Si resulta derrotado en la lucha, tiende a degenerar día a día; si sale victorioso, se vuelve cada vez más vigoroso. Las causas de la victoria no son sino las tres condiciones más importantes: la inteligencia, la moralidad y la constitución física. (Ibíd.)

Cuando un país cuenta con un número elevado de hombres de capacidad e inteligencia, se torna próspero y poderoso; en caso contrario, se vuelve pobre y débil. Turquía tenía un ejército terrestre de primera categoría en el mundo, pero salió debilitada; la India siguió el principio pasivo de la "inacción", y resultó subyugada. Los dos casos sirven para corroborar la tesis arriba mencionada. Por ello, la educación de hoy debe orientarse, en primer término, al desarrollo de la inteligencia del pueblo. (Kang Youwei, 1858—1927)

Algunos países europeos y americanos se han vuelto poderosos y prósperos en los trescientos años después de realizada la reforma política; el Japón hizo lo mismo y se volvió poderoso en treinta años. China tiene una gran extensión territorial con una enorme población. Si lleva a cabo una reforma política de grandes proporciones, le bastarán tres años para alcanzar el éxito. Es necesario hacer que los 400 millones de chinos tengan acceso a la educación, de modo que puedan desarrollar su inteligencia y cubrir en número suficiente la necesidad del país en hombres de talento. (Ibíd.)

Cuando el país se halla en tiempos de paz, todos trabajan sin que se diferencien unos de otros en su posición social. Aunque existe una escala de salarios, la diferencia de ingresos no es muy grande. Así, la inteligencia permanece adormecida (por falta de competencia). Si los instrumentos, las instituciones legales, las ideas y los pensamientos no se renuevan, ni se transforman constantemente, la sociedad quedará estancada, corrompida y hasta degenerada, lo que acarrearía un daño indecible. (Ibíd.)

Cuando el país se halla en tiempos de paz, es necesario conceder especial importancia a la elaboración de medidas para desarrollar la inteligencia del pueblo, promoviendo con fuertes recompensas las siguientes cuatro clases de estudios: La primera se refiere a las disciplinas nuevas, que abarcan temas desconocidos antes, como la agricultura, la industria, el comercio, los ferrocarriles, la comunicación con hilos eléctricos, el correo, la construcción naval, la aeronáutica, las ciencias jurídica y política, la pedagogía, la música, la medicina, la meteorología, la mecánica, la geometría, la química, la acústica, la óptica, las matemáticas, la electricidad, y lo que sea al respecto; la segunda se refiere a las ingenierías modernas, unas de ellas de grandes dimensiones como la construcción de ferrocarriles y la extensión de hilos eléctricos, otras de pequeños tamaños como la fabricación de pequeños utensilios; se trata principalmente de estudios que contribuyen al progreso material de la sociedad ...; la tercera se refiere a los descubrimientos nuevos, que abarcan los fenómenos estelares y astronómicos, yacimientos subterráneos, ... la aplicación creadora de materias de efectos medicinales, y otros objetos que el mundo nunca conoció antes...; la cuarta se refiere a conocimientos nuevos, que abarcan la fabricación de objetos o materias sintéticos mediante un proceso de desechar los residuos para conservar los elementos útiles, y la aplicación del mismo proceso en el estudio de la ciencia política, la pedagogía, la tecnología y la música. (Ibíd.)

305

Yo, Xu Qin, advierto solemnemente a la nación: Aquellos que intentan someter y subyugar a China recurrirán necesariamente al antiguo sistema de exámenes imperiales para mantener al pueblo en la ignorancia. China tiene una extensión territorial de 200 millones de *li* cuadrados con 400 millones de habitantes y 260 mil de productos. Ningún otro país puede disputarle la primacía en riquezas naturales. Sin embargo, el Norte de China está controlado por Rusia; el Sur, amenazado por Gran Bretaña y Francia, y el Este, arrebatado por el Japón. China ya vive en una situación tan crítica que apenas puede llamarse país de identidad nacional. Si averiguamos la causa de su situación precaria, veremos que está en la ignorancia de su pueblo. Para mantener al pueblo en ignorancia, no hay mejor método que privarle del acceso a la educación, sometiéndolo así a la manipulación de los gobernantes. Para privar al pueblo de su acceso a la educación y mantenerlo en la ignorancia, no hay mejor método que despolitizarlo para que no sepa los porqués y los cómos de los sucesos de todos los tiempos y de todos los lugares. De este modo, se crean millones de "ciegos" y "cojos" bajo el mando de los gobernantes, quienes los conducen con látigo en la mano como a una manada de aves de corral. Basta darles un poco de pienso y agua para hacerles correr a toda prisa por temor a quedarse atrás. Así, se dejan arrear y matar uno por uno sumisamente. (Xu Qin,1873—1945)

La intelegencia y la sabiduría de centenares de millones de chinos están a punto de agotarse como consecuencia de las costumbres que vienen observando desde hace centenares de años y el estado psicológico en que viven; ya no tenemos ministros competentes en el gobierno, generales competentes en las ciudades, funcionarios competentes en los órganos de poder de las diversas localidades, agricultores competentes en el campo, comerciantes competentes en el mercado ni artesanos competentes en los talleres. Los 400 millones de hombres talentosos, descendientes de los fundadores del imperio chino, están sometidos a un esquema de preparación que no les enseña otra cosa que escribir artículos de cliché y componer poemas estériles, lo que les han transformado en seres sin facultades intelectuales. La situación del país es tan crítica como la de un hombre que, privado de vista, está cabalgando a lomo de un caballo ciego al borde de un abismo a media noche. ... En la actualidad, los diversos países del mundo mantienen un intercambio ininterrumpido. Han surgido decenas de potencias que promueven estudios académicos, dan tratos preferenciales a los intelectuales y desarrollan sin cesar la inteligencia de sus pueblos. Nosotros les enfrentamos con centenares de millones de hombres privados de vista. ¿Qué posibilidad tenemos para subsistir en el mundo? (Ibíd.)

Quienes andan buscando solución para China machacan a cada instante aquello de promover la democracia. Es cierto que debemos hacerlo, pero no podemos cumplir la tarea de la noche a la mañana. La democracia nace de la inteligencia. A un tanto de inteligencia, otro tanto de democracia, y a seis o siete tantos de inteligencia, otros seis o siete tantos de democracia. En el pasado, cuando los gobernantes querían suprimir los derechos democráticos del pueblo, lo primero que hacían era obstruir el desarrollo de su inteligencia. Hoy, si queremos restaurar sus derechos democráticos, lo primero que debemos hacer es desarrollar su inteligencia. (Liang Qichao, 1873—1929)

¿Dónde está la fuerza más poderosa que no conoce nada igual en el mundo? La respuesta es que está en la inteligencia; está en los estudios académicos. (Ibíd.)

Según se dice, la tesis de tres fases de desarrollo de la sociedad humana, planteada en el libro *Anales de Primavera y Otoño*, nos sugiere esta idea: Cuando reinan en el país el caos y la disputa por el Poder, quien tiene fuerza es quien vence; cuando el país goza de tranquilidad, quien tiene fuerza e inteligencia es quien vence, y cuando en el país prevalecen la paz y la prosperidad, quien tiene inteligencia es quien vence. En las épocas en que la humanidad se hallaba en estado primitivo, los animales eran los dueños del país. La amenaza de éstos era tan grave que los hombres tenían que vivir en cuevas o en lo alto de los árboles para mantenerse a salvo. Desde el punto de vista de la fuerza física, los animales son superiores a los hombres, porque éstos no están previstos ni de las plumas para cubrirse ni de las garras y dientes afilados para defenderse. Sin embargo, por su superioridad en inteligencia, los hombres han llegado a atrapar los tigres, rinocerontes y sus semejantes y domesticar los camellos y elefantes. En tiempos antiguos, los mongoles y los mahometanos se dedicaban a los pillajes, hacían orgías con las matanzas, en ocasiones atropellaban a los países de cultura milenaria, y por poco llegaron a dominar el mundo entero, porque tenían fuerzas físicas más poderosas. En los últimos cien años, los europeos y rusos subyugaron a otros países por la fuerza de las armas y expandieron sus dominios territoriales valiéndose del comercio. En consecuencia de ello, el 90 por ciento de la tierra del globo terrestre ha quedado bajo su dominio, porque tenían fuerzas intelectuales superiores. La ley del desarrollo del mundo es que éste va pasando del caos al buen orden; la ley de la lucha es que las cosas van pasando del dominio de la fuerza física a la primacía de la inteligencia. Por lo tanto, hoy en día, para llegar a ser un país poderoso y próspero, debemos conceder importancia primordial al desarrollo de la inteligencia del pueblo. (Ibíd.)

Los estudios académicos constituyen la base para construir el país. La civilización de los países orientales y occidentales no se funda sino en los estudios académicos. Antes del triunfo de la revolución de nuestro país, el pueblo no tenía libertad bajo la dominación brutal del absolutismo. Sin embargo, la llamada de la revolución, una vez lanzada, halló oídos receptivos en todas partes y llegó a coronarse con la victoria; esto no se debió a otra causa que a la difusión de la doctrina de la revolución. (Sun Yat-sen, 1866—1925)

Si una nación o un país quiere mantenerse en pie, y con honor, en el mundo, tiene que fundamentarse en los estudios académicos. Esto es particularmente válido en el siglo XX, siglo de enconada competencia. De los países que han alcanzado un alto nivel de estudios académicos, no hay ninguno que no sea próspero y poderoso. En cambio, la nación es débil y su pueblo tiene que vivir en la penuria cuando los estudios académicos allí son atrasados y cuando su pueblo no se ha librado del oscurantismo. (Cai Yuanpei, 1868—1940)

Los de esta revista no tenemos ninguna culpa ... Para promover la Democracia, tenemos que combatir el confucianismo, las reglas de los ritos, la castidad, la ética anacrónica y la política trasnochada; para promover la Ciencia, tenemos que combatir la cultura anticuada y la literatura de viejo cuño. ... En su lucha por promover la Democracia y la Ciencia, los occidentales protagonizaron innumerables peleas y derramaron ríos de sangre antes de que la Democracia y la Ciencia los rescataran de las tinieblas y los llevaran a la luz del día. Ahora estamos convencidos de que sólo ellas pueden sacar a China de las tinieblas en los planos político, moral, académico e ideológico. En nuestros esfuerzos por promoverlas, no nos detendremos ante nada, ni ante ninguna clase de opresión por parte del gobierno, ni ante los ataques y mofas de que se nos hace objeto en la sociedad, ni tampoco ante el cadalso y el derramamiento de sangre. (Chen Duxiu, 1880—1942)

Para que los chinos puedan subsistir en este mundo, no son de ninguna utilidad los eruditos que no conocen nada más que las "trece obras clásicas" del confucianismo ni los letrados que no saben nada más que componer versos estériles con motivo de fiestas, y lo que vale son las facultades intelectuales efectivas de todo el pueblo. (Lu Xun, 1881—1936)

El auge de la construcción económica vendrá necesariamente acompañado de un auge de la construcción en la esfera cultural. Ha terminado la época en que los chinos éramos considerados como incivilizados. Surgiremos ante el mundo como una nación de elevada cultura. (Mao Zedong, 1893—1976)

Debemos decir a las masas que se levanten contra su propio analfabetismo, supersticiones y hábitos antihigiénicos. (Ibíd.)

III. Inteligencia y moral

Los seres humanos no sólo son productos de la naturaleza, sino también una suma de relaciones sociales; la capacidad congnoscitiva de los hombres está estrechamente ligada con su conciencia social. De ahí la interacción e interpenetración entre la formación y el desarrollo de la inteligencia de los hombres, por una parte, y los conceptos éticos y las ideas políticas, por la otra. La inteligencia no puede separarse asépticamente de la moral, igual que no puede separarse la "composición literaria" de su "mensaje moral". Como afirma Gong Zizhen (1792—1841): "A la administración política de una época le corresponde una educación propia de la misma época ... Moral, educación y administración política, todo es uno en realidad."

Desde la época de la dinastía de Zhou Occidental (1121—771 a. de J. C.), el moralismo para la administración política ya empezó a esbozarse en nuestro país. En las épocas anteriores a la dinastía Qin (221—206 a. de J. C.), los confucianos desarrollaron esa doctrina para crear la tesis de "gobierno de benevolencia" y "gobierno de soberano benévolo", aplicando la citada doctrina a todos los dominios, incluidos el político y el educacional. La prioridad que tenía la preparación ética y moral era la tradición que observaban los educadores de las épocas feudales de China, en tanto que la preparación intelectual generalmente estaba enmarcada en la cultivación de la moral.

En la historia de nuestro país, la doctrina de prioridad de la moral hacía hincapié en los conceptos éticos y políticos, pero éstos no eran sino los conceptos que preconizaba la clase feudal, como "la lealtad al soberano, la piedad filial, la integridad moral y el espíritu de justicia", cuyo contenido no es del todo aceptable desde el punto de vista de nuestros días. Sin embargo, la tesis de vincular la moral con la inteligencia, planteada en esa doctrina, puede servirnos de punto de referencia hoy en día. Una de las causas del incesante surgimiento de galaxias de hombres de excelentes cualidades morales a lo largo de las diferentes épocas de la historia china está precisamente en la prioridad que se daba a la integridad y cualidad morales de los hombres y en el desprecio con que se miraba a los hombres dotados de

talento pero carentes de moral. Liang Qichao (1873—1929) opinaba: "Si un país tiene muchos eruditos o hombres de amplios conocimientos pero que no son más que traidores a la patria o sumisos esclavos de potencias extranjeras, vale más su ausencia que su presencia." Semejante enfoque de la relación entre la moral y la inteligencia tiene un positivo significado para la sociedad. Los antiguos chinos sostenían, además, que un hombre de baja moral no puede desarrollar tampoco su inteligencia en forma segura, pues aun después de adquirirla puede perderla. Así lo indican expresiones como "Si el hombre excelso se conduce con poca seriedad, verá decrecer su prestigio, y sin éste, no podrá consolidar lo aprendido"; "Lo que se consigue con ayuda de la inteligencia no puede conservarse sin la benevolencia y la moral; aunque se haya conseguido se perderá indefectiblemente" (*Analectas*).

Sin embargo, los partidarios de la doctrina de prioridad de la moral pecaban de unilateralidad al supeditar la inteligencia a la moral. Durante el dilatado período feudal, como consecuencia negativa de esta doctrina, el desarrollo cultural y científico y la preparación de hombres de talento se vieron obstruidos. Desde luego, hubo pensadores en aquellos tiempos quienes conocían la acción que puede ejercer la inteligencia sobre la moral. Liu Shao, oriundo del estado de Wei en el Período de los Tres Reinos (220—265) dijo: "La inteligencia es la guía de la moral. La primera nace de una clara comprensión de las cosas. Para ver con claridad las cosas, el hombre tiene que contar con la luz del sol en el día y de la vela en la noche. Si la luz es intensa, su vista puede alcanzar lejos" (*Biografías*). Así, veía en la inteligencia algo que orienta la ética y la moral. Este concepto encierra algo de verdad, porque la moral no es simplemente una fe, y aún menos una superstición, sino un conocimiento correcto basado en la comprensión del mundo objetivo y de las leyes que lo rigen. Divorciada del desarrollo de la inteligencia, la moral pierde su terreno abonado para crecer.

Los socialistas científicos han dado nuevas explicaciones sobre la relación entre moral e inteligencia. El camarada Mao Zedong define para los educadores de nuestro país la meta de su trabajo al señalar la necesidad de lograr que todos aquellos que reciben educación se desarrollen moral, intelectual y físicamente; de preparar trabajadores que tengan conciencia socialista y sean cultos; de oponerse tanto a que se haga de la gente meros políticos por las nubes como a que se formen en ella unos practicistas políticamente desorientados. Huelga decir que para que los educandos se desarrollen moral e intelectualmente y tengan una conciencia socialista y sean cultos, se requieren esfuerzos conjuntos de la sociedad, la escuela y la familia.

Elevad el nivel moral de los hombres de talento y de capacidad y con espíritu emprendedor, y haréis próspero y floreciente vuestro país. (*Documentos de los antepasados*, colección de crónicas desde el año 625 d. C.)

Pienso para mis adentros que si tengo un vasallo que, a pesar de su incompetencia, se conduce con lealtad y sinceridad, que tiene una alta estatura moral, que tiene un espíritu magnánimo, unos oídos receptivos y una actitud tolerante, que ve como propia la capacidad ajena, que se regocija y habla en términos encomiásticos de la alta moral y la gran inteligencia de otros, si tengo un vasallo de semejantes cualidades, el bienestar de mis descendientes y mis súbditos estará asegurado, y además puede incluso incrementarse. (Ibíd.)

Si un hombre inteligente no tiene presentes los preceptos de la benevolencia y la moral, se convertirá en sujeto insensato e ignorante de las leyes que rigen las cosas; en cambio, si un hombre de lo común siempre tiene presentes estos preceptos, se convertirá en persona inteligente a pesar de su insensatez e ignorancia momentáneas. (Ibíd.)

Confucio dice: "Los jóvenes deben respetar y amar a sus padres en la familia, y en ausencia de ellos, respetar y amar a sus hermanos mayores. Deben ser parcos en palabras, y siempre cumplir lo que dicen. Deben profesar un amor universal y trabar amistad con los hombres caracterizados por su benevolencia y moral. Después de cumplir todos estos deberes, podrán ponerse a estudiar los documentos clásicos si tienen energía de sobra". (*Analectas*) (Aquí, en términos inequívocos, coloca Confucio los preceptos éticos de piedad filial, amor fraternal respecto a hermanos mayores, benevolencia y fidelidad por encima del desarrollo de la inteligencia y la adquisición de conocimientos culturales. He aquí una manifestación en la esfera de la educación de la doctrina moralista sostenida por la escuela confuciana.)

Confucio educa a sus discípulos en cuatro disciplinas: los documentos clásicos de las diversas épocas anteriores, el comportamiento ético, la sinceridad en el trato de los hombres y la fidelidad a los compromisos dados. (Ibíd.)

Confucio dice: "Si un hombre excelso se conduce con poca seriedad, verá decrecer su prestigio, y sin éste, no podrá consolidar lo aprendido". (Ibíd.)

Confucio dice: "El hombre excelso no exige exquisitos manjares ni cómodo alojamiento; trabaja con esfuerzos y presteza y habla con prudencia; pide enseñanza a los hombres de moral y erudición. Así se lo puede considerar como estudioso". (Ibíd.)

Confucio dice: "Los hombres de benevolencia y moral practican esas virtudes para sentirse tranquilos, en tanto que los hombres inteligentes lo hacen por encontrarlas provechosas tanto para sí mismos como para los demás". (Ibíd.)

El príncipe Ai del principado de Lu preguntó a Confucio: "Entre sus discípulos, ¿quién es el más aplicado?" Confucio contestó: "El estudiante más aplicado era Yan Hui, quien no achacaba a nadie sus propias culpas ni nunca repetía los errores de antes. Desgraciadamente, murió joven. Y ahora no tengo ningún alumno tan aplicado como él fue". (Ibíd.)

Confucio dice: "Se puede decir que un hombre excelso no va en contra de la razón si lee ampliamente los documentos y literatura clásicos y observa los ritos". (Ibíd.)

Confucio dice: "Me preocupa el comportamiento de aquellos que no cultivan la moralidad, ni se dedican al estudio, ni salen con pecho valeroso en defensa de la justicia, ni rectifican los defectos propios". (Ibíd.)

Confucio dice: "Uno debe tener conciencia de la ética, basar su conducta en la moral, observar los preceptos de la benevolencia, y cultivar las siguientes seis artes: ritos, músicas, tiro al arco, conducción de vehículos, caligrafía y cálculo". (Ibíd).

Confucio dice: "Si una persona es arrogante y avara de ofrecimientos, es indigna de ser apreciada en los demás aspectos aun cuando tenga aptitudes tan amplias como las del príncipe Zhou".(Ibíd.)

313

Confucio dice: "Lo que se consigue con ayuda de la inteligencia no puede conservarse sin la benevolencia y la moral; aunque se haya conseguido, se perderá indefectiblemente". (Ibíd.)

Zi Gong (discípulo de Confucio) dice: "El estudiar olvidando el cansancio significa inteligencia; el dedicarse a la educación sin fastidio alguno significa benevolencia. El Maestro, que ha hecho ambas cosas, ya puede considerarse hombre santo". (Mencio, 372—289 a. de J. C.)

El funcionario a cargo de las ciencias y artes tiene en alta estima las siguientes cuatro materias de enseñanza: *Libro de las Odas, Libro de los Anales, Libro de los Ritos* y *Libro de Músicas*. Así prepara hombres de talento según la tradición establecida por los reyes anteriores. En la primavera y el otoño, enseña los ritos y la música; en el invierno y el verano, las odas y los anales. (*Libro de los Ritos*)

El señor Bao desempeña el cargo de censor real, con la función de amonestar al soberano del Estado. Educa a los hijos de los altos dignatarios en los preceptos de la moralidad, y además les enseña las siguientes seis artes: los ritos, la música, el tiro al arco, la conducción de vehículos, la caligrafía y el cálculo. (Ibíd.)

La benevolencia y la moral solas, sin inteligencia, serían un amor universal sin distinción entre los buenos y los malos; la inteligencia sola, sin benevolencia ni moral, sería una inteligencia no utilizada en la acción. De ahí que la benevolencia y la moral sirvan para cultivar el amor a la humanidad, y la inteligencia, para distinguir a los buenos de los malos. (Dong Zhongshu, 179—104 a. de J. C.)

Los artículos se escriben para expresar una idea y llevarla a la práctica. De este modo, ya no son nada de contenido vacío, sino manifestaciones literarias de un mensaje moral. (Yang Xiong, 53 a. de J. C.—18 d. C.)

Las ideas del hombre excelso se expresan en forma de literatura, y sus actos son manifestaciones de la moral. ... En uno y otro caso el contenido sustancial confiere un lustre a su presentación exterior. (Ibíd.)

La benevolencia es la base de la moral; la justicia, su esencia; los ritos, su expresión exterior; la fidelidad a los compromisos dados, su fuente; la inteligencia, su mando. La inteligencia nace de la clara comprensión de las cosas. Para ver con claridad las cosas, el hombre tiene que contar con la luz del sol en el día y de la vela en la noche. Si la luz es intensa, su vista puede alcanzar lejos. Son muy pocos, sin embargo, los que ven lejos. (Liu Shao, oriundo del estado de Wei en el Período de los Tres Reinos, 220—265)

Cuando joven, yo creía que las obras literarias excelentes eran las que se adornaban con fraseologías floridas. Más tarde, empecé a comprender que las obras literarias son instrumentos para dilucidar la moralidad. No debemos considerar como excelentes autores a aquellos que, con una actitud poco seria, buscan huecos lirismos, expresiones pintorescas y ritmos sonoros de retintín. Creo que este criterio mío me acerca a los preceptos de la moralidad. Pero ignoro si es realmente así. Amigo mío, si usted, que valora los preceptos de la moralidad, aprecia al mismo tiempo mis obras literarias, tal vez no esté yo muy lejos de los preceptos de la moralidad. (Liu Zongyuan, 773—819)

Cada vez que (Zhang Zai) dictaba conferencia a los estudiantes en la Casa de Estudios de la Nación, solía señalarles la necesidad de aprender los ritos, cultivar la personalidad, adquirir buena índole y no cejar en sus esfuerzos hasta llegar a la altura de los hombres santos. (*Historia de la dinastía Song*, Biografía de Zhang Zai, 1020—1077)

Los estudios que cursan los letrados son aquellos relativos a las pautas establecidas por los soberanos y reyes virtuosos del pasado, a la línea de conducta trazada por éstos, y a las maneras de gobernar el país. Si una materia de enseñanza no sirve para la construcción del país, hay que suprimirla; en cambio, debe ser incluido en el plan de estudios todo cuanto contribuya a este propósito. Estos son los principios de la educación. (Wang Anshi, 1021—1086)

El Estado no puede arreglárselas ni un solo día sin educación política, y los estudiantes, cuando estudian, no deben echar al olvido ni un solo día los asuntos del Estado. ... Es así como se debe formar en todo el país intelectuales que reúnan inteligencia, benevolencia, conducta noble, justicia, lealtad, gentileza y conocimientos especializados aunque incompletos. (Ibíd.)

Los soberanos y reyes virtuosos del pasado educaban a los intelectuales en los preceptos de la moralidad y las artes. (Ibíd.)

El método de selección de hombres de talento en las escuelas antiguas consistía en escogerlos desde las diversas localidades hasta la capital. Después de llegados a la escuela los estudiantes seleccionados, se les daba una educación en los preceptos de la moralidad y las artes para que llegaran a ser hombres virtuosos y capaces. (Zhu Xi, 1130—1200)

Estudiamos con el objetivo de conocer las ideas de los hombres santos y sabios, y a través de éstas llegaremos a dominar las leyes de la Naturaleza. (Ibíd.)

A mi juicio personal, cuando los hombres santos y sabios de los tiempos antiguos enseñaban a los estudiantes, no perseguían otro objetivo que el de darles a conocer los principios fundamentales de la justicia para que se dedicasen a la autocultivación de su personalidad y luego hicieran extensivo su ejemplo a los demás; no querían que los estudiantes pusieran por escrito en artículos de lenguaje culto lo que habían dictado para conseguir fama o provecho personal. (Ibíd.)

Los conocimientos adquiridos a través de los estudios conducen a despertar la conciencia de la moral. (Ye Shi, 1150—1223)

Para ilustrar y orientar a los estudiantes, no basta despertar su conciencia;
es necesario inducirlos a reiteradas reflexiones para que se dediquen a cultivar
su espíritu y consolidar su vocación a través de la recitación cadenciosa de textos
clásicos. Todo esto se hace para forjar la voluntad de los estudiantes por el camino
natural, templar su carácter, librarlos imperceptiblemente de sus ideas vulgares y
mezquinas, transformar sus arraigados modales toscos, y hacer valer paulatinamente
en ellos la influencia de los ritos y la justicia sin que se sientan forzados, hasta que
lleguen, sin saber cómo, a un estado de armonía y concordia de sentimientos. Tal vez
éste sea el propósito sutil de los soberanos y reyes virtuosos de los tiempos antiguos
al establecer las escuelas. (Wang Shouren, 1472—1528)

Los contemporáneos suelen considerar anacrónico eso de componer versos
y estudiar los ritos. Se trata de un criterio vulgar, mediocre y superficial. No
comprenden nada del verdadero propósito de los antiguos educadores al establecer
estas disciplinas. (Ibíd.)

Los antiguos profesores educaban a los estudiantes en el concepto de la
jerarquía social de los seres humanos. En las generaciones posteriores ha pasado
a ser una práctica generalizada la rígida memorización de los textos de las obras
literarias, relegando al olvido las enseñanzas de los soberanos y reyes virtuosos de las
épocas anteriores. Hoy en día, en la educación de los niños no deben inculcárseles
otros preceptos que el amor filial, el respeto por los hermanos mayores, la lealtad
al soberano, la fidelidad a los compromisos dados, los ritos, la justicia, la probidad
y el sentido de pudor. Los métodos de educación deben consistir en inducir a los
estudiantes a aprender poesías para despertar su vocación; a aprender los ritos
para contribuir a su excelente prestancia de aspecto, canalizar sus energías hacia los
estudios y despertar su conciencia humana. (Ibíd.)

Conocer bien las leyes que rigen las cosas y esforzarse por obrar conforme a las mismas es provechoso para el proceso de la autocultivación moral. (Wang Fuzhi, 1619—1692)

Mandamos construir un edificio de cuatro aulas, bautizado con el nombre de "Casa de Estudios". La primera aula oriental, que da al Oeste y tiene en su puerta una placa con la inscripción de "Estudios Humanísticos", es donde se dan las clases de ritualidad, música, caligrafía, cálculo, astronomía, geografía, etc; la primera aula occidental, que da al Este y tiene en su puerta una placa con la inscripción de "Preparación Militar", es donde se dan las clases sobre los episodios de Huang Di (otro nombre de Xuan Yuan, Soberano Amarillo legendario de la antigua China) y de Jiang Taigong (hombre santo legendario de la dinastía Zhou, 1121—256, a. de J. C.) y los tratados de los cinco famosos estrategas chinos de la antigüedad, sobre la ofensiva y la defensa en batallas terrestres y navales, sobre el tiro al arco, la conducción de vehículos, la lucha corporal, etc.; la segunda aula oriental, que da al Oeste y tiene en su puerta una placa con la inscripción de "Estudios de las Obras Canónicas e Históricas", es donde se dan clases sobre las trece obras clásicas, la historia general, los decretos imperiales, los memoriales de funcionarios, la poesía, la literatura, etc.; la segunda aula occidental, que da al Este y tiene en su puerta una placa con la inscripción de "Tecnologías" , es donde se dan las clases sobre la hidráulica, los explosivos, las ingenierías, los horóscopos, etc. A decenas de metros al sur del conjunto, está el pórtico, con el letrero de "Academia de Zhangnan", para conservar el nombre antiguo de este centro de enseñanza. Entre el pórtico y el conjunto, hay dos salas de estudios. La sala oriental se titula "Sala de Estudios Neo-Confucianistas", donde se dan las clases sobre las prácticas de meditación y se editan obras académicas de los famosos promotores de la escuela neo-confuciana; la sala occidental lleva el nombre de "Sala de Preparación para los Exámenes Imperiales", donde se dan las clases sobre la composición de artículos de cliché según los requisitos del sistema oficial de selección de funcionarios. Ambas salas dan al Norte. Cada aula o sala tiene un responsable; cada disciplina, un jefe. La enseñanza en todas las disciplinas está destinada a promover la inteligencia, la benevolencia, la justicia, la lealtad al soberano, la armonía, el amor filial, la confianza conyugal y la filantropía. Trabajaremos juntos con espíritu abierto y tolerante, y contrataremos profesores e invitaremos amigos para que vengan aquí a intercambiar experiencias, con la esperanza de que reinen entre nosotros los preceptos morales del príncipe de Zhou y de Confucio y renazca el espíritu emprendedor de Yao y Shun para poner en orden al país y asegurar la labor pacífica del pueblo. (Yan Yuan, 1635—1704)

Hace mucho tiempo que se suprimió la escuela en el país. Según una investigación histórica, en la dinastía Xia (2207—1766 a. de J. C.) la "escuela" se llamaba "xiao", que significaba educar al pueblo. Hoy, ¿aún conserva ese sentido? En la dinastía Shang (1765—1122 a. de J. C.), se llamaba "xu", que significaba aprender a tirar al arco. Hoy, ¿aún conserva ese sentido? En la dinastía Zhou (1121—256 a. de J. C.), se llamaba "xiang", que significaba cultivarse para la ancianidad. Hoy, ¿aún conserva ese sentido? ... En las dinastías Wei (220—265) y Jin (265—430), la escuela dejó de existir; en las dinastías Tang (618—907) y Song (960—1279), no se promovía nada más que la poesía y la literatura. El impacto negativo de semejante política educacional se deja sentir hasta hoy. Cuando el Estado nombra intelectuales para los cargos públicos, el único criterio para la selección lo constituye el talento literario que posea cada candidato. Los altos dignatarios y los grandes maestros estimulan nada más que la elevación del nivel literario. Lo que elogian y jalean los padres de familia y el tema de consultas entre amigos no residen en otra cosa que en la literatura. Incluso la poesía ha pasado a ser una disciplina de sobra. Siendo así, ¿cómo es posible lograr la prosperidad de la nación? (Ibíd.)

La observación de los preceptos morales, sumada a la erudición, lleva a uno a la máxima altura de los hombres santos y sabios. (Dai Zhen, 1723—1777)

¿Cuál es el precepto moral que debe observarse en la redacción de las crónicas de historia? Se dice que es el móvil justo del autor. ... Sin embargo, los historiadores rivalizan en recalcar el papel de la erudición y las dotes literarias, sin tener en cuenta para nada los móviles para la redacción de las crónicas de historia. Así, ¿cómo es posible sacar una conclusión correcta acerca de la moral que deben tener los historiadores? (Zhang Xuecheng, 1738—1801)

A la administración política de una época le corresponde una educación propia de la misma época ... Moral, educación y administración política, todo es uno en realidad. (Gong Zizhen, 1792—1841)

Esquema de educación elaborado por Kang Youwei

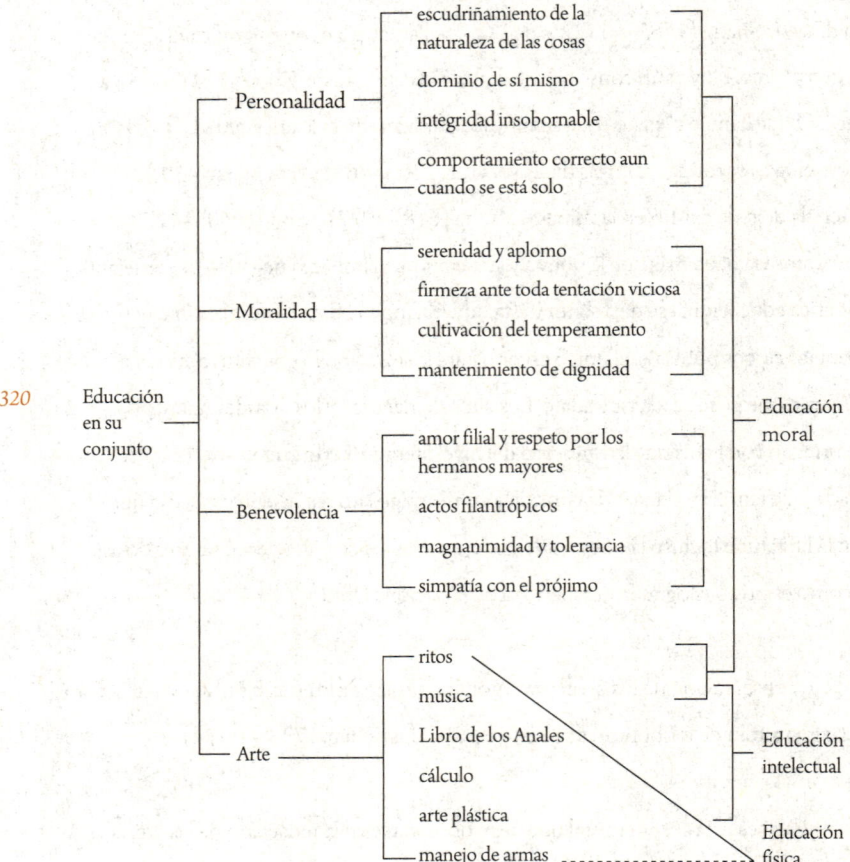

320

Comenzando por los antiguos sabios griegos, los occidentales se afanan por esclarecer cabalmente la verdad de las cosas. Con el tiempo, la investigación ha pasado a ser una práctica muy generalizada, especialmente en la época actual. Un breve examen revela que la investigación que ellos realizan abarca dos renglones principales: primero, la manera de elaborar una Constitución con miras a las reformas políticas, y segundo, el esclarecimiento a fondo de los fenómenos naturales para desarrollar la ciencia y la tecnología. (Kang Youwei, 1858—1927)

En su labor educativa, (Kang Youwei) dedicó el 70 por ciento de sus energías a la educación moral y el 30 por ciento a la educación intelectual, dando, al mismo tiempo, mucha importancia a la educación física. (Liang Qichao, 1873—1929, *Biografía de Kang Youwei*)

Cuando les reprocho de carecer de objetivos en su trabajo, seguramente no podrán aceptar semejante reproche. ¿Por qué? Dirían: Estamos preparando hombres de talento y desarrollando la inteligencia del pueblo; ¿cómo puede usted calificarnos de carentes de objetivos? Por tanto, no puedo quedarme callado frente al problema de la definición de los objetivos. ¿Son realmente objetivos los que persiguen? ¿Son realmente objetivos útiles y exentos de inconvenientes? ¿Concuerdan o no sus objetivos con las aspiraciones de todos los pueblos civilizados de nuestro tiempo? ¿Acaso no son también hombres de talento algunos traidores a la patria? ¿Acaso no es también inteligencia la de los esclavos sumisos bajo la subyugación de potencias extranjeras? ... Si un país tiene muchos eruditos u hombres de amplios conocimientos, pero que no son más que traidores a la patria o sumisos esclavos de potencias extranjeras, vale más su ausencia que su presencia. (Ibíd.)

Para cursar los estudios en la época contemporánea, debemos dedicar nuestros esfuerzos principales a las ciencias políticas, y nuestra atención secundaria a la técnica. Si China piensa volverse poderosa por sus propios esfuerzos, tiene que empezar por la promoción del estudio de las ciencias políticas. (Ibíd.)

¿Cuál es el objetivo de la educación? No es otro que el de preparar hombres que tengan un desarrollo multifacético. ¿Qué significa el término "hombres de desarrollo multifacético"? Se trata de que no tengan nada subdesarrollado ni padezcan de ninguna desproporción entre los diversos aspectos. Los hombres tienen que desarrollarse en dos terrenos: el interior y el exterior; o sea, deben tener una fuerte constitución física y a la vez una adecuada preparación mental. Si uno desarrolla su constitución física descuidando su preparación mental o viceversa, su desarrollo será defectuoso. Un hombre de desarrollo multifacético tiene que atender tanto a su desarrollo mental como al físico. El primero abarca tres aspectos: la inteligencia, los sentimientos y la firmeza de carácter. Correlativos a ellos son los ideales de lo verdadero, de lo bueno y de lo bello, respectivamente. A un hombre de desarrollo multifacético no le puede faltar ninguno de estos tres ideales. Para alcanzar este objetivo, debemos empezar por la educación. La labor educativa puede dividirse también en tres aspectos: la educación intelectual, la moral (temple del carácter) y la estética (la sentimental). Por ejemplo, una secta del budismo y la antigua escuela estoica de Grecia y Roma abogan por moderar los sentimientos de los hombres para canalizar su atención y sus energías exclusivamente hacia el temple del carácter. En cambio, en la época moderna, Herbert Spencer hizo hincapié solamente en la enseñanza de las ciencias. Aunque todos ellos trataban así de remediar los respectivos males de su tiempo, lo que preconizaban no era una educación integral. Una educación así, a mi modesto modo de ver, debe comprender las tres partes integrantes que voy a tratar a continuación, en líneas generales:

1. Educación intelectual   Quien quiere llegar a ser un hombre plenamente realizado, debe poseer conocimientos tanto en el ámbito interno como en el externo; la amplitud de sus conocimientos, desde luego, varían según la época y el lugar en que viva. Los conocimientos de los hombres antiguos ya resultan insuficientes para los hombres contemporáneos, como insuficientes son los conocimientos de la época de encierro nacional para una época de fecunda comunicación entre los diversos países del mundo. Los que viven en la época actual no pueden prescindir de los conocimientos necesarios para su tiempo. Los conocimientos se dividen en dos categorías: los teóricos y los prácticos. Desde el punto de vista del orden de su génesis, los conocimientos prácticos preceden generalmente a los teóricos. Sin embargo, estos últimos, una vez desarrollados, vienen a servir, a su vez, de base a los conocimientos prácticos. Ciencias como las matemáticas, la física, la química, la historia natural, etc. son conocimientos teóricos. Pero cuando se aplican los principios de la física y la química a la agricultura y la industria, los de la biología a la medicina, y los de las matemáticas a la topografía, los conocimientos pasan a ser prácticos. Es inherente a la naturaleza de los hombres la aspiración a poseer conocimientos teóricos, en tanto que los prácticos hacen falta a la sociedad para mantener la subsistencia de sus integrantes. De lo expuesto se infiere que la educación destinada a adquirir conocimientos es indispensable.

2. Educación moral   Ahora bien, los conocimientos solos, sin moral, no pueden asegurar el bienestar de los hombres ni la paz social, y quien esté en estas condiciones no podrá llegar a ser un hombre plenamente realizado. El sentido de la vida está en la acción de los hombres, y no en sus conocimientos. Por lo tanto, los sabios tanto de los tiempos antiguos como de la época contemporánea, tanto en China como en otros países, todos atribuyen mayor importancia a la educación moral que a la intelectual, y así se explica que la educación en todos los tiempos y en todas las latitudes tiene en la moral su centro neurálgico. El objetivo supremo de todos los hombres es crear una sociedad armoniosa de bienestar y felicidad, pero el bienestar es inseparable de la moral. Quien ama es amado; quien respeta es respetado. A quien procede en forma contraria también le sucede lo contrario. La relación entre la causa y el efecto es tan inmediata como entre un objeto y su sombra, entre el toque de un instrumento musical y el sonido. El efecto tiene que producirse indefectiblemente. En el libro *Documentos de los Antepasados* se dice: "Saldrá bien parado el que procede conforme a la razón, y mal parado el que va en sentido opuesto a ella". Los sabios de la Grecia antigua abogaban por la integración de la felicidad con la moral, teoría ésta que es ya reconocida como una verdad universal, independientemente de los tiempos y lugares en que se viva. La moralidad tiene origen en la conciencia, en el fuero interno del hombre, y no es algo impuesto por una fuerza externa. Generalizar y desarrollar la moral es una de las tareas de la educación.

3. Educación estética   Todo el mundo conoce la importancia de la educación moral y la intelectual. En cuanto a la educación estética, es necesario dar una breve explicación. Todos los hombres obran al dictado de los intereses personales. Pero lo bello les hace olvidar sus intereses personales para llegar a un estado sublime de sentimientos puros, que es una satisfacción de máxima pureza. Cuando Confucio se refería a la firmeza de carácter, opinaba que ésta se conseguía con el desarrollo de la vocación por la poesía y la música. Los griegos antiguos tomaban la música como una disciplina independiente, y los sabios occidentales de nuestra época también reconocen la importancia de la educación estética. No proceden al azar ni los unos ni los otros. En resumen, la educación estética desarrolla por una parte los sentimientos para llevarlos a un estado de perfección y nobleza; por la otra, sirve como un medio para llevar a cabo la educación moral y la intelectual. Es algo que no deben los educadores pasar por alto.

Sin embargo, la inteligencia, los sentimientos y la firmeza de carácter no son independientes unos de otros, sino que ejercen influencia recíproca. Pongamos un ejemplo: cuando uno empieza a acometer una empresa, es la inteligencia la que

le hace saber que se trata de su deber, y es la firmeza de carácter la que lo inclina a llevarla a cabo. Antes de acometer semejante empresa, se detiene en la consideración de los placeres o sufrimientos que ella conlleva, y aquí lo que está en juego son los sentimientos. Así, los tres elementos están inseparablemente vinculados entre sí. Por lo tanto en la educación no se debe separar tajantemente estos tres aspectos. Hay disciplinas que abarcan tanto la educación moral como la intelectual; otras que contemplan la educación estética y la moral, y otras más que atienden a todos los tres aspectos. El desarrollo de los tres aspectos de la educación lo acerca gradualmente a uno a los ideales de lo verdadero, lo bueno y lo bello. Esto, sumado al entrenamiento físico, crea un hombre plenamente realizado. Así se cumplirá el objetivo de la educación.

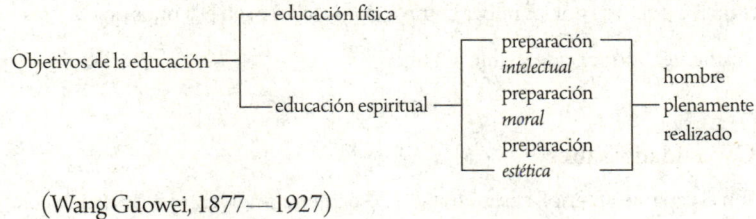

Objetivos de la educación
 ├─ educación física ─── preparación *intelectual* ─┐
 │   preparación *moral*   ├─ hombre plenamente realizado
 └─ educación espiritual ── preparación *estética* ─┘

(Wang Guowei, 1877—1927)

Desde el punto de vista de la división de la educación en tres aspectos, veremos que a la educación física le corresponde la preparación cívico-militar, a la educación intelectual, la enseñanza sobre las cosas útiles, y con la educación moral colindan la preparación cívico-moral y la educación estética. La concepción del mundo, en fin, abarca todos los tres aspectos. (Cai Yuanpei, 1868—1940)

Por formación de una personalidad sana y completa entendemos una educación en cuatro aspectos: la educación física, la intelectual, la moral y la estética.

Los cuatro aspectos son igualmente importantes sin que se deba pasar por alto ni uno solo. (Ibíd.)

Nuestra política educacional debe estar orientada a lograr que todos aquellos que reciben educación se desarrollen moral, intelectual y físicamente y se conviertan en trabajadores que tengan conciencia socialista y sean cultos. (Mao Zedong, 1893—1976)

325

Tanto los intelectuales como los jóvenes estudiantes deben estudiar con ahínco. A la par que estudian sus especialidades, tienen que progresar ideológica y políticamente, y para eso deben estudiar el marxismo y los problemas políticos de la actualidad. No tener una correcta concepción política equivale a no tener alma. (Ibíd.)

La relación entre conciencia socialista y preparación profesional, entre política y conocimientos especializados, constituye una unidad de contrarios. Es necesario criticar la tendencia al apoliticismo. Debemos oponernos tanto a que se haga de la gente meros políticos por las nubes como a que se formen en ella unos practicistas políticamente desorientados. (Ibíd.)

IV. Capacidad y saber

En el capítulo anterior, hemos tratado de la interrelación entre el desarrollo de la inteligencia y un factor que le es externo, o sea, la "moral". Otro problema que la gente ha venido estudiando desde hace mucho tiempo es el de la relación entre dos aspectos internos de la inteligencia, el saber y la capacidad (o las facultades). En términos generales, cuanto más rico es el caudal de conocimientos del hombre, tanto más contribuye al incremento de su capacidad y, de rebote, mientras más fuerte es su capacidad, tanto más eficazmente puede el hombre asimilar conocimientos y hacer valer su fuerza. Desde luego, saber no es capacidad ni capacidad es saber en sí misma. La capacidad se manifiesta en la acción dinámica de adquirir conocimientos y aplicarlos a la práctica. En síntesis, el saber y la capacidad no son simplemente proporcionales entre sí. Saber mucho no significa necesariamente tener gran capacidad. En los tiempos antiguos, algunos comentaristas de historia y críticos de literatura de China, se dieron cuenta de la interrelación dialéctica de unidad y contradicción entre la capacidad y el saber. Liu Zhiji (661—721) dijo: "El hombre, que sabe mucho pero que carece de capacidad es como quien posee una gran fortuna pero no sabe administrarla; en cambio, el que posee capacidad pero carece de conocimientos es como un carpintero con excelentísmo talento pero que no tiene cuchilla ni hacha, y por eso no le es posible construir edificios"; Yuan Mei (1716—1797) echó mano de la siguiente metáfora: El saber es como el arco, la capacidad, como la flecha, y el discernimiento sirve para controlar bien el lanzamiento y asegurar la puntería. De lo expuesto se infiere que nuestros antepasados ya sabían que un hombre talentoso y útil no sólo debe poseer conocimientos concretos, sino también una capacidad bien desarrollada. El hombre sólo puede lograr éxitos muy relevantes desarrollándose simultáneamente en los tres terrenos: la capacidad, el saber y el discernimiento. Esta clase de gente será más útil que aquellos pedantes aferrados mecánicamente a los conocimientos rígidos. He aquí lo que sugiere un antiguo dicho chino que reza: "Dar pescado a una persona sólo basta para satisfacerle la necesidad de una comida; enseñarle el arte de pescar significa brindarle un provecho inagotable por toda su vida". Xu Guangqi, hombre de ciencias que vivió durante la dinastía Ming, dijo en forma metafórica: "Para el adiestramiento de una bordadora, no sólo hay que facilitarle los diseños ya hechos con el dibujo de una pareja de patos mandarines, sino también enseñarla a manejar y hasta a confeccionar la aguja, hecho lo cual le será facilísimo bordar cuantos patos mandarines se quiera". La tarea de la educación reside en formar personas sanas y bien capacitadas, no sólo dándoles pescado para comer, sino también enseñándoles el arte de pescar; no sólo ofreciéndoles excelentes objetos de artesanía artística, sino también enseñándoles los métodos para producir estos objetos artesanales, y no sólo dándoles oro sino también enseñándoles el arte de "alquimia".

En nuestros tiempos, a medida que se desarrollan a ritmos impetuosos las fuerzas productivas y la ciencia y tecnología,se presenta una nueva situación caracterizada por la "explosión de los conocimientos" y el incremento vertiginoso de la proporción de los conocimientos anticuados, los nuevos conocimientos aparecen con una rapidez nunca vista en todos los campos. Según las estadísticas, actualmente en el mundo entero se dan a conocer más de cinco millones de tratados científicos por año y se publica un promedio diario de 13 mil a 14 mil tratados que contienen nuevos conocimientos. Esto, sin contar las diversas teorías científicas clásicas y la experiencia pasada de todo tipo. El océano del saber es realmente "infinito". Es absolutamente imposible que una persona tenga presente la suma total de los nuevos conocimientos de su profesión, ni aun de una pequeña rama de la misma. Sólo poseyendo una capacidad relativamente fuerte podrá dominar los nuevos conocimientos, utilizarlos, crear otros más y trabajar con sobrante destreza y maestría en esta nueva era de "explosión intelectual". El método didáctico de impartir unilateralmente conocimientos en detrimento del cultivo de la capacidad está en desacuerdo, a todas luces, con las exigencias formuladas por la época. El camarada Mao Zedong señaló que hay que "concentrar todas las energías en la cultivación de la capacidad de analizar y resolver los problemas". Este es un axioma de validez

327

universal para la educación y da particularmente en el clavo en la nueva situación contemporánea.

Confucio dice: "Para realizar bien su trabajo, un carpintero debe comenzar por afilar sus herramientas. ..." (*Analectas*)

Confucio dice: "¿Para qué vale el que, habiéndose aprendido de memoria los trescientos poemas del *Libro de las Odas*, no sabe cumplir las tareas políticas que se le confían ni sostener negociaciones dipiomáticas en una misión a otro Estado, por más que haya leído?" (Ibíd.)

Mencio dice: "Un carpintero sabe fabricar las ruedas del coche o el coche mismo y puede enseñar a otros las medidas y normas requeridas para la fabricación del coche, pero no puede hacer que otros posean su alta destreza y dominen sus métodos". (*Mencio*) (Aquí Mencio señala que el dominio de los métodos y la cultivación de la capacidad dependen especialmente de la propia búsqueda en el trabajo y no de la transmisión por parte de los demás.)

La inteligencia es como la técnica, y la santidad, como la fuerza física. Cuando uno lanza una flecha a una distancia de cien pasos, el que la flecha salve la distancia y llegue es resultado de la fuerza física, y el que acierte al blanco ya no se debe a la fuerza física sino a la destreza. (Ibíd.)

Por lo tanto, los que saben enseñar, enseñan los métodos para adquirir conocimientos. (Guan Zhong, ¿?—645 a. de J. C.)

Es indispensable la tranquilidad y calma en el estudio. El poseer capacidad presupone la necesidad de estudiar. El que no estudia, no puede llegar a ser talentoso en múltiples aspectos. El que no toma la resolución de estudiar, no podrá lograr éxitos. (Zhuge Liang, 181—234)

Zheng Weizhong, titular del Ministerio de los Ritos, me preguntó a mí: "¿Por qué desde los tiempos antiguos hasta hoy día han sido muchos los expertos en literatura pero muy pocos en historia?" Yo le respondí: "El experto en historia debe reunir tres puntos fuertes, que en el mundo no hay nadie que reúna, y por eso, hay muy pocos expertos en esa materia. Los tres puntos fuertes son capacidad, saber y discernimiento. Los que son de gran erudición pero sin capacidad se asemejan a aquellos tontos que poseen más de diez mil hectáreas de tierras fértiles y muchas cajas llenas de oro pero que no saben administrar sus negocios y por tanto no podrán obtener, al fin y al cabo, ninguna ganancia por ello. El que tiene capacidad pero carece de erudición, se parece a aquel carpintero que es tan capaz de manejar el hacha como el célebre Gongshu Ban[1] pero que no tienen maderas ni hachas, razón por la cual no están en condiciones de construir finalmente las casas ..." (Liu Zhiji, 661—721)

Un poeta antiguo dice: "Los patos mandarines bordados los puede Ud. mirar a su gusto, pero las agujas de bordadora no se las mostraré nunca". Otra cosa totalmente distinta es la geometría de que hablamos ahora. Bien podríamos parafrasear en sentido contrario: "Mire Ud. a su gusto las agujas, pero no le mostraré nunca los patos mandarines que he bordado". Libros como el nuestro (*Fundamentos de Geometría*) no sólo enseñan a la gente el manejo de las agujas de bordar, sino que se lo enseñan todo sin rodeos: explotar minas, fundir hierro y sacar alambres para fabricar las agujas; también le enseñan a cultivar moreras, criar gusanos de seda, conseguir hilos de seda y teñirlos. Si hay personas capaces de realizar tales trabajos, poco esfuerzo costará el obtener patos mandarines dados. (Xu Guangqi, 1562—1633) (Aquí Xu Guangqi pone énfasis en la importancia del desarrollo

329

---

1 Gongshu Ban: maestro carpintero del principado Lu en el Período de la Primavera y del Otoño (722—481 a. de J. C.).

de la inteligencia. Considera que no sólo hay que enseñar a la gente a adquirir conocimientos sobre cosas ya existentes, sino también a dominar la metodología científica y cultivar la capacidad de reflexión y discernimiento.)

Las matemáticas se asemejan a las herramientas del obrero y son indispensables para los cálculos del calendario y la música. Además, tienen mucho que ver con todas las ramas, tales como la construcción de edificios, la fabricación de instrumentos, etc. Si uno no comprende claramente las matemáticas, no le será fácil estudiar otras ciencias. (Ibíd.) (Xu Guangqi considera que sólo dominando las matemáticas puede uno tener la capacidad para la investigación científica y el práctico trabajo técnico).

El sistema del príncipe Zhou[1] reside en enseñar a la gente el *Libro de los Ritos*, *Libro de las Músicas* en la primavera y el otoño; el *Libro de las Odas*, los *Documentos de los antepasados* en el invierno y el verano. No es posible renunciar a toda lectura. Sin embargo, los antiguos leían con el fin de dominar. Por ejemplo, leían las partituras para cítara con el fin de aprender a tocar la cítara; leían el *Libro de los Ritos* con el fin de aprender las ceremonias y los ritos. Las lecturas extensivas servían para dominar los seis "Elementos"[2], las seis "Normas de Conducta"[3] y las seis "Artes"[4] de los tiempos antiguos. (Yan Yuan, 1635—1704)

El saber se asemeja al arco y la capacidad, a la flecha. El discernimiento sirve para controlar bien el lanzamiento de la flecha y asegurar la puntería. (Yuan Mei, 1716—1797)

---

1 Príncipe Zhou, un regente de la dinastía Zhou, quien, según la tradición, fue autor de gran parte de los reglamentos institucionales de la dinastía.
2 Los seis Elementos son agua, fuego, metal, madera, tierra y cereales.
3 Las seis Normas de Conducta son piedad filial, amor fraternal, concordia, amor matrimonial, lealtad y compasión.
4 Las seis Artes son ritos, música, tiro al arco, conducción del vehículo, caligrafía y cálculo; y también se refieren a los seis libros clásicos o canónicos: el *Libro de las Odas, Documentos de los antepasados, Libro de los Cambios, Libro de los Ritos, Primavera y Otoño*, y el *Libro de las músicas*. El contenido de la enseñanza en las escuelas antiguas abarcaba también las seis "Artes", a saber, ritos, música, tiro al arco, conducción de vehículos, caligrafía y cálculo.

El que tiene capacidad debe estudiar todavía. Lo más valioso que hay en el estudio es el incremento de la capacidad de discernimiento. Si uno tiene capacidad pero no estudia, su inteligencia será restringida. Quien tiene una inteligencia restringida y carece de discernimiento, no es una persona capaz. (Zhang Xuecheng, 1738—1801)

De los tres elementos: la capacidad, el saber y el discernimiento, no es fácil poseer uno y es aún más difícil adquirir todos. ... Para los anales de historia, lo más precioso es la justicia. Su base son los hechos reales y su forma de expresión son los textos. Mencio decía: "Los hechos anotados en la historia no son más que episodios como las biografías de los soberanos Qi Huan Gong y Jin Wen Gong. El estilo que se usa al escribir es el estilo del historiador (Estilo empleado en el *Libro de las Odas* para encomiar a los buenos y repudiar a los malos)". El mismo Confucio decía: "Yo he utilizado este estilo en mis *Anales de Primavera y Otoño*". Los que carecen de discernimiento no están en condiciones de juzgar qué es justicia y qué no. Los que carecen de capacidad, no pueden escribir con un excelente estilo y los que carecen de saber, no saben sintetizar les hechos. (Ibíd.)

A mi modo de ver, un buen profesor no enseña libros, ni tampoco enseña a los estudiantes, sino que les enseñan a aprender. ... Ante un problema, el profesor no debe dar a los estudiantes una solución ya existente, sino dejar bien programada una sucesión de procedimientos que conduzcan al descubrimiento de esa solución y luego orientarles para que ellos mismos, a la mayor brevedad posible y pasando por experiencias similares, lleguen a los mismos resultados ideales. Sólo así estarán los estudiantes en condiciones de indagar el origen de los conocimientos, buscar su resultado final y encontrar un manantial inagotable para investigar todas las verdades de nuestro mundo. He aquí a lo que se refería Mencio cuando hablaba de "obtenerlo por su propia cuenta", lo que equivale a la "propia iniciativa", que exaltan hoy día los pedagogos. (Tao Xingzhi, 1891—1946)

Según se dice, en una universidad hay un estudiante que nunca toma apuntes en tiempos ordinarios y sólo se saca un 3.5 o un 4 de calificación en los exámenes. Sin embargo, su tesis de graduación alcanza el más alto nivel en su curso. El que en la escuela se saca un sobresaliente en todas las asignaturas de la carrera no se lo sacará necesariamente en el trabajo ... No se debe poner demasiada importancia en las notas obtenidas en el examen, sino concentrar todas las energías en la cultivación de la capacidad de analizar y resolver los problemas. No hay que pisarle los talones al profesor en lugar de desplegar la propia iniciativa. (Mao Zedong, 1893—1976)

V. Función de las propiedades fisiológicas en la formación de la inteligencia

La inteligencia es distinta de los conocimientos. Estos últimos son todos adquiridos *a posteriori*, en tanto que la inteligencia, como aptitud para adquirir conocimientos y utilizarlos, está condicionada a los factores innatos del individuo. Estos factores innatos corresponden a los órganos de los sentidos y a los órganos mentales. Se trata de algo material y fisiológico, una premisa natural para la formación de la inteligencia y que brinda posibilidades para su desarrollo. La fisiología contemporánea demuestra que el cerebro del hombre está integrado por 15 mil millones de neuronas, cada una de las cuales puede recibir miles de datos distintos de información. Según los expertos, en el cerebro de un hombre hay cabida para cien mil millones de datos. En la actualidad, los seres humanos sólo utilizan del 10 al 20 por ciento de su potencialidad mental. Por lo tanto, son sumamente grandes las posibilidades fisiológicas de los seres humanos para el desarrollo de su inteligencia. De la función de los factores fisiológicos en la formación de la inteligencia ya tuvieron nuestros antepasados cierta idea rudimentaria. Mozi (¿468?—376 a. de J. C.), pensador de la época de los Reinos Combatientes, dice: "El saber depende del organismo", considerando así la inteligencia como propiedad del organismo humano. Después de él, Mencio (372—289 a. de J. C.) señaló que el pensamiento es una función característica de un órgano mental del hombre llamado "corazón" cuando decía: "los oídos y los ojos no tienen la función de pensar, ... el corazón sí". Xun Kuang (¿313?—238 a. de J. C.) formuló el concepto de "elementos naturales" considerando como tales los órganos de los sentidos del hombre como

333

los oídos, los ojos, etc., y viendo en ellos la base material sobre la cual el hombre puede conocer el mundo y formar su inteligencia.

Por supuesto, debido a las limitaciones de su época, algunos filósofos chinos de los tiempos antiguos incurrían a menudo en una concepción mística al valorar la función de los factores innatos del hombre en la formación de su inteligencia. Por ejemplo, Confucio, fundador de la escuela que lleva su hombre, aunque ponía el acento en la necesidad de "llegar a saber aprendiendo", inventó, con todo, un tipo abstracto de "hombres santos" que "nacen sabiendo" para que la gente les rindiera culto y adoración. Más tarde, Mencio desarrolló este concepto sosteniendo que hay "capacidad natural" "adquirida sin necesidad de estudio" y "ciencia innata adquirida sin acción mental". Este es evidentemente un punto de vista erróneo que debe ser rechazado. Xun Kuang, por su parte, hizo una interpretación más cercana a una definición científica, una interpretación materialista, de la función de los factores naturales del hombre en la formación de su inteligencia. Por una parte, confirmaba la función de los órganos de pensamiento del hombre en la formación de la inteligencia, señalando: "¿Cómo es que el hombre llega a saber?" Respondo: "Gracias a su corazón". Al mismo tiempo, consideraba que "la capacidad de conocer las cosas es propia del hombre y la posibilidad de ser conocidas es inherente a las cosas". "Valiéndose de su aptitud para conocer las cosas, el hombre busca sus leyes posibles de conocer". Esto quiere decir que sólo la unión entre el hombre, capaz de conocer, y la realidad objetiva, posible de conocer, es lo que engendra los conocimientos y da sabiduría. Esta es una interpretación materialista de la función de la capacidad subjetiva de conocimiento en la formación de la inteligencia. Más tarde, Wang Fuzhi (1619—1692) señaló en términos aún más precisos que el hombre posee las aptitudes naturales de sensación y pensamiento, pero que, para poner en pleno juego estas aptitudes, es necesario hacer esfuerzos, o sea: "Siendo el corazón un don natural para pensar, hay que ponerlo en pleno ejercicio antes de llegar a ser hombre inteligente". Con esto queda dilucidada la tesis de la necesidad de un desarrollo *a posteriori* de las aptitudes cognoscitivas innatas del hombre.

El saber depende del organismo. (Mozi, ¿468?—376 a. de J. C.)

Oír es función de los oídos, y captar el sentido a partir de lo que se oye es obra del corazón. (Ibíd.) (Los chinos antiguos creían equivocadamente que el corazón era un órgano de pensamiento.)

Los oídos y los ojos no tienen la función de pensar, ... el corazón sí. (Mencio, 372—289 a. de J. C.)

¿Cómo es que el hombre llega a saber? Gracias a su corazón. (Xun Kuang, ¿313?—238 a. de J. C.)

Es naturaleza del hombre ver con los ojos y oír con los oídos. Para ver con nitidez, no se puede prescindir de los ojos; para oír con claridad, no se puede prescindir de los oídos. La buena función visual y auditiva no es adquirible con el aprendizaje. (Ibíd.)(Xun Kuang señala aquí que los órganos de los sentidos, tales como los ojos, oídos, etc., constituyen la base material innata para conocer el mundo.)

La capacidad de conocer las cosas es propia del hombre y la posibilidad de ser conocidas es inherente a las cosas. (Ibíd.)

Lo que no puede ser aprendido y no depende del esfuerzo sino de los Cielos se llama naturaleza del hombre. Lo que puede ser aprendido y depende del esfuerzo es lo artificial y cultivable. (Ibíd.)

La naturaleza del hombre depende del organismo humano y lo artificial es el sistema bien articulado de reglas de ritualidad. Sin el organismo físico, las restricciones de las reglas rituales pierden objeto, y sin estas restricciones no puede perfeccionarse el organismo humano. Sólo mediante la combinación de éste con

aquéllas pueden formarse hombres santos y lograrse la unificación del país. (Ibíd.)
(El sistema de reglas rituales, mencionado aquí por Xun Kuang como método para
la formación de hombres de talento, y el tipo de personas que desean ser preparadas,
o sea, "hombres santos", están, por supuesto, enmarcados en la ideología feudal.
Pero este pasaje plantea una idea aceptable al señalar que los factores naturales sólo
pueden perfeccionarse a través de la educación y la preparación.)

La naturaleza del hombre ha de perderse si se separa de sus elementos naturales
inherentes. (Ibíd.)

Todo el mundo desea conocer las cosas, pero no se pregunta con qué
procedimiento conocerlas. Lo que se va a conocer es algo externo. Es con el corazón
con lo que se lo va a conocer. Entonces, ¿cómo se puede conocer las cosas si no se
cultiva como es debido el corazón? (*Guanzi*)

Las facultades visual, auditiva y de pensamiento son innatas. El movimiento,
la tranquilidad y la reflexión, en cambio, dependen de la voluntad del hombre. El
hombre ve valiéndose de su facultad visual, oye valiéndose de su facultad auditiva
y reflexiona valiéndose de su facultad de pensamiento ... Sin clara vista no se puede
distinguir el color blanco del negro, sin buenos oídos no se puede distinguir la
consonante insonora de la sonora. El trastorno de la función de la facultad de
pensamiento impide una clara distinción entre la ganancia y la pérdida. (Han Fei,
¿280?—233 a. de J.C.) (Han Fei considera aquí la capacidad cognoscitiva del
hombre como un atributo natural que depende de los órganos de los sentidos y
del pensamiento. La sensibilidad de estos órganos influye en la formación de la
inteligencia del hombre.)

La mente del hombre está lúcida si las cinco vísceras (corazón, hígado, bazo,
pulmones y riñones) no quedan lesionadas, y queda confusa si las vísceras adolecen de
alguna enfermedad, y entonces el hombre se volverá imbécil. (Wang Chong, 27—¿97?)

El pensamiento capaz de distinguir lo justo de lo erróneo se forma con el corazón como base, ... Si el corazón adolece de alguna enfermedad, el pensamiento quedará confuso, ... El corazón es la base del pensamiento. (Fan Zhen, ¿450?—510)

Lo más valioso que tiene el hombre es el órgano de pensamiento y éste es inseparable de los órganos de los sentidos. Durante la etapa inicial de su creación, la escritura era ideográfica e inseparable de los cinco sentidos. Se trataba, antes que nada, de una representación gráfica de los objetos. Empezaba por expresar los objetos y los hechos a través de sus imágenes porque bastaba un vistazo a su forma gráfica para comprender inmediatamente su significado. Los órganos de los sentidos se dividen en cinco clases con nombres distintos, pero, cuando se utilizan, funcionan simultáneamente. Si bien los caracteres nacieron a través de las "seis modalidades" (referencia a un hecho, referencia a la imagen, imitación fonética, combinación asociativa, sinonimia, y homofonía), un mismo carácter podía reunir todas las seis. Por ejemplo, las imágenes del sol y de la luna son las que dieron origen a los caracteres 日 y 月, cuya forma gráfica se entendía inmediatamente. (Fang Yizhi, 1611—1671)

Siendo la vista un don natural para ver, hay que ponerla en pleno ejercicio antes de llegar a ser hombre de clara visión. Siendo la audición un don natural para oír, hay que ponerla en pleno ejercicio antes de llegar a ser hombre de gran capacidad auditiva. Siendo el corazón un don natural para pensar, hay que ponerlo en pleno ejercicio antes de llegar a ser hombre inteligente ... La naturaleza es la que otorga al hombre la capacidad de conocer a fondo el mundo, pero, el pleno ejercicio de dicha capacidad depende de los esfuerzos del hombre. (Wang Fuzhi, 1619—1692)

Con tal que sepa cultivar sus propios dones naturales, el hombre excelso puede seguir recibiendo lo que otorga la naturaleza y desarrollándose constantemente aún a la edad de ochenta o noventa o incluso cien años. (Ibíd.)

El conocer las cosas es instinto de los órganos de los cinco sentidos y del pensamiento. Este instinto produce sus efectos entrando en contacto con las diversas cosas del mundo. Conociendo un hecho, se puede emitir un juicio. Sabiendo emitir un juicio, ya se puede razonar. De no entrar en contacto directo con los hechos, ni aun cuando se conozca su razón de ser, no se puede juzgar si algo es correcto ni realizar nada con éxito. La ignorancia de un niño recién nacido se debe a que aún no ha cobrado forma el vigor de su vida. La ignorancia de los tontos se debe a que no comprenden la razón de ser de las cosas. Las cosas objetivas son objeto del conocimiento sensorial. (Ibíd.)

Los animales sólo poseen instintos naturales y no pueden adquirir conocimiento ni capacidad a través del aprendizaje *a posteriori*. Como se hallan más cercanos a la naturaleza, se manifiestan sus instintos con mayor nitidez. Sin embargo, el hombre no sólo posee instintos innatos, sino también la capacidad de conocer y dominar las leyes objetivas. Cuanto más se aleja el hombre de sus instintos, tanto mayor es la función dominante de su capacidad de conocimiento y de su actividad consciente. (Ibíd.)

La naturaleza es el dador al dotar de vida al hombre y éste es el receptor al obtener de aquélla su carácter humano. La formación del carácter humano obedece a leyes de constante desarrollo. Antes de morir, el hombre siempre se halla en constante crecimiento. Este es el proceso por el cual cada día la naturaleza da vida al hombre y éste la recibe y forma su identidad. La formación del carácter del hombre está limitada en cierto modo durante la etapa inicial de su existencia. Pero en el proceso de su diario crecimiento y desarrollo, se enriquece y se desarrolla sin cesar. ¿Acaso no están considerando al hombre como una vasija de cerámica, que una vez moldeada, nunca más cambia, aquellos que afirman que el carácter del hombre es inmutable por haberse ya formado definitivamente en el estado fetal? (Ibíd.) (Wang Fuzhi señala aquí que el carácter del hombre es un don natural y una cualidad adquirida a la vez, que se halla en constante desarrollo y de ningún modo es inmutable una vez formado. Esta opinión sugiere que el hombre puede utilizar plenamente sus dones naturales y reforzar su cultivación *a posteriori* para superar su torpeza y lograr el desarrollo de su inteligencia.)

Hablando en términos generales, para escudriñar la naturaleza de las cosas es preciso poner en juego los órganos tanto del pensamiento como de los sentidos, poniendo el acento en aprender y en preguntar a los demás, y recurriendo a la propia reflexión y análisis como algo secundario. Lo que en estas condiciones se somete a la reflexión y análisis es lo que se ha adquirido aprendiendo y preguntando. En cambio, para adquirir la suma sabiduría, sólo se apela al órgano de pensamiento poniendo el acento en la reflexión y análisis y recurriendo al aprendizaje y a las preguntas a los demás como algo secundario. Todo lo que se aprende e interroga tiene que servir para resolver los problemas surgidos en el curso de la reflexión y análisis. (Ibíd.)

La unión entre los órganos de los sentidos del hombre, su actividad de pensamiento y las cosas objetivas, es lo que engendra el conocimiento. (Ibíd.)

Los oídos tienen capacidad auditiva; los ojos, capacidad visual y el corazón, la inteligencia. Están en condiciones de recibir las voces y ruidos y los colores de los miles y miles de objetos del mundo y estudiar su razón de ser. He aquí la capacidad que posee el hombre para conocer y actuar. Sólo se puede oír con claridad después de haber escuchado toda clase de voces y ruidos. Sólo se puede ver claro después de haber discernido los diversos colores. Los órganos del pensamiento sólo pueden adquirir conocimientos a través de la reflexión, sin la cual no se puede lograr nada. ¿Acaso se puede llamar "hombre que ha nacido sabiendo" y que lo comprende todo a quien echa un vistazo acá y otro allá, a modo de la luz fugaz de las luciérnagas, sin reflexionar con sus órganos del pensamiento? Si esto fuera cierto, entonces esos "hombres que han nacido sabiendo" serían, por paradójico que sea, inferiores a los animales. Por eso, no se puede llamar "piedad filial" a la intimidad de los cachorros con su madre. Esto no es más que una manifestación primitiva de su instinto, sin que ellos mismos sepan lo que están haciendo. Ahora, si afirmáramos que los hombres que "han nacido sabiendo" pueden estar dotados de conocimientos y capacidad sin haber pasado por el estudio, eso significaría que los cachorros son superiores a la gente corriente, y que ésta es superior a los señores que poseen virtud y sabiduría. (Ibíd.)

El que con los ojos mire uno claramente los colores de las cuatro direcciones sirve precisamente para reforzar su facultad visual. ... El que con los oídos escuche uno bien los ruidos de las cuatro direcciones sirve precisamente para reforzar su facultad auditiva. (Yan Yuan, 1635—1704)

Los órganos de los sentidos: los oídos, los ojos, la nariz y la boca se parecen a los vasallos. El corazón, órgano del pensamiento, se parece al soberano. Los órganos sensoriales, como vasallos, presentan las percepciones al soberano —el órgano del pensamiento, para que éste juzgue a través del pensamiento si una cosa está bien o mal. (Dai Zhen, 1723—1777)

El corazón puede mandar los oídos, los ojos, la nariz y la boca, pero no puede substituirlos para lograr las sensaciones. (Ibíd.)

340 El pensar es la capacidad del corazón. El espíritu del hombre tiene sus momentos de obstrucción y congestionamiento. Cuando no hay obstrucción ni congestionamiento, se llega con una rapidez vertiginosa a comprender los problemas. Y ese espíritu es común a todos los animales, sin excepción alguna. (Ibíd.)

Los oídos tienen la facultad de distinguir las diversas voces y ruidos del mundo; los ojos, la de distinguir todos los colores del mundo; la nariz, la de distinguir los distintos olores del mundo; la boca, la de distinguir los distintos sabores del mundo; y el corazón, la de comprender todas las razones del mundo. Todos estos dones de inteligencia del hombre provienen de la naturaleza. Y es así como logra su realización. (Ibíd.)

VI. El papel de la adquisición *a posteriori* en la formación de la inteligencia

Las dotes naturales, si bien brindan la posibilidad para el desarrollo de la inteligencia, no pueden, sin embargo, determinar el rumbo ni el nivel alcanzable de este desarrollo. Como proceso dinámico, la inteligencia está sujeta a cambios, los cuales se operan en medio de la existencia social del hombre.

Al mismo tiempo que dejaban en pie el papel de las propiedades fisiológicas del hombre como premisa para la formación de la inteligencia, los pensadores de la China antigua ponían aún mayor énfasis en el papel decisivo de la "adquisición", esto es, de la influencia del ambiente y de la educación, sobre el desarrollo de la inteligencia. Muy interesante es el hecho de que a pesar de los prolongados y acalorados debates entre los pensadores de la China antigua en torno a la "bondad" o "maldad" de la naturaleza humana, tanto los de la escuela de Zi Si (483—402 a. de J. C.) y Mencio (372—289 a. de J. C.), que defendían la "bondad innata de la naturaleza humana", como Xun Kuang (¿313?—238 a. de J. C.), que sostenía lo contrario, así como los que consideraban la naturaleza humana como papel blanco, admitían inequívocamente la gran influencia del ambiente y de la educación sobre la formación del carácter y de la inteligencia del hombre. Esto debe ser considerado como un hecho muy valioso en la historia del pensamiento y en la de la educación en China. Por ejemplo, los adeptos de Mozi (otro nombre de Mo Di, ¿468?—376 a. de J. C.) consideran que "la naturaleza humana es como seda blanca" que sale azul de la tintura azul y amarilla de la tintura amarilla. Confucio, por su parte, formula la célebre tesis de que "los hombres son cercanos unos de otros por su naturaleza, sólo que los hábitos distintos los van alejando unos de otros" (*Analectas*). Para fundamentar su opinión sobre la fuerza de la influencia del ambiente, Mencio (372—289 a. de J. C.) señala que para que un nativo del estado de Chu llegue a hablar el dialecto de Qi, el mejor método es enviarlo a vivir unos cuantos años al estado de Qi. Xun Kuang (¿313?—238 a. de J. C.), por su parte, profundiza el tema señalando que es insignificante la diferencia de los dones innatos entre los hombres, pues "el carácter, la inteligencia y la capacidad son iguales en el hombre excelso que en el hombre mezquino", y las enormes diferencias de inteligencia y carácter que se notan entre los hombres se deben a la influencia del ambiente y de la educación *a posterioi*, igual que "el *erigeron acer* crece derecho sin necesidad de sostén si está rodeado de arbustos de cáñamo; la arena blanca mezclada con fango se vuelve tan negra como éste". Precisamente por la importancia que se atribuía a la influencia del ambiente, en China se venían aplicando desde tiempos antiguos principios pedagógicos tales como los de "escoger bien los vecinos", "seleccionar bien el lugar de residencia" y "acercarse a personas de erudición y virtud al viajar".

La verdad de que la formación y el desarrollo de la inteligencia humana de ningún modo son separables de la influencia del ambiente social y de la acción de la educación, la testimoniaron los filósofos chinos de la antigüedad empleando, entre otras cosas, el método de la contraprueba. Por ejemplo, Wang Tingxiang (1474—1544) señaló: "Si encerramos a un bebé en un cuarto aislado del mundo exterior tan pronto como nace y le dejamos salir cuando está crecido, no podrá distinguir ni entre un buey y un caballo, y entonces ¿de qué discernimiento podrá hablarse cuando se trata de los ritos y reglas de trato entre soberano y vasallo, padre e hijo, marido y mujer, mayor y menor, amigo y amigo? y ¿qué decir de los cambios sutiles de los millones de cosas y objetos del mundo, imposibles de adivinar por la simple razón?" Wang Anshi (1021—1086) hace notar en su famoso ensayo de

prosa "La lamentable suerte de Fang Zhongyong" que no hay por qué descansar tranquilamente sobre el "talento innato", pues un hombre de excelentes dotes naturales pero a quien "no se le deja aprender" puede degenerar en hombre de capacidad meramente corriente y "se perderá entre los del montón".

Además, según consta en la *Recolección de crónicas de la dinastía Song*, "Selección de talentos, IX", durante esa dinastía hubo una ocasión en que se seleccionó a más de cien niños prodigio, pero todos ellos, con excepción de Yang Yi (974—1020) y Yan Shu (991—1055), terminaron posteriormente relegados al olvido. Semejantes fenómenos de "dudoso éxito en edad madura después de brillantes muestras de talento en la infancia" se deben a que a los niños y adolescentes superdotados *a priori* no se les imparte una adecuada educación *a posteriori* o se les educa con métodos inapropiados, o a que la opinión pública les prodiga elogios excesivos, de modo que una excelente "materia prima" no recibe adecuado procesamiento ni rinde lo que podría. Casos como éstos evidencian la influencia decisiva de la adquisición *a posteriori* sobre el desarrollo de la inteligencia del hombre.

Es una valiosa opinión materialista la que subraya la procedencia de los conocimientos como fruto del ambiente y de la educación, pero, por otro lado, no debemos olvidar que "las circunstancias se hacen cambiar precisamente por los hombres y que el propio educador necesita ser educado. ... La coincidencia de la modificación de las circunstancias y de la actividad humana sólo puede concebirse y entenderse racionalmente como *práctica revolucionaria*". (Marx, "Tesis sobre Feuerbach", C. Marx y F. Engels, *Obras Escogidas* en dos tomos, Moscú, 1952, t. II pág. 377, ed. española) Es comprensible que este punto, que significa algo aún más profundo, no lo notaran con claridad nuestros antiguos sabios.

———————————————————

Darle de beber y de comer e impartirle educación y enseñanza. (*Libro de las Odas*)

Confucio dice: "Los hombres son cercanos unos de otros por su naturaleza, sólo que los hábitos distintos los van alejando unos de otros". (*Analectas*)

Confucio dice: "Sólo conviene residir donde haya hombres virtuosos. ¿Cómo puede considerarse inteligente al que no sabe escoger como residencia un lugar donde haya hombres virtuosos?" (Ibíd.)

Zi Lu (discípulo de Confucio) viene a saludar a Confucio. Éste le pregunta: "¿Qué es lo que te gusta y te da placer?" La respuesta es: "Danzar con una espada larga". Confucio agrega: "No te preguntaba yo por ese lado. Sólo quería que te apoyaras en tus propias aptitudes y las reforzaras con el estudio, y entonces ¿quién podría competir contigo?" ... Zi Lu dice: "En el Monte del Sur hay una especie de bambú que de por sí es bien derecho, sin necesidad de que lo enderecen. Si se lo corta y se hace de su caña una flecha, ésta podrá perforar hasta el duro cuero de rinoceronte. A juzgar por ese ejemplo, ¿qué necesidad hay de estudiar?" Confucio dice: "Si se le agrega una cola con unas plumas y se le pone una punta bien afilada, ¿no va a perforar aún más hondo?" En esto Zi Lu hace una reverencia y le dice: "Tomaré lecciones de Vuestra Señoría con todo respeto". (*Pensamientos de Confucio*)

Al ver gente tiñendo seda, el maestro Mozi hace notar entre suspiros: "La seda sale azul de la tintura azul, y amarilla de la tintura amarilla. Su color cambia según cambie el de la tintura. Si se la mete en cinco tinturas, saldría teñida de cinco colores. De ahí la necesidad de mucha prudencia al teñir". (Mozi, ¿468?—376 a. de J. C.)

Mencio dice: "En otros tiempos fueron muy espesos los bosques del monte Niu. Pero por su ubicación en las inmediaciones de Linzi[1], capital del principado Qi, la gente solía ir hacha en mano a talar los árboles. De tal suerte, ¿acaso pudo mantenerse su frondosidad? No es que allí no broten tiernos retoños y tallos nuevos en respuesta a los favores del sol y la luna, de las lluvias y los rocíos, pero he aquí que luego pastan allí rodeos y rebaños, dejando pelado todo el páramo. Ahora bien, al verlo tan pelado e inhóspito, la gente cree que allí nunca hubo bosques. Pero ¿es ésta de por sí su naturaleza?" (Mencio, 372—289 a. de J. C.)

Mencio dice: "Se comprende esa falta de inteligencia del rey. Una planta, por mayor facilidad que tenga para crecer, no crecerá si se la expone al sol por un día y luego al frío por diez días. Ya son pocas las audiencias que el rey me concede, y en mi ausencia, lo que viene a rodearlo es como el frío glacial. Aunque tenga él retoños del bien, ¿qué puedo?" (Ibíd.)

Mencio pregunta a Dai Busheng[2]: "... Aquí tenemos un dignatario del estado

---

1 Linzi: ciudad antigua de China, hoy la parte noreste de la ciudad de Zibo, provincia de Shandong.
2 Dai Busheng: nativo del reino de Song durante el Período de los Reinos Combatientes (475—221 a. de J. C.).

de Chu que quiere que su hijo aprenda a hablar el dialecto de Qi. ¿Es mejor que lo enseñe un hombre de Qi o uno de Chu?" El otro responde: "De Qi". Mencio dice: "Cuando le enseña un solo hombre de Qi mientras que diariamente le machacan los oídos tantos hombres de Chu en su propio dialecto, es imposible que llegue a aprender el dialecto de Qi aunque le den palmetazos todos los días. Si, en cambio, se le envía a un lugar entre las calles Zhuang y Yue de Linzi, capital de Qi, y se le deja allí no más por unos cuantos años, será imposible obligarlo a seguir hablando en su dialecto materno aunque le den palmetazos todos los días". (Ibíd.)

Mencio dice: "Tomemos por caso el cultivo de la cebada. Una vez echadas las semillas, se las cubre de tierra con rastrillo o grada. Siempre que el suelo sea igual y se siembre en la misma fecha, todas las semillas echarán brotes vigorosos y las plantas quedarán maduras por los días del solsticio de verano. Si hay diferencias, se deben a la distinta fertilidad del suelo, a la distinta cantidad de lluvia y a la distinta laboriosidad de quien cultiva. Se ve que todos los objetos de una misma especie son más o menos iguales. Entonces, ¿por qué poner en duda esta igualdad cuando se trata de los hombres? En efecto, los hombres santos y nosotros somos de la misma especie". (Ibíd.)

El que los bebés lleguen a hablar sin que se lo enseñe un excelente profesor se debe a su convivencia con gente que habla. (Zhuang Zhou, 369—286 a. de J. C.)

Si tomamos un palo de absoluta derechura y lo curvamos para hacer una rueda, el círculo será también tan absoluto como uno descrito por el compás, y el palo no volverá a enderezarse después de haberse secado. Esto se debe al esfuerzo humano en curvarlo. (Xun Kuang, ¿313?—238 a. de J. C.)

El *erigeron acer* crece derecho sin necesidad de sostén si está rodeado de arbustos de cáñamo; la arena blanca mezclada con fango se vuelve tan negra como éste. La raíz de la sófora es una hierba aromática que se llama angélica. Pero si se la sumerge en agua fétida, se le huirá el hombre excelso, ni se la pondrá encima el vulgo como adorno. No es que su naturaleza sea mala. Está fétida porque lo está el agua en que se la sumergió. Por tanto, al escoger su lugar de residencia, el hombre excelso debe seleccionar bien los vecinos y, al viajar, debe acercarse a personas de erudición y virtud. (Ibíd.)

Todos los niños, tanto del estado de Gan como del de Yue[1], tanto de la raza Yi como de la raza Mo[2], nacen llorando con el mismo llanto, pero una vez crecidos difieren unos de otros en sus hábitos y costumbres, cosa que se debe a la educación que han recibido *a posteriori*. (Ibíd.)

Uno puede llegar a ser un Yao o un Yu lo mismo que un Jie o un Zhi[3]; puede llegar a ser lo mismo artesano que labrador o comerciante, dependiendo todo de las circunstancias, del comportamiento personal y de los efectos acumulados de los hábitos de la sociedad. (Ibíd.) (Xun Kuang enfatiza aquí la enorme influencia del ambiente y de los hábitos y costumbres sobre el desarrollo de la inteligencia y la conducta del hombre.)

Los hábitos y costumbres son capaces de modificar la vocación y su larga influencia terminará por cambiar la naturaleza humana. (Ibíd.)

346

La gente de Chu lo es por residir en Chu, la gente de Yue lo es por residir en Yue, y la gente de Xia lo es por residir en Xia. No es que así sea su respectiva naturaleza, sino que es obra de una prolongada observación e imitación. (Ibíd.)

Un hombre ordinario no debe obrar sin prudencia al escoger sus amigos, pues lo que cuenta entre amigos es ayudarse mutuamente. (Ibíd.)

---

1 Gan y Yue: dos principados del Período de la Primavera y del Otoño (722—481 a. de J. C.).
2 Yi y Mo: dos minorías nacionales de China del Período de la Primavera y del Otoño (722—481 a. de J. C.), que vivían entonces en las Planicies Centrales.
3 Los dos primeros son soberanos benévolos legendarios de la China antigua, el tercero, un tirano, y el cuarto, un rebelde. — *Nota del Trad.*

Si exigiéramos una flecha hecha de un palo de por sí absolutamente derecho, no tendríamos flecha alguna ni en el transcurso de cien generaciones. Si esperáramos un trozo de madera de por sí en forma absolutamente circular, no tendríamos rueda alguna ni en el transcurso de mil generaciones. Así que ni en cien generaciones se encuentra un palo de por sí absolutamente derecho ni un trozo de madera de por sí absolutamente circular, pero ¿cómo es que tan frecuentemente viaja la gente en carro y caza animales con arco y flecha? Aquí interviene la operación de enderezamiento y de curvatura. Aun en el supuesto de que haya un palo de por sí derecho o un trozo de madera circular sin necesidad de semejante operación, no es ningún tesoro a los ojos de un diestro carpintero. ¿Por qué? Porque no viaja en carro una sola persona ni es una sola la flecha que se dispara. (Han Fei, ¿280?—233 a. de J. C.)

Los de la tribu Rong nacen y crecen en el Oeste y aprenden sin querer el idioma de Rong. Los del estado de Chu nacen y crecen en Chu y aprenden sin querer el dialecto de Chu. Ahora bien, si una persona de Chu naciera en el Oeste y otra de Rong naciera en Chu, entonces el primero hablaría el idioma de Rong, y el segundo, el dialecto de Chu. (*Lü Shi Chun Qiu*)

Supongamos que un hombre nace en un lugar remoto y poco civilizado, en la choza de una familia pobre, queda húerfano de padres desde niño y no tiene hermanos, nunca ha tenido contacto alguno con los ritos ni nada semejante ni ha oído jamás hablar de los ejemplos de los antiguos hombres santos y sabios, sino que vive solo y encerrado en una pequeña habitación sin salir nunca, entonces aun suponiendo que no sea estúpido por sus dotes naturales, será sin duda muy poco lo que sabe. (*Huainanzi*)

Lo que pasa ahora es que el pueblo es bueno por su naturaleza, pero que aún no está despierto, como ocurre con un hombre que tiene los ojos cerrados sin abrirlos aún para ver las cosas. Y todo quedará bien al impartirle educación. Mientras permanezca sin despertar, sólo cabe decir que tiene naturaleza buena pero aún no es bueno. Esto es igual a lo de los ojos cerrados y que no se han abierto todavía. (Dong Zhongshu, 179 — 104 a. de J. C.)

El fruto vegetal sin hueso se llama "yù". La madera sin haber sido trabajada se llama "pŭ". El funcionario civil que no ha estudiado los clásicos del confucianismo carece de una base ideológica. ¿Con qué se podría comparar a un hombre así, que no ha estudiado? La operación de labrar un objeto de hueso se llama "qiē"; la de hacerlo con uno de marfil, "cuō"; la de hacerlo con uno de jade, "zhuó", y la de hacerlo con uno de piedra, "mó". Un objeto de valor sólo sale listo después de semejantes operaciones. La erudición, los conocimientos y la capacidad del hombre llegan a formarse de manera idéntica como los objetos de hueso, marfil, jade y piedra llegan a confeccionarse al cabo de las operaciones de "qiē", "cuō", "zhuó" y "mó". (Wang Chong, 27—¿97?)

A los seres humanos se les educa para producir en ellos cambios. (Ibíd.)

Por buena que sea la naturaleza humana, su realización es obra de la educación; por mala que sea la misma, su eliminación depende de la acción de la ley. (Xun Yue, 148—209)

El mal olor del pescado salado pasa inadvertido para quienes lo venden: la gente de las tribus de las regiones periféricas no encuentra extraña su propia dieta; todo esto se debe a los hábitos y costumbres de la vida cotidiana. ¿Quién se percata de nada extraño cuando vive rodeado de estos hábitos viéndolo todo así desde siempre? ¿Qué tiene esto de distinto de la insensibilidad del insecto al sabor dulce del duraznillo que le sirve de albergue? (Zhong Changtong, 180—220)

Fang Zhongyong, nativo de la región de Jinxi, pertenece a una familia de labradores de generación en generación. A los cinco años de edad, Zhongyong, que nunca había visto ni libros ni pinceles ni papeles ni tinta, rompió de repente a llorar clamando por estas cosas. Su padre, muy intrigado, las tomó prestadas a un vecino y con gran asombro vio cómo su hijo dejó escritos en el acto cuatro versos y puso su propia firma. El contenido de los versos se refería a la piedad filial y a la buena vecindad. Su composición poética fue mostrada a los eruditos de la aldea. Desde entonces, siempre que se le señalaba el tema, un poema quedaba escrito en el acto, con interesante estilo y mensaje. La gente de todo el distrito consideró que no era un niño del montón, y comenzó a portarse con cortesía con su padre, e incluso hubo quienes pagaron lo que el niño escribía. Su padre, atraído por el dinero, lo llevaba de la mano todos los días a visitar a las personas importantes del distrito, sin facilitarle ocasión de estudio.

Hace mucho que oí hablar del hecho. Durante los años del reinado del emperador Renzong, acompañando a mi padre, q.e.p.d., en un viaje a casa, tuve ocasión de conocer a Zhongyong al pasar por casa de mi tío. Entonces tenía él doce o trece años y ya era bastante distinto de lo que habían dicho de él. Pasaron otros siete años. En un viaje de regreso procedente de Yangzhou, otra vez pasé por casa de mi tío y aproveché para preguntar por Zhongyong. "Ya es un hombre de lo más corriente", me contestó. Esto hace acudirme a la mente la siguiente reflexión: Fue una dote natural la lucidez de Zhongyong. Sus cualidades innatas aventajaban en mucho las de gentes de condiciones ya bastante buenas. Pero acabó siendo un hombre de lo más corriente, porque le faltó una formación *a posteriori*. Si un hombre de dotes naturales tan excelentes como él pero que carece de formación *a posteriori* puede convertirse en un hombre corriente, ¿acaso puede un hombre de por sí corriente y sin buenas dotes naturales permanecer como tal si renuncia al estudio? (Wang Anshi, 1021—1086)

Si encerramos a un bebé en un cuarto aislado del mundo exterior tan pronto como nace y le dejamos salir cuando está crecido, no podrá distinguir ni entre un buey y un caballo, y entonces ¿de qué discernimiento podrá hablarse cuando se trata de los ritos y reglas de trato entre soberano y vasallo, padre e hijo, marido y mujer,

349

mayor y menor, amigo y amigo? y ¿qué decir de los cambios sutiles de los millones de cosas y objetos del mundo, imposibles de adivinar por la simple razón? (Wang Tingxiang, 1474—1544)

La naturaleza humana es producto de la adquisición, y es por eso que los hombres santos enseñan y dan el ejemplo. (Ibíd.)

Las tribus bárbaras lo son por las limitaciones geográficas y de hábitos y costumbres. Si les hubiera llegado la doctrina de los hombres santos, ¿qué diferencia tendrían con nosotros? (Ibíd.)

Un mismo *mu* de tierra puede, o bien utilizarse para cultivar cereales, o bien permancer baldío y cubierto de malezas; un cántaro de agua puede usarse, o bien para lavarle a uno los cabellos, o bien para irrigar la tierra. (Wang Fuzhi, 1619—1692) (Wang Fuzhi señala aquí con metáforas la plasticidad de la naturaleza del hombre y el efecto que ejerce sobre ella lo adquirido *a posteriori*.)

Según sea la adquisición por efecto del ambiente, así se forma la naturaleza del hombre, y según cambie la primera, así cambia la segunda. (Ibíd.)

La naturaleza humana, como fenómeno fisiológico, se desarrolla y se forma en medio de lo que va surgiendo y plasmándose diariamente. (Ibíd.)

Lo que aún no está formado, puede formarse, y lo que ya lo está, puede cambiar. ¿Cómo puede la naturaleza humana permanecer inmutable una vez formada? Por tanto, al cultivar su propia naturaleza, el hombre excelso siempre se acomoda a las circunstancias para conducir las cosas, pero tampoco las deja a su curso espontáneo, lo que quiere decir que al seleccionar lo bueno, hay que buscar lo mejor de lo mejor, y que al defender lo justo, hay que mantenerse libre de toda vacilación, en lugar de relajarse y dejarse llevar por las comodidades y los placeres. (Ibíd.)

Mientras que Mencio habla de la bondad de la naturaleza humana, Confucio habla de su variación por adquisición. Si la naturaleza humana se encuadra en la acción de los Cielos, su posterior variación por adquisición ya es obra del hombre. Todos los veinte capítulos de *Analectas* versan sobre la variación, y es por esto que alguien (Zi Lu, discípulo de Confucio) dice: "Nunca le (a Confucio) oímos nada acerca de la naturaleza humana o de la obra de los Cielos". Así, pues, (es inútil), habiendo perdido (la ocasión para) el estudio, recurrir a las dotes naturales como compensación, pues si ni los hombres con excelentes dotes naturales logran resarcir las pérdidas de su estudio, ¿qué decir de aquéllos en quienes apenas se notan dotes? (Ibíd.)

En el estudio, el hombre retrocede si no avanza, y difícilmente logra éxito si estudia solo, sin compañía. Permaneciendo largamente en un mismo lugar, se va acostumbrando sin querer a las cosas tales y como son ... Quedará como un ermitaño en constante meditación de cara a un muro si no sale afuera a hacer viajes ni lee libros. (Gu Yanwu, 1613—1682)

Toda planta, sea una flor o un árbol, por más que la favorezca la naturaleza con las lluvias, rocíos y otros obsequios, necesita ser cultivada si es que se quiere que sus raíces sean vigorosas y sus flores esplendorosas. En cierta ocación, mi padre. q.e.p.d., tuvo decenas de macetas de balsaminas colocadas en la escalinata de la terraza. Todos los días, al amanecer y a la caída de la tarde, les daba abono y las irrigaba, poniendo en su cultivo grandes cuidados. Cuando se abrieron, las flores presentaron un espectáculo tan maravilloso con su policromada y variada belleza que creo que nunca había visto nada tan fascinante. Sin embargo, como al año siguiente se aflojaron un poco los cuidados en su fertilización e irrigación, las flores se abrieron en menor número y presentaron una belleza que nada tenía de extraordinaria. Este ejemplo me hace pensar que algo semejante ocurre con el cultivo de los talentos humanos. Se me objetaría diciendo: "Suele encontrarse entre plena mata brava una solitaria flor bonita. ¿Acaso la ha cultivado alguien?" Yo respondería: "La flor puede abrirse aun sin ser cultivada si así es su propia naturaleza; pero si le sacuden el tallo vientos recios y le invaden las hojas los rigores del frío glacial, no creo que pueda abrirse con gallardía y fascinante belleza, aunque abrirse pueda". (Qian Yong, 1759—1884)

La distancia que separa a los hombres ... depende exclusivamente de lo que adquieran. (Kang Youwei, 1858—1927)

He oído decir a la gente de Occidente que los chinos que cursan allá estudios no desmerecen de los occidentales ni en capacidad ni en inteligencia. A los pocos años de estudios, son innumerables los que salen mejor aprobados de los exámenes. Se ve que las dotes naturales de los hombres son más o menos iguales. Pero ¿cómo se explica el hecho que acabo de mencionar? Mi respuesta es la siguiente: Todas las leyes que rigen el desarrollo de la historia tienen su principio original. Todos los fenómenos geométricos comienzan por el punto. La vida humana tiene como punto de partida el estudio en tierna edad. Tuve ocasión de visitar las primitivas escuelas rurales de mi tierra natal y entrar en contacto con sus maestros. Me sorprendió su ignorancia y superficialidad, su rudeza y espíritu cavernícola, su pedantería y desatino, su mezquindad y ruindad, y me huí de ellos. A mi regreso, me sentí muy preocupado y deprimido y pensé: nada tiene de extraño el que los incultos permanezcan toda la vida incultos. Más tarde, fui a otras comarcas, otros distritos y otras regiones y visité allí las escuelas rurales y hablé con sus maestros. En ellos noté igual ignorancia y superficialidad, rudeza y espíritu cavernícola, pedantería y desatino, mezquindad y ruindad, todo igual a lo que había notado. A mi regreso, me quedé con la boca abierta, perplejo e intrigado. ¡Cuántos, pensé, de los cuatrocientos millones de chinos no están viendo su talento, sus conocimientos, sus virtudes, su perspicacia, su vocación desgastados día tras día en manos de gente tan ignorante y superficial, tan ruda y cavernícola, tan pedante y desatinada, tan mezquina y ruin! De entre los millones de chinos, apenas si hay uno o dos que escapen a semejante suerte. (Liang Qichao, 1873—1929)

Mucho, pues, es lo que puede hacer el hombre, y la educación tiene como objetivo justamente expandir lo que puede el hombre, lo cual es algo que tanto más se desarrolla cuanto más se utiliza, y viceversa, como sucede en numerosos casos de fisiología. Supongamos que tenemos ante nosotros dos hombres de igual edad y de idénticas condiciones físicas y abrigados con igual cantidad de ropa. Pero resulta que uno resiste mejor el frío que el otro, diferencia que obedece al distinto grado de desarrollo de sus funciones dérmicas, y el caso es que esas funciones de la piel humana de resistencia a los estímulos externos se fortalecen mientras más opresión sufren ... Lo mismo ocurre con el espíritu humano, y es indiscutible axioma el de que la mente se refuerza según se ejercita. (Ibíd.)

¿Por dónde empezar el desarrollo de la inteligencia? Por la escuela. Y ¿por dónde empezar la escuela? Por la enseñanza ... Para que se rescate lo perdido, para que resurja lo desechado, para que el ignorante se vuelva inteligente, para que la debilidad ceda lugar al poderío, en fin, todo de todo tiene que empezar por la escuela. (Ibíd.)

El hombre no puede nacer sabiendo, sino que sólo llega a saber después del estudio. Ahora bien, no todo el mundo tiene de por sí afición al estudio, sino que llega a tomar esa afición al ser educado. Por tanto, ser soberano o maestro significa tener el deber de educar ... Los hombres pueden ser estúpidos o inteligentes, y sin estudio no hay manera de distinguir entre los unos y los otros. Las dotes naturales, a su vez, pueden abarcar una amplia o estrecha gama de materias, y sin estudio no hay manera de desarrollarlas allí donde más rindan. Bajo la influencia que ejercen las escuelas, los inteligentes avanzan más todavía, los estúpidos se superan, los parcialmente dotados se especializan y los de dotes multifacéticas se realizan en toda la línea. Pues los hombres de dotes excepcionales no nacen todos los días. Puede encontrarse uno solo en cien o mil *li* a la redonda, o uno solo entre un millón. Si no se educa a la gente según el momento y las características personales, hasta los superdotados quedarán anulados por falta de educación y se perderán sin dejar rastro. (Sun Yat-sen, 1866—1925)

La inteligencia surge con la competencia; hoy en día, para desarrollar la inteligencia del pueblo no hace falta ningún otro medio que la revolución. (Zhang Taiyan, 1869—1936)

Echemos un vistazo no más a todos los países del mundo y veremos la nítida diferencia de inteligencia e ignorancia, de virtud y ruindad entre los pueblos con una educación altamente desarrollada y los que no la tienen. He aquí una prueba irrefutable de la falta que nos hace la educación. (Chen Duxiu, 1880—1942)

El genio no es un monstruo que nace y crece por sí solo selva adentro, sino que es el pueblo quien le da vida y lo saca adelante, de modo que sin tal pueblo no hay genio. (Lu Xun, 1881—1936)

A mí me parece que el genio es, en la mayoría de los casos, una dote natural; pero parece estar al alcance de todo el mundo servir de terreno para el cultivo del genio. Esto de servir de terreno surte efecto más inmediato que eso de clamar por el surgimiento de genios; de lo contrario, aun en el supuesto de que haya miles y miles de genios, la ausencia de terreno les impedirá crecer, y entonces lo único que resultará será como una bandeja de diminutos brotes de frijol. (Ibíd.)

VII. El "afán de estudio", la "sensibilidad para la búsqueda" y la formación y desarrollo de la inteligencia

Fue común a numerosos pensadores chinos el atribuir gran importancia al papel del estudio *a posteriori* en la formación de la inteligencia. Si bien dijo que hay gente que "ha nacido sabiendo", Confucio, sin embargo, en aún más ocasiones y en forma aún más efectiva dejó en pie la tesis de que "se llega a saber aprendiendo". Consideraba que para adquirir inteligencia, lo primordial es "estudiar", como decía en la frase: "El estudio le aproxima a uno a la inteligencia" (*Doctrina del justo medio*).

Consultado por Zi Gong, discípulo suyo, acerca de la razón por la cual a Yu, ministro del estado de Wei, se le había conferido el título póstumo de Kong Wen Zi (del cual el carácter "wen" significa "cultura"), contestó que se debió a su "lucidez, afán de estudio y su valor para preguntar a la gente de abajo" (*Analectas*). Sin considerarse ni a sí mismo de los que "han nacido sabiendo", declaró una y otra vez: "Yo no nací sabiendo, sino que he aprendido por mi interés en los documentos y la cultura de la antigüedad". (*Analectas*). Aún más categóricamente señaló Xun Kuang (¿313?—238 a. de J. C.) que los conocimientos y la capacidad intelectual del hombre son fruto de la acumulación y estudio *a posteriori*. "El que no haya subido a una montaña elevada, ignorará lo alto que es el cielo, el que no se haya encontrado al borde de un profundo abismo, ignorará lo espesa que es la tierra, y al que no haya escuchado las enseñanzas de los benévolos soberanos antiguos, ignorará lo inmenso que es el caudal del saber humano"(*Xunzi*). Wang Fuzhi (1619—1692), por su parte, señala que "el talento nace diariamente porque se lo utiliza, y el pensamiento se vuelve inagotable porque el hombre discurre", dilucidando así con profundidad la acción dinámica del estudio, temple y aplicación práctica *a posteriori* sobre la formación y el desarrollo de la inteligencia. Los estudios fisiológicos modernos se han encargado de demostrar que el cerebro humano envejece con tanta mayor rapidez cuanto menos se utiliza y que, en cambio, las células encefálicas ganan más en sensibilidad y envejece menos de prisa mientras más temprano comienza su intenso trabajo y más tiempo dura esa actividad. Con ser ignorantes de esta circunstancia de fondo científico, llegaron los antiguos filósofos chinos, sin embargo, a conclusiones cercanas a lo demostrado por los experimentos científicos modernos.

El fenómeno de los niños de inteligencia extraordinaria (o "niños prodigio") fue un complicado problema tocado con frecuencia por ellos en la discusión acerca de la formación de la inteligencia. La gente de la antigüedad solía citar el ejemplo de Xiang Tuo, niño de siete años que supo responder ante Confucio a toda una serie de interrogantes de contenido serio. Así trataba de demostrar que hay "niños prodigio" que "nacen sabiendo" y "llegan a entender sin maestro". Dicho fenómeno fue analizado en forma bastante penetrante por Wang Chong (27—¿97?), quien consideraba que los niños de "inteligencia precoz" no son "niños prodigio" que "nacen sabiendo", sino que deben su "formación y éxito en tierna edad", por un lado, a sus mejores facultades de entendimiento y, por el otro, a que desde temprano han "oído y visto mucho", que vienen prestando atención al estudio, que han tenido ocasión de "aprender y estudiar en casa" y que desde sus primeros años vienen "oyendo hablar a la gente". Su conclusión es que "los hombres difieren en su talento, pero llegan a saber aprendiendo; el que aprende, sabe; sin aprender no se llega a saber". De este modo, no sólo dio una explicación racional del complicado fenómeno de la inteligencia extraordinaria, sino que fundamentó sólidamente la verdad de que "llegan a saber aprendiendo". Innumerables hechos testimonian que si un niño de inteligencia extraordinaria se da por satisfecho con lo logrado y deja de progresar, su inteligencia se vuelve de "extraordinaria" en "ordinaria". Basta recordar el caso de Jiang Yan (440—505), quien, después de soñar, según la tradición, que "su pincel de escribir echaba flores", adquirió súbito talento poético y literario y se ganó resonante fama, pero después, no haciendo nuevos esfuerzos por progresar, "se le agotó el talento".

"El talento nace diariamente porque se lo utiliza, y el pensamiento se vuelve inagotable porque el hombre discurre."

356

El Magistrado Mayor le pregunta a Zi Gong: "¿Será el Maestro (Confucio) un hombre santo? ¿Cómo es que posee tan amplias aptitudes?" El otro le responde: "De suyo nació hombre santo, y además posee amplias aptitudes". Más tarde, al enterarse de eso, Confucio dice: "¡Vaya si me conoce bien el Magistrado Mayor! Es que cuando chico vivía yo en condiciones humildes y por tanto aprendí muchas artes del vulgo". (*Analectas*) (Aquí Confucio discrepa de Zi Gong al ver en sus aptitudes el fruto del aprendizaje y nada innato.)

Confucio dice: "Yo no nací sabiendo, sino que he aprendido por mi interés en los documentos y la cultura de la antigüedad". (Ibíd.)

Confucio dice: "En el ámbito de diez familias, no faltará quien sea tan honesto y leal como yo, pero apenas habrá quien tenga mi afán de aprender". (Ibíd.)

Confucio dice: "El hombre excelso no busca darse hartazgos de comida ni alojarse en condiciones de comodidad. Trabaja con diligencia y habla con prudencia, aprende de quienes posean virtudes y conocimientos. Así es como puede ser calificado de hombre con afán de aprender". (Ibíd.)

Confucio dice: "Si me quedan unos cuantos años de vida para dedicarme al estudio del *Libro de los Cambios*, ya quedaré libre de crasos errores". (Ibíd.)

Confucio dice: "¿Has oído, Zhong You (otro nombre de su discípulo Zi Lu), que las seis virtudes[1] conllevan otros tantos males?" Le responde: "No, señor". Confucio le dice: "Siéntate y óyeme. La benevolencia sin afán de estudio conlleva el mal de dejarse burlar fácilmente por otros; la inteligencia sin afán de estudio, el de la frivolidad y superficialidad; la honestidad sin afán de estudio, el de ser fácilmente explotado y perjudicado por otros; la rectitud sin afán de estudio, el de la agresividad; la valentía sin afán de estudio, el de la impulsividad, y la firmeza sin afán de estudio, el de la arrogante terquedad". (Ibíd.)

Confucio dice: "En el estudio, hay que proceder como si a uno no le alcanzase el tiempo y como si hubiera peligro de perder lo aprendido". (Ibíd.)

Cantar solo sin hacer coro es no aprender. El que no sepa mucho ni aprenda permanecerá ignorante y mal informado. En cambio, hacer coro sin cantar solo es no enseñar. El que sepa mucho pero no enseñe no tendrá a quién transmitir sus conocimientos para mantener su continuidad. (Mozi, ¿486?—

---

1 Las "seis virtudes" son: la benevolencia, la inteligencia, la honestidad, la rectitud, la valentía y la firmeza. — *Nota de la Red.*

376 a. de J. C.)

A fuerza de escardar y cultivar se llega a labrador; a fuerza de tajar y acepillar se llega a carpintero; a fuerza de comprar y vender se llega a comerciante, y a fuerza de practicar los ritos y la justicia se llega a hombre excelso. (Xun Kuang, ¿313?—238 a. de J. C.) (Aquí Xun Kuang enfatiza que largo tiempo de aprendizaje juega un papel decisivo en la formación de hombres de talento.)

Confucio decía: "El que no aprenda cuando niño será hombre sin capacidad". (Ibíd.)

Quiero convertir la bajeza en nobleza, la ignorancia en sabiduría y la pobreza en riqueza. ¿Es posible? La respuesta es que quizá el único medio de lograrlo sea aprender. (Ibíd.)

Lo que los demás llegan a dominar en una sola operación, trataré de llegar a dominarlo aunque sea en cien; lo que los demás llegan a aprender en diez operaciones, trataré de llegar a aprenderlo aunque sea en mil operaciones. Procediendo así, el más estúpido se tornará inteligente y el más débil se tornará fuerte. (*Doctrina del justo medio*)

El jade sin labrar no llega a ser un objeto de valor, y el hombre sin aprender no conoce la verdad de las cosas. (*Libro de los Ritos*)

No se extravía el que se digne preguntar por el camino. Si actualmente mucha gente deseosa de éxito acaba por fracasar, es porque a más de desconocer la verdad de las cosas no quiere preguntar a los demás y aprender de los hombres capaces. (*Han Fei Zi*)

Ni siquiera las famosas espadas "Chun Jun" y "Yu Chang" podían cortar ni perforar nada apenas salidas de sus moldes de fundición. Hubo que sacarles punta y filo en una piedra de amolar para que sobre las aguas pudieran cortar de un tajo en dos mitades una lancha con cabeza de dragón en la proa y, en tierra firme, pudieran perforar hasta la armadura hecha de cuero de rinoceronte. El espejo de bronce, en el momento de salir del molde de fundición, tiene la superficie tan áspera que no reflejaba para nada el rostro de quien a él se mira. Hace falta pulirlo con estaño y limpiarlo con fieltro blanco para que se vean con toda claridad hasta las puntas de los cabellos, cejas y bigotes. El estudio es para el hombre lo que la piedra de amolar para la espada y el estaño para el espejo, de modo que quien afirme que es inútil estudiar estará equivocado en la base de sus argumentos. (*Huainanzi*)

De los habitantes de las zonas estériles muchos son benévolos, y esto se debe a su laboriosidad; en cambio, poca gente de las zonas fecundas llega a valer mucho, y esto se debe a su vida acomodada. De esto se desprende que el hombre inteligente pero no dedicado a un oficio digno vale aún menos que el hombre estúpido que no se fatiga de aprender. Entre los soberanos, vasallos dignatarios e incluso los hombres del vulgo, desde que el mundo es mundo, ninguno ha podido tener éxito sin esfuerzo propio. Esto es precisamente lo que señala el *Libro de las Odas* en que reza: "Cada día un nuevo éxito, cada mes un nuevo progreso. El constante estudio le conduce a uno a un mundo infinitamente luminoso". ... (Ibíd.)

El estudio sirve para cultivar la naturaleza humana. En el hombre es natural ver con los ojos, escuchar con los oídos, hablar con la boca, expresar sus sentimientos con gestos en el semblante y pensar con el corazón. Sólo se toma buen camino mediante el estudio; de lo contrario se desliza uno por mal camino. (Yang Xiong, 53 a. de J. C.—18 d. C.)

Si el letrado aventaja al escribano oficial, es porque estudia con aplicación, forjando y desarrollando sus buenas cualidades y cultivando meticulosamente su propia capacidad. De ahí que el estudioso deba reforjar su propio carácter y perfeccionar sus aptitudes y cualidades morales. (Wang Chong, 27—¿97?)

Bajo el cielo y sobre la tierra, de todos los seres animados no hay ninguno que nazca sabiendo. (Ibíd.)

Los que son conocidos como hombres santos han tenido que llegar a serlo mediante el estudio. (Ibíd.)

La capacidad cognoscitiva por sí sola no basta para llegar a conocer nada; no se llega a saber nada sin aprender de los demás. Igual necesidad inexorable se nota incluso en los hombres santos y sabios. (Ibíd.)

Las dotes intelectuales varían de hombre a hombre, y lo mismo ocurre con su capacidad de pensar,... Los que además de poseer fuerte capacidad de entendimiento se dedican constantemente al estudio, avanzan con la rapidez del corcel galopante, mientras que los torpes de entendimiento marchan tan lentamente como vuela la codorniz. Ahora bien, un corcel fogoso, aunque capaz de galopar a pasos de ocho *chi*[1], no puede avanzar ni medio paso si se detiene en el camino, en tanto que la codorniz, de vuelo tan lento, puede pasar por montañas elevadas y lagos extensos siempre que continúe avanzando sin detenerse nunca a medio camino. (Ge Hong, 284—364) (Aquí Ge Hong señala con metáforas que el que posee excelentes dotes naturales pero que no estudia con aplicación no puede llegar a ser un hombre de talento. Al contrario, el que carece de excelentes dotes naturales puede llegar a serlo, siempre que dedique constantes esfuerzos a su estudio.)

Todos los hombres del mundo, tanto los estúpidos como los inteligentes, se desviven por conocer más gente y más cosas, pero muchos de ellos se resisten a aprender, y esto es como tratar de darse un hartazgo de comida sin tomarse

---

1   *Chi*: medida de longitud de China (=1/3 metro).

la molestia de prepararla o tratar de abrigarse bien sin tomarse la molestia de confeccionar la ropa. (Yan Zhitui, 531—590)

Para vivir aquí cerca pero saber lo que pasa allá lejos y vivir en la actualidad pero saber lo que pasó en otros tiempos, lo que cuenta es estudiar. (Wang Tong, 584—617)

Habiendo leído arrolladoramente diez mil libros, ya se escribe como inspirado por impulso divino. (Du Fu, 712—770)

Si uno no comprende la necesidad de estudiar y descansa tranquilamente en su inteligencia existente creyendo que los demás nunca le darán alcance, su inteligencia, mirada desde el punto de vista de la razón, no es más que estupidez. (Zhang Zai, 1020—1077)

Aunque uno posea las dotes naturales de quien nace sabiendo, necesita igualmente hacer duros esfuerzos en el estudio y en la práctica. (Zhu Xi, 1130—1200)

Uno avanza si logra impedir que otras cosas prevalezcan sobre su afán de estudio. (Xue Xuan, 1389—1464)

Ya en mis años de infancia tenía gran afición al estudio. Como mi familia carecía de recursos para comprarme los libros que necesitaba, solía ir a casa de gente con biblioteca a pedirlos prestados para poder copiarlos a mano antes de devolvérselos a plazo fijo. En el invierno, hacía tanto frío que quedaba helada la tinta y tenía yo los dedos entumecidos y no podía doblarlos ni enderezarlos, pero no por ello dejaba de copiar. Una vez copiados, iba en persona a casa de sus dueños para devolvérselos, sin atreverme nunca a retrasar lo más mínimo la devolución. Es por eso que me prestaron muchos libros y pude leer ampliamente. A los veinte años, ya sentía gran admiración por la doctrina de los hombres santos y sabios de la antigüedad, pero me aquejaba la falta de grandes maestros que me enseñaran y de hombres célebres con quienes andar y aprender. Hubo ocasiones en que hice largos viajes de más de

cien *li* a aprender de prestigiosas autoridades académicas solicitándoles enseñanzas

con libro en mano. Un venerable señor de gran prestigio académico tenía su casa

atestada de discípulos. Hablaba y se portaba siempre con gran gravedad. Permanecía

yo de pie y en respetuosa actitud al lado suyo y aprovechaba para plantearle mis

dudas y pedirle que me las desatase, siempre inclinado de medio cuerpo arriba hacia

adelante y aguzando los oídos. A veces me regañaba y me ponía aún más sumiso y

respetuoso, sin atreverme a chistar. Cuando se ponía de buen humor, aprovechaba

yo para volver a preguntarle. Así que, con ser tan torpe de entendimiento, he podido

aprender bastante. (Song Lian, 1310—1381)

El feto ya sabe alimentarse dentro del útero materno y, una vez salido del cuerpo de

la madre, ya sabe ver y oír. Se trata de instintos innatos y aquí no hay cabida para educación

sobrehumana alguna. Más tarde, el niño va ganando en saber a fuerza de quedar

impresionado, a fuerza de cometer errores, a fuerza de entrar en duda y perplejidad, y así

es como todo el mundo gana en saber. (Wang Tingxiang, 1474—1544)

Para el hombre excelso el estudio es asunto de toda la vida, y lo mismo puede

decirse de su búsqueda del saber, sin que haya ningún punto final. Por tanto, el

362 supremo bien de hoy dejará de serlo mañana para ser reemplazado por el supremo

bien de entonces, el cual es desconocido para mi entendimiento primitivo,

inagotable para ser abarcado totalmente por mi entendimiento e inconjeturable para

toda mi inteligencia y saber. (Chen Que, 1604—1677)

La materia se realiza gracias al sutil elemento primitivo; el hombre se realiza

gracias al estudio. (Ibíd.)

Después de nacido y a partir de su infancia, uno ya no puede depender de

su madre. Para ser talentoso necesita estudio propio. Nunca logra uno talento sin

dedicarse al estudio. (Fang Yizhi, 1611—1671)

Zhu Xi (1130—1200) considera que Yao[1], Shun[2] y Confucio nacieron sabiendo mientras que Yu[3], Ji[4] y Yanzi (discípulo de Confucio) sólo llegaron a saber aprendiendo. Ahora, mil años después, yo no sé cómo adquirieron conocimientos estos seis hombres santos y sabios. Sin embargo, el propio Confucio, hablando de sí mismo, dijo que era un hombre tan aplicado en su estudio hasta el punto de olvidarse de comer. ... Entonces, ¿cómo se puede afirmar que no fue Confucio de los que "llegan a saber aprendiendo"? (Wang Fuzhi, 1619—1692)

La ley que rige todas las cosas del mundo es que no se sabe sin aprender y no se discierne sin amplios conocimientos. (Ibíd.)

El hombre tiene el corazón en constante reflexión día y noche. Aunque es capaz de discurrir bajo los más variados aspectos, ¿con qué sino con el corazón cuenta el hombre para llegar a conocer las leyes que rigen la naturaleza? Probablemente sólo durante el sueño deja el hombre de pensar o entrar en un estado de pensamiento inconsciente ... El talento nace diariamente porque se lo utiliza, y el pensamiento se vuelve inagotable porque el hombre discurre. (Ibíd.)

Estúpido es el que no llega a conocer la verdad de las cosas por deficiencia de sus dotes naturales. Sólo el estudio puede remediar esa deficiencia y tornar inteligente al estúpido. (Dai Zhen, 1723—1777)

363

El niño recién nacido muere si no se le da de comer, y permanece estúpido si no aprende. La alimentación sirve para mantener la subsistencia; se le da de comer lo suficiente para que crezca; se le hace aprender para cultivar en él buenas cualidades y capacidades y facilitarle el dominio de un rico caudal de conocimientos que le

---

1 Yao: soberano de la época antigua de China (2357—2258 a. de J. C.).
2 Shun: soberano de la época antigua de China (2257—2208 a. de J. C.).
3 Yu: soberano de la época antigua de China (2207—1766 a. de J. C.).
4 Ji: ministro de agricultura del soberano Shun.

permita llegar a ser hombre santo y sabio; en uno y otro caso la razón es la misma. Las excelentes dotes naturales de un hombre se parecen a un pedazo de precioso jade, que sólo después de ser labrado y convertido en objeto de adorno llega a poseer gran valor y se hace cada vez más espléndido y no sólo resiste el paso de los años, sino que resulta aún más precioso con el tiempo. En cambio, si se le deja desgastándose y corroyéndose, si se le desecha sin ningún miramiento, entonces con el tiempo pierde su brillo y deja de ser tan precioso como antes. (Ibíd.)

En cuanto al ser humano, el que posee cuerpo y espíritu, tiene la capacidad de conocer las cosas objetivas a través del funcionamiento mental. Contando con esta capacidad, los hombres, aunque son de distinto grado de entendimiento o ignorancia, pueden despejar mediante el estudio su ignorancia y hasta tornarse inteligentes. (Ibíd.)

Un estudiante llamado Huang Yunxiu vino a pedirme prestados libros. Se los presté diciendo: "No se leen libros que no sean los tomados a préstamo. ¿No ha oído Ud. hablar de los coleccionistas de libros? La *Gran Enciclopedia de Siete Materias* y las *Cuatro Bibliotecas Completas* son libros del emperador. Pero ¿cuál de los emperadores los ha leído? Los ricos tienen bibliotecas abarrotadas de tomos voluminosos, pero ¿cuál de ellos los lee? Y no hablemos de los libros coleccionados por los abuelos y los padres pero desperdigados por sus hijos o sus nietos".

Esto no sólo ocurre con los libros, sino también con las demás cosas del mundo. Cuando algo no le pertenece a uno sino que lo tiene tomado prestado, uno tiene forzosamente que aprovechar lo más posible mirándolo y examinándolo con arrobamiento porque le tiene siempre apremiado la idea de su devolución. "Hoy —se dirá—, lo tengo en las manos, pero mañana me lo recuperan y ya no podré seguir mirándolo". En cambio, si el objeto pasa a pertenecerle a uno, necesariamente lo deja arrinconado en el desván, sin el menor deseo de aprovecharlo ahora mismo, pues se dirá: "Por de pronto lo dejo ahí no más, a ver qué puedo hacer con él más tarde". (Yuan Mei, 1716—1797)

Llevo cuarenta años pintando cañas de bambú,

Manejando el pincel de día y reflexionando de noche.

Voy desechando las hojarascas inútiles y dejando lo esbelto.

Cada momento de nueva inquietud es momento de maestría.

(Zheng Banqiao, 1693—1765)

¿Es cierto que hay cosas fáciles y cosas difíciles en el mundo? Con la acción, lo difícil se torna fácil, y sin ella, sucede todo lo contrario. ¿Es cierto que hay cosas fáciles y cosas difíciles en el estudio? Estudiando con aplicación, lo difícil se torna fácil; si no, sucede todo lo contrario.

Supongamos que por mis dotes naturales yo me cuento entre los torpes y quedo muy rezagado de los demás y que mi talento es muy corriente y en mucho me aventajan otros hombres. Pero si estudio con ahínco todos los días, sin aflojar nunca mis esfuerzos por más que dure el proceso, hasta que finalmente logre éxito, entonces nadie sabrá lo torpe y corriente que fui. En cambio, supongamos que mis dotes intelectuales duplican las de los demás y que mis aptitudes de entendimiento son el doble que las de ellos, y sin embargo dejo sin aprovechar estas ventajas mías, entonces esto no diferirá en nada de la torpeza e ignorancia de los hombres más corrientes. El hecho de que fuera un hombre primitivamente torpe[1] quien aseguró la continuidad de las enseñanzas de Confucio, es testimonio de que no es nada inmutable eso de torpeza o inteligencia.

365

Éranse que eran en una zona remota de Sichuan dos bonzos budistas, uno pobre y el otro rico. Un día, el pobre le dijo al rico: "¿Qué te parece si emprendo viaje al monte Putuo[2]?" El otro le pregunta: "¿Con qué viajas?" Y el pobre dice: "Para viajar me bastan una botella y un tazón". Entonces el otro hace notar: "¿Cómo es que puedes viajar así si yo hace años que me propongo hacer ese viaje alquilando una

---

1 Según la tradición, Zeng Can (505—436 a. de J. C.), discípulo de Confucio que conservó y propagó sus legados doctrinarios, fue en un principio de pobres dotes intelectuales. — *Nota de la Red*.

2 Monte Putuo: montaña situada en el archipiélago Zhoushan, una de las cuatro grandes montañas del país que deben su fama en China a las tradiciones budistas.

barcaza, sin que hasta la fecha haya podido realizar mi propósito?" El pobre se fue y al año siguiente, ya de regreso del monte Putuo, volvió a visitar al bonzo rico para contarle lo sucedido, lo cual le dio a éste una gran vergüenza. Sichuan está ubicada a miles de *li* del monte Putuo, pero resulta que lo que no pudo un bonzo rico, lo hizo uno pobre. ¡Y pensar que hay hombres menos decididos y emprendedores que ese bonzo de la remota zona de Sichuan!

Por tanto, la inteligencia y la habilidad son algo con que se puede contar y a la vez no se puede. El que cuenta únicamente con su propia inteligencia y habilidad y no quiere aprender, es hombre que se conforma con su fracaso. La torpeza y el talento corriente son algo por lo que uno puede dejarse limitar y a la vez no puede. El que no se deja limitar por estas deficiencias y estudia infatigablemente, es hombre de constante progreso. (Peng Duanshu, 1736—1795)

Supongamos que Fulano es inteligente pero no tiene afán de aprender y que Mengano, si bien menos inteligente que Fulano, le aventaja en ese afán. El resultado será que Mengano haya alcanzado más que Fulano, y la razón reside en el esfuerzo. (Sun Yat-sen, 1866—1925)

En el estudio lo que más cuenta es la asiduidad

Confucio dice: "Si, en la labor de levantar un montículo, abandono mi trabajo cuando no falta más que el último canasto de tierra, es justo atribuirme la renuncia a mi obra. Si, en una obra de terraplenaje, prosigo mi trabajo, aunque no haga más que echar un solo canasto de tierra al suelo plano, mi trabajo no deja de avanzar". (*Analectas*) (Esta metáfora sugiere que por mejor base que tenga uno, no podrá tener éxito si se detiene a medio camino y que, en cambio, la base primitivamente pobre no es obstáculo infranqueable para el éxito si uno no se afloja en sus esfuerzos.)

Ran Qiu (discípulo de Confucio) le dice a Confucio: "No es que no me agrade la doctrina de Ud., sino que me faltan fuerzas suficientes". Confucio dice: "Los que no tienen fuerzas suficientes se detienen a medio camino, pero lo que estás haciendo es marcar el paso". (Ibíd.)

Acometer una empresa es como cavar un pozo. Si no se encuentra agua a los sesenta o setenta pies de profundidad y se lo deja, el pozo no vale nada. (Mencio, 372—289 a. de J. C.) (Esta metáfora sugiere que en ninguna empresa hay que detenerse a medio camino, sino trabajar con asiduidad, única manera de asegurarse el éxito.)

Mencio le dice a Gaozi[1]: "El sendero de la pendiente es muy angosto, y mantiene su condición como tal porque la gente lo pisa con frecuencia; basta que la gente deje de caminar por él por algún tiempo para que resulte cubierto de malezas. Ahora, parece que Ud. tiene la mente cubierta de malezas". (Ibíd.)

Aunque capaz de recorrer mil *li* diarios, ningún corcel, por excelente que sea, puede salvar de un salto diez pasos. En cambio, un caballo corriente también puede recorrer mil *li*, aunque eso le lleva diez días. El éxito depende de la firmeza de quien nunca renuncia a sus esfuerzos. Si se deja un objeto a medio tallar y no se prosigue el trabajo, ni la más podrida madera se corta sola; en cambio, si se prosigue el trabajo de tallar, sin abandonar nunca el esfuerzo, entonces se puede sacar dibujos incluso sobre un objeto de metal o de piedra. (Xun Kuang, ¿313?—238 a. de J. C.) (Aquí se sugiere la importancia de la asiduidad en el estudio.)

Hasta los de "inteligencia precoz" tienen que "llegar a saber aprendiendo"

Ningún hombre inteligente ha tenido éxito sin haber estudiado ni ha llegado a saber sin haber preguntado. Se me objetaría diciendo: "¿No es verdad que Xiang Tuo, un niño de siete años, enseñó a Confucio? A los siete años uno todavía no es ni

---

1 Gaozi: nativo del reino de Qi durante el Período de los Reinos Combatientes (475—221 a. de J. C.). Sólo se sabe que vivió por lo menos entre 372 y 289 a. de J. C.

escolar. Pero he aquí que enseñó a Confucio, lo que habla de que hay gente que nace sabiendo ... Durante el reinado de Wang Mang (9—25 d. C.), había en la prefectura de Bohai un joven de veintiún años llamado Yin Fang, quien sin haber tenido profesor ni estudio conjunto con amigos, poseía una inteligencia innata. Dominaba todos los seis libros clásicos del confucianismo. Chunyu Cang, magistrado local de Weidu, informó a la Corte diciendo que Yin Fang, con no haber estudiado, sabía recitar de memoria las composiciones literarias que por primera vez leía y sabía comentar cuestiones de diversos tópicos y citar los cinco clásicos del confucianismo para explicar textos y analizar su contenido, con gran satisfacción de todo el mundo ... La gente le llamaba hombre santo, autosapiente sin estudio y autointeligente sin maestro. ¿No era esto algo divino?" Mi respuesta es: "Aunque no tenía ni maestros ni condiscípulos, en algunas cuestiones tuvo que preguntar a los demás y hacerse responder. Aunque no había leído libros, tuvo contacto con la pluma y la tinta. Un niño recién nacido, con los ojos y los oídos apenas abiertos, es incapaz de entender la verdad de las cosas por mejores que sean sus dotes naturales. Xiang Tuo dio muestras de su talento a los siete años, pero a los tres o cuatro años ya había oído hablar de muchas cosas a la gente. Yin Fang dejó maravillada a la gente a los veintiún años, pero había visto y oído mucho a los catorce o quince años". (Wang Chong, 27—¿97?)

Casos de inteligencia precoz son los de Xiang Tuo y Yin Fang. En cuanto a Huang Di[1] y Di Ku[2], aunque no faltó inspiración divina, pueden ambos contarse también entre los hombres de inteligencia precoz. Cierto que en algunos hombres la inteligencia alcanza la madurez antes que en otros, pero en todo caso es imprescindible lo adquirido con el estudio *a posteriori*. Hay hombres que, si bien no han estudiado con maestros, han recibido educación de sus padres y hermanos,

---

1 Huang Di, cacique de una tribu de lo que es hoy el Centro de China, quien, coordinando los esfuerzos de diversas tribus, venció a Chi You, intruso foráneo, y llegó a ser jefe común de numerosas tribus. Tradicionalmente es considerado fundador de la nación china. — *Nota de la Red.*

2 Di Ku, cacique de una tribu de la China antigua. — *Nota de la Red.*

pero que son objeto de excesivos elogios por parte de quienes sólo se fijan en sus éxitos logrados en tierna edad. Se dice que Xiang Tuo hizo esto y esto otro a los siete años, pero sospecho que su edad verdadera debía ser de diez; se dice que enseñó a Confucio, pero sospecho que lo que pasó debe ser que Confucio le preguntara algo. Se dice que Huang Di y Di Ku nacieron hablando, pero me parece que la fecha en que comenzaron a hablar debía ser de unos cuantos meses de edad. Se dice que Yin Fang sólo tenía veintiún años cuando dio muestras de gran talento, pero lo más probable es que ya anduviera cerca de los treinta. Se dice que no había estudiado con maestros ni con condiscípulos ni había leído libros, pero la verdad parece ser que había estudiado algo afuera y oído algo a sus padres y hermanos en casa. Es práctica más que habitual en este mundo prodigar elogios más allá de la verdad de los hechos o denigrar a una persona inflando sus deficiencias reales. Según la tradición, Yan Yuan (discípulo de Confucio) escaló a los treinta años de edad el monte Taishan y desde allí vislumbró un caballo blanco amarrado fuera del pórtico occidental de la muralla de la capital del estado de Wu. Sin embargo, investigaciones de los hechos y del terreno revelan que a los treinta años Yan Yuan no escaló el monte Taishan ni vislumbró la capital del estado de Wu. Los elogios prodigados a Xiang Tuo y a Yin Fang son indignos de crédito, como indigno de crédito es lo que suele decir acerca de Yan Yuan. Los hombres difieren en su talento, pero llegan a saber aprendiendo; el que aprende, sabe; sin aprender no se llega a saber. (Ibíd.)

En el Sur son muchos los que saben sumergirse en el agua, porque día y noche viven en contacto con el agua, lo que hace posible que ya sepan vadear a los siete años, mantenerse a flote a los diez y bucear a los quince. ¿Quién sabe sumergirse sin haberlo aprendido? Es que ya dominan a la perfección las propiedades del agua. En constante contacto con el agua, a los quince años ya conocen todo lo relativo a las aguas. En cambio, el que nunca ha tenido contacto con las aguas tiembla incluso a la vista de un navío. Es por esto que no se salva del ahogamiento ninguno de los hombres valientes del Norte que se meten de buenas a primeras en las aguas después de consultar a los sureños versados en el arte del buceo. Todo el que pretenda saber algo sin aprender se parece a esos norteños que se sumergen en el agua. (Su Shi, 1037—1101)

Xun Kuang (¿313?—238 a. de J. C.) ya tenía cincuenta años cuando viajó al estado de Qi a cursar estudios. No fue sino a la edad de cuarenta que Zhu Yun (de la dinastía Han del Oeste, 206 a. de J. C.—25 d. C.) empezó a estudiar el *Libro de los Cambios* y *Analectas*. Si hacemos una comparación entre los conocimientos que ellos adquirieron y los de los niños altamente inteligentes y capaces, cabe preguntar: ¿quiénes son de primera categoría y quiénes son de segunda? ¿Acaso es justo calificar de superingeniosa la respuesta del niño Wang Pang a propósito del venado y del antílope[1] y creerla superior incluso a los amplios y profundos conocimientos de Wu He, nativo del estado de Wei a quien se le confirió el título póstumo de "Santo de la Sabiduría"[2]? Es rayano en las falacias y absurdos del budismo eso de levantar a ultranza las figuras de Yao, Shun y Confucio, como si para ellos ya no hubiera necesidad de reflexionar ni de empeñarse en la práctica, como si sin todo ello se hicieran valer por sí solas sus aptitudes innatas, como si cuando niños ya fueran de inteligencia extraordinaria ni cuando crecidos necesitaran estudio alguno. Los estudiosos que no se detengan a examinar cuidadosamente este punto difícilmente podrán evitar la confusión entre el hombre y los animales. (Wang Fuzhi, 1619—1692)

370

VIII. La influencia de la voluntad, el interés y otros factores no intelectuales en el desarrollo de la inteligencia

Puesto que la formación y el desarrollo de la inteligencia son en gran medida fruto del estudio y del esfuerzo, es de señalar que el estudio requiere como garantía ciertos factores psíquicos. Estos factores pueden clasificarse, grosso modo, en dos

---

1 Wang Pang, hijo de Wang Anshi (1021—1086). Según una crónica, cuando niño, le sometió un amigo de su padre a una prueba de inteligencia llevándolo ante una jaula en que había un venado y un antílope y preguntándole cuál era cuál. Incapaz de distinguir, dio una respuesta ambigua: "El que está al lado del antílope es el venado, y el que está al lado del venado es el antílope". — *Nota de la Red.*

2 Wu He, nativo del estado de Wei durante el Período de la Primavera y del Otoño (770—476 a. de J. C.). Según se dice, estudiaba con gran afán incluso a los 95 años de edad. De ahí su título póstumo. — *Nota de la Red.*

tipos. Del primer tipo son los distintos componentes psíquicos del propio proceso de estudio, como la percepción, la memoria, la imaginación, el pensamiento, etc., y los del segundo son aquellos que sirven para dar impulso al afán de estudio, tales como la atención, el interés, el humor, los sentimientos, la voluntad, etc. Entre estos últimos son la voluntad y el interés dos requisitos psíquicos no intelectuales de vital importancia para el estudio.

Por voluntad se entiende el estado psicológico que surge cuando uno se ha decidido a alcanzar algún objetivo. Se trata de una forma de expresión del papel activo y dinámico de la conciencia del hombre. La actividad volitiva, como factor no intelectual, ejerce una influencia para nada despreciable sobre la formación y el desarrollo de la inteligencia. Esto lo comprendieron con bastante claridad los antiguos sabios chinos, viendo en eso de "armarse de voluntad" como prerrequisito para el estudio y describiendo en forma figurada el papel de la voluntad en frases como ésta: "La voluntad es la avanzadilla del ejército de la búsqueda de la verdad. Sólo contando con una avanzadilla valiente pueden las tropas de atrás tener el camino despejado para avanzar. Sólo el que esté armado de firme voluntad puede lograr éxito en el estudio". (Lu Shiyi, 1611—1672, *Apuntes de meditaciones y contemplaciones*, t. II). Así dejaban en pie el papel activo de la voluntad respecto al desarrollo de la inteligencia.

Interés es la inclinación a indagar activamente algún fenómeno o a dedicarse a alguna actividad. Como otro factor psíquico no intelectual, influye igualmente en la formación y el desarrollo de la inteligencia. Al decir que "mejor que saber es querer, y mejor que querer es aficionarse" (*Analectas*), Confucio estaba subrayando justamente la función activa del interés en el estudio y la adquisición de conocimientos por el hombre. Wang Shouren (1472—1528), hombre de la dinastía Ming, preconizaba la importancia de imprimir un carácter interesante y atrayente al estudio cuando decía: "Al educar a los niños es preciso lograr que aprendan con vivacidad y alegría, en cuyo caso será incontenible su progreso" (*Obras Completas de Wang Shouren*, "Instrucciones a Liu Bosong y otros sobre el trabajo docente"). Además, se oponía a los nefastos procedimientos de recurrir a los "latigazos y palmetazos, amarras y ataduras, como si fuera el alumno un reo". Por su parte, Liang Qichao (1873—1929), hombre de la época moderna, al mismo tiempo que admitía el importante papel del interés para el desarrollo de la inteligencia, señaló que no hay que "contar con los deleites como único medio de despertar en el alumno el interés por el estudio", so pena de incurrir en el "deleitismo". Se trata de una opinión bastante profunda y equilibrada.

Además, algunos sabios chinos se refieron a la influencia de otro factor no intelectual, esto es, los afectos y deseos, sobre la formación de la inteligencia. Por ejemplo, la escuela de pensamiento de Song Xing e Yin Wan, que existió antes de la fundación de la dinastía Qin (221 a. de J. C.), consideraba que "con la cabeza abarrotada de deseos, uno tiene ojos y no ve, tiene oídos y no oye" (Guan Zhong, ¿?—645 a. de J. C.). Xun Kuang (¿313?—238 a. de J. C.), por su parte, señala que es preciso colocar los afectos y deseos bajo el control y la acción reguladora de la "inteligencia" cuando dice que "la selección que entre los afectos hace la mente se llama reflexión" (*Xunzi*) y que "el que está embargado de tristeza o de temor no percibe el sabor de la carne que está comiendo, ni oye las agradables campanadas y tamborileos, ni ve las vestimentas de brillante lujo, ni se siente cómodo aun acostado sobre blando colchón o fresca esterilla de bambú" (Ibíd.). Los pensadores de la China antigua fundamentaban preferentemente el papel negativo de los afectos y deseos para la formación de la inteligencia, pasando por alto, sin embargo, el hecho de que, aparte de ese papel negativo, tienen otro positivo.

El "dotarse de voluntad" y el desarrollo de la inteligencia

Confucio dice: "A los quince años ya estaba yo dotado de la voluntad de aprender, ..." (*Analectas*)

El que carezca de firme voluntad no puede hacer avanzar su inteligencia. (Mozi, ¿468?—376 a. de J. C.)

Los que están dotados de firme voluntad son capaces de aguantar las duras pruebas del silencioso estudio, en tanto que los que están desprovistos de virtud se relajan y se abandonan hasta convertirse en hombres corrientes. (Yan Zhitui, 531—590)

Siempre que uno se pone a estudiar, lo primero que hay que hacer con él es enseñarle el arte de despachar asuntos si se trata de un funcionario, y si se trata de un hombre sin cargo oficial alguno, lo primero que hay que hacer es enseñarle a dotarse de una voluntad acertada. (Zhang Zai, 1020—1077) (Aquí una voluntad acertada se entiende como el eslabón más importante de la educación.)

No importa que sean excelentes o pobres las dotes naturales del estudioso, ni tampoco hay que exigirles a todos que hagan duros esfuerzos. Lo único que hay que ver es la inclinación que lo domine en lo más recóndito de su corazón. (Ibíd.)

Con respecto a todo el que tenga voluntad de estudiar, no importa que sean excelentes o pobres sus dotes naturales, lo único que cuenta es hacia dónde se incline. (Ibíd.)

Pasa con el estudio lo que con la subida a un monte. Mientras el terreno es poco accidentado, no hay nadie que no camine con paso ligero y rápido, pero basta que el camino se torne escabroso para que sólo sigan arriba los firmes y valientes. (Ibíd.)

Lo que menos debe hacer un estudioso es dotarse de una voluntad poco ambiciosa. Medroso y poco ambicioso, uno fácilmente se da por satisfecho, y así le será imposible seguir adelante. (Ibíd.)

El que estudia debe dotarse de voluntad. Actualmente, la gente anda siempre confusa y perpleja por carecer de una actitud seria hacia el estudio y despacha los asuntos de cualquier modo, en forma chapucera, lo cual se debe a la falta de firme voluntad. (Zhu Xi, 1130—1200)

No importa que uno no sepa de memoria un texto, pues lo logrará recitando una y otra vez. No importa que uno no comprenda el contenido de un texto, pues lo logrará a fuerza de reflexionar. Lo único que no tiene remedio es el no haberse dotado de voluntad. (Ibíd.)

Si me preguntan qué es lo primero en el proceso de estudio, contesto que, como afirmaban los antiguos, lo primero es dotarse de voluntad. Si uno ya sabe esto y se dota de una firme voluntad, decidido a ir adelante, es absurdo temer que no logre avanzar. Lo único temible es que la voluntad no sea firme, que uno se contente con escuchar las conferencias dictadas por otros y leer los libros escritos por otros, caso en el cual no obtendrá mayores resultados. (Ibíd.)

Querer es poder. Además, como se dice, con la voluntad inconmovible ante toda distracción, se logra la concentración mental. Así es, exactamente. Sin voluntad no se consigue nada, por insignificante que sea, para no hablar de un asunto tan importante como lo es el estudio. (Yu Ji, 1272—1348)

Sin voluntad uno queda como una embarcación sin timón o un caballo sin riendas, y entonces, navegando a la deriva o galopando sin destino, estará estudiando sin objetivo. (Wang Shouren, 1472—1528)

Una vez establecida la voluntad, ya le siguen el estudio y la reflexión, y la inteligencia crece diariamente haciendo del hombre un ser sumamente listo y talentoso. La firme voluntad trae aparejado el afán de estudio, que le permite a uno ir renovando diariamente sus conocimientos mediante infatigables esfuerzos. (Wang Fuzhi, 1619—1692)

Al que estudie conscientemente hay que enseñarle aprovechando esta circunstancia. Si uno carece de esa actitud consciente y se le impone la enseñanza en forma forzada, esta enseñanza será infructuosa. (Ibíd.)

> ¿Para qué, pajarito, te atormentas a tí mismo
> si el desnivel es moneda corriente?
> En constante vuelo con tu diminuto cuerpo
> Te llevas una y otra ramita a la mar.
> "Mi voluntad es dejar terraplenado el Mar del Este.
> Aunque me ahogue en las aguas, esta voluntad quedará.
> Si el mar nunca se calma,
> mi voluntad tampoco desaparecerá jamás[1]."
> (Gu Yanwu, 1613—1682) (El poema sugiere la necesidad de la asiduidad y la firme voluntad para el estudio.)

Los hombres santos eran también seres humanos y tenían la misma boca, la misma nariz, los mismos oídos y los mismos ojos que los hombres ordinarios, sólo que su firme voluntad de estudio era lo que los distinguía de los demás. Por tanto, los hombres santos son hombres ordinarios con firme voluntad de progresar, y los hombres ordinarios son hombres santos sin voluntad de progresar. (Yan Yuan, 1635—1704)

Para aprender de los hombres santos, lo primero es dotarse de esa voluntad. ... La voluntad es la avanzadilla del ejército de la búsqueda de la verdad. Sólo contando con una avanzadilla valiente pueden las tropas de atrás tener el camino despejado para avanzar. Sólo el que esté armado de firme voluntad puede lograr éxito en el estudio. (Lu Shiyi, 1611—1672)

---

1 Según una leyenda, la hija del soberano Yan Di se ahogó en el Mar del Este y quedó metamorfoseada en un pajarito llamado Jing Wei, que se puso a llevar día y noche ramitas al Mar con el propósito de llenarlo y hacerlo desaparecer. — *Nota de la Red.*

Dotarse de voluntad es lo más importante para quien estudia. (Sun Yat-sen, 1866—1925)

La "afición al estudio" y el desarrollo de la inteligencia

Confucio dice: "Mejor que saber es querer, y mejor que querer es aficionarse". (*Analectas*)

El Señor She (sabio del estado de Chu) pregunta a Zi Lu por lo que es Confucio, y el otro no sabe qué decirle. Luego, Confucio le dice: "¿Por qué no le respondiste: 'Es un hombre tan aplicado en su estudio hasta el punto de olvidarse de comer, tan alegre con el estudio que se olvida de los sinsabores y no tiene idea de lo cerca que está la vejez'?" (Ibíd.)

Yan Yuan (discípulo de Confucio), entre suspiros, dice: "... El Maestro es muy hábil para guiarnos metódicamente, dotarnos de extensos conocimientos sobre el sistema legal y los libros antiguos y regular nuestra conducta con las normas rituales, de tal suerte que ya no podemos abandonar los estudios aunque queramos". (Ibíd.)

En el proceso docente de una escuela de altos estudios es preciso que haya asignaturas formales y constantes, que haya pequeños recesos para el descanso y que haya deberes de casa. Sin aprender a tocar música, no sabe uno afinar las cuerdas de la cítara. Sin aprender a cantar, no llega uno a dominar la melodía rítmica de la poesía. Sin aprender los quehaceres domésticos, no está uno familiarizado con los ritos y las reglas de urbanidad. Sin inducir a los alumnos a aprender las citadas materias, es imposible despertar en ellos el interés por las asignaturas normales. Por tanto, en su estudio, el hombre excelso presta, en la escuela, gran atención a las asignaturas formales y, en casa, a las artes y juegos. Sólo así puede lograrse que los alumnos se dediquen de lleno y sin otras preocupaciones a su estudio, traten con respeto a sus maestros, tengan interés en entablar amistades y permanezcan convencidos de la justeza de su causa, sin nunca proceder de manera contraria ni cuando en el futuro se hayan alejado de sus maestros y amigos. (*Libro de los Ritos*)

Al enseñar a sus alumnos, un excelente maestro logra que éstos estudien de lleno y sin otras preocupaciones, que encuentren deleite en el estudio, que tengan descanso, que dispongan de oportunidad de divertirse, que asuman una actitud seria hacia el estudio y que sean exigentes consigo mismos. Si se logra llenar estos seis requisitos en el estudio, ya no tendrá paso libre nada de lo malsano, y prevalecerá la justa doctrina ideológica del ser y de la índole ... Como es normal en los seres humanos, lo que uno no quiere hacer no puede darle alegría, y haciendo algo que no le da alegría nunca podrá llegar a ninguna parte. (*Lü Shi Chun Qiu*)

Hay aspectos de la quintaesencia de la verdad que, cuando se los busca con apremiante urgencia, no se encuentran, pero que se le revelan a uno en horas de ocio y calma. Esto se debe a que uno fácilmente descubre algo cuando se siente alegre y, en cambio, falla a menudo en su capacidad de discernimiento cuando está presa de impaciencia e irritación. (Zhang Zai, 1020—1077)

Hay que estar de buen humor para leer un libro de un tirón. (Wei Qingzhi, ¿?—1240)

Sólo se llega a la verdadera quintaesencia del contenido de un libro cuando a uno ya le cuesta dejar el libro a medio leer. En cambio, si uno lo lee unas cuantas veces, capta mal que bien su contenido, siente hastío y le entran ganas de empezar la lectura de otro libro, entonces esto habla de que todavía no ha captado la quintaesencia del primer libro. (Zhang Boxing, 1652—1725)

Si a uno se le enseña pero sin despertarle interés y vocación por la materia, es inevitable que no le agrade el estudio. (Zhu Xi, 1130—1200)

En términos generales, es naturaleza de los niños el gustar de divertirse y sentir aversión a las restricciones. Con ellos pasa lo que con las hierbas y los árboles, que, libres de toda restricción y atadura, crecen con vigor y lozanía, pero una vez doblados o curvados, languidecen. Ahora bien, al educar a los niños es preciso lograr que aprendan con vivacidad y alegría, en cuyo caso será incontenible su progreso. Esto es como lo que sucede con las flores y los árboles que, acariciados por la tibia brisa primaveral y humedecidos por las lluvias oportunas, no dejarán de echar retoños, florecer y crecer, cambiando diariamente de aspecto. En cambio, crecerán a duras penas y languidecerán si sufren los estragos de las nevadas y granizadas. (Wang Shouren, 1472—1528)

En nuestro tiempo, los que enseñan las primeras letras a los niños no hacen diariamente más que vigilar su lectura y sus ejercicios de caligrafía, exigiéndoles que sean sumisos y obedientes, sin saber orientarlos por medio de los ritos, y exigiéndoles que sean inteligentes, sin saber sacarlos adelante con métodos suaves y simpáticos. Recurren a los latigazos y palmetazos, amarras y ataduras, como si fuera el alumno un reo. De este modo, el alumno mira la escuela como una cárcel en que no quiere entrar por nada del mundo, y mira al maestro como un enemigo a quien no puede ver ni pintado. Trata de conseguir diversión y distracción por medio de disimulos y escapes, comete diabluras y arma líos, miente y engaña, empeora en sus cualidades morales y va cuesta abajo. Pues ¿cómo es posible exigir que estudie de buen humor cuando se le obliga a hacer lo que detesta? (Ibíd.)

Yo, Li Zhi de Longhu, ¡qué alegremente estoy pasando los días! Todo el tiempo lo dedico a la lectura, ignorando todo lo demás ... La lectura me ofrece un placer infinito; cada minuto es para mí precioso. ¿Cómo me voy a atrever a desperdiciarlo? (Li Zhi, 1527—1602)

El trabajo de educación está consustanciado con la causa sagrada. Pero si el alumno carece de afición al estudio, es imposible mantenerlo en constante estudio aunque se recurra a medios coercitivos. Por tanto, al alumno es preciso, ante todo, tranquilizarle los ánimos, y es deber del maestro orientarlo siguiendo el curso natural de las cosas. (Wang Fuzhi, 1619—1692)

El alumno es un ser humano, y no un cerdo ni un perro. Hacerle recitar sin explicarle el sentido es como hacer repetir al bonzo un simple juramento o como hacer a uno masticar un trozo de madera. El alumno torpe puede dejarse mandar sumisamente, pero el inteligente no. A todo el mundo le gusta el placer, y ¿quién acepta de buen grado el sufrimiento? Aunque el estudio no proporciona tanto placer como los juegos de diversión, no por ello deja de ser necesario que el alumno encuentre algún deleite en los libros, para que se disponga a leerlos. (Wang Yun, 1784—1854)

En cuanto a los escolares, todavía no están bien desarrollados ni mental ni físicamente, y por eso es aún más necesario reducir su horario de estudio. En *Analectas* se habla de "estudiar y repasar constantemente", y en el *Libros de los Ritos*, capítulo "Xue Ji", se señala que "la hormiga, por diminuta que sea, viene aprendiendo a cada instante el arte de transportar tierra con la boca". Siempre que se adopten métodos apropiados, ya será bastante lo que aprenda el alumno en una o dos horas junto al pupitre. El resto del tiempo lo puede invertir en paseos por el huerto observando cómo crecen los seres vivos o en ejercicios físicos para fortalecerse de salud, o bien en escuchar música para solaz de los nervios. ¿Qué no se puede aprender con esas actividades? ¿Para qué no sirve lo que se aprende así? Grande es la esfera para que se muevan los alumnos. Pero lo que pasa ahora es que se nombran inspectores para vigilar a los alumnos, a quienes se exige que permanezcan bien sentados y se dejen controlar. El recinto de la escuela es tan angosto que difícilmente puede respirarse, y he aquí que se encierra a los alumnos y se los controla como si fueran reos culpables de graves delitos. Así que ellos quedan quietos pero distraídos

379

mirando sus libros, que no les despiertan ningún interés, pero con este método se busca que lleguen a aprender algo. Por tanto, pese a los duros esfuerzos de los maestros, se obtienen muy magros resultados, y pensando que todo esto se atribuye a la torpeza del alumno. (Liang Qichao, 1873—1929)

... Así, pues, en la educación de los niños, la simple enseñanza por medio de lo deleitoso sin nunca forzarles la inclinación natural, no permite, sin duda alguna, ampliar los horizontes para las posibilidades que les son inherentes. Baste recordar el momento en que nosotros empezamos a recibir educación. En aquella época no había libros de texto tan bonitos como los de ahora, ni ilustraciones tan agradables para regalar los ojos, pero no por ello dejamos de obtener resultados bastante pasables, y la razón es que, apremiados como estábamos por diversos factores, tuvimos que hacer valer espontáneamente nuestras posibilidades. Cierto es que linda con la barbaridad dejarlo todo a la propia reflexión del niño, sin explicarle nada del contenido. Sin embargo, por más reñido que esté con la moderna metodología didáctica, este método de designarle al alumno un libro obligándole a aprendérselo de memoria o plantearle un simple concepto a secas para que él mismo desentrañe su profundo sentido, muchas veces permite despertar la facultad de memoria y de entendimiento. Entiéndase bien que no estoy abogando por adoptar la antigua metodología didáctica; sólo trato de demostrar que es una ultracorrección lo que se hace hoy, induciendo al alumno exclusivamente con lo deleitoso, sin forzar nada. (Ibíd.) (El sentido de este pasaje es que, si bien es muy importante despertar el deleite del alumno, no por ello se justifica el "deleitismo", sino que es necesaria cierta presión sobre el alumno para empujarlo a trabajar duro en el estudio, y sólo así es posible el pleno desarrollo de su inteligencia.)

Esta es la razón por la cual al que lee por interés le cuesta dejar el libro a medio leer. Es que encuentra gran deleite en cada página y logra con la lectura ampliar sus horizontes mentales y enriquecer su caudal de conocimientos ... (Lu Xun, 1881—1936)

Los afectos y deseos y el desarrollo de la inteligencia

El carácter es innato, los afectos son sus formas de expresión, y los deseos son reacciones de los afectos frente al mundo exterior. (Xun Kuang, ¿313?—238 a. de J. C.)

Las expresiones del carácter del hombre, a saber, la afición, la aversión, la alegría, la ira, la congoja y la satisfacción, se llaman afectos. La selección que entre los afectos hace el corazón se llama reflexión. (Ibíd.)

El que está embargado de tristeza o de temor no percibe el sabor de la carne que está comiendo, ni oye las agradables campanadas y tamborileos, ni ve las vestimentas de brillante lujo, ni se siente cómodo aun acostado sobre blando colchón o fresca esterilla de bambú. (Ibíd.)

El carácter es innato, los afectos son sus formas de expresión, y los deseos son reacciones de los afectos frente al mundo exterior. Es propio de la inteligencia del hombre el tratar de realizar un deseo cuando lo cree justo. (Ibíd.)

Con la cabeza abarrotada de deseos, uno tiene ojos y no ve; tiene oídos y no oye. (Guan Zhong, ¿?—645 a. de J. C.)

Con el corazón lleno de deseos, uno tiene ojos y sin embargo no ve las cosas que pasan por delante; tiene oídos y sin embargo no oye los ruidos que le llegan. (Ibíd.)

Todo hombre nacido tiene deseos, afectos y capacidad de reflexión y discernimiento, los cuales son inherentes a cualquier ser animado y pensante. Por lo que a los deseos se refiere, son las sensaciones de sonido, color y sabor los que despiertan en el hombre afición o aversión. Los afectos pueden ser de alegría, ira, congoja o satisfacción, y de ahí que al hombre se le vea unas veces triste y otras de buen humor. La capacidad de discernimiento permite distinguir entre lo bello y lo feo, entre lo justo y lo erróneo, lo que determina la afición o la aversión. Es de los deseos de sonido, color y sabor de lo que depende la subsistencia de la vida humana, y es de sus afectos de alegría, ira, congoja y satisfacción de lo que depende su vinculación con el mundo exterior. La capacidad de discernimiento entre lo bello y lo feo, entre lo justo y lo erróneo le permite a uno comprender la verdad de los Cielos y la Tierra, de las deidades y los espíritus. Todo esto viene a formar parte de la naturaleza humana. (Dai Zhen, 1723—1777)

IX. "Concentrarse mentalmente" y "estudiar con espíritu receptivo y libre de prejuicios y con actitud serena"

— Relación entre la concentración mental y la formación de la inteligencia

Por atención entendemos el esfuerzo psíquico por dirigirse y converger a un determinado objetivo. La atención es como una ventana por donde se adquieren los conocimientos; de ahí la indudable importancia que tiene el desarrollo de la facultad de atención para la formación de la inteligencia. Xun Kuang (¿313?—238 a. de J. C.) señaló que sólo cuando uno "concentra toda su atención para reflexionar y observar" puede "comprender perfectamente a los dioses" y "llegar a un estado tan sublime como el Cielo y la Tierra." Mencio (327—289 a. de J. C.) puso como ejemplo una partida de *weiqi*[1] para demostrar que "es imposible lograr nada sin concentrarse mentalmente".

Los sabios chinos han hecho en términos concretos excelentes exposiciones acerca de cómo desarrollar la capacidad de atención, dejando sentencias de irrefutable validez tales como: "Estudiar con espíritu receptivo y libre de prejuicios y con actitud serena" (Xun Kuang); "No miréis dos objetos al mismo tiempo"; "No escuchéis dos voces simultáneamente" (Ibíd.); "Concentrad la atención y no penséis sino en una sola cosa; escuchad con cuidado; examinad los detalles". (Guan Zhong, ¿?—645 a. de J. C.); "El estudio requiere el pleno ejercicio de las facultades de pensamiento, vista y palabra" (Zhu Xi, 1130—1200).

383

---

1 *Weiqi*: un juego chino con damas blancas y negras, sobre un tablero de 361 cuadrados, en que los dos adversarios tratan de cercar uno a otro. — *Nota del Trad.*

Además, algunos pensadores, para conducir a la gente a concentrar su atención en el estudio, enfatizaban mucho la importancia de la especialización en una determinada rama del saber, exhortando a los estudiosos a ir pasando de la amplitud a la profundidad y de la lectura extensiva a la intensiva. Estas ideas contribuyen en gran medida a definir el rumbo para el desarrollo de la inteligencia.

"Sin una dedicación completa, nadie puede conseguir resultados fructíferos"

Algunos individuos quieren aprender de Mozi el arte de tirar al arco. Mozi responde: "Una persona inteligente hace lo que está dentro de sus posibilidades. Si ni siquiera un guerrero puede batirse y al mismo tiempo ayudar a los demás en el combate, ¿qué decir de vosotros, que no sois guerreros pero que queréis aprender el arte de tirar al arco sin haber terminado aún vuestros estudios?" (Mozi, ¿468?— 367 a. de J. C.)

El juego de *weiqi* es un pequeño arte, pero si uno no lo aprende con suficiente atención, no puede dominarlo. Yiqiu, campeón nacional de *weiqi*, enseñaba este arte a dos discípulos. Uno aprendía con afán asimilando todo lo que le enseñaba el maestro, mientras que el otro, aunque escuchaba también la explicación, distraía su atención pensando en tirar flechas al cisne que estaba volando por encima. Este aprendía en forma igual que aquél, pero no pudo alcanzarlo en el manejo de este arte. ¿Es que su inteligencia era inferior? La respuesta es categóricamente negativa. (Mencio, 372—289 a. de J. C.)

Cuando a uno le escapan sus gallinas o su perro, sabe que hay que buscarlos y recuperarlos, pero cuando le escapa la atención en los estudios, no sabe recuperarla. La clave del éxito en los estudios está precisamente en saber cómo recuperar la atención escapada. (Ibíd.)

Para estudiar es indispensable concentrarse. (Xun Kuang, ¿313?—238 a. de J. C.)

Un hombre de la calle llegará a un estado tan sublime como el Cielo y la Tierra si hace suya una determinada doctrina, se pone a estudiarla con atención, hace serias reflexiones, observa detenidamente las condiciones circundantes y persiste sin desmayo en su buena conducta. (Ibíd.)

¿Cómo puede el hombre llegar a saber? Gracias a su corazón. ¿Cómo hacerlo? Con espíritu sereno y libre de prejuicios y con una actitud serena. (Ibíd.)

Por concentración entendemos no dejarse perturbar por ninguna idea ajena a lo que se está estudiando. (Ibíd.)

Mirando dos objetos al mismo tiempo, no se puede ver con claridad; escuchando dos voces simultáneamente, no se puede oír con exactitud. (Ibíd.)

Distraído, uno no puede ver ni siquiera colores tan vivos como negro y blanco, ni oír sonidos tan estruendosos como el toque de tambor a su lado. (Ibíd.)

Con la atención distraída, uno no puede adquirir conocimientos; pensando en las musarañas, uno no puede profundizarse en sus estudios; apartando la atención de sus estudios; uno no puede esclarecer las dudas que tiene. (Ibíd.)

El maestro enseña con toda atención y los estudiantes aprenden de igual manera; así es como se puede terminar con rapidez los cursos de estudios. (Ibíd.)

Eran muchos los que tenían vocación por la cultura, pero sólo Cang Jie (inventor de los caracteres chinos, historiador oficial de la época de Huang Di, 2697—2599 a. de J. C.) dejó indeleble su nombre, porque se dedicó por entero a la creación de los caracteres chinos. Eran muchos los que se afanaban por la agricultura, pero sólo

Houji[1] dejó su nombre a las generaciones posteriores, porque se consagró por entero a la labranza. Eran muchos los que se inclinaban a la música, pero sólo Kui[2] logró transmitir su nombre a la posteridad, porque se entregó por entero a su arte. Desde tiempos inmemoriales hasta la fecha, nadie ha logrado dominar una especialidad sin poner en ella toda su atención. (Ibíd.)

Distraído, uno no puede ver aunque mire, ni oír aunque escuche, ni apreciar el sabor aunque coma. (*La Gran Ciencia*, uno de los cuatro libros clásicos de la escuela confuciana)

Concentrad la atención y no penséis sino en una sola cosa; escuchad con cuidado y examinad los detalles. Todo esto constituye las condiciones básicas para conocer con profundidad las cosas del mundo. (Guan Zhong, ¿?—645 a. de J. C.)

La mirada de uno no puede dirigirse al mismo tiempo a dos direcciones; sus oídos no pueden distinguir a la vez dos voces distintas, y sus manos no pueden usarse para hacer simultáneamente dos cosas distintas. Así, no se puede lograr éxito dibujando un círculo con una mano y un cuadrado con la otra. (Dong Zhongshu, 179—104 a. de. J. C.)

Yiqiu era el mejor jugador de *weiqi* de todo el país. Una vez, cuando jugaba una partida, un flautista pasó tocando por su lado. La música le distrajo, y en consecuencia, a último momento resultó incapaz de completar el cerco de las piezas de su contrincante en el tablero. Entonces se le preguntó qué táctica estaba empleando en el juego, y no pudo contestar. Lo que le había trastornado el juicio no fue una súbita complicación de la táctica, sino la intervención del flautista. Lishou[3] era un célebre matemático conocido en todo el país. Una vez, mientras hacía sus cálculos, una bandada de cisnes volaba por encima graznando, y se puso a tirar

---

1 Houji: funcionario encargado de la agricultura del soberano Yao, según la leyenda.
2 Kui: funcionario encargado de la música del soberano Shun, según la leyenda.
3 Lishou: gran matemático legendario que, según la tradición, vivió en la época del reinado del Huang Di.

flechas contra los pájaros. En el momento de hacerlo, se le preguntó una cuestión matemática, y quedó con la boca abierta, no porque la cuestión fuese tan difícil que le embotara el juicio, sino porque los cisnes desviaron su atención. Tanto Yiqiu como Lishou habían llegado al nivel más alto de su especialidad, y era poco probable que se equivocaran en el juego de *weiqi* y en matemáticas, pero bastó que desviaran su atención para fijarse en la música o en los cisnes, para que el uno perdiera la partida y el otro, la capacidad de cálculo. Tal es el resultado de la falta de concentración. (Liu Zhou, 514—565)

En mi opinión, el estudio requiere el pleno ejercicio de las facultades de pensamiento, vista y palabra. Si la atención no está concentrada en el estudio, no se puede leer con detenimiento. Si no ejercitan la mente y la vista, uno se limita a leer en voz alta sin comprender lo que está leyendo, y aún menos asimilar lo que está aprendiendo. Aun en el supuesto de que logre asimilar lo aprendido, no tardará en olvidarlo. De las tres facultades, la de pensamiento es la primera. Si ésta funciona con plenitud, las otras dos no dejarán de jugar el papel que les corresponde. (Zhu Xi, 1130—1200)

"Lo que cuenta es el detenimiento y la especialización"

Para un hombre excelso, son tonterías el estudiar muchas ramas del saber sin encontrar una sola que sea de su predilección, el no cultivar una especialidad sino contentarse con sus extensos conocimientos y el abarcar mucho sin tener una vocación fija. (Xun Kuang, ¿313?—238 a. de J. C.)

La lombriz de tierra no tiene garras ni dientes afilados ni músculos poderosos, pero puede vivir alimentándose de la tierra en el suelo y bebiendo agua subterránea, porque concentra su atención en buscar sustento. El cangrejo, en cambio, tiene ocho patas y dos pinzas, pero no tiene dónde vivir salvo en los escondites de serpientes y anguilas, porque su impaciencia no le permite concentrarse en la búsqueda de un refugio. Lo mismo es válido para los hombres. El que no tiene la firme voluntad de penetrar en el estudio y carece de espíritu de dedicación, no podrá llegar a ningún lugar de significación. Si rehusa realizar una labor silenciosa y ardua, no podrá lograr grandes éxitos en su empresa. Si vacila en la encrucijada, no podrá alcanzar su destino. Si se pone a servir a dos soberanos al mismo tiempo, terminará por ser rechazado por ambos. Esto es tan evidente como el hecho de que no se puede ver con claridad mirando en dos direcciones al mismo tiempo ni oír con exactitud escuchando dos voces simultáneamente. (Ibíd.)

La espada "Ganjiang" es muy afilada. Pero si se la usa para perforar, ya no sirve al mismo tiempo para golpear; si se la usa para golpear, ya no sirve al mismo tiempo para perforar. Esto, no porque la espada sea mala, sino porque una cosa no puede cumplir dos funciones distintas a la vez. ... Una mano no puede dibujar al mismo tiempo un círculo y un cuadrado; no se puede ver claramente dirigiendo las miradas al mismo tiempo tanto a la izquierda como a la derecha. Si no enseñamos a los alumnos a especializarse en una determinada rama del saber, no podrán profundizar en nada. (Wang Chong, 27—¿97?)

En el curso de un determinado tiempo, si uno trata de abarcar mucho, escribiendo artículos y libros sin interrupción, ¿cómo puede alcanzar un estilo de espontaneidad y soltura? (*Historia de la dinastía Song*)

El estudioso debe dedicarse a la lectura intensiva y no extensiva. Sólo cuando le sobran energías podrá ampliar la esfera de su lectura. (Huang Tingjian, 1045—1105)

(Estos artistas) han podido llegar a ser lo que son porque concentran su atención y sus energías en el estudio, ponen todos los sentidos en la perfección de sus técnicas, afrontan las dificultades sin desmayo, dan pasos seguros en la investigación para encontrar los caminos conducentes al éxito y hacen esfuerzos al efecto según aconsejen las condiciones. Después de un largo proceso de semejante entrenamiento, han podido actuar en público con una precisión matemática. Para ellos, las mayores dificultades y peligros no significan nada. Es con este espíritu con el que se conducen en las representaciones folklóricas. De esto se desprende que las técnicas perfectas de las artes nacen de los ejercicios más elementales. Las artes no pueden aprenderse sin firme voluntad y gran vocación, las cuales sirven de incentivo para las dotes artísticas. Nada exitoso es obra de impaciencia y precipitación. (Peng Shiwang, 1610—1683)

Hay quienes consideran que son estudiosos aquellos que leen con una rapidez extraordinaria, terminando decenas de volúmenes al día y persistiendo en su lectura sin cansancio hasta la muerte. Sin embargo, no creo que su trabajo tenga rendimiento. Sostengo esta opinión no sin fundamento. Una lectura rápida hace imposible detenerse en reflexiones tranquilas y profundas; una lectura ligera no basta para consolidar lo leído. Si uno lee de esta manera, a pesar de su aplicación y asiduidad, es como si no hubiera leído nada. (Feng Ban, 1602—1671)

X. "Oír mucho", "ver mucho", "gustar de preguntar" y "gustar de observar"
—Desarrollar la capacidad de percepción y de observación

La capacidad de percepción y la de observación son como los ojos en la estructura de la inteligencia. Los pensadores de nuestro país prestan mucha atención al desarrollo de dichas capacidades del hombre, y plantean al respecto diversas tesis acerca de la necesidad de "oír mucho" y "ver mucho", oponiéndose a la actitud de contentarse con permanecer inculto y poco informado. Consideran que las actividades perceptivas como el ver y el oír constituyen el punto de partida para adquirir conocimiento y formar la inteligencia, afirmando que "nada sabe el que no tenga los oídos ni la vista" y que "no está en buen estado de salud el que tenga defectos en el olfato, los oídos o la vista" (Wang Chong 27—¿97?). A fin de desarrollar la capacidad de percepción de los educandos, algunos sabios fomentan en la enseñanza un método semejante a lo que hoy se conoce como "instrucción audiovisual". Citemos algunos enunciados en este sentido: "Exponer una teoría en forma verbal; analizar un problema con esquemas gráficos" (Liu Hui, ¿225—295?); "se puede aprovechar el cine para la enseñanza" (Lu Xun, 1881—1936). Al propio tiempo, los pensadores chinos confieren mucha importancia a la ejercitación de la capacidad de observación, considerando que "sin someter a un proceso discursivo lo que se ha oído, no se puede incrementar la inteligencia" y que "sin comprobar lo que se ha visto, no se puede tener una imagen clara del objeto exterior" (Guan Zhong, ¿?—645 a. de J. C.) Estas afirmaciones apuntan a desarrollar, sobre la base de las percepciones, la capacidad de observación del hombre, o sea, la capacidad para conocer las cosas en forma general, sistemática, profunda y con un propósito bien definido. La capacidad de observación adquirida de este modo hace posible la transición de los conocimientos sensoriales a la abstracción mental. Este proceso es indispensable para formar la inteligencia.

Algunos sabios de los tiempos antiguos señalaban que para desarrollar la capacidad de percepción y de observación, es necesario aprovechar la ayuda de fuerzas externas, es decir, la ayuda de instrumentos. Opinaban que "los hombres santos primero hacen pleno uso de la vista, y luego utilizan raseros o medidas"; "agotar primero la facultad auditiva, y después afinar los tonos según las seis escalas de la música" (Mencio, 372—289 a. de J. C.); "El hombre excelso no lo es porque haya nacido diferente de los demás, sino porque sabe utilizar los medios materiales" (Xun Kuang, ¿313?—238 a. de J. C.). Con la ayuda de fuerzas externas, puede el hombre ampliar y profundizar el alcance de la capacidad de percepción de los órganos de sus sentidos, como los oídos, la vista, el olfato, el gusto y el tacto. Desde luego, para ver lejos, los antiguos sólo podían subir a una altura; para cruzar el río, sólo sabían utilizar una embarcación; para medir con precisión, sólo tenían el compás y la escuadra; para regular los tonos, sólo podían valerse de las seis escalas de la música. En nuestros tiempos, en cambio, ya estamos en condiciones de aprovechar el telescopio y el microscopio para extender nuestra facultad visual, y el fonendoscopio, el teléfono y la radio, para extender el alcance de nuestra facultad auditiva; de modo que han aumentado en gran medida la extensión y la profundidad de nuestra capacidad de percepción y de observación. Así la técnica para el manejo de los instrumentos viene a ser un aspecto indispensable para desarrollar nuestra capacidad de percepción y de observación.

"Oír mucho y ver mucho" — la manera de desarrollar la capacidad de percepción

Confucio dice: "Hay quienes presumen de saber pero sin saber. Yo estoy libre de este mal. Escucho ampliamente, y entre las diversas opiniones, opto por las correctas; tengo afán de ver y anoto lo que he observado. Por ser ésta la manera como yo adquiero mis conocimientos, resulta que soy inferior (a aquellos que han nacido sabiendo)". (*Analectas*)

"Oíd mucho y reservaos las dudas para vuestro posterior esclarecimiento; exponed con discreción aquello de que estáis seguros. Así cometeréis menos errores. Ved mucho y reservaos las dudas para vuestro posterior esclarecimiento; poned en práctica con discreción aquello de que estáis seguros. Así no tendréis que arrepentiros más tarde." (Ibíd.)

El conocimiento presupone oír, observar y vivir. (Mozi, ¿468?—376 a. de J. C.)

391

Oír, se oye de dos maneras: directa e indirecta. (Ibíd.)

Es indirecto lo que se oye a través de relatos de otras personas, y directo lo que se oye y se ve personalmente. (Ibíd.)

Ver, se ve de dos maneras: ver los contornos exteriores y ver todos los aspectos. (Ibíd.)

Con una visión unilateral, sólo se puede ver los contornos exteriores de las cosas, pero una visión multilateral permite ver todos los aspectos. (Ibíd.)

Los antiguos sostenían que el fracaso de un plan anterior debe servir de lección para la confección de los planes futuros, es decir, que es necesario basarnos en lo ya comprobado para prever un futuro aún no definido. Si trazamos planes acordes con esta enseñanza, alcanzaremos el éxito. (Ibíd.)

Para comprobar si existe o no una cosa, es necesario partir del criterio de la muchedumbre, basado en lo que ella oye con sus oídos y ve con sus ojos. Si ésta ha oído y visto directamente la existencia de una cosa, la cosa es realmente existente; si no la ha visto ni oído personalmente, hay que darla por inexistente. (Ibíd.)

Vale más oír que permanecer sin oír; vale más ver que oír, y vale más comprender que ver ... Con sólo oír sin ver, a pesar de su erudición, uno no puede evitar errores; con sólo ver sin comprender, a pesar de su seguridad en sí mismo, uno no puede orientarse por el rumbo correcto. (Xun Kuang, ¿313?—238 a. de J. C.)

Amplia información conduce a la erudición; poca información, a la superficialidad. Amplia esfera de visión conduce a la profundidad; reducida esfera, a la estrechez de juicio. (Ibíd.)

Los oídos, la vista, la lengua, el olfato y la piel tienen cada uno su propia función para percibir y reaccionar ante los estímulos del mundo exterior; no son mutuamente sustituibles. Estos son los órganos de los sentidos que el hombre tiene como dotes naturales. El corazón, ubicado en el centro del pecho, controla los cinco sentidos; es considerado como el mando supremo del cuerpo humano. (Ibíd.)

El corazón tiene la capacidad de comprobar las informaciones recibidas del mundo exterior a través de los órganos de los sentidos. En cambio, sólo los órganos auditivos pueden distinguir los sonidos diferentes; sólo los órganos visuales pueden distinguir las formas diferentes. Así, el corazón no puede jugar su papel sino después de recibir las imágenes transmitidas por los órganos de los sentidos. Si éstos reciben imágenes del exterior sin poder conocerlas, si el corazón no puede deducir los porqués y los cómos de las informaciones después de comprobarlas, entonces semejantes fenómenos generalmente son considerados como incógnitos. Se definen las distintas funciones de los órganos de los sentidos según cómo reaccionen ante las imágenes que reciben del exterior. (Ibíd.)

Si uno no puede ver los colores, es ciego; si no puede oír los sonidos, es sordo; si no puede percibir los olores, tiene el olfato obstruido. No está en buen estado de salud el que tenga defectos en el olfato, los oídos o la vista. (Wang Chong, 27—¿97?)

Sin ver ni oír, uno no puede figurarse cómo son las cosas. (Ibíd.)

Uno no puede comprender cabalmente una cosa sin ver con sus propios ojos y sin preguntar con su propia boca. (Ibíd.)

En realidad, los hombres santos y sabios no han nacido sabiendo. No han podido llegar a esa condición sino haciendo uso de los oídos y la vista para conocer las verdades. (Ibíd.)

Uno no puede entender la música sino después de tocar miles de obras musicales; no puede entender las armas sino después de ver miles de espadas. Por lo tanto, para apreciar la calidad de una obra, el método es ampliar su visión y su esfera de observación. (Liu Xie, ¿465—532?)

El señor Hu Yizhi[1] dijo una vez a su Excelencia el señor Teng[2]: Si un estudioso permanece encerrado en un ámbito restringido sin moverse, o vive en un lugar apartado, se convertirá en un hombre de juicio estrecho y de criterios mezquinos.

393

---

1 Hu Yizhi (993—1059): célebre pensador humanista que vivió durante la dinastía Song del Norte.
2 Teng Zongliang (990—1047): funcionario de la dinastía Song del Norte.

Tiene que viajar por diversas regiones para ensanchar la visión entrando en contacto con el mundo, conociendo las costumbres tanto del Norte como del Sur y apreciando los paisajes majestuosos de grandes montañas y ríos. Semejante viaje hace bien a todos los estudiosos. (*Recopilaciones de Ding Baoshu*)

¿Tienen los intelectuales la necesidad de viajar? Laozi decía que "sin salir del umbral de casa, bien se puede conocer los sucesos del mundo". Siendo así, ¿qué necesidad tienen de viajar? ¿No tienen los intelectuales la necesidad de hacer viajes? Cuando un varón nace, sus padres disparan seis flechas (una hacia el cielo, otra hacia la tierra y las demás hacia los cuatro puntos cardinales), en señal de la vocación del recién nacido por abrirse camino en todas las latitudes del mundo; entonces ¿cómo puede abstenerse de hacer viajes?

Confucio era un hombre de gran inteligencia. Sin embargo, fue a la Corte de la dinastía Zhou para conocer las reglas de los ritos y etiquetas; viajó al estado de Qi para conocer la música "shao", legado de los tiempos antiguos; estuvo en el estado de Wei, y de ahí regresó al estado de Lu. Con todos los datos reunidos, se puso a reconstruir esa música clasificando sus diversas melodías en "ya" y "song", según sus características. Antes de su viaje a la Corte de la dinastía Zhou y a los estados de Qi y de Wei, Confucio no tenía una idea cabal de las reglas de los ritos y etiquetas, ni

había escuchado la música "shao", ni había reconstruido las melodías "ya" y "song". Si fue así incluso un hombre de tan grande inteligencia, ¿qué decir de los hombres de inteligencia inferior? La idea de que los intelectuales pueden permanecer sin hacer viajes significa que pueden conocer los sucesos del mundo sin salir del umbral de su casa. Esta es la opinión de Laozi. La tesis de Laozi ponía énfasis en cultivar el espíritu y la moral personales dejando de lado los asuntos del Estado. Consideraba que todo el mundo estaba dentro de la mente del hombre, y por eso sostenía que bastaba buscar la verdad en la mente sin necesidad de salir al mundo exterior. Otros hombres santos mantenían opiniones diferentes. Es cierto que los hombres santos nacen sabiendo, pero lo que poseen no es más que las dotes y los talentos que han recibido de la Naturaleza, sin que por ello deje de ser necesario que ellos mismos hagan un esfuerzo por perfeccionarlos. Las montañas, los ríos, las costumbres de los diferentes lugares, los sentimientos del pueblo, las vicisitudes del mundo, las enseñanzas de los antiguos y los ejemplos de su conducta no pueden ser conocidos con amplitud sino en los viajes por afuera. No los pueden conocer por entero permaneciendo en casa ni siquiera los hombres de gran inteligencia. Por eso, si uno no tiene afán por ver y oír, será objeto de burla por su superficialidad. Si no es suficiente trabar amistades en un solo cantón, uno tiene que hacerlo en un estado, tiene que hacerlo en diferentes partes del mundo; si ni siquiera es suficiente hacerlo en las diferentes partes del mundo, tiene que hacerlo con los antiguos. Fue precisamente por eso que el gran poeta Tao Yuanming quiso viajar por la cuenca del río Amarillo para conocer los vestigios dejados por los hombres santos de las épocas anteriores. (Wu Cheng, 1249—1333)

La verdad no puede uno conocerla sin hacer uso de sus facultades de vista y oídos; ni siquiera los hombres santos y sabios la pueden encontrar permaneciendo en casa, por más que se devanen los sesos. (Wang Tingxiang, 1474—1544)

(Para escribir un artículo con éxito,) la experiencia adquirida en carne propia y el testimonio ocular son las condiciones fundamentales. (Wang Fuzhi, 1619—1692)

Para la enseñanza, es mejor utilizar las imágenes del cine que los materiales escritos por los profesores. Este será el rumbo de desarrollo de la enseñanza.

Desde luego, aquí anidan muchos problemas por resolver. Por ejemplo, en primer lugar, ¿qué películas deben utilizarse? Huelga decir que las películas al estilo norteamericano, cuyos argumentos se limitan a cómo uno amasó fortunas o contrajo matrimonio, no pueden cumplir la función de enseñanza. Pero personalmente he asistido a la exhibición de una película rodada para enseñar la bacteriología, y he visto un libro ilustrado de botanía, con muchas fotos y pocas explicaciones escritas. Por eso, estoy convencido de que no sólo se puede utilizar estos medios para enseñar la biología, sino también para dar clases de historia y geografía. (Lu Xun, 1881—1936)

... los conocimientos de una persona los constituyen sólo dos sectores: uno proviene de la experiencia directa y el otro, de la experiencia indirecta. Además, lo que para mí es experiencia indirecta, constituye experiencia directa para otros. Por lo tanto, considerando en su conjunto, los conocimientos, sean del tipo que fueren, no pueden separarse de la experiencia directa. Todo conocimiento se origina en las sensaciones que el hombre obtiene del mundo exterior objetivo a través de los órganos de los sentidos; no es materialista quien niegue la sensación, niegue la experiencia directa o niegue la participación personal en la práctica transformadora de la realidad. (Mao Zedong, 1893—1976)

... el primer paso en el proceso del conocimiento es el contacto con las cosas del mundo exterior; esto corresponde a la etapa de las sensaciones. El segundo es sintetizar los datos proporcionados por las sensaciones, ordenándolos y elaborándolos; esto corresponde a la etapa de los conceptos, los juicios y los razonamientos. Sólo cuando los datos proporcionados por las sensaciones son muy ricos (no fragmentarios e incompletos) y acordes con la realidad (no ilusorios), pueden servir de base para formar conceptos correctos y una lógica correcta. (Ibíd.)

"Gustar de preguntar y gustar de observar"— la manera de desarrollar la capacidad de observación

Si averiguamos qué hace una persona, si observamos cómo se conduce para llegar a un objetivo determinado y si investigamos con qué se contenta y con qué no, entonces es imposible que encubra su verdadero rostro. (*Analectas*)

(Para conocer la persona de uno) escuchad sus palabras y al mismo tiempo verificad su conducta. (Ibíd.)

Sin saber analizar las palabras (de uno), es imposible comprender su persona. (Ibíd.)

Una vez en el templo de los antepasados del rey Zhou, Confucio hizo preguntas sobre todo lo que no entendía. (Ibíd.)

Inteligente y aplicado, no se avergüenza de preguntar a sus inferiores sobre lo que no entiende. (Ibíd.)

Zengzi, otro nombre de Zeng Can (discípulo de Confucio), dice: "Un hombre de gran talento a veces tiene que pedir consejos a hombres de capacidad inferior, un hombre de amplios conocimientos a veces tiene que preguntar a hombres de pocos conocimientos. Un hombre de gran erudición debe conducirse como carente de ella; un hombre ampliamente informado debe andar como falto de información". (Ibíd.)

Para conocer el carácter de una persona, es mejor observar sus ojos, que no pueden ocultar sus intenciones. Si es un hombre de rectitud y honestidad, sus ojos fulguran con brillo; en caso contrario, sus ojos revelan una luz tenue y melancólica. Si escuchamos lo que dice y observamos sus ojos, ¿cómo puede encubrir sus verdaderos colores? (Mencio, 372—289 a. de J. C.)

Xi Peng (hombre oriundo del estado de Qi y que prestó ayuda a Guan Zhong cuando éste era primer ministro del rey de Qi) gustaba de conocer los sucesos de trascendencia y no se cansaba de hacer preguntas a sus inferiores. (Guan Zhong, ¿?—645 a. de J. C.)

Escuchando sin analizar, uno no puede comprender; la incomprensión conduce a errores. Mirando sin investigar, uno no puede tener una visión clara; la visión confusa conduce a faltas. Pensando sin llegar a conclusiones, uno no puede adquirir conocimientos, y de ahí la confusión. (Ibíd.)

Es necesario someter a un análisis lo que se ha oído. Sin análisis no se puede distinguir lo bueno de lo malo. (*Lü Shi Chun Qiu*)

El rey Wen Wang de la dinastía Zhou era inteligente y gustaba de preguntar, y por eso llegó a ser un hombre santo. El rey Wu era valiente y también gustaba de preguntar, y por eso salió siempre victorioso. (*Huainanzi*)

Con buena visión se puede observar con profundidad y llegar a conocer las leyes que rigen las cosas. Con buenos oídos se sabe concebir buenos proyectos. (Wang Anshi, 1021—1086)

Según una novela, los copos de nieve tienen la forma sexagonal en el invierno, y pentagonal en la primavera. En cada nevada primaveral de los años pasados, yo ponía los copos de nieve en la manga para examinarlos y descubrí que no era así. Ignoro en qué se fundamenta la descripción de esa novela.

Según el capítulo "Xiao Ya" del *Libro de las Odas*, las orugas de los helótidos (una especie de insecto que ataca las plantas del arroz) son llevadas por las avispas como crías propias. Las anotaciones hechas al *Libro de las Odas* por Zheng Xuan (de la dinastía Han Oriental, 25—220) también afirman que las avispas llevan a las orugas de los helótidos a sus colmenas para criarlas y que en siete días, éstas pasan a ser sus propias crías. Cuando yo vivía en el campo, cada año examinaba las colmenas y encontré algo totalmente diferente. Las avispas ponían primero huevos en el fondo del panal antes de construir las colmenas, y luego cazaban las orugas de los helótidos y arañas para llenar las celdillas. Unos días más tarde, las larvas salían de los huevos alimentándose de las orugas y mariposas, y en unos días más pasaban a ser avispas adultas. Varios años de observación confirmaron esta conclusión.

Esto me hizo comprender que los antiguos no observaban con los ojos propios los fenómenos naturales, y no pocos aceptaron conclusiones erróneas de otros.

Por lo tanto, no debemos creer en afirmaciones sin fundamentos. De esto son muy ilustrativos los dos ejemplos arriba citados. (Wang Tingxiang, 1474—1544)

Los hombres santos y sabios tienen amplios conocimientos sólo porque saben combinar sus reflexiones con lo que han visto y oído en persona. (Ibíd.)

Si una persona inexperta de las zonas rurales de la provincia de Guangdong hace un viaje a Shanghai, Beijing o algunos otros lugares, temo que sean limitados los resultados de su observación, porque no se habrá ejercitado en su capacidad de observación. (Lu Xun, 1881—1936)

La observación es el primer paso para adquirir conocimientos, sean cuales fueren. (Li Siguang, 1889—1971)

"Saber utilizar medios materiales" — hacia una observación profunda y amplia

Li Lou[1] se distinguía por su vista excelente y precisa y Lu Ban era gran maestro de carpintería, pero ni el uno ni el otro podían hacer cosas redondas y cuadradas sin compás ni escuadra. Shi Kuang[2], gran músico de la época antigua, tenía extraordinarias aptitudes para oír, pero no podía rectificar los diferentes tonos sin aprovecharse de las seis escalas de la música. Los hombres santos hacían pleno uso de sus facultades físicas, pero al mismo tiempo se aprovechaban de instrumentos como el compás, la escuadra y el cordel nivelador para fabricar objetos de forma redonda, cuadrada, plana, recta y lo que sea. Así era como podían manejarse a sus anchas. El ejercicio de la facultad auditiva y la ayuda de las seis escalas musicales hacen posible precisar los cinco tonos con facilidad. (Mencio, 372—289 a. de J. C.)

399

---

1 Li Lou: según la leyenda, hombre de gran clarividencia de la época de Huang Di (2697—2599 a. de J. C.).
2 Shi Kuang: músico del principado Jin del Período de la Primavera y del Otoño.

Hubo una ocasión en que hice durante días enteros reflexiones solitarias, pero éstas no rindieron tanto como unos ratos de estudio. En otra ocasión me puse de puntillas, pero no pude ver tan lejos como habiendo subido a una altura. Cuando agito los brazos en la altura, si bien éstos no han ganado nada en longitud, la gente puede divisarlos desde muy lejos. Cuando lanzo un grito en la dirección en que soplaba el viento, aunque mi voz no sea más alta que de costumbre, la gente puede oírla con mucha claridad. Otros ejemplos: viajando en carruaje, el viajero que no tiene piernas ligeras puede recorrer largas distancias. Los viajeros en barco, sin saber necesariamente nadar, pueden cruzar ríos anchos. El hombre excelso no lo es porque haya nacido diferente de los demás, sino porque sabe utilizar los medios materiales. (Xun Kuang, ¿313?—238 a. de J. C.)

XI. "Saber y guardar" y "aprender y repasar constantemente"
— Reforzar la memoria

La memoria es el proceso por el cual el cerebro humano archiva algo vivido para su reproducción posterior o para su reconocimiento en el momento de su reaparición. Sin memoria no podría haber conservación ni acumulación de inteligencia, y la capacidad cognoscitiva y la de entendimiento del hombre tendrían que empezar desde la nulidad. De ahí la importancia de la facultad de memoria como eslabón indispensable de la estructura de la inteligencia, que es en el sistema intelectual lo que el dispositivo de almacenamiento de la información en la computadora. Los pensadores de la China antigua ya tenían cierta noción de las funciones de la memoria. Al decir que "el corazón no deja de archivar", Xun Kuang (¿313?—238 a. de J. C.) dejaba en pie la capacidad del "corazón" (que debería ser el "cerebro") para archivar las experiencias y conocimientos adquiridos. Zhang Zai (1020—1077), por su parte, dijo que "sin memorizar no se puede proceder a pensar", lo que significa que la memoria es la base del pensamiento y que sin guardar lo aprendido en la memoria es imposible dar ni el primer paso en el pensamiento.

Enemigo de la memoria es el olvido, que en el proceso de la memoria va en sentido contrario a la conservación, recuerdo y reconocimiento. Se trata de un factor negativo en el proceso. Un arma para combatirlo y vencerlo y consolidar la memoria es el repaso. La fisiología y la psicología modernas nos demuestran que el olvido es la desaparición de las "huellas" en el cerebro y la obstrucción de las viejas trabazones, mientras que el repaso sirve para restablecer estas últimas. En la historia de la educación en China, ha sido tradición constante el atribuir gran importancia al repaso. Han venido circulando a través de los siglos sentencias tan célebres como éstas: "¿No será gran placer estudiar y repasar constantemente lo estudiado?" (*Analectas*) y "Aprender algo por la mañana y repasarlo por la tarde, y así sucesivamente, sin desmayo" (Guan Zhong, ¿?—645 a. de J. C.). En su sentido original, la primera sentencia, la de Confucio, debería ser traducida como "¿No será gran placer estudiar y aprender constantemente lo estudiado?", donde el verbo "aprender" ("xí" en chino clásico) significaría adquirir conocimientos en el proceso de la experiencia y de la práctica. Pero ese verbo chino fue más tarde interpretado como "repasar" (como, por ejemplo, en la acotación de He Yan (¿?—249): "recitándolo constantemente para aprendérselo de memoria", y en la de Zhu Xi (1130—1200): "volver una y otra vez a aprenderlo, como vuelan una y otra vez los pájaros"), y de ahí su interpretación como "¿No será gran placer estudiar y repasar constantemente lo estudiado?", sentencia típica que siempre se cita para recalcar la importancia del repaso. Este significado que se le atribuyó a la sentencia ha tenido ya sus efectos en la educación de tantos siglos que hoy no podemos sino darle carta de ciudadanía.

Asimismo, algunos pensadores de la China antigua intentaron cierta investigación acerca de la relación entre la memoria y el entendimiento. "El que ha leído mucho —decía Zhang Zai—, pero que fácilmente olvida lo leído, es que no ha entendido con profundidad lo que leía. Cuando se entiende algo con profundidad, no hay cómo echarlo al olvido". Es decir, sin una profunda comprensión del sentido esencial de una cosa es difícil guardarla en la memoria. El hecho de que de los ciento y tantos "niños prodigio" seleccionados durante la dinastía Song pocos tuvieran éxtio más tarde se debió, entre otras cosas, al método unilateral de cultivar en ellos la facultad de memoria mecánica, sustituyendo por esa facultad el desarrollo integral de la inteligencia. Por ejemplo, el emperador Gao Zong de esa misma dinastía, al darse cuenta de que ninguno de los "niños prodigio" por él seleccionados había salido airoso de los exámenes imperiales, preguntó a sus ministros por la razón de tan pobre resultado, y éstos le contestaron que los niños seleccionados sólo sabían recitar los textos sin entender su sentido, ni sabían redactar nada por sí mismos, de modo que si bien al recitar de memoria lo hacían "con toda fluidez y sin ninguna inexactitud", quedaban "sin saber cómo hacer brotar las palabras de su propio pincel de escribir" cada vez que tenían que redactar algo por su propia cuenta. De lo expuesto se infiere que el énfasis unilateral en la memoria no contribuye al desarrollo sano de la inteligencia. Liang Qichao (1873—1929) señala que al hombre le son inherentes la "capacidad de memoria" y la "capacidad de entendimiento" y que ésta es la base de aquélla, de modo que es preciso memorizar teniendo como prerrequisito el entender, y que es inaceptable la práctica de aprenderse algo exclusivamente de memoria, a cierra ojos. Esto coincide con la bien conocida tesis del pedagogo checo Jan Amos Komensky (1592—1670) de que "de ningún modo se debe forzar a uno a aprenderse nada de memoria, salvo lo bien entendido".

<hr/>

402

Confucio dice: "¿No será gran placer estudiar y repasar constantemente lo estudiado? " (*Analectas*)

Llegar cada día a saber algo nuevo que no se sabía, y guardar cada mes sin olvido lo aprendido, eso ya puede calificarse de estudiar con ahínco. (Ibíd.)

Repasando lo aprendido y aprendiendo lo nuevo, uno ya estará en condiciones de enseñar. (Ibíd.)

Guardar silenciosamente en la memoria lo aprendido y seguir aprendiendo infatigablemente. (Ibíd.)

Unos conocimientos fragmentarios adquiridos de simple memoria no le dan abasto a uno para enseñar. ¿No será necesario desatarle al alumno sus dudas según las preguntas que haga? Cuando éste se siente incapaz de expresarse para hacer sus preguntas, al maestro le corresponde orientarlo, y si el alumno sigue sin entender, se puede dejar a un lado, por de pronto, la orientación, en espera de mejor oportunidad. (*Libro de los Ritos*)

El estudioso se hace enseñar por la mañana, de día asimila lo aprendido para llegar a dominarlo, a la caída de la tarde lo repasa y de noche hace un recuento de lo sucedido durante todo el día, y si no encuentra de qué arrepentirse, ya se siente tranquilo. (*Guo Yu*)

El corazón no deja de archivar, pero se suele hablar de eso de aprender sin nada preconcebido ... El caso es que, una vez nacido, el hombre ya está dotado de la capacidad de conocer las cosas. El conocimiento conlleva la memoria, y la memoria es lo que llamamos "archivo". Cuando se habla de la necesidad de aprender sin nada preconcebido, lo que se quiere decir es que hay que velar porque nada de lo ya sabido venga a entorpecer la adquisición de nuevos conocimientos. (Xun Kuang, ¿313?—238 a. de J. C.)

Aprender algo por la mañana y repasarlo por la tarde, y así sucesivamente, sin desmayo. (Guan Zhong, ¿?—645 a. de J. C.)

Repasad y repasad, pues hasta las desventajas del repaso son mejores que las ventajas del no repaso, sin contar que las ventajas del repaso son mucho mejores aún que las desventajas del no repaso. (Yang Xiong, 53 a. de J. C.—18 d. C.)

También es necesario saberse de memoria los textos clásicos, pues aun teniendo uno la inteligencia de Shun o Yu, la simple lectura sin guardar en la memoria lo leído lo dejaría en una posición inferior a la de un sordo o un ciego, que con todo saben indicar el camino con el dedo. Lo que uno se sabe de memoria, lo puede explicar en palabras, y lo explicable en palabras lo puede poner en la acción. Por tanto, para el principiante es imprescindible la memorización. (Zhang Zai, 1020—1077)

Sin memorizar no se puede proceder a pensar. (Ibíd.)

El que ha leído mucho pero que fácilmente olvida lo leído, es que no ha entendido con profundidad lo que leía. Cuando se entiende algo con profundidad, no hay cómo echarlo al olvido. (Ibíd.)

El que tenga flaca memoria no tiene más que recitar el texto más repetidamente para llegar naturalmente a familiarse con él y tenerlo sólidamente guardado en la memoria. (Zhang Boxing, 1652—1725)

El que apenas comienza a estudiar no es capaz de aprenderse de memoria los textos. Pero a medida que va ampliando y profundizando sus estudios, va pasando por encima de la simple memorización. Por tanto, la memorización no sirve más que como la embarcación o el carruaje en el itinerario del estudio. Para viajar, uno tiene que utilizar una embarcación o un carruaje. Pero una vez llegado a destino, los abandona. Quien no viaja nunca no tiene, naturalmente, necesidad ni de la embarcación ni del carruaje. Pero resulta que quienes no tienen esa necesidad la niegan lisa y llanamente alegando el ejemplo de quienes abandonan el vehículo por haber llegado a destino. ¿Cómo puede un hombre excelso aceptar semejante absurdo? (Zhang Xuecheng, 1738—1801)

En la educación de los niños, más fácil es despertarles su capacidad de entendimiento que recurrir forzadamente a su capacidad de memoria. ¿Por qué? El entendimiento tiene como punto de partida los hechos anteriores para (en un proceso esencialmente de rápidas percepciones) seguir adelante en un sentido natural y con todo el camino expedito. Por ser expedito el camino, la mente tiene gran receptividad. En cambio, la memoria tiene como base la retención (como un reflejo de rechazo de los rayos del sol crepuscular) y sigue un curso diametralmente opuesto a lo natural, con el camino erizado de obstáculos, y de ahí la flaqueza de la memoria. Por tanto, sería, desde luego, muy ideal que un hombre posea fuertes capacidades innatas de entendimiento y de memoria, pero si no puede reunir las unas y las otras, entonces mejor es poseer fuertes capacidades de entendimiento que de memoria. ¿Por qué? Lo que distingue al hombre de los animales es que tiene un cerebro capaz de entender profundamente las verdades de la vida humana. Al que ya esté dotado de capacidad de memoria hay que exigirle que posea también capacidad de entendimiento. Sin memoria no hay cómo entender. En las personas fuertes en entendimiento pero débiles en memoria, lo guardado en la memoria se utiliza generalmente como medio coadyuvante para reforzar el entendimiento (es a esto a lo que me refiero cuando hablo de fuerte capacidad de entendimiento, sin que esto signifique que la memoria sea algo totalmente innecesario; sin embargo, la capacidad de memoria se adquiere en su mayor parte en pleno proceso de adquisición del entendimiento, y en esto no debe haber la menor confusión). En quienes poseen fuerte capacidad de memoria pero pobre capacidad de entendimiento, lo mucho que tienen guardado en la memoria es de escasa utilidad. En cambio, el "curso natural", el "camino expedito" y la "fácil receptividad" pueden permitir al hombre reforzar su capacidad de memoria si es que se lo orienta por el lado de su capacidad de entendimiento, en tanto que el "curso antinatural", el "camino erizado de obstáculos" y la "pobre receptividad" conduce al debilitamiento de la capacidad de entendimiento si es que a uno se le fuerza a ejercitar exclusivamente su memoria. En Occidente se atribuye en la educación gran importancia a la capacidad de entendimiento, y ha sido por esto que partiendo del agua hirviendo en un pote se ha podido llegar al invento de la máquina de vapor y partiendo de la tirantez de una brizna de hierba se ha podido llegar al descubrimiento de la gravitación de los objetos ... En cambio, en China, se pone en la educación el énfasis en la capacidad de memoria, de modo que se ha considerado muy importante investigar a fondo cada uno de los detalles de la geografía antigua, de la arquitectura antigua, de la etimología antigua (para

la interpretación de los textos antiguos) y de los objetos y utensilios antiguos,
agotando las acepciones de cada uno de los vocablos. Al enseñar a los niños, no
se aprovecha el curso natural de las cosas ni se despierta en ellos el entendimiento
mediante metáforas. Lo único que se les exige es que hagan duros esfuerzos por
aprenderse de memoria los textos para llegar a poder recitarlos de corrido. No es
que carezcan de solidez los conocimientos así adquiridos. Sin embargo, a mí me
parece que no faltan quienes a pesar de sus excelentes dotes naturales sean pobres
para la memorización. Creo que un hombre de fuerte capacidad de memoria llega
a guardar con toda seguridad en su memoria lo que repite oralmente diez o veinte
veces. Si más allá de tantas repeticiones todavía no llega a tenerlo bien grabado en
la memoria, no me parece ya de ninguna utilidad ni repetirlo cien veces. Ahora
bien, se podría emplear en cambio otro método explicándole lo que está escrito en
el texto o dilucidándole las verdades que contienen y ayudándole, luego que se le
hayan desatado las dudas, a retenerlo tranquilamente en la memoria. De este modo,
será imposible que no logre memorizar el texto. A los cinco o seis años de edad, el
hombre apenas comienza a tener bien formado el cráneo y su cerebro apenas
empieza a funcionar. En ese momento hay que orientarlo siguiendo el curso
natural de las cosas en vez de ahogar su principiante inteligencia. Hay que partir
de los objetos que están a la vista, enseñárselos aunque sólo sean unos cuantos
objetos por día, proceso por el cual, al cabo de unos pocos años, el educando
ya puede tener un entendimiento esencial de la naturaleza y de la sociedad.
Este procedimiento consustancial con el curso natural de las cosas sería muy
bien acogido por los niños. Pero lo que pasa es que se deja este método sin
utilizar, y en su lugar se insiste en el otro método de imponer al niño lo que
no entiende y obligarle a aprendérselo de memoria, lo que recuerda la frase en
el *Libro de los Ritos*, capítulo "Xue Ji": "Esto sólo ofrece dificultades a la gente
en lugar de dar resultados efectivos". El primer método se caracteriza por la
"iluminación del cerebro", y el segundo, por su "asfixia". Con la "iluminación del
cerebro" se refuerza diariamente la inteligencia, mientras que con su "asfixia" va
deteriorando de día en día. (Liang Qichao, 1873—1929)

Para el estudio de la medicina occidental es muy necesaria la memorización y el estudio de las ciencias básicas, todo lo cual dura por lo menos cuatro años. Pero aun esto es solamente una armazón rudimentaria que debe ser complementada por largos años de ejercicios posteriores. (Lu Xun, 1881—1936)

XII. "Reflexionar con tesón" y "reflexionar con profundidad", combinando la reflexión con el estudio
— Cómo ejercitar la facultad de pensamiento

El pensamiento es el proceso del conocimiento racional del hombre y un reflejo indirecto y sintético de la realidad objetiva en su cabeza. La facultad de pensamiento es la médula de la inteligencia, su organizadora y uno de los rasgos fundamentales que distinguen al hombre de los demás animales. Al hombre y a los demás animales les son comunes accidentes psíquicos tales como la sensación, el ánimo, etc. En cambio, el pensamiento es una facultad privativa del hombre. Federico Engels llama al "espíritu pensante" "la más bella flor del globo terrestre". En la historia de la educación de China ha sido constante la importancia que se atribuía al desarrollo de la facultad de pensamiento. Son encarecidas recomendaciones de nuestros sabios antiguos las de "reflexionar con tesón", "reflexionar mucho", "reflexionar con profundidad" y "reflexionar con detenimiento". Dando carta de ciudadanía al conocimiento sensorial como fuente de todo conocimiento, Wang Chong (27—¿97?) avanzó un paso más adelante al señalar que no basta con el conocimiento sensorial para captar la esencia de las cosas, pues en tal caso sería como si "uno mirara desde un piso alto las hormigas del suelo, sin alcanzar a ver cómo son". Además, las impresiones obtenidas con el conocimiento sensorial pueden ser falsas, de modo que sólo se adquiere verdadero conocimiento pasando del conocimiento sensorial al pensamiento, como señala Wang Chong cuando dice que "no basta con los oídos y los ojos, sino que es preciso hacer funcionar el corazón". El citado filósofo hace, asimismo, descripciones de diversas modalidades de pensamiento tales como el "deducir partiendo de síntomas insignificantes y prever el resultado final a juzgar por el comienzo", el "escudriñar otros fenómenos de la misma especie", el "examinar la experiencia pasada", el "deducir según lo

acaecido con otras cosas de la misma especie", etc., todo lo cual corresponde,

grosso modo, a lo que entendemos hoy por análisis, síntesis, comparación, juicio,

razonamiento y otras modalidades del proceso de pensamiento. Echando mano de

célebres versos de tres grandes poetas de la dinastía Song, Wang Guowei (1877—

1927) nos deja una vívida descripción gráfica de las tres etapas del estudio

académico, de las cuales la segunda, la de silencioso estudio y profunda reflexión

renunciando al sueño y olvidando la comida, hasta el punto de que "el cinturón se

me hace más y más holgado" y "quedo con la cara demacrada", es la más decisiva,

y en realidad es la etapa de más intensivo pensamiento, sólo superada la cual es

posible verse súbitamente iluminado y abrirse un camino despejado y anchuroso

para alcanzar el conocimiento lógico.

¿Marchan a la par y en forma proporcional la adquisición de conocimientos

y el desarrollo de la facultad de pensamiento? Este es un problema en torno al cual

hay opiniones muy encontradas entre los psicólogos. A este respecto emitieron los

antiguos pensadores chinos ciertas opiniones que, con ser poco detalladas y precisas,

son bastante valiosas. Coincidían en la opinión fundamental de que son correlativos

y mutuamente contribuyentes el desarrollo de la facultad de pensamiento y la

acumulación de conocimientos, y de ahí la necesidad de combinar la reflexión con

el estudio y atribuir igual importancia a ambos aspectos. Desde Confucio, con su

sentencia de que "el que estudia sin reflexionar se deja engañar, y el que reflexiona

sin estudiar se pierde en la perplejidad", hasta Zhu Xi (1130—1200), con su

recomendación de "recitar de memoria y reflexionar con detenimiento", así como

hasta Wang Fuzhi (1619—1692), con su opinión de que "a mayor conocimiento,

mayor alcance del pensamiento" y la de que "las dudas con que uno tropieza en la

reflexión lo obligan a estudiar aún con mayor aplicación", todos ellos subrayan que

la acumulación de conocimientos y el desarrollo de la facultad de pensamiento

marchan paralelamente y se complementan mutuamente, de modo que no se debe

desatender ni lo uno ni lo otro.

"Reflexionar para ensartar los conocimientos adquiridos"

Zi Xia (discípulo de Confucio) dice: "Estudiar en los más variados dominios y guardar firmemente en la memoria lo estudiado, no tardar en formular las preguntas que se ocurren para obtener una respuesta, y, después de obtenerla, reflexionar sobre ella con tesón —he aquí la benevolencia y la virtud". (*Analectas*)

Confucio dice: "El hombre excelso reflexiona en las nueve ocasiones siguientes: reflexiona al mirar si ve claro; reflexiona al escuchar si oye claro; reflexiona al tratar a la gente si está poniendo cara simpática; reflexiona al comportarse si lo está haciendo con modestia; reflexiona al hablar si lo está haciendo con sinceridad; reflexiona al trabajar si lo está haciendo con seriedad y a conciencia; reflexiona al haber surgido dudas si ha pedido consejos a los demás; reflexiona al sentirse furioso si no conlleva esto consecuencias funestas, y reflexiona ante la posibilidad de obtener provecho si es justo obtenerlo". (Ibíd.)

Confucio dice: "Cuando uno se encuentra con un problema y no se pregunta ¿qué hago yo? ¿qué hago yo?, entonces yo tampoco sé qué puedo hacer con él". (Ibíd.) (Aquí sugiere Confucio que al encontrarse con problemas, hay que plantear interrogantes y reflexionar con detenimiento.)

Partir de lo oído, examinarlo y llegar a captar su sentido es función de la reflexión. (Mozi, ¿468?—376 a. de J. C.) (Este pasaje sugiere que es función de los órganos de pensamiento transformar el conocimiento sensorial en inteligencia.)

Reflexión es búsqueda. (Ibíd.)

Reflexión: Por reflexión se entiende la búsqueda basada en lo ya sabido, pero esto no implica necesariamente encontrar, igual que quien busca algo de reojo no alcanza necesariamente a verlo. (Ibíd.)

La lógica sirve para delimitar entre lo acertado y lo erróneo, conocer las causas de la prosperidad social y del caos, esclarecer las similitudes y las diferencias y examinar la interrelación entre el ser y su nombre; determinar los pros y los contras y desatar las dudas: reflejar las leyes naturales de las cosas, encontrar la clasificación de las más variadas opiniones, expresar el ente mediante el concepto, el juicio mediante la frase y la causa mediante la deducción; hacer el resumen según el principio de la identidad y hacer la deducción según el mismo principio. El que tiene algo fundamentado no teme la crítica, y el que no lo tiene no conviene que critique a los demás. (Ibíd.)

En esto de hablar, lo que cuenta no es la cantidad sino la propiedad, no es el colorido fraseológico, sino la coherencia lógica. (Ibíd.)

El hombre inteligente piensa en forma lógica y habla sucintamente. (Ibíd.)

Con el que no sepa distinguir lógicamente entre lo acertado y lo erróneo no hay por qué entrar en trato. (Ibíd.)

Reflexionar para ensartar los conocimientos adquiridos. (Xun Kuang, ¿313?— 238 a. de J. C.)

Por tanto, los conocimientos no hace falta que sean muy amplios, pero lo que hace falta es comprobar la justeza de lo que se sabe. (Ibíd.)

Estudiar ampliamente, preguntar y escuchar atentamente, reflexionar cuidadosamente, discernir claramente y actuar decididamente. (*Libros de los Ritos*) (Este pasaje ratifica la importancia del pensamiento en el proceso didáctico. Aquí el "preguntar y escuchar atentamente", el "reflexionar cuidadosamente" y el "discernir claramente" son formas de concreción del pensamiento.)

Sólo sabiendo dónde está la suma perfección es posible fijar un ideal; sólo con un ideal fijo se puede evitar improvisaciones temerarias; sólo evitando improvisaciones temerarias se puede mantener la tranquilidad; sólo manteniendo la tranquilidad se puede reflexionar en forma circunstanciada, y sólo reflexionando en forma circunstanciada se puede llegar a la suma perfección. (Ibíd.)

O bien no preguntar, o bien preguntar y no cejar hasta esclarecerlo todo a fondo; o bien no reflexionar, o bien reflexionar y no cejar hasta lograr algo; o bien no discernir, o bien discernir hasta alcanzar la más completa claridad. (Ibíd.)

Reflexionar y reflexionar, y en caso de no dar con la solución pese a la reflexión, apelar a la ayuda de los fantasmas y deidades. Pero el resultado se obtiene no por obra de los fantasmas y deidades, sino gracias a la claridad que se ha hecho en el corazón. (Guan Zhong, ¿?—645 a. de J. C.)

Por lo común, los hombres santos saben prever la buena o mala suerte porque saben deducir partiendo de síntomas insignificantes y prever el resultado final a juzgar por el comienzo, empezar por trivialidades del hombre de la calle para llegar a comentar por analogía los importantes asuntos de la Corte y empezar por lo fácilmente visible para llegar a lo oculto e invisible ... Escudriñar otros fenómenos de la especie para prever las desgracias. Examinar la experiencia pasada para prever el porvenir ... Los hombres clarividentes no deben su capacidad de previsión a dotes excepcionales, sino al razonamiento que efectúan basándose en la clasificación de las cosas. (Wang Chong, 27—¿97?)

411

Al hacer un comentario, si no se concentra la atención, si no hay claridad en la cabeza, si se procede a juzgar partiendo solamente de lo superficial que se ha oído o visto, dándole todo el crédito en lugar de someterlo a un análisis y examen de la mente, esto significa actuar simplemente según lo visto y oído y no sobre la base de la reflexión. Comentando simplemente según lo visto y oído, uno se deja llevar por lo aparente y falso. Dando crédito a lo aparente y falso, se confunde lo justo con lo erróneo. Por tanto, quien juzga sobre lo justo y lo erróneo debe apelar a su reflexión interna y no basarse meramente en lo que ve y oye al vuelo. (Ibíd.)

La expresión verbal amplía el sentido, y la reflexión mental lo profundiza. (Lu Ji, 261—303)

Se me preguntará: "El saber y el pensar ¿son dos cosas distintas o una misma cosa?" Yo contestaré: "El saber es pensar, sólo que saber es menos profundo que pensar". (Fan Zhen, 450—510)

El hombre virtuoso lo es porque reflexiona constantemente examinando su propia conducta, y el hombre depravado lo es porque se deja llevar por la corriente y los vicios de moda. (Han Yu, 768—824)

Todo está sujeto a determinadas leyes. Permanecer sin conocerlas a fondo sería como dejar pasar toda la vida entre sueños. (Zhang Zai, 1020—1077)

El que en el estudio no logra descubrir la razón de las cosas, es porque estudia con negligencia. (Ibíd.)

Al leer, hay que recitar de memoria y reflexionar con profundidad. (Ibíd.)

Al leer, hay que abarcar el contexto y buscar lo que quiere decir el autor. (Ibíd.)

Al reflexionar, hay que ser breve y conciso, pues la excesiva complejidad y prolijidad privaría de claridad los problemas que están siendo objeto de la reflexión. (Ibíd.)

Nuestros antepasados llegaban a menudo a conocer algo nuevo observando el Cielo y la Tierra, las montañas y los ríos, las hierbas y los árboles, los insectos y los peces, las aves y las bestias, porque no había adonde no pudiera llegar la profundidad de su búsqueda y reflexión. (Wang Anshi, 1021—1086)

Lo que cuenta no es la inteligencia ni la fuerte capacidad de memoria de los jóvenes, sino el espíritu de profunda reflexión y búsqueda. (Zhu Xi, 1130—1200)

Basta leer mucho y reflexionar con detenimiento. (Ibíd.)

En la lectura, es preciso fijarse en donde está el resquicio, única manera de captar el sentido. Sin dar con el resquicio no hay por dónde entrar. En cambio, al descubrirlo, toda la trama se abre sola ante nuestros ojos. (Ibíd.)

Reflexionar significa conocer amplia y profundamente y, por consiguiente, tener claridad de las cosas. La función del corazón es pensar. Lo que se llega a conocer se debe al pensamiento. Así pues, ¿es posible prescindir de él? (Wang Shouren, 1472—1528)

Guardarse de toda superficialidad en lo que se sabe y de toda resignación a la ignorancia en todo cuanto sea difícil de conocer. Quien procede así es hombre que sabe estudiar y reflexionar. (Wang Fuzhi, 1619—1692)

Si sabemos que pasa con el estudio lo que con la alimentación, entonces tendremos que atribuir importancia a la digestión de lo aprendido y desechar toda práctica de estudiar sin digerir. Aprenderse algo meramente de memoria, sin llegar a comprenderlo, es estudiar sin digerir. Los conocimientos obtenidos después de la digestión se mantienen sólidamente, y cuanto más se acumulan, tanto más a gusto son aplicados a la práctica, y entonces nuestro pensamiento y entendimiento alcanzarán la divinidad al igual de lo que sucede con los hombres santos. (Dai Zhen, 1723—1777)

La ciencia es una disciplina sistematizada y coherentemente articulada. Procede necesariamente de ella todo conocimiento verdadero y toda idea original. Lo que al margen de la ciencia se llama conocimiento no es, en la mayoría de los casos, verdadero. Por ejemplo, en China solía creerse que el Cielo era redondo y la Tierra cuadrada y que el Cielo se movía mientras que la Tierra era inmóvil, prejuicio que desde hace miles de años se acostumbra a mantener la gente como artículo de fe, sin que nadie supiera que era falso. Pero basta someterlo a un examen científico y verificar su veracidad o falsedad para darse cuenta de que es puro absurdo. (Sun Yat-sen, 1866—1925)

En todos los tiempos, tanto los antiguos como los modernos, todos los hombres que llegaron a realizar grandes hazañas o grandes éxitos académicos han tenido invariablemente que pasar por tres etapas. "Anoche vientos del Oeste azotaron los verdes árboles. /Solo, subo a los altos/y contemplo los senderos que se pierden en lontananza."[1] Esta es la primera etapa. "La ropa y el cinturón se me hacen más y más holgados, sin que me arrepienta, /pues por ella no me importa quedar con la cara demacrada."[2] Esta, la segunda. "En vano la busqué mil veces entre la muchedumbre. / De repente me volví/y hela ahí, deslumbrante entre las luces languidecientes."[3] Esta, la tercera. (Wang Guowei, 1877—1927) (Aquí las tres etapas son: primera, la de amplia lectura para contemplar los largos caminos del saber; segunda, la de estudio calmoso y de profunda reflexión, hasta el punto de renunciar a los sueños y olvidar las comidas, y tercera, la de verse de repente iluminado y abrirse camino expedito hacia nuevos descubrimientos.)

En las disciplinas de la escuela, del alumno sólo se exige la memorización sin necesidad de reflexionar. Al poco del comienzo del estudio uno ya siente secados los sesos. Quedará probablemente como maniquí de madera al cabo de los cuatro años.

---

1 Versos de un poema de Yan Shu (991—1055).
2 Versos de un poema de Liu Yong, quien vivió durante la dinastía Song del Norte.
3 Versos de un poema de Xin Qiji (1140—1207).

...

Estuve traduciendo *Nuevo Manual de Ciencias Naturales*, compuesto de ocho capítulos, todos de carácter teórico y de flamante e interesante contenido. Pero sólo logré traducir dos capítulos, a saber, "La evolución del mundo" y "El cuadro periódico de los elementos". Tuve que suspender la traducción por falta de tiempo. En adelante, sólo tengo tiempo para las disciplinas muertas, sin poder aspirar a otra cosa. ¡Lástima! ¡Qué lástima! (Lu Xun, 1881—1936)

Pero lejos de mí el aconsejarles a ustedes que no lean las críticas. Lo que quiero decir es que, después de leerlas, conviene volver al mismo libro, reflexionar por sí mismo y juzgar por sí mismo. Igual vale para los demás libros, donde es asimismo necesario reflexionar y observar por sí mismo. La lectura sola le convierte a uno en un simple armario. Aunque uno tenga interés en ello, su interés es algo en vías de fosilización y agonización. Me guiaba precisamente por esta idea cuando me pronuncié contra el encierro de los jóvenes en los gabinetes de lectura. (Ibíd.)

Mejor es el que reflexiona, pues ya está en condiciones de poner a contribución su fuerza vital, pero todavía peca de ilusiones utópicas. Por tanto, aún mejor que él es el observador, quien con sus ojos está leyendo un libro vivo, que es este mundo. (Ibíd.)

La verdadera tarea del conocimiento consiste en llegar, pasando por las sensaciones, al pensamiento, en llegar paso a paso a la comprensión de las contradicciones internas de las cosas objetivas, de sus leyes y de las conexiones internas entre un proceso y otro, es decir, en llegar al conocimiento lógico. Repetimos: el conocimiento lógico difiere del conocimiento sensorial en que éste concierne a los aspectos aislados, las apariencias y las conexiones externas de las cosas, mientras que aquél, dando un gran paso adelante, alcanza al conjunto, a la esencia y a las conexiones internas de las cosas, pone al descubierto las contradicciones internas del mundo circundante y puede, por consiguiente, llegar a dominar el desarrollo del mundo circundante, en su conjunto, en las conexiones internas de todos sus aspectos. (Mao Zedong, 1893—1976)

"A mayor conocimiento, mayor alcance del pensamiento" y "las dudas con que uno tropieza en la reflexión lo obligan a estudiar aún con mayor aplicación"

El que estudia sin reflexionar se deja engañar, y el que reflexiona sin estudiar se pierde en la perplejidad. (*Analectas*)

Hubo ocasiones en que estuve todo el día reflexionando, sin comer ni dormir, pero en vano, y habría sido mejor ponerme a estudiar. (Ibíd.)

El que, aun poseyendo amplios conocimientos, no se formula interrogantes a sí mismo, emprenderá inevitablemente un camino equivocado. (Guan Zhong, ¿?—645 a. de J. C.)

Hubo una ocasión en que hice durante días enteros reflexiones solitarias, pero éstas no rindieron tanto como unos ratos de estudio. (Xun Kuang, ¿313?—238 a. de J. C.)

Puede considerarse buen estudioso el que se autocultiva mediante el estudio, penetra en el tema mediante la reflexión, se fortalece moral e intelectualmente mediante discusiones y consultas con sus amigos y pone cuidado en mantener intachable su reputación y hacerse respetar. (Yang Xiong, 53 a. de J. C.—18 d.C.)

Confucio dijo: "¿Cómo se puede actuar sin haber estudiado? ¿Cómo se consigue nada sin haber reflexionado? Tened muy presente esta enseñanza". (Xu Gan, 171—218)

Si uno reflexiona mucho pero sin estudiar, aunque sabe algo, lo que sabe no puede ser muy amplio. Si estudia sin molestarse en aplicar lo aprendido, sus conocimientos no pueden tener gran valor. (*Han Shi Wai Zhuan*, VI)

El que no da en el clavo al hacer una pregunta, es que no ha escuchado atentamente. Sin profunda reflexión no es posible consolidar lo obtenido. Lo que se obtiene sin atención ni solidez sólo queda en la boca y los oídos, y nada más. Pero educamos a la gente no para que sepa hablar y escuchar (sino para que sepa reflexionar). (Wang Anshi, 1021—1086)

Por regla general, en la lectura de un libro lo primero que se debe hacer es recitarlo de memoria, hasta tal punto que las palabras parecen emanar de la boca del propio lector; luego ya es hora de reflexionar con detenimiento, hasta tal punto que el sentido del libro parece proceder de la mente del lector, y sólo así se puede conseguir algo. (Zhu Xi, 1130—1200)

Leer es estudiar. Confucio dice: "El que estudia sin reflexionar se deja engañar, y el que reflexiona sin estudiar se pierde en la perplejidad". Estudiar es leer, leer y reflexionar, reflexionar y leer, y así se capta naturalmente el sentido. Este no se capta con la sola lectura sin reflexión. Ahora bien, la sola reflexión sin estudio, aunque permite obtener algo, lo que se obtiene no deja de ser inestable en la mente. Esto sería como contratar a una persona como guardián de la casa. Como no se trata de una persona de la propia familia, no siempre se siente uno muy a gusto con su servicio. En cambio, la cabal memorización de los textos más una profunda reflexión permitirá alcanzar la identificación de la mente con el sentido de los textos, y lo que se aprende nunca será relegado al olvido. (Zhang Boxing, 1652—1725)

Confucio debía estar aludiendo a algunos casos concretos cuando hablaba de eso de "estudiar sin reflexionar" y "reflexionar sin estudiar". Veamos lo que hace la gente de las generaciomes posteriores. Estudiando las interpretaciones de libros clásicos, heredan de generación en generación opiniones superficiales y sin sustancia. Estos son los que no piensan. Otra categoría es la de los que, en forma muy traída de los cabellos, divagan sobre "la naturaleza humana y el mandato divino" y andan engreídos pese a lo poco que saben. Estos son los que no estudiaban. Los letrados vulgares pertenecen, o bien a una categoría, o bien a otra. (Ye Shi, 1150—1223)

La reflexión no excluye el estudio, ni éste a aquélla. (Wang Tingxiang, 1474—1544)

Lo que se llega a saber mediante la propia reflexión es conocimiento verdadero, y lo que se llega a dominar mediante el ejercicio es destreza. (Ibíd.)

Hay dos maneras de adquirir conocimientos: estudiar y reflexionar. Al estudiar, no se cuenta con la propia inteligencia, sino que se asimila lo que hay de acertado en los legados de los antepasados. En cambio, al reflexionar, ya no es cuestión de seguir los pasos de los antepasados, sino de hacer valer la propia facultad de entendimiento ... El estudio no es estorbo para la reflexión, sino que, por el contrario, a mayores conocimientos, mayor alcance del pensamiento, lo que quiere decir que la reflexión es provechosa para el estudio. Las dudas con que se tropieza en la reflexión obligan a uno a estudiar aún con mayor aplicación. (Wang Fuzhi, 1619—1692)

Conocimientos amplios engendran la perspicacia, y la cabal comprensión permite el uso apropiado de la palabra. (Gu Yanwu, 1613—1682)

XIII. "Comunicarse mentalmente con mil años del pasado y del futuro" y "abarcar con la vista diez mil *li* de extensión"
— Dar alas a la capacidad de imaginación

Imaginación es un proceso psicológico de crear nuevas imágenes sobre la base de imágenes sensoriales ya existentes. Gracias a ella, el sujeto puede romper las barreras del tiempo y del espacio para llegar a la maravillosa altura de "comunicarse mentalmente con mil años del pasado y del futuro" y "abarcar con la vista diez mil *li* de extensión." En términos generales, la imaginación creadora da origen a nuevas imágenes aún desconocidas en la realidad, y por lo tanto alienta a los hombres en su trabajo creador. Con la ayuda de la imaginación como escalera, el hombre puede escalar hasta las nubes para recoger los frutos de su inteligencia. La capacidad de imaginación nace y se desarrolla en la práctica social, dota de alas a la estructura de la inteligencia y juega un papel especial para desarrollar la capacidad discursiva y creadora de los hombres. Marx veía en la imaginación "grandes dotes que aceleran enérgicamente el progreso de la humanidad". Si bien es poco lo que dijeron los antiguos pedagogos chinos sobre la necesidad de cultivar la capacidad de imaginación, un número de críticos de literatura, en cambio, hicieron descripciones vívidas ponderando la capacidad de imaginación del hombre. Veamos algunas de las más célebres: "El espíritu vuela por los extremos del mundo, y el corazón recorre el infinito firmamento"; "cuando se le antoja subir a las montañas, (el escritor) ve su ánimo lleno de majestuosos paisajes de cumbres y picos, y cuando se le antoja mirar el mar, encuentra su espíritu desbordándose por la vasta extensión de aguas". Aunque semejantes versos son fruto de la imaginación literaria, nos ayudan a comprender el papel de la imaginación como elemento integrante de la inteligencia.

Del papel activo y dinámico de la imaginación se puede tener una idea en las actividades de creación literaria de algunos escritores de las épocas antiguas. Muchas veces, al impulso de su gran poder de imaginación, pasaban por encima de la etapa de desarrollo científico de su tiempo formulando ideas que más tarde habían de ser aceptadas como correctas por los hombres de ciencias de nuestros días. En su poema "Preguntas al Cielo", Qu Yuan (340—278 a. de J. C.), gran poeta del estado de Chu, hizo una sarta de interrogantes basados en su fecunda imaginación acerca del origen del universo, la génesis de la humanidad, los movimientos de los astros, el correr de los ríos y otros problemas de difícil explicación, interrogantes que encerraban brotes de ideas científicas. Otro ejemplo, Xin Qiji (1140—1207), gran poeta que vivió durante la dinastía Song del Sur, escribió en una obra: "¡Ay de la luna de esta noche! ¿Adónde vas arrastrándote en el vacío? ¿Es que vas al otro lado del mundo para bañar allí el Este con tu plateada luz? ... No hay cómo preguntarte cuando estás en el fondo del mar. Sumergido en la bruma de los sueños, siento que una tristeza sin nombre embarga mi ánimo". En este poema escrito con motivo de la Fiesta del Otoño, el poeta, comtemplando la luna llena, adelantó la hipótesis de que ella giraba alrededor de la Tierra. Más tarde, ya en los tiempos modernos, Wang Guowei (1877—1927) comentó en una obra de crítica de poesía: "El poeta imaginó que la luna giraba en torno a la Tierra, lo que coincidió con la tesis científica de la época actual. Se puede decir que la coincidencia se debió a una intuición divina". Aquí la "intuición divina" es precisamente una inspiración de la imaginación. Naturalmente, la imaginación no es solamente una necesidad para la creación literaria y artística, sino también para el pensamiento científico y para todo pensamiento creador. Lenin señaló: "¡Quienes creen que sólo los poetas la (=una gran imaginación) necesitan se equivocan! ¡Es un prejuicio tonto! Incluso para las matemáticas es necesaria; ni el cálculo integral ni el diferencial hubieran sido descubiertos sin imaginación". Guo Moruo (1892—1978) también dijo: "La ciencia también requiere creación y fantasía. Sólo la fantasía permite romper con los convencionalismos y desarrollar la ciencia. ¡Camaradas trabajadores de la ciencia! ¡No dejen que los poetas monopolicen la fantasía!"

420

Zhuang Zhou ... expone sus tesis en términos abstractos y lejanos de la realidad, con ideas de abismal sentido y a base de una imaginación que no conoce límites. Da rienda suelta a sus fantasías, no se obstina siempre en un mismo criterio, y está exento de prejuicios. Como sostiene que el mundo es tan turbio que no le es posible decir nada en serio, anda divagando con ambigüedad, extremando algunas expresiones para dar la impresión de veracidad y recurriendo a metáforas para difundir sus opiniones. Contento con su soledad, se comunica con los espíritus del Cielo y la Tierra, pero sin menospreciar nada del mundo. No se enreda en averiguar si Fulano tiene razón o si Mengano está equivocado, lo que le permite mantenerse en buena convivencia con la gente. Escribe libros peregrinos pero llenos de imágenes espectaculares, sin que el refinamiento redunde en perjuicio de las tesis que sostiene. Habla en términos ya concretos, ya abstractos, y presenta una gran variedad de ideas insólitas. Pisa terreno firme y avanza sin cesar pero su visión no termina en ninguna parte ... Lo que dice acerca de la verdad de las cosas se basa en una visión amplia, profunda y de largo alcance. (Zhuang Zhou, 369—286 a. de J. C.)

La imaginación del poeta abarca el universo entero y engloba a todos los seres humanos. Se trata de un producto elaborado en el fondo de su alma y que no puede ser expresado con palabras. (Sima Xiangru, 179—117 a. de J. C.)

(En la imaginación) uno se halla en un estado de alucinación y le asaltan miles de ideas entrelazadas. (Yang Xiong, 53 a. de J. C.—18 d. C.)

En un abrir y cerrar de ojos, (el escritor) vive tanto los tiempos antiguos como los actuales, y entra en contacto con fenómenos de todos los rincones del mundo. ... Encuadra en su artículo el universo entero y concentra en su pincel de escribir todo lo habido y por haber. (Lu Ji, 261—303)

Frente a la mutación de las cuatro estaciones, uno lamenta la fugacidad del tiempo, y en presencia de las vicisitudes del mundo, a uno le invade una gran variedad de sentimientos. (Ibíd.)

421

El espíritu vuela por los extremos del mundo, y el corazón recorre el infinito firmamento. (Ibíd.) (Aquí Lu Ji sugiere que para escribir hay que recurrir a una profunda reflexión, adquirir amplios conocimientos y dar rienda suelta a la imaginación, sin dejarse sujetar ni por el tiempo ni por el espacio.)

Dejando volar lejos sus reflexiones, el escritor tiene una infinidad de ideas que le acuden a la mente. En este momento aún no están definidas sus ideas ni las imágenes han cobrado forma todavía. Cuando se le antoja subir a las montañas, ve su ánimo lleno de majestuosos paisajes de cumbres y picos, y cuando se le antoja mirar el mar, encuentra su espíritu desbordándose por la vasta extensión de aguas. Independientemente de que tenga o no grandes dotes literarias, su imaginación puede correr libremente de aquí para allá a favor del viento y junto con las nubes flotantes. (Liu Xie, ¿465—532?)

Los antiguos decían: cuando nos hallamos físicamente a orillas de los ríos y del mar, nuestro espíritu y preocupación están en los asuntos de estado de la Corte. Esto habla de lo mucho que pueden las actividades mentales. Sucede lo mismo con el escritor. Cuando escribe en un lugar determinado, sus ideas pueden llegar a los rincones más remotos del mundo. En un momento tranquilo de reflexión, puede comunicarse mentalmente con mil años del pasado y del futuro. Cuando su rostro revela un ligero cambio de color es cuando abarca con la vista diez mil *li* de extensión. Cuando tararea unos cuantos versos, se le antoja oír un agradable tintinear producido por los choques de jades y perlas. Cuando echa un vistazo hacia atrás, puede vislumbrar una escena espectacular de ventarrones y nubes cambiantes. Este es el efecto psíquico producido por la imaginación. Gracias a la imaginación, el escritor puede combinar lo espiritual con lo real para luego expresarse en un lenguaje estilístico y gracioso. Si maneja bien el lenguaje, puede hacer resaltar nítidamente los perfiles y las imágenes de las cosas; si no tiene una buena disposición de ánimo o si está de pésimo humor, no puede concentrarse para escribir en forma vívida. Por lo tanto, el escritor debe pensar con calma y en soledad, concentrar su atención, pasar momentos de gran desahogo en el fondo de su ser, y desechar las impurezas de su espíritu. Para poder imaginar como es debido, debe estudiar concienzudamente acumulando conocimientos, elevar luego sus aptitudes mediante el ejercicio del discernimiento, llegar más tarde a una comprensión cabal de las cosas mediante un examen de las experiencias vividas en persona, y finalmente adquirir la capacidad para manejar con propiedad el lenguaje mediante la cultivación del espíritu. De este modo, con una mente capaz de ir al fondo de las cosas, puede explorar el camino para dominar la técnica de escribir. Es decir, tiene que pasar por el mismo proceso que un artesano de gran maestría, que así llega a saber hacer uso de sus instrumentos para elaborar objetos según el diseño imaginario. He aquí el método fundamental de escribir, y también lo más esencial que debe tenerse en cuenta para disponer el entramado de una composición literaria en su conjunto. (Ibíd.)

Así, pues, al poeta le acuden a la mente infinitas asociaciones a partir de una sola imagen. Se entretiene en el laberinto de los más variados fenómenos caleidoscópicos, rumiando lo que va viendo y componiendo versos al sentirse inspirado por tal o cual escena. Al pintar los fenómenos del tiempo y de las cosas, hace variar su descripción según los cambios operados en ellos; pero al emplear palabras para la descripción, sopesa una y otra vez el valor léxico de acuerdo con su propio estado de ánimo. (Ibíd.)

Son necesarios tanto la audaz fantasía como el sentido de la realidad. ... La ciencia también requiere creación y fantasía. Sólo la fantasía permite romper con los convencionalismos y desarrollar la ciencia. ¡Camaradas trabajadores en la ciencia! ¡No dejen que los poetas monopolicen la fantasía! Gracias al desarrollo de la ciencia, el vuelo a la luna efectuado por Chang E[1], la búsqueda de tesoros en el Palacio de los Dragones en el fondo del mar, así como muchas fantasías descritas en la novela *La investidura de los dioses* ya han dejado hoy de ser simples imaginaciones para pasar a ser realidad. (Guo Moruo, 1892—1978)

XIV. "Heredar lo antiguo y crear lo nuevo", abriendo otros caminos — El cultivo de la capacidad creadora

El espíritu de creación y la capacidad creadora, o, en otras palabras, la iniciativa de búsqueda o la capacidad de búsqueda, constituyen una importante parte

---

1 Chang E: mujer de un arquero famoso, que robó a su marido el brebaje de la inmortalidad y se refugió en la Luna pasando a ser la diosa de la misma. — *Nota del Trad.*

integrante de la estructura de la inteligencia. La ejercitación del espíritu de creación y de la capacidad creadora es el eslabón clave de toda la cadena del cultivo de la inteligencia y está íntimamente ligada con el objetivo final del desarrollo de la misma. A esto le prestaron siempre gran atención los pedagogos chinos. Según su opinión, el punto de partida en el cultivo de la capacidad creadora reside en estimular al alumno a formular audazmente sus dudas y a pensar con su propia cabeza, ya que la independencia del pensamiento es el prerrequisito para cualquier actividad creadora del hombre y la inteligencia humana halla su expresión precisamente en el incesante descubrimiento de nuevas contradicciones y su constante solución, proceso en el cual es donde la inteligencia logra desarrollarse. Asimismo, consideran que los conocimientos humanos tienen carácter hereditario, de modo que al cultivar la capacidad creadora no sólo no se debe dejar de lado los conocimientos acumulados por los antepasados, sino que sólo se puede descubrir o crear algo nuevo sobre la base de la asimilación del saber cristalizado de los antepasados. Esto es lo que llamamos "heredar lo antiguo y crear lo nuevo". Es de notar que, al tratar de este tema, los antiguos pensadores chinos subrayaban, nuevamente, la necesidad de "desechar los lugares comunes", la "inutilidad de ceñirse a la antigua rutina" y la "semejanza del estudio a la salida de la cigarra de su crisálida", o sea, la necesidad de abrir otros caminos. Preconizando el desarrollo de la conciencia de creación del hombre, los antiguos pensadores chinos sostienen, en lo que se refiere a la lectura, la necesidad de desarrollar la iniciativa del hombre con sujeción a la necesidad de leer concienzudamente, y hacen resaltar la importancia de la ejercitación y cultivo de la capacidad de entendimiento. Exhortan a "captar el sentido" en la lectura, señalando que "sólo puede ser útil lo que se capta de manera viva en la lectura". Se oponen a que se haga del alumno una especie de "papagayo", capaz solamente de recitar de memoria en forma mecánica, o una especie de "armario de libros". Algunos pedagogos más recientes, entre los cuales figura Yan Yuan (1635—1704), llegan hasta someter a una contundente crítica el sistema educacional de los ensayos de cliché, grave estorbo para el desarrollo de la inteligencia.

Confucio dice: "Cuando todo el mundo aborrece algo o a alguien, hay que examinar por qué lo aborrece; cuando a todo el mundo le gusta algo o alguien, hay que examinar por qué le gusta". (*Analectas*) (Aquí enfatiza Confucio que no se debe dar fácil crédito y seguir ciegamente a la opinión de otros, sino observar personalmente. Este principio es sumamente importante para los que se dedican al estudio.)

Mencio dice: "Mejor que creer todo lo que se dice en los libros es no tener libro alguno. Del capítulo 'Wu Cheng'[1] yo, por ejemplo, no he utilizado más que dos o tres páginas". (Mencio, 372—289 a. de J. C.) (Aquí Mencio quiere decir que en la lectura hay que pensar con la propia cabeza y tener opiniones propias, en lugar de dejarse llevar a cierra ojos por las conclusiones que figuran en los libros.)

La lectura sirve para despejar las dudas propias y conocer lo desconocido. Si se logra algo cada vez que se lee, progresa el estudio. (Zhang Zai, 1020—1077)

No dudar lo dudoso equivale a no haber estudiado. Estudiar conlleva dudar. Pasa con esto lo que con el viaje. El que quiere ir a las montañas del Sur tiene que preguntar por el camino. Si se contenta con permanecer sentado tranquilamente, ¿cómo pueden ofrecérsele dudas? (Ibíd.)

En el estudio académico es preciso hacer tan grandes esfuerzos y llevarlos a tal extremo que uno llegue a verse cercado de tinieblas por todos lados, sin encontrar por dónde entrar, y sólo en este momento se ve que uno ha progresado. Dudas en grandes problemas dan origen a grandes progresos. En cambio, el que creyendo

425

---

1   Uno de los capítulos del libro *Documentos de los Antepasados* (*Shang Shu* o *Shu Jing*, crónicas de historia desde 625 a. de J. C.). En ese capítulo se habla de la expedición del rey Wu de la dinsatía Zhou contra el rey Zhou de la dinastía Shang, en el siglo XI a. de J. C. — *Nota de la Red*.

haber progresado dice haber llegado a destino, es dudoso que haya progresado mucho en los hechos. (Zhu Xi, 1130—1200)

En el estudio es menester darse cuenta de tener razón hoy y de haberse equivocado ayer e ir cambiando cada día y cada mes, lo cual significa progreso. (Ibíd.)

Al que no se le ofrece duda alguna en el estudio hay que hacerle dudar, y al que tiene dudas hay que dejarle libre de ellas, y sólo así puede haber progreso. (Ibíd.)

Al empezar a leer, uno no tiene dudas, pero luego éstas van surgiendo, y en la etapa intermedia, cada pasaje le ofrece dudas, y después de todo esto, se van despejando y uno va llegando a la cabal comprensión y termina libre de toda duda, y sólo así hay verdadero estudio. (Ibíd.)

Lo más temible en el estudio es la ausencia de dudas, pues las dudas impulsan el progreso del estuido. (Lu Jiuyuan, 1139—1193)

Al estudiar lo que dicen los antepasados, las pautas son ya existentes, y lo único que hacemos es medirlo por el rasero de nuestro propio pensamiento, para ver si sus palabras agotan o no el sentido, y si no, para ver si queda todavía algo para un estudio más profundo. Este modo de reflexionar es tan circunstanciado que no admite ninguna omisión. (Wang Fuzhi, 1619—1692)

El aumento de los conocimientos sólo trae nuevas dudas. (Wang Guowei, 1877—1927)

La autoridad del maestro en los tiempos antiguos fue en efecto excesiva, y esto me repugna bastante. Me parece que si lo que sostiene el maestro es absurdo, no hay inconveniente en rebelarse en su contra. (Lu Xun, 1881—1936)

Sin dudas no hay cómo encontrar la verdad, y es por esto que espero encarecidamente que todos ustedes adopten una actitud escéptica y no se dejen abrumar por las doctrinas ya consumadas. (Li Siguang, 1889—1971)

"Heredar lo antiguo y crear lo nuevo"

Confucio dice: "Repasar lo estudiado y llegar a conocer algo nuevo, ya basta para enseñar". (*Analectas*)

Confucio dice: "La dinastía Yin adoptó los reglamentos y ritos de la dinastía Xia y lo que suprimió o agregó ya consta en los documentos; la dinastía Zhou hizo lo mismo con relación a la dinastía Yin, y lo que suprimió o agregó también consta en los documentos. Así, pues, se puede saber de antemano lo que harán las dinastías que posiblemente van a suceder a la dinastía Zhou, aunque sean cien". (Ibíd.)

Gong Meng Zi dice: "El hombre excelso no crea por sí mismo, y no hace más que repetir lo que enseñaban los antepasados". Y Mozi le refuta diciendo: "No tiene razón. Los últimos que pueden llegar a ser hombres excelsos son los que ni repiten lo que hay de bueno en las cosas antiguas ni tampoco crean nada nuevo para el presente. Los penúltimos que pueden llegar a ser hombres excelsos son los que, dejando sin repetir lo que hay de bueno en las cosas antiguas, se dedican a crear algo nuevo, aunque sea poco, deseosos de que todo lo bueno sea de su exclusiva autoría. Ahora bien, al dedicarse exclusivamente a repetir y no a crear, Ud. se coloca en el mismo nivel que los que, no queriendo repetir, se dedican exclusivamente a crear por sí mismos. Mi opinión es que todo lo que haya de bueno en las cosas antiguas hay que repetirlo y que todo lo que pueda ser bueno para el presente hay que crearlo, todo ello con miras a incrementar lo bueno". (Mozi, ¿468?—376 a. de J. C.)

(El confuciano) agrega: "El hombre excelso no hace más que repetir lo que enseñaban los antepasados, sin dedicarse por sí mismo a crear". Yo le contesto: "En

427

los tiempos antiguos, Yi inventó el arco y flecha, Yu inventó la armadura, Xi Zhong inventó el carro y Qiao Chui inventó la embarcación. Conque ¿sólo son hombres excelsos los artesanos del cuero y los carreteros de hoy, mientras que Yi, Yu, Xi Zhong y Qiao Chui fueron todos hombres mezquinos? Eso, sin contar que lo que hoy se repite tuvo que ser creado en otros tiempos. Conque ¿se está repitiendo lo que crearon hombres mezquinos? " (Ibíd.)

Razonando por analogía se llega a generalizar el conocimiento. (*Libros de los Ritos*)

La multitud de ríos, imitando el ejemplo del mar, llegan al mar, en tanto que las colinas, imitando el ejemplo de la montaña, nunca llegan a ser montañas. ¿Por qué ha de limitarse un hombre a sí mismo a un estrecho encierro como lo hacen las colinas? (Yang Xiong, 53 a. de J. C.—18 d. C.)

Por tanto, los que son capaces de interpretar un solo libro clásico son catalogados como letrados; los que han leído todos los libros de la antigüedad y del presente, como sabios entendidos; los que son capaces de presentar informes al emperador o a sus superiores remitiéndose a textos antiguos, como hombres de letras, y los que saben redactar artículos y libros basados en profundas reflexiones, como grandes eruditos. (Wang Chong, 27—¿97?)

Hay ocasiones en que retomando lo antiguo surge un sentido flamante y fresco y de las aguas turbias y pantanosas sale algo limpio y deslumbrante. (Lu Ji, 261—303)

En un principio, no me atrevía a leer ningún libro que no fuera de las antiguas dinastías Xia, Shang y Zhou o de las dinastías Han del Oeste y del Este, ni a retomar nada que no fuera enseñanza de los hombres santos. Cada vez que detenía el paso, me parecía haber olvidado algo, y cada vez que emprendía marcha, tenía la sensación de haber dejado algo por descuido. Siempre andaba serio como si estuviera meditando, y perplejo como si estuviera perdido. Y cuando, pincel en mano, me disponía a poner por escrito lo que me brotaba del corazón, quería suprimir todos los lugares comunes. Pero ¡qué difícil era hacerlo en esas condiciones! (Han Yu, 768—824)

Los que miran con admiración a Yao y Shun no necesitan admirar lo que hicieron concretamente (sino que les basta seguir el ejemplo de su espíritu). (Zhang Zai, 1020—1077)

Lo más valioso en el estudio es captar algo, y el ceñirse a la rutina no lleva a ninguna parte. (Ibíd.)

Al descubrir algo cuestionable en las tesis de un libro, conviene desechar lo que está ya caduco para implantar un sentido nuevo. Siempre que se capta algo en el entendimiento, hay que ponerlo inmediatamente por escrito en una libreta de apuntes. (Ibíd.)

Si el sentido es tan nuevo y su expresión verbal tan bien elaborada que nunca antes lo ha dicho nadie así, entonces puede decirse que es (un poema) excelente. (Ouyang Xiu, 1007—1072)

Entre los que hablan de caligrafía es muy común la opinión de que no existen necesariamente reglas fijas en el arte de escribir y que cada cual puede escribir a su manera. Esta opinión sólo es acertada a medias. Xi Shi[1] y Mao Qiang[2] fueron dos mujeres de rostro distinto, y ambas de deslumbrante belleza, pero sus manos no por ello dejaron de ser manos, como tampoco sus pies dejaron de ser pies, pues esto es invariable. Lo que es válido para la belleza femenina lo es también para la caligrafía. Por más distinta que pueda ser la forma escrita de un carácter y por más que varíe

---

1 Xi Shi: mujer famosa por su gran belleza, del principado Yue del Período de la Primavera y del Otoño.
2 Mao Qiang: mujer bella de la antigüedad china.

el estilo de sus trazos, el trazo oblicuo de derecha arriba a izquierda abajo nunca deja de ser así, como tampoco se transforma en otra cosa el trazo doblado. Las mil y una variaciones no pueden cambiar lo que es fundamental. Si el trazo oblicuo de derecha arriba a izquierda abajo resultara tan deformado que ha dejado de serlo y otro tanto sucede con el trazo doblado, esto sería como si los pies y las manos de Xi Shi y Mao Qiang hubieran dejado de ser pies y manos para pasar a ser otra cosa, en cuyo caso, aun manteniendo su identidad personal como Xi Shi y Mao Qiang, ya no serían el colmo perfecto de la belleza femenina ... Ahora bien, aun después de que uno haya aprendido todo lo que puede su maestro de caligrafía y entrado en el conocimiento de todas las reglas y pautas del arte de escribir, su caligrafía será solamente una imitación y no algo propio. Pero la imitación es necesaria en la fase inicial. Superada dicha fase, ya entrará en un mundo de maravillas, y en su caligrafía no se notan huellas de imitación, con lo cual se llegará a la altura de lo divino. (Shen Kuo, 1031—1095)

La caligrafía de Yan Zhenqing (709—785), que se distingue por su estilo *sui géneris* de firmeza, solidez, gallardía y fineza, introdujo grandes cambios en el viejo arte de escribir. Al igual del estilo y la sugestión de las poesías de Du Fu (712—770), obra de creación sobrenatural, la caligrafía de Yan Zhenqing reúne todo lo mejor que hay en las caligrafías de todas las épocas desde las dinastías Han, Wei, Jin y Song del Sur. Es poco probable que puede haber después de él otro calígrafo capaz de tan excelente creación. En cuanto a Liu Gongquan (778—865), su arte caligráfico procedía de Yan Zhenqing, pero supo aportar algo nuevo y personalísimo, de modo que la gente no miente cuando dice que cada carácter salido de su pincel vale cien onzas de oro. (Su Shi, 1037—1101)

Los Seis Libros Clásicos no se imitan mutuamente ni en su contenido ni en su lenguaje. Por tanto, cuando usted lee *Crónicas de Primavera y Otoño*, apenas puede percibir influencia alguna del *Libro de las Odas*, y cuando lee este último, tampoco percibe influencia alguna del *Libro de los Cambios*, como tampoco se nota en éste ninguna influencia de los *Documentos de los Antepasados*. Cuando lee artículos de Qu Yuan o Zhuang Zhou tampoco percibe influencia alguna de los Seis Libros Clásicos. Esto se parece a lo que sucede con las montañas. Están las montañas Tai, Hua, Song, Heng[1], etc., que tienen todas algo común: son todas muy altas, pero varían en cuanto a la abundancia de vegetación. También se parece a lo que sucede con los ríos. Están los ríos Ji, Huai, Amarillo, Changjiang (Yangtsé), etc., que tienen algo de común: corren todos de sus nacimientos hacia el mar, pero varían en cuanto a sus curvas y su profundidad. (Hong Mai, 1123—1202)

Dar con la fuente de un enunciado significa tener establecida una base de sustentación. Esto es como lo que hace la gente para construir un edificio. Tiene que comenzar por asentar sólidos cimientos y sólo después puede poner lo de arriba. Sin buenos cimientos toda la madera que se haya comprado será inútil, y sólo servirá para construir casa ajena sobre cimientos ajenos, sin tener ni dónde poner su propio hogar. (Zhu Xi, 1130—1200)

Al leer obras ajenas no conviene hacer eco a la ligera, sino creer solamente en lo que uno mismo sostiene. Ahora bien, es preciso penetrar y analizar atentamente para llegar a sostener una opinión. De otro modo, si, por ejemplo, alguien dice que la arena es comestible, nos haremos eco de él diciendo también que la arena es comestible. Pero ¿cómo la vamos a comer? (Ibíd.)

El estudioso no debe ceñirse a ultranza a lo que sostenían las gentes del pasado. Sólo puede tener ideas nuevas desechando las viejas. Esto es como hacer brotar el agua límpida eliminando el agua turbia. (Ibíd.)

En mis poesías está presente el "yo". ¿Para qué molestarme en procurar

---

1 Las montañas Tai, Hua, Song, y Heng (de Hunan), junto con Heng (de Shanxi), eran consideradas como las cinco montañas más famosas de China.

semejanza con los poetas antiguos? Según la lógica del autor[1], ¿no sería mejor copiar al pie de la letra las poesías de los tiempos antiguos? (Qian Zhenhuang, 1875—1944) (Aquí Qian Zhenhuang tiene toda la razón al refutar la opinión del autor de *Comentarios de Cang Lang sobre la poesía*, que aboga por una ciega imitación de lo antiguo, y al sostener que cada poeta debe poseer un estilo propio.)

Han Yu (768—824) hablaba de la decisión con que "suprimía todos los lugares comunes". Por lugares comunes se entienden los nunca ausentes puntos de convergencia en cada texto donde se concentra el pensamiento de quienes carecen de ideas propias. Son como malezas enmarañadas en los textos, y es preciso eliminarlas antes de llegar a captar lo esencial. Esto es como la operación para obtener el jade oculto dentro de una piedra. Hay que perforar la dura piedra para alcanzar a ver el jade allá adentro, y no tomar por jade toda la piedra en bloque. (Huang Zongxi, 1610—1695)

En el estudio académico, lo efectivo y verdadero es lo que cada cual encuentra útil. Casi todos los autores de las obras que, carentes de ideas originales, no son más que simples reproducciones al calco de ideas ajenas, son gentes acostumbradas al papel de papagayos y que siempre tratan de ponerse en la moda, o gentes que se ganan el sustento con eso. En el presente libro hemos recogido tanto opiniones particulares no compartidas por todo el mundo como juicios encontrados, y esperamos que el lector tenga muy en cuenta las peculiaridades de cada enunciado aquí recogido y reproducido y trate de entenderlo por su propio razonamiento. (Ibíd.)

Los conocimientos vienen acumulándose desde tiempos inmemoriales hasta hoy, y nosotros hemos nacido después de la gente antigua. Se examina la experiencia de los tiempos antiguos para resolver los problemas de hoy, pero no hay que

432

---

1 Se refiere a Yan Yu, autor del folleto *Comentarios de Cang Lang sobre la poesía*, donde declara: "No hay por qué polemizar sobre lo cierto y lo incierto en poesía. Basta mezclar poesías propias con poesías de la gente antigua y lograr que nadie sepa distinguir unas de otras, para que las poesías de uno sean consideradas como igualmente excelentes que las antiguas". — *Nota de la Red.*

dejarse circunscribir por lo antiguo ... Cada vez que veo que hay algún problema pendiente de solución desde hace miles de años, acometo su investigación en busca de su solución ... ¿Cómo no me voy a sentir infinitamente feliz de haber nacido en nuestro tiempo, cuando tengo a mi disposición las exposiciones y dilucidaciones hechas por tantos hombres de gran virtud y erudición, así como los resultados de las discusiones y consultas desarrolladas entre tantos hombres de talento e inteligencia, que no me cuesta gran trabajo resumir la sabiduría de tanta gente de tantas épocas para descubrir dentro de ella lo que hay de cierto? (Fan Yizhi, 1611—1671)

Se estudia para asimilar el saber acumulado por la gente del pasado. Sucede a menudo que, estudiando lo antiguo, se descubre algo nuevo, y entonces lo antiguo cobra un aspecto nuevo. Esto lo tiene que captar uno por sí mismo, y nunca se obtiene copiando al calco. (Ibíd.)

Resumir los enunciados de todos los tiempos, pasados y presentes, para hacer surgir un enunciado propio, y echar mano de la inteligencia de todo el mundo para engendrar la inteligencia propia, eso es lo que llamamos asimilación de lo mejor. (Fang Zhongtong, erudito de las postrimerías de dinastía Ming y los primeros años de la dinastía Qing)

Al hablar de la "salida de la cigarra de su crisálida", Xunzi quería decir que los conocimientos del hombre excelso cambian constantemente, en forma análoga a como la cigarra abandona la crisálida. Y ¿cómo puede uno progresar si se mantiene encastillado, aunque sea un poco? (Fu Shan, 1607—1684)

El defecto de los poemas de Ud. reside en la presencia en ellos de Du Fu (712—770), y el defecto de sus artículos reside en la presencia en ellos de Han Yu (768—824) y Ouyang Xiu (1007—1072). Con esos senderos a lo ancho de su mente, nunca podrá Ud. librarse de la palabra "dependencia". (Gu Yanwu, 1613—1682) (Aquí Gu Yanwu critica a su amigo su imitación de la gente del pasado y su incapacidad para crear algo nuevo, señalando que semejante manera de escribir no tiene perspectivas.)

En una ocasión he dicho que la gente de hoy redacta libros de igual manera como se acuñan hoy las monedas de cobre. Para acuñarlas, la gente de la antigüedad extraía el cobre de las minas, en tanto que la gente de hoy, en lugar de ello, acopia simplemente las monedas desgastadas como chatarra y las funde nuevamente. Aparte de producir monedas de muy mala calidad, se destruye un tesoro que es legado de nuestros antepasados, y las generaciones futuras se verán privadas de la posibilidad de conocer lo que eran las monedas de la antigüedad. ¿No es acaso un doble daño? Me pregunta Ud. cuántos capítulos nuevos he escrito para mi *Diario del saber*, pero me parece que lo que escribo quizás sea simple cobre desgastado. No obstante, desde que hace un año nos separamos Ud. y yo, he venido leyendo día y noche, y a fuerza de buscar, he podido captar un poco y escrito nada más que una docena de pasajes, que espero serán "cobre extraído de las minas". (Ibíd.) (Aquí Gu Yanwu, tomando la fundición del cobre como metáfora, señala que al estudiar, hay que asimilar la nutrición directamente desde la práctica social y así habrá nueva creación.)

En su obsesión por aprender el arte caligráfico de trazos cursivos, ligados y rápidos, la gente de la antigüedad llegó a verdaderas alturas de increíbles maravillas. Algunos obtuvieron sus inspiraciones observando la pelea entre serpientes o los cambios de las nubes en el verano. Hubo quienes se inspiraron en cómo se disputaban el camino un cargador y una elegante doncella. Hubo otros que debieron sus inspiraciones a los movimientos de una bailarina que danzaba con su espada. ¿Dónde, pues, se encuentra un caso de simple imitación de las fórmulas y modalidades ya existentes de caligrafía? (Zheng Banqiao, 1693—1765)

Wen Yuke[1] siempre pintaba su bambú teniendo un proyecto bien concebido.

---

1 Wen Yuke: célebre pintor especializado en pintar bambú, que vivió durante la dinastía Song del Norte. — *Nota de la Red.*

Yo, en cambio, pinto mi bambú sin proyecto previamente concebido. Cuando pinto, la intensidad o suavidad de los colores, la espesura mayor o menor de las ramitas, todo no es más que obra de una instantánea inspiración mía, pero así resulta una composición original que no carece ni de vitalidad espiritual ni de naturalidad física. Modesto discípulo que soy, ¿cómo me atrevo a compararme con los antiguos hombres sabios? Pero, en realidad, da lo mismo el que uno pinte con o sin proyecto previamente concebido. (Ibíd.)

En el estudio académico, lo más valioso es la originalidad. No hay por qué sentir vergüenza por no poder hacer lo que otros pueden. (Zhang Xuecheng, 1738—1801)

En los últimos tiempos ha venido generalizándose entre los estudiosos el hábito de fijarse en la averiguación de los detalles descuidando el desarrollo de nuevas tesis, lo cual recuerda el gusano de seda que se limita a comerse las hojas de morera, sin dar de sí el hilo de seda. (Ibíd.)

Ouyang Xiu (1007—1072) aprendió de la prosa de Han Yu (768—824), pero sus escritos de prosa salieron muy distintos de los de Han, y de ahí su originalidad entre los Ocho Grandes Maestros[1]. En cambio, en poesía, también aprendió de Han Yu y sin embargo sus poemas resultaron muy parecidos a los de Han, y he aquí por qué no pudo tener originalidad entre los poetas de la dinastía Song. (Yuan Mei, 1716—1797)

Al aprender la manera de caminar de la gente de Handan,[2] hay que hacerlo sin olvidar la vieja manera de caminar. Quien busca la panacea divina no debe dejarse

---

1 Se refiere a los ocho escritores más célebres de las dinastías Tang y Song, a saber, Han Yu y Liu Zongyuan de la dinastía Tang, y Ouyang Xiu, Wang Anshi, Su Xun, Su Shi, Su Che y Zeng Gong de la dinastía Song. — *Nota de la Red.*
2 En una anécdota en el libro *Zhuangzi* se relata cómo un hombre del estado de Yan trata de aprender la manera de caminar de la gente de Handan y termina sin llegar a aprenderla pero olvidando ya la manera de caminar de su tierra natal, de modo que tiene que volver a rastras. — *Nota de la Red.*

dañar por la droga. Tengo mi propia lámpara espiritual para iluminar lo que me guste saber. Al negarme a asimilar algo, lo estoy asimilando en algún otro sentido. Al no seguir el ejemplo de alguien, estoy aprendiendo de su ejemplo en algún otro sentido. (Ibíd.)

No obstante, no hay reglas esquemáticas más perfectas de la poesía que las de la antigüedad. El que aprende a hacer versos no tiene inconveniente en guiarse por esas reglas de la gente antigua para dotar de una sólida base a sus propias composiciones poéticas. Ahora bien, en cuanto a la idiosincrasia y a la suerte, cada hombre es distinto, y por tanto no hay que dejarse cautivar por el aspecto formal y copiar así al calco las poesías de la gente de los tiempos antiguos, circunscribiéndose a lo ya existente por temor a la gente antigua. (Ibíd.)

En el estudio cotidiano, la presencia imaginaria de la gente de la antigüedad es imprescindible, porque sólo así puede uno contar con un fundamento sólido. En cambio, al ponerse a escribir algo, ya conviene que desaparezca la gente de otros tiempos, ya que sólo así es posible la plena manifestación de la personalidad original. (Ibíd.)

436
El gusano de seda se alimenta de hojas de morera, pero lo que da de sí ya no son hojas de morera, sino seda. La abeja explora las flores, pero lo que produce no son flores, sino miel. Leer es como comer. Quien sabe comer con acierto se fortalece, y quien no, cae enfermo. (Ibíd.)

Ha dicho Gao Qingqiu[1] en términos sarcásticos que si los poetas de la antigüedad creaban versos, lo que hacen los de hoy es calcar versos. Calcar es lo que se hace en el bordado siguiendo lo trazado; esto se parece también a un espectáculo en que los actores aparecen en escena maquillados y ocultando su propia identidad

---

1   Gao Qingqiu (1336—1374): historiador que vivió durante la dinastía Ming.

para adoptar la de otros. Pero en poesía esto es lo más cursi que puede concebirse. Si uno, aprendiendo la poesía de Du Fu (712—770), llega a parecerse a éste a la perfección y, aprendiendo la prosa de Han Yu (768—824), llega a ser exactamente igual que éste, entonces ¿por qué el lector tiene que dejar de lado la poesía de Du Fu y la prosa de Han Yu para preferir un Du Fu y un Han Yu falsificados? Aprendiendo del ejemplo del príncipe de Zhou, Confucio no llegó a tanta exactitud de detalles como Wang Mang[1], ni Mencio aprendió de Confucio con la exactitud alcanzada por Wang Tong[2]. Durante la dinastía Tang, los poetas Li Shangyin, Bai Juyi, Du Mu y Han Yu aprendieron todos de Du Fu, pero hoy basta echar un vistazo a sus antologías para convencerse de que cada uno de ellos se distingue por su originalidad. Quienes inspiraron admiración y respeto a Du Fu fueron Yu Xin y Bao Zhao[3], pero en la antología de aquél no se nota nada que se parezca al estilo de éstos. Xiao Zixian[4] dice: "Sin constante renovación es imposible que durante cada generación surjan nuevos talentos". Lu You (1125—1210) dice: "En la creación literaria lo peor es meter palabras sin sentido". Huang Tingjian (1045—1105) dice: "En la creación literaria lo peor es repetir lo que todo el mundo dice". Todas estas sentencias son axiomas que enseñan los mejores métodos para escribir poesía y prosa. (Ibíd.)

Desde tiempos antiguos todas las crónicas históricas informales han pecado siempre de parecer cortadas por la misma tijera. Tan es así que la presente novela mía, abandonando esos esquemas cursis, aparece, contra lo que pudiera temerse, con cierta novedad y originalidad, sólo que no dejo de echar mano de los mismos episodios y la misma trama ... En cuanto a las obras de ficción con bellas muchachas y jóvenes eruditos como protagonistas, todas ellas, aunque se cuenten por mil,

---

1 Wang Mang (45 a. de J. C.—23 d. C.): Primer Ministro de la dinastía Han del Oeste. Usurpó el trono y se hizo proclamar emperador en el año 8 de nuestra era. Fue derrocado y muerto por una gran insurrección campesina. — *Nota de la Red.*
2 Wang Tong (584—617): filósofo de la época de la dinastía Sui.
3 Yu Xin (513—581): célebre escritor de la época de la dinastía Liang; Bao Zhao (¿414?—466): célebre escritor de Song del período de las dinastías del Sur.
4 Xiao Zixian (489—537): escritor e historiador de la época de la dinastía Qi.

están basadas en un mismo esquema, y algunas de ellas incluso contienen episodios tan indecentes que todas esas páginas están atestadas de descripciones de jóvenes tan hermosos como Pan An[1] y tan eruditos como Cao Zijian[2] y de mujeres tan seductoras e inteligentes como Xi Shi y Zhuo Wenjun[3], proponiéndose el autor nada más que utilizar esa ocasión para presentar sus poemas de amor o sus pasajes de prosa erótica, y es por esto que el novelista inventa dos nombres, uno de hombre y otro de mujer, y, venga o no venga esto a cuento, tiene que inventar un tercer personaje, un hombre mezquino, y asignarle el papel de quien siembra la discordia entre los dos protagonistas, exactamente como lo hace el villano del teatro. Además, en esas novelas, la sirvienta siempre habla en un lenguaje de lo más culto y sabe convencer a sus amos con razonamientos lógicos. De este modo, hojeando esas novelas uno tropieza a cada instante con incongruencias y hasta contrasentidos inexplicables ... (Cao Xueqin, ¿?—1763, *El Sueño del Pabellón Rojo*, cap. I)

"Marchitas la hojas de adentro, brotan nuevas ramas del banano./Enseguida los nuevos brotes se ven envueltos por nuevas hojas./¡Ojalá fuera yo uno de ellos y, adquiriendo nuevas y nuevas virtudes,/conociera más y más el mundo en compañía de las nuevas hojas!" Esta es la oda de Zhang Zihou[4] al banano. Mi abuelo puso una vez en un letrero la inscripción de "Adquirir lo nuevo" y lo colgó en su gabinete. Yo, cuando niño, aprendí de memoria este poema cuando acompañaba a mi abuelo en su gabinete. Para facilitar mi comprensión del sentido del poema, citó la frase de Confucio "repasando lo aprendido y aprendiendo lo nuevo". (Qian Daxin, 1728—1804)

El Sueño del Pabellón Rojo no es la primera novela en presentar imágenes poco comunes y describir escenas nuevas. Pero la descripción que leemos ahora aventaja

---

1 Pan An: según la tradición, hombre de cara bonita que vivió durante la dinastía Jin.
2 Cao Zijian: literato del reino Wei, en la época de los Tres Reinos.
3 Zhuo Wenjun: mujer bella e inteligente que vivió durante la dinastía Han del Oeste.
4 Zhan Zihou: hombre cuyos antecedentes son todavía desconocidos.

a todas las demás por lo poco común y lo nueva que es. Basta seguir adelante en la lectura para convencerse de que nadie que no sea Lin Daiyu[1] es capaz de haber hecho versos tan magníficos y que nadie que no sea el autor de esta novela es capaz de haber ideado un episodio y una trama tan originales que pueden dejar muertos de vergüenza a los novelistas de todos los tiempos. (Acotación marginal de un comentarista al episodio "Lin Daiyu entierra flores caídas", en *El Sueño del Pabellón Rojo*, cap. XXVII)

Por eso no debemos de ninguna manera rechazar la herencia de los antiguos y de los extranjeros, ni negarnos a tomarla como punto de referencia, así sean estas obras de la clase feudal o de la burguesía. Pero el tomar los legados del pasado y usarlos como punto de referencia jamás debe sustituir a nuestra propia labor creadora, nada puede sustituirla. (Mao Zedong, 1893—1976)

Respecto a la cultura extranjera, es errónea la política de rechazo puro y simple; hay que asimilar todo cuanto aquélla tenga de progresista, a fin de utilizarlo como punto de referencia en el desarrollo de la nueva cultura china. Pero también es errónea la política de imitación ciega; hay que asimilar críticamente la cultura extranjera, en función de las necesidades reales del pueblo chino. La nueva cultura creada en la Unión Soviética debe servirnos de modelo en la edificación de la cultura popular. De la misma manera, tampoco debemos rechazar pura y simplemente la cultura china antigua, ni imitarla a ciegas, sino asimilarla críticamente, de modo que sirva al desarrollo de la nueva cultura china. (Ibíd.)

A lo largo de toda la historia, quienes fundaron nuevas escuelas de pensamiento fueron todos jóvenes insuficientemente preparados pero que de un vistazo alcanzaron a divisar algo nuevo y se aferraron a ello lanzando desafíos a los veteranos ... Los

---

1 Lin Daiyu: protanogista de la novela *El Sueño del Pabellón Rojo*, muchacha de excelentes dotes poéticas y sentimentales. Aquí se trata del episodio en que ella, al ver flores caídas, las recoge y las entierra como en exequias y les dedica elegías en que compara su propia suerte con la de esas flores. — *Nota de la Red.*

jóvenes fundadores de nuevas escuelas, tan pronto como captaron una verdad, se atrevieron a negar obediencia a los veteranos y a acometer inventos. (Ibíd.)

"Sólo puede ser útil lo que se capta de manera viva en la lectura"

Son innumerables en el mundo los que estudian con aplicación, saben mucho y guardan may bien en la memoria lo que saben. Pero de entre cada diez mil apenas hay uno que sepa escribir libros y artículos comentando los acontecimientos del pasado y del presente. Por lo visto, de esto sólo son capaces los que además de poseer amplios conocimientos y magnífica facultad de entendimiento saben aplicar sus conocimientos y su facultad. Si uno entra en el monte, ve los árboles y llega a saber cuáles son altos y cuáles bajos, y si sale a la pradera, ve las hierbas y llega a saber cuáles son largas y cuáles cortas, pero si no sabe talar árboles para construir cabañas ni recoger hierbas para preparar medicinas, esto es conocer los árboles y las hierbas pero no saber utilizarlos. A quien lo sabe todo y posee amplios conocimientos pero no sabe aplicarlos para comentar las cosas se le podría llamar coleccionista de libros, que los colecciona pero no los lee. (Wang Chong, 27—¿97?)

440

Supongamos que hay un hombre que reúne los conocimientos acumulados durante mil años y ha leído cinco carros de libros, pero que, al entrar en contacto con algo bueno, no sabe que es bueno y que, ante opiniones encontradas, no sabe cuáles son erróneas. Es, como dice Ge Hong (284—364), un simple "armario de libros", un mero "dueño de los Cinco Libros Clásicos". Era a ese tipo de gente a quien aludía Confucio: ¿qué utilidad tenían ellos por más que hubiesen estudiado? (Liu Zhiji, 661—721)

Ante mis ojos se abre un estanque de medio *mu*, cual se parece a un espejo.
A flor de agua pasean el esplendor del cielo y las sombras de las nubes.
Si me preguntas por qué es tan limpido y brillante,

Te diré que le llegan sin cesar aguas frescas de una fuente.

(Zhu Xi, 1130—1200) (El mensaje del poema sugiere que en el estudio es preciso ir adquiriendo sin cesar de la vida nuevos y nuevos conocimientos.)

Cuando Mencio decía que "Mejor que creer todo lo que se dice en los libros es no tener libro alguno", no estaba repudiando toda lectura de libros. Quería decir que es necesario deducir mediante razonamiento, en lugar de repetir lo que hizo el hombre que, para recuperar más tarde la espada que se le cayó a las aguas, marcó en el borde de la lancha el lugar de la caída, ignorante de la marcha continua de la embarcación. El libro es como el bastón de un anciano que, por debilidad, se apoya en él para caminar. Pero si el hombre está cojo de ambas piernas, es imposible que pueda caminar apoyándose tan sólo en un bastón. (Zhu Zhiyu, 1600—1682)

Durante la lectura, cada liberación de las amarras de los libros es un nuevo progreso. Es un aficionado a los papeles viejos y un "ratón de biblioteca" el que se limita a tratar de esclarecer las acepciones de las palabras valiéndose de las acotaciones. (Fu Shan, 1607—1684)

En el estudio de los *Cuatro Libros Clásicos*, sólo puede ser útil lo que se capta de manera viva en la lectura. Si todo el mundo no se fija más que en el papel y la tinta, los *Cuatro Libros Clásicos* quedarán como letra muerta. (Yan Yuan, 1635—1704)

Sin contentarse con pintar un retrato directo de Feng Jie[1], el autor apela al recurso de descripciones indirectas pintando a esa mujer desde arriba, desde abajo, desde la izquierda y desde la derecha. Las referencias a la depravada voluptuosidad de Qiu Tong sirven para realzar la depravada voluptuosidad de Feng Jie. Las referencias al espíritu de justicia de Ping Er sirven para ironizar el espíritu inicuo de Feng Jie. Cuando el autor relata cómo las sirvientas maltratan a You Erjie, está

---

1 Feng Jie, así como Qiu Tong, Ping Er, You Erjie, son personajes de la novela *El Sueño del Pabellón Rojo*.

refiriéndose en realidad a los maltratos que ella recibe de Feng Jie. Al describir la gratitud de la servidumbre hacia You Erjie, está hablando de lo contrario en el caso de Feng Jie. Es un recurso característico de Sima Qian (136—85 a. de J. C.), el gran historiador, incomprensible para quienes leen los libros en forma estática. (Acotación general de un comentarista al capítulo LXIX de la novela *El Sueño del Pabellón Rojo*)

Lo único que los textos de la gente antigua puede brindarnos son sus pautas, pero esas pautas serán muertas, si nos limitamos a acatarlas sin penetrar en su esencia. Lo que hace falta es ir compenetrándose de su sentido esencial a medida que se va avanzando en la lectura. (Liu Dakui, 1698—1779)

Con el que no hace más que leer los libros de estrategia de su padre no hay cómo discutir sobre la manera de conducir una guerra; con el que se encierra en los pleitos pasados no hay cómo discutir sobre los asuntos judiciales; con el que acostumbra imitar y plagiar no hay cómo discutir sobre la creación literaria; el músico experto no lee partituras al tocar ni el consumado ajedrecista consulta con manuales al jugar, como tampoco necesita el buen conocedor de caballos una guía gráfica, ni se ciñe un excelente político a los esquemas existentes. (Wei Yuan, 1794—1857)

Cierto es que al leer es indispensable entender el texto, pero el mero entendimiento del texto es cosa de niños, y lo más importante es captar el sentido esencial. (Yang Ximin, 1808—1882)

Mis manos sirven para escribir lo que hablo por mi boca. ¿Para qué amarrármelas a lo que dijeron los antiguos? (Huang Zunxian, 1848—1905)

Para salir aprobados de los exámenes imperiales y entrar en el servicio oficial, la gente hizo abandono de muchas obras clásicas del confucianismo para limitarse a la lectura de los *Cuatro Libros Clásicos*. En lugar de dedicarse a las investigaciones académicas, se entregó de lleno al estudio del arte de componer "ensayos en ocho partes".[1] Así que se dejó de lado y se archivó toda la literatura de dos mil años. ... Bastaba saber componer un "ensayo en ocho partes" en un lenguaje fluido y con una caligrafía bonita para llegar a ser funcionario imperial, sin que importase ni en lo más mínimo la ignorancia acerca de quién fue Sima Qian (136—85 a. de J. C.), durante qué dinastía vivió Fan Zhongyan (989—1052, político de la dinastía Song del Norte), de qué dinastías fueron emperadores Han Gao Zu (256—195 a. de J. C., fundador de la dinastía Han del Oeste.) y Tang Tai Zong (599—649, emperador de la dinastía Tang). Si usted les pregunta acerca de la geografía de Asia y África y la política de Europa y América, quedan con la boca abierta, sin entender qué significan estas palabras.

......

... La juventud y la edad madura constituyen el período más útil del hombre, período pletórico de vigor y energías. Si nuestra gente dedica sus esfuerzos al estudio de las ciencias naturales y sociales, entonces, aun en el supuesto de que no lo hagan más que tres millones de chinos, su número ya sobrepasará la población de Holanda, Suecia, Dinamarca o Suiza. Con tantos hombres capaces a su servicio, ¿qué ideales no va a poder materializar nuestra Nación? En cambio, comprometiendo a los tres millones de hombres de talento en una rivalidad constante por los cargos oficiales, ofuscándoles el espíritu, obligándolos a encerrarse en el estudio de los esquemas monótonos, estereotipados, hechos de retazos y al calco, de los "ensayos en ocho partes", divagando sobre el "supremo espíritu" de las obras clásicas de los hombres santos, en lugar de brindarles la oportunidad ni las condiciones necesarias para inventar y crear, lo que se hacía sólo podía tener como resultado condenarlos a la ignorancia y la oscuridad, a la torpeza y la inutilidad, a morir ciegos y sordos. Esto es

443

---

1 El esquema de los "ensayos en ocho partes" era un simple malabarismo lingüístico, estereotipado y carente de todo contenido. Cada una de sus partes estaba sujeta a fórmulas rígidas e incluso a un número determinado de caracteres; de esta manera, para escribir, bastaba con ajustarse mecánicamente a las formas requeridas. Pero en los exámenes imperiales éste era el único criterio para apreciar el nivel de los candidatos. — *Nota del Trad.*

aún más horrendo que la crueldad que tuvo Bai Qi, general del ejército del estado de Qin, de mandar enterrar vivos a 400 000 soldados del estado de Zhao, pese a que ya se habían rendido. (Kang Youwei, 1858—1927)

En la escuela, el alumno no debe depender en todo de los libros de texto ni de los profesores. Las clases son, claro está, muy importantes, pero aún más importante es el estudio por sí mismo, el cuidado que se pone a cada instante en descubrir nuevos caminos y nuevas esferas de interés. (Cai Yuanpei, 1868—1940)

El que lee en forma estática, se perjudica, ante todo, a sí mismo, y cuando abre la boca, el perjuicio se hace extensivo a los demás. Pero tampoco estaría bien dejar de leer. (Lu Xun, 1881—1936)

El que lee en forma estática puede degenerar en pedante o incluso en "armario de libros". (Ibíd.)

Bastó que nos incorporásemos a la vida de los niños para que nos percatásemos de que ellos poseen su fuerza, y no sólo su fuerza, sino también su capacidad creadora. No es posible descubrir y comprender esto sin penetrar en el medio de los niños.

......

Hay que liberar la cabeza de los niños de todas las ataduras, pues su capacidad creadora todavía está precintada herméticamente por las supersticiones, prejuicios, deformaciones e ilusiones. Para desarrollar su capacidad creadora, debemos, ante todo, liberar su cabeza de esas supersticiones, prejuicios, deformaciones e ilusiones ...

Hay que liberar las manos de los niños de todas las ataduras ... En China, a los niños siempre se les prohibió tocar nada con sus manos, so pena de recibir palmetazos, lo que ha conducido las más de las veces al aplastamiento de su capacidad creadora. La esposa de un amigo mío, en un arranque de ira porque su hijo estropeó un reloj de oro que ella acababa de comprar, le dio una valiente paliza ... Y yo le dije a ella: "Me temo que haya sido fusilado un Edison chino". (Tao Xingzhi, 1891—1946)

Durante los últimos decenios muchos de los que han estudiado en el extranjero sufren de esta enfermedad. Al regresar de Europa, América o el Japón, sólo saben repetir lo que allí se han tragado entero. Actuando como gramófonos, han olvidado su deber de conocer y crear lo nuevo. (Mao Zedong, 1893—1976)

Al estudiante que, a pesar de haber solucionado bien solamente diez de los veinte problemas, dé pruebas de pensamiento original en alguno que otro problema, se le puede dar un ciento de calificación. En cambio, al que, si bien haya solucionado todos los veinte, lo haya hecho en forma muy regular y sin ninguna originalidad, sólo se le puede dar un cincuenta o sesenta de calificación. (Ibíd.)

XV. "Actuar" y "practicar"
— Ejercitación de la capacidad de práctica

Para hacer valer la inteligencia y convertirla en una fuerza material, es indispensable la práctica. La capacidad de práctica, por su parte, es en sí la resumida expresión de la inteligencia. Muchos de los pensadores chinos destacan la importancia de la práctica y del cultivo de la capacidad de práctica. Fue en este sentido que Xun Kuang (¿313?—238 a. de J. C.) dijo que "es mejor oír que no oír; pero mejor que oír es ver, mejor que ver es saber, mejor que saber es hacer, y el hacer es el punto final del estudio"; Zhu Xi (1130—1200) recalcó la necesidad de "actuar", y Wang Shouren (1472—1528) formuló la tesis de la "unidad entre el saber y el actuar". Wang Fuzhi (1619—1692), por su parte, fue quien planteó la magnífica tesis de que "el actuar puede abarcar el saber, pero el saber no puede abarcar el actuar", lo que quiere decir que la capacidad de práctica lleva implícita la de conocimiento, pero que no siempre puede decirse lo contrario. Yan Yuan (1635—1704), pedagogo que vivió durante la dinastía Qing, por su parte, criticó la educación desde los tiempos de las dinastías Song y Ming por "hablar más que actuar", señalando que semejante manera de educar era "hundir a la gente con ayuda de las palabras y frases". Abogó por la preparación de hombres "versados en las enseñanzas clásicas y capaces de llevarlas a la práctica" para que hicieran su contribución a la causa de procurar el "enriquecimiento y pacificación" del país.

Desde luego, el "actuar" y el "practicar" de que con tanto énfasis hablaron los sabios antiguos estaban limitados a las acciones individuales, y por tanto no se puede trazar un signo de igualdad entre ellos y la práctica social de que hablamos hoy. Sólo la lucha por la producción, la lucha de clases y la experimentación científica son las grandes fuerzas motrices de la transformación de la sociedad y del hombre, y sólo a través de esta práctica social puede la inteligencia del hombre tener dónde aplicarse y hacerse valer para convertirse en una gran fuerza material.

Cuando Zi Lu (discípulo de Confucio) oía algo pero no había tenido todavía tiempo de llevarlo a la práctica, entonces temía oír algo nuevo antes de poder hacer lo anterior. (*Analectas*)

Confucio dice: "¿Para qué vale el que, habiéndose aprendido de memoria los trescientos poemas del *Libro de las Odas,* no sabe cumplir las tareas políticas que se le confían ni sostener negociaciones diplomáticas en una misión a otro Estado, por más que haya leído?" (Ibíd.)

Confucio dice: "¿Por qué, muchachos, no vais a estudiar el *Libro de las Odas?* Leyéndolo podréis ejercitaros en vuestra capacidad de asociación y de observación, en vuestro espíritu de convivencia colectiva y en vuestro dominio del arte sarcástico. Con lo que vais a aprender en él, en casa podréis servir mejor a vuestros padres, y en la Corte, al soberano. Además, vuestra lectura os permitirá conocer gran número de nombres de hierbas, árboles, aves y bestias". (Ibíd.)

Confucio dice: "El hombre excelso es prudente al hablar y presto al actuar". (Ibíd.)

Zi Gong (discípulo de Confucio) pregunta qué significa hombre excelso, y Confucio responde: "Es el que hace primero lo que desea decir, y sólo después lo dice". (Ibíd.)

Confucio dice: "Los antiguos no decían nada a la ligera, pues encontraban indigno no hacer lo que habían dicho". (Ibíd.)

Confucio dice: "En un principio, con sólo oír decir algo a una persona, tenía yo confianza en su conducta; pero ahora, después de oír decir algo a una persona, tengo que ver su conducta. El cambio se produjo después de lo que hizo Zai Wo (discípulo de Confucio)". (Ibíd.)

Confucio dice: "Los jóvenes deben, en casa, tratar con piedad filial a sus padres y, afuera, tratar con respeto a sus hermanos mayores, comportarse con discreción, ser fieles a su palabra, amar ampliamente a la gran muchedumbre y acercarse a los hombres dotados de la virtud de benevolencia. Si, aun haciendo todas estas cosas, les sobran energías, podrán entonces proceder a estudiar los documentos y libros". (Ibíd.) (Hoy ya son anacronismos inaceptables los conceptos patriarcales de "piedad filial" y "respeto a los hermanos mayores", preconizados por Confucio, pero merece atención la importancia que atribuye al comportamiento práctico basado en estos conceptos.)

447

Confucio dice: "En materia de cultura quizá yo iguale a los demás, pero lo que aún no he alcanzado es la altura del hombre excelso que practica en serio lo que sabe". (Ibíd.)

Aunque a los letrados les hace falta estudiar, para ellos lo esencial es la práctica. (Mozi, ¿468?—376 a. de J. C.)

En el estudio de un hombre excelso, lo que entra por los oídos, se graba en la mente, se traduce en el comportamiento y se manifiesta en las acciones. Hasta su más insignificante palabra o acción puede servir de ejemplo para los demás. (Xun Kuang, ¿313?—238 a. de J. C.)

El hacer es el punto final del estudio. Hacer significa entender y ser hombre santo. Los hombres santos se basan en la benevolencia y la justicia, juzgan acertadamente sobre lo justo y lo erróneo y mantienen exacta concordancia entre lo que dicen y lo que hacen sin ninguna separación, y lo consiguen así sin otra vía que la de aplicar concienzudamente lo que han aprendido. (Ibíd.)

Estudiar ampliamente, preguntar y escuchar atentamente, reflexionar cuidadosamente, discernir claramente y actuar concienzudamente. O bien no estudiar, o bien no cesar de estudiar hasta llegar a dominar; o bien no preguntar, o bien no cesar de preguntar hasta alcanzar cabal claridad; o bien no reflexionar, o bien no cesar de reflexionar hasta llegar a captar algo esencial; o bien no discernir, o bien no cesar de discernir hasta alcanzar total nitidez; o bien no actuar, o bien no cesar de actuar hasta lograr algo efectivo. Si lo que otros llegan a dominar aprendiendo una sola vez, lo aprendo cien veces y lo que otros llegan a dominar aprendiendo diez veces, lo aprendo mil veces, si así lo hago efectivamente, yo, aunque torpe, me tornaré inteligente, y aunque débil, me tornaré fuerte. (*Libro de los Ritos*)

Si es valiosa la cabal comprensión de algo, lo es porque lo que se comprende ya puede aplicarse. Si uno no sabe más que recitar de memoria los textos del *Libro de las Odas* y las obras clásicas del confucianismo, no puede desempeñar más que el papel de un papagayo, aunque haya leído más de mil libros. Nadie que no posea dotes intelectuales excepcionales es capaz de escribir magníficos ensayos desarrollando el sentido esencial de los libros antiguos. (Wang Chong, 27—¿97?)

Quien vadea las aguas someras de un río alcanza a ver los camarones; quien llega a aguas más profundas divisa los peces y las tortugas, y quien osa acometer aguas aún más profundas llega a ver los dragones. Diferentes itinerarios llevan a uno a ver diferentes cosas. (Ibíd.) (Wang Chong señala aquí que, gracias al distinto grado de la práctica del hombre, son distintas también la profundidad y la amplitud de su conocimiento).

Es una enfermedad el saber lo que es correcto pero no llevarlo a la práctica, enfermedad ésta que ni un médico divino puede curar. (Zhong Changtong, 180—220)

Estudiar es como cultivar un árbol. En la primavera se goza de la hermosura de sus flores, y en el otoño se recogen sus frutos. Leer y discutir los textos es como gozar de la hermosura de las flores primaverales, y cultivarse mentalmente y actuar en la práctica es como recoger los frutos otoñales. (Yan Zhitui, 531—590)

Vivir sin estudiar es igual a no vivir; estudiar sin llegar a saber es igual a no estudiar; saber sin actuar es igual a no saber. Lo mejor que puede hacer el hombre es saber y luego actuar. (Huang Xi, de la dinastía Song del Norte)

No es difícil distinguir entre cómo estudia el vulgo y cómo estudian los hombres santos. Éstos siempre hablan con sinceridad y hacen todo cuanto dicen. Al hablar de la necesidad de enderezar el espíritu, se ponen a enderezar su propio espíritu; al hablar de la necesidad de alcanzar la sinceridad de la conciencia, se ponen a velar porque su conciencia sea sincera. Ni tampoco son meras palabras huecas lo que dicen acerca de la cultivación de su personalidad y de la armonización de su familia. En cambio, la gente de hoy, al hablar del enderezamiento del espíritu, no hace más que utilizar las palabras "enderezar el espíritu" como tema para componer unos versos o alguna prosa lírica, y al hablar de la sinceridad de la conciencia, sólo echa mano de estas palabras como otro tema para sus composiciones poéticas o prosaicas. Al hablar de la cultivación de la personalidad, se limita a citar lo que sobre el particular dijeron los hombres santos, para lucir su talento de recitación. Hay quienes recogen palabras de otros para unirlas y ensamblar unos ensayos a la moda.

Pero ¿qué provecho ofrece semejante manera de estudiar para la cultivación de excelentes cualidades y virtudes? (Zhu Xi, 1130—1200)

Son, naturalmente, imprescindibles las conferencias y clases, pero más importantes aún son los propios esfuerzos. Si bastaran las conferencias y clases para el estudio, todo podría ser agotado en uno o dos días, pero lo más difícil es el esfuerzo propio en el estudio. (Ibíd.)

Lo que se sabe pero aún no se hace, se sabe superficialmente. Cuando uno mismo lo hace en la práctica, llega a saberlo aún con mayor exactitud, y su nivel de conocimiento ya no es el mismo de antes. (Ibíd.)

Si lo que se sabe no fuera necesario que se haga en la práctica, si bastara con hablar y santo remedio, entonces los setenta discípulos de Confucio no habrían necesitado más que dos días de estudio para escuchárselo todo a su Maestro y no habrían tenido por qué seguir aprendiendo con él durante tantos años. O bien todos ellos habrían sido unos imbéciles. (Ibíd.)

450

Por orden cronológico, el saber viene primero, pero por orden de importancia, lo que más vale es la práctica. (Ibíd.) (Aquí Zhu Xi tiene razón al señalar que "lo que más vale es la práctica", pero no es científica su tesis de que "el saber viene primero".

Estudiar ampliamente no vale tanto como llegar a dominar lo que se estudia. Y dominar lo que se estudia no vale tanto como llevar a la práctica lo que se domina. (Ibíd.)

Lo que queda sobre el papel de todos modos me parece somero.
Para conocer a fondo una cosa menester es actuar.
(Lu You, 1125—1210)

El estudio consta de aprender, preguntar, reflexionar, discernir y actuar, y no hay estudio sin actuar. Cuando uno estudia la doctrina de la piedad filial, debe ponerse a servir atentamente a sus padres y llevar concienzudamente a la práctica esa doctrina. ¿Cómo se puede atribuir la virtud de la piedad filial a quien se limita a perorar sobre esa virtud? Al aprender a tirar al arco, uno debe cimbrar el arco, colocar sobre él la flecha, dispararla y tratar de dar en el blanco. Al aprender la caligrafía, debe desplegar la hoja de papel, empuñar el pincel de escribir y ponerse a trazar los caracteres. En todo el mundo nada puede llamarse estudio sin actuación práctica. Por tanto, el estudio implica, desde su propio inicio, la práctica. (Wang Shouren, 1472—1528)

El verdadero saber sirve para la práctica, y sin práctica no puede considerarse como saber. (Ibíd.)

El meollo, lo efectivo, lo verdadero del saber es la práctica. Lo que se llega a saber es lo que se capta más profundamente en plena práctica. Son inseparables los esfuerzos por llegar a saber y por actuar. Su separación ha sido culpa de los estudiosos de las generaciones recientes, quienes dividieron el proceso en dos fases de trabajo, privando así de su sentido real tanto el saber como el actuar. Es por esto que he formulado mi tesis de la identidad entre el saber y el hacer y de su avance simultáneo. (Ibíd.)

451

El que un alimento sea o no sabroso sólo se llega a saber después de echárselo en la boca. ¿Acaso es posible saber si un alimento es sabroso o no antes de probarlo en la boca? ... El que sea accidentado o llano un camino sólo se llega a saber cuando uno está viajando personalmente. ¿Acaso es posible saber si un camino es accidentado o llano antes de emprender viaje? (Ibíd.)

Hacer cada cosa de que se hable y llegar a saber cada cosa que se haga, es verdadero saber. Hablando sin hacer, es inevitable que no se logre llegar a saber nada a fondo. Por ejemplo, se sabe que el estado de Yue está ubicado en el Sur, pero hay que ir personalmente allá antes de poder conocer sus condiciones, sus ríos y montañas, sus hábitos y costumbres, sus caminos, sus urbes y sus territorios y poder hablar con exactitud de todas estas cosas, de un modo muy distinto de cómo hablan los que, sin haber estado en Yue, no se basan más que en sus propias imaginaciones. ¿No será tal vez en este sentido que se suele decir que "un conocimiento profundo requiere la presencia física de uno sobre el terreno para que pueda observar las cosas directamente, y es aquí donde termina el proceso del conocimiento y donde se hace posible determinar el sentido de lo que se conoce"? Desde las postrimerías de la dinastía Song, la gente se ha limitado a hablar; la doctrina de la "indiferencia y tranquilidad", muy en boga en los últimos años, es muy perjudicial para la teoría de la identidad entre el saber y el actuar. (Wang Tingxiang, 1474—1544)

Un hombre, encerrado entre cuatro paredes, se pone a aprender a manejar una embarcación. Lee y se ejercita en todo: cómo controlar el timón, cómo mover los remos, cómo usar la espadilla, qué hacer con las velas, cómo tirar de los cordeles de bambú. Pero en el momento en que sale a probar su técnica a un riachuelo, resulta impotente, de entrada, ante la fuerza del viento, y, luego, siente vértigos a causa de los torbellinos y remolinos del banco de arena. Pocos son los que no fracasan en estas condiciones. ¿Por qué? Sólo sabrá hacer frente a los accidentes y peligros de los vientos y las aguas quien conozca a la perfección sus síntomas. No puede dar resultado alguno contentarse con hablar y conjeturar. Si así son las cosas incluso en un riachuelo, ¿qué decir de los ríos caudalosos y de la infinita vastedad de los océanos? ¿Qué distingue de ese hombre a los que sólo saben perorar vacuamente, sin experiencia directa de ninguna clase? (Ibíd.)

Es fácil estudiar, pero difícil estudiar con éxito; es fácil actuar, pero difícil actuar eficazmente; es fácil tener el sentido del pudor pero difícil saber por qué. (Wang Fuzhi, 1619—1692)

Sin haber llegado a la suma sabiduría no es posible hacer juicios siempre acertados, y el resultado será la sumersión de uno en la averiguación de los fenómenos aparentes y aislados del mundo y su incapacidad para emitir juicios propios. Sin escudriñar la naturaleza de las cosas, la función reflexiva de la mente no puede surtir efecto adecuado, y el resultado será la vacilación ante las tentaciones mundanas y el deslizamiento por un camino vicioso. De modo que estos dos métodos para procurar el saber, el "llegar a la suma sabiduría" y el "escudriñar la naturaleza de las cosas" son mutuamente complementarios, y, así las cosas, es preciso dedicar energías simultáneamente a ambos aspectos. (Ibíd.)

"Escudriñar la naturaleza de las cosas para llegar a la suma sabiduría" implica práctica, y esto se parece mucho al juego de damas *weiqi*. No basta leer y releer los manuales de ese juego, aprendiéndose de memoria las distintas partidas que se jugaron en otros tiempos, para llegar a dominar el arte de cercar y comer las damas del adversario y mantener al mismo tiempo a salvo las propias, sino que es preciso jugar directamente con un adversario antes de llegar a compenetrarse de todo lo que dicen los manuales. Sin contar que los esfuerzos mentales que otros han hecho como partícipes directos en las partidas ya jugadas y citadas como ejemplos en los manuales son de por sí una especie de práctica. (Ibíd.)

Más aún, lo que entendemos por saber tiene que culminar en la acción, en tanto que la acción no tiene necesariamente que culminar en el saber. En la acción se puede conocer los efectos del saber, pero en el saber no siempre se puede conocer los efectos de la acción. (Ibíd.)

El actuar puede abarcar el saber, pero el saber no puede abarcar el actuar. Sólo aprendiendo con duros esfuerzos en plena práctica es posible ir alcanzando un profundo entendimiento de las cosas. ¿Acaso puede uno poseer de antemano profundos conocimientos de una cosa y sólo luego empezar a estudiarla? Es indiscutible que el hombre excelso nunca procura saber al margen de su acción. (Ibíd.)

Fue esta preocupación que me decidió a redactar el capítulo "La conservación del estudio" ..., donde señalé, a grandes rasgos, que lo importante no reside en comprender las interpretaciones del *Libro de las Odas* y de los *Documentos de los Antepasados*, que lo esencial del estudio no reside en comprender y recitar de memoria, sino, como hacía Confucio con sus discípulos, en "enriquecer el conocimiento con la lectura de textos y regular el comportamiento mediante los ritos", estudiar a partir de su propia persona y demostrar lo estudiado también a partir de su propia persona. (Yan Yuan, 1635—1704)

Pongamos por caso el aprendizaje a tocar la cítara. El *Libro de las Odas*, los *Documentos de los Antepasados* y otros textos son como partituras musicales. Ahora bien, ¿acaso estará uno aprendiendo realmente a tocar la cítara con sólo memorizar con fluidez las partituras y explicarlas con todo detalle? Es por esto que decimos que media grandísimo trecho entre el hablar y el alcanzar la verdad. Aún más imbécil es el que, señalando con el dedo las partituras, dice: "He aquí la cítara. Aquí está ella para que distingamos las melodías, armonicemos los acordes, cultivemos nuestro espíritu y alcancemos la divinidad". ¿Equivalen las partituras a la cítara? Es por esto que decimos que si tomamos por la verdad misma los meros libros, hay grandísimo trecho entre lo que creemos y lo que realmente son las cosas. (Ibíd.)

Tratar en todo de remontarse a su más lejano origen fue un error cometido por los confucianos de la dinastía Song, y es por esto que hablaron mucho e hicieron poco, y aún menos en lo que se refiere a cómo manejar el país y conducir al pueblo. Sucedería lo contrario si se acatara la enseñanza de Confucio de "abarcar por abajo los ritos y la música y por arriba la voluntad de la Divina Providencia". (Ibíd.)

No hay secreto en cuanto a cómo estudiar. Lo único que hace falta es dedicar los esfuerzos a la palabra "actuar". Por ejemplo, al leer el pasaje "estudiar y repasar constantemente lo estudiado", hay que esforzarse por repasar lo estudiado, y al leer "es un hombre que trata con piedad filial a sus padres y con respeto a sus hermanos mayores", hay que esforzarse por hacer lo mismo, ¡y nada más! (Ibíd.)

La permanencia todo el día con la cabeza turbada en el gabinete de lectura condena a uno a la languidez y al cansancio, así como al entumecimiento y anquilosamiento de los huesos, hasta tal punto que en este mundo no hay letrado que no sea endeble y no hay letrado que no sea enfermizo. No cabe mayor desastre para el pueblo. (Ibíd.)

Comprender con la cabeza, hablar por la boca y escribir sobre el papel pero sin pasar por la acción física del cuerpo, todo es inútil. (Ibíd.)

Supongamos que hay un hombre insensato y arrogante, que no ha hecho otra cosa que leer muchos libros de medicina y que sabe memorizar sus textos a la perfección e interpretar su contenido. Se cree ya médico de primera categoría en todo el país. No se digna aprender técnicas que considera rudimentarias tales como la de tomar el pulso a los pacientes, la de preparar cocciones, la acupuntura, el masaje, etc. Posee conocimientos cada vez más amplios de medicina leyendo más y más libros de esa materia. Trata de hacer extensivo su sistema a todo el país y lo logra, pues todos los médicos se pelean por imitar su ejemplo. De este modo, su fama vuela como la de Qi Bo[1] y Huang Di[2] de la antigüedad, pero sucede que cae enferma cada vez más gente, y los cadáveres se van amontonando. Entonces ¿se puede decir que es un médico que domina muy bien su oficio? Tomar el pulso a los pacientes, preparar cocciones y practicar la acupuntura y el masaje son deberes propios del oficio del médico, mientras que la lectura de libros no tiene otro objetivo que comprender los fundamentos de medicina. Si, después de leer todos los libros de medicina, uno desprecia el trabajo práctico de tomar el pulso, preparar cocciones, practicar la acupuntura y hacer el masaje, será un hombre insensato. Lejos de figurar entre los

455

---

1 Qi Bo: médico de la antigua China, según la leyenda.
2 Huang Di: patriarca común de las diversas nacionalidades de la región Zhongyuan de China, según la leyenda (2697—2599 a. de J. C.).

célebres médicos de la categoría de Qi Bo y Huang Di, estará incluso por debajo de los médicos más corrientes. (Ibíd.)

Leer centenares de veces las partituras, explicarlas, indagarlas y reflexionar sobre ellas decenas de veces, todo esto es insuficiente para saber cómo será la melodía. Sólo cuando uno saca el instrumento y se pone a tocarlo es cuando comienza a percibir la verdadera melodía. (Ibíd.)

Sólo se llega a saber después de entrar en contacto, y sólo mediante la práctica se llega a comprender las dificultades. ¿Dónde se da el caso de adquirir conocimientos sin dedicarse a la práctica directa? Hoy en día hay más gente que en la antigüedad que, no habiendo captado gran cosa en la lectura de los *Catorce Libros Clásicos*, tiene bien guardada en la memoria durante toda la vida una sola frase oída de labios de un maestro o amigo. No les entran las tesis con que diariamente se machaca a sus oídos, como si no las oyeran ni comprendieran, pero una buena acción ante sus ojos basta para hacer fuerte impacto en su conciencia, hecho éste que habla de que la educación con el ejemplo surte más efecto que la educación verbal. El que, habiendo recorrido con la vista los mapas de las Cinco Montañas, se cree gran conocedor de la orografía, tiene en los hechos menos mérito que una sola pierna del leñador. El que por ser capaz de dar con la boca pruebas de muy amplios conocimientos sobre los océanos, se cree muy versado en oceanografía, tiene en los hechos menos mérito que un ojo del comerciante. El que, por ser capaz de interpretar un extenso repertorio de platos exquisitos, se cree muy experto en el arte culinaria, tiene en los hechos menos mérito que un solo bocado del cocinero. (Wei Yuan, 1794—1857)

Debemos tener clara conciencia de lo perjudicial que es el estudio sobre el papel e impulsar a los alumnos, mientras cursen sus estudios en la escuela, a estudiar todo cuanto sea útil para la sociedad, y entonces la Nación progresará tanto más cuantas más escuelas funcionen. Esto, porque las facultades del hombre se refuerzan mientras más se ejercitan. La dedicación exclusiva al estudio sobre el papel no hace más que desgastar en vano el esfuerzo mental. (Liang Qichao, 1873—1929)

Cuando estudiamos en los años de la infancia, o sea, cuando estudiamos por simple vocación, por lo común nos es inútil preguntar a los demás, y lo único que nos queda es empezar por lecturas extensivas y luego escoger una o varias materias que más nos interesen. Pero la lectura sola conlleva también sus males; por tanto, es necesario que nos mantengamos en contacto con la realidad social, de modo que lo que leemos cobre vida palpitante. (Lu Xun, 1881—1936)

Nuestra teoría pedagógica de la unidad entre el enseñar, el aprender y el hacer no implica rechazar lisa y llanamente los libros. Por el contrario, el número de libros que hemos de utilizar será mucho mayor que el de los libros de texto actualmente en uso, sólo que se trata de libros no siempre escritos, pues los libros de texto de hoy parecen unos cuchillos de madera, muy romos para cortar nada. Según sea la vida, así serán nuestros libros, y según lo que hagamos, así serán nuestros libros. Para la teoría de la unidad entre el enseñar, el aprender y el hacer no está bien ni rechazar los libros, ni utilizarlos en grado insuficiente, ni utilizarlos en forma inapropiada. (Tao Xingzhi, 1891—1946)

Enseñar, aprender y hacer, todo es uno, y no tres. Debemos enseñar haciendo y aprender haciendo. Quien enseña haciendo es el profesor, y quien aprende haciendo es el alumno. En la relación del profesor con el alumno, hacer es enseñar, y en la relación del alumno con el profesor, hacer es aprender. Enseñar haciendo es enseñar en el verdadero sentido de la palabra, y aprender haciendo es aprender en el verdadero sentido de la palabra. Sin dedicar esfuerzos a "hacer", el enseñar dejará de serlo, como dejará de serlo el aprender. (Ibíd.)

En *La lógica de Mozi* se señala que hay tres tipos de conocimientos, a saber, los conocimientos directos, los adquiridos de oídas y los deducidos. Los directos se adquieren personalmente en la práctica. Los adquiridos de oídas proceden de otra gente o nos llegan de boca de nuestros profesores o amigos, o adquirimos de los libros, conocimientos éstos que, en fin, pueden ser todos catalogados en dicha categoría. Los deducidos son fruto de deducciones y conjeturas. Actualmente, en la mayoría de las escuelas, el acento se pone única y exclusivamente en los conocimientos adquiridos de oídas, hasta tal punto que el "saber de oídas" parece abarcar todos los conocimientos, dejando poco menos que fuera de las puertas los conocimientos directos. Se descuida también la necesidad de conocimientos deducidos, los cuales, en el mejor de los casos, provienen de los conocimientos adquiridos de oídas. Al plantear la tesis de que "el hacer es el comienzo del saber" como explicación de la fuente de los conocimientos, no estamos rechazando los conocimientos adquiridos de oídas y los deducidos, sino que estamos señalando que los conocimientos directos constituyen el origen de todos los conocimientos y que los demás dos tipos de conocimientos sólo valen cuando se originan de los directos. (Ibíd.)

El conocimiento comienza por la práctica, y todo conocimiento teórico, adquirido a través de la práctica, debe volver a ella. La función activa del conocimiento no solamente se manifiesta en el salto activo del conocimiento sensorial al racional, sino que también, lo que es más importante, debe manifestarse en el salto del conocimiento racional a la práctica revolucionaria. El conocimiento que alcanza las leyes del mundo hay que dirigirlo de nuevo a la práctica transformadora del mundo, hay que aplicarlo nuevamente a la práctica de la producción, a la práctica de la lucha de clases revolucionaria y de la lucha nacional revolucionaria, así como a la práctica de la experimentación científica. Este es el proceso de comprobación y desarrollo de la teoría, la continuación del proceso global del conocimiento. (Mao Zedong, 1893—1976)

La filosofía marxista considera que el problema más importante no consiste en comprender las leyes del mundo objetivo para estar en condiciones de interpretar el mundo, sino en aplicar el conocimiento de esas leyes para transformarlo activamente. (Ibíd.)

Leer es aprender; practicar también es aprender, y es una forma más importante de aprender. Nuestro método principal es aprender a combatir en el curso mismo de la guerra. (Ibíd.)

Aparte de su genio, la razón principal por la cual Marx, Engels, Lenin y Stalin pudieron crear sus teorías fue su participación personal en la práctica de la lucha de clases y de la experimentación científica de su tiempo; sin este requisito, ningún genio podría haber logrado éxito. (Ibíd.)

XVI. Las diferencias de inteligencia y la educación según la vocación

La desigual agilidad de los órganos de pensamiento del hombre y, sobre todo, las diferencias existentes en la educación recibida y los esfuerzos conscientes de cada uno determinan diferencias de inteligencia de los seres humanos, es decir, "los dones de inteligencia pueden ser buenos o malos y el alcance del pensamiento, largo o corto" (Ge Hong, 284—364). El materialismo dialéctico reconoce el carácter absoluto de las diferencias. Marx dice: "La particularidad de las dotes naturales constituye la base de donde brota la división del trabajo". Lenin dice también: "Resulta absurdo esperar dentro de la sociedad socialista la igualdad de fuerzas y facultades entre los hombres". (*Obras Completas*, t. XX.) Muchos de los pensadores antiguos chinos se fijaron en el fenómeno de las diferencias de inteligencia. Por ejemplo, Confucio hizo una clasificación de sus discípulos según las diferencias existentes entre ellos en sabiduría, capacidad, vocación, afición, etc. Además, estableció categorías distintas entre los hombres clasificándolos entre hombres que "nacen sabiendo", hombres que "llegan a saber aprendiendo", hombres que "aprenden por tropezar con dificultades", y hombres que "no desean aprender aun tropezando con dificultades". Han Yu (768—824) formuló la teoría de las "tres categorías de la naturaleza humana", lo que corresponde a la clasificación que los psicólogos contemporáneos hacen de los niños según su nivel de inteligencia en tres clases: "niños superdotados", "niños normales" y "niños anormales". Hay que señalar que algunos pensadores consideraban las diferencias de inteligencia como algo inmutable, declarando, por ejemplo, que "lo único que no cambia es la sabiduría de los de arriba y la ignorancia de los de abajo"(Confucio), y que "son hombres ignorantes e indignos los que nacen

460

con pobres y malas dotes naturales" (Zhu Xi, 1130—1200), e incurriendo así en el fatalismo idealista. En realidad, las diferencias de capacidad e inteligencia de los hombres son principalmente un fenómeno que surge *a posteriori*. "No son tanto la causa como el resultado de la división del trabajo". (Marx, *La miseria de la filosofía*). Por su parte, algunos sabios antiguos de nuestro país también se dieron cuenta de que las diferencias de inteligencia de los hombres pueden cambiar a través de la práctica *a posteriori*, señalando, por ejemplo, que "un hombre corriente puede convertirse en un gran sabio", y que "lo natural depende del esfuerzo humano" (Wei Yuan, 1794—1857). Se trata de un perspicaz y profundo punto de vista que fulguraba con destellos de pensamiento dialéctico.

Algunos pensadores se fijaron, además, en que los hombres tienen distintos tipos de inteligencia. Hay hombres que, siendo muy inteligentes en un campo, son, sin embargo, inferiores incluso a la gente corriente en otro. En *Huainanzi* se señala que "donde es débil un hombre inteligente y fuerte un hombre ignorante puede aquél no llegar ni a la altura de éste, y donde padece de insuficiencia un sabio y tiene de sobra el vulgo puede aquél no llegar ni a la altura de éste." Esta es una opinión justa y perspicaz.

Si bien no fueron muy exactas las explicaciones que dieron los pensadores chinos antiguos sobre la causa de las diferencias de inteligencia de los hombres, fueron, sin embargo, bastante valiosos sus esfuerzos en la clasificación de la inteligencia y la conducta del hombre. Esta clasificación reviste gran importancia en la práctica educacional. Precisamente sobre la base de este entendimiento descansan los principios de educar según la vocación y hacerlo según las posibilidades.

461

Los que nacen sabiendo pertenecen a la categoría superior, los que llegan a saber aprendiendo pertenecen a una categoría más baja, los que aprenden por tropezar con dificultades pertenecen a una categoría todavía más baja, y los que no desean aprender aun tropezando con dificultades pertenecen a la catogoría más baja. (*Analectas*) (Aquí Confucio se equivoca al sostener que hay genios que "nacen sabiendo" pero su opinión de que los hombres son de dotes naturales distintas y la clasificación que hace de ellos a grandes rasgos revisten cierto significado orientador para la educación según la vocación.)

En cuanto a Zi Lu (discípulo de Confucio), si se lo envía a un Estado poseedor de mil carros de guerra, será capaz de administrar allí los asuntos de los impuestos y las prestaciones personales. ... En cuanto a Ran Qiu (discípulo de Confucio), si se lo envía a un distrito con una población de mil familias o a un feudo poseedor de cien carros de guerra, estará a la altura del cargo de intendente general. ... En cuanto a Gongxi Chi (discípulo de Confucio), si se le deja aparecer en traje de etiqueta en la Corte, será capaz de dialogar con los huéspedes. (Ibíd.)

Entre los discípulos de Confucio, los mejores en conducta moral son Yan Yuan, Ming Ziqian, Ran Boniu y Zhong Gong; los que mejor dominan el arte oratoria son Zai Wo y Zi Gong; los que mejor conocen los asuntos políticos son Ran You y Ji Lu y los más compenetrados con los documentos históricos y literarios son Zi You y Zi Xia. (Ibíd.) (He aquí una clasificación que hace Confucio de sus discípulos según sus cualidades y talentos).

462   Confucio le pregunta a Zi Gong: "¿Quién es superior, tú o Yan Hui?" Zi Gong responde: "¿Cómo me atrevo a compararme con Yan Hui? Al oír la razón de una cosa, él sabe deducir de ésta las razones de diez cosas; en cambio, yo, al oírla, sólo puedo deducir las de dos". Confucio hace notar: "Es cierto que tú no llegas a su altura. Contigo estoy de acuerdo: eres inferior a él". (Ibíd.)

Se puede enseñar los razonamientos de máxima profundidad a los que poseen aptitudes intermedias para arriba, pero no a los que las poseen intermedias para abajo. (Ibíd.)

Zi Lu pregunta: "¿Puedo ponerme en acción inmediatamente al oír algo?"

Confucio le responde: "Tu padre y tu hermano mayor viven todavía, ¿cómo puedes ponerte inmediatamente en acción al oír algo?" Ran Qiu pregunta: "¿Puedo ponerme inmediatamente en acción al oír algo?" Confucio le responde: "Sí, puedes". Entonces Gongxi Hua le pregunta: "Cuando Zi Lu le preguntó '¿Puedo ponerme inmediatamente en acción al oír algo?', Vuestra Señoría le respondió que no, aduciendo como razón la presencia de su padre y hermano mayor; pero cuando Ran Qiu hizo la misma pregunta, Vuestra Señoría le respondió que sí. Eso, no lo entiendo bien y me atrevo por tanto a pedirle que me lo explique". Confucio le responde: "Como Ran Qiu suele andar con timidez, sin atreverse a dar un paso adelante, traté de levantarle los ánimos; en cambio, el coraje de Zi Lu es dos veces mayor que el del común de la gente y suele actuar con audacia. Por eso, quise contenerle en cierta medida". (Ibíd.) (Ésta es una anécdota típica de cómo hay que adoptar distintos métodos educacionales respecto a diferentes educandos.)

Sólo conviene conversar y discutir con aquellos que sepan hacerlo. (Mozi, ¿468?—376 a. de J. C.)

Algunos discípulos de Mozi quieren aprender de su maestro el arte de tirar al arco. Éste les dice: "No podéis hacerlo; los hombres inteligentes sólo emprenden lo que esté dentro de sus posibilidades". (Ibíd.)

Mencio dice: "El hombre excelso enseña de cinco modos distintos: o bien enseña a la manera de una lluvia oportuna empapando la vegetación; o bien ayuda a formar a uno con buenas cualidades morales; o bien contribuye a preparar hombres talentosos y útiles; o bien desata las dudas, o bien, en fin, induce a quienes no escuchan directamente las lecciones a que por su propia cuenta aprendan de los demás. Estos son los cinco modos de cómo el hombre excelso enseña a la gente". (*Mencio*)

Mencio dice: "Son muy diversificados los métodos con que se puede educar a la gente. Incluso el no dignarse enseñar a uno puede ser también un método para enseñarlo (porque esto puede darle un sacudón y aguijonearlo). (Ibíd.)

Con soga corta amarrada al cubo no se puede sacar agua de un pozo profundo; ni tampoco se puede hablar de las enseñanzas de los hombres santos con gente que dista mucho de poder entenderlas. (Xun Kuang, ¿313?—238 a. de J. C.)

Hay inteligencia de los hombres santos, la hay de los hombres excelsos, la hay de los hombres mezquinos y la hay de los lacayos y esclavos. La inteligencia de los hombres santos la tienen los que hablan mucho y en un lenguaje muy elegante y metódico, dilucidan día y noche los argumentos de sus opiniones manteniendo siempre la coherencia y congruencia en medio de las mil y una variaciones de sus formas de expresión. La inteligencia de los hombres excelsos la tienen los que hablan poco pero en forma directa, concisa y sistemática y en estricta conformidad con una regla como si todo hubiera sido ajustado con el cordel nivelador del carpintero; la inteligencia de los hombres mezquinos la tienen los que profieren absurdos, se conducen en un sentido contrario a la moralidad y se retractan constantemente de lo que han dicho. La inteligencia de los lacayos y esclavos la tienen los que hablan con gran elocuencia y actúan con diligencia y presteza pero haciendo lo primero sin concierto ni sistema, dan muestras de talento y habilidad para una gran variedad de temas y conocen de todo, ya sean cosas del Cielo o de la Tierra, pero sin ser capaces de dar aplicación práctica a sus habilidades, hacen malabarismos fraseológicos con gran maestría, pero sin que sus palabras den en el clavo de las urgentes necesidades del momento, no reflexionan sobre lo justo e injusto ni estudian profundamente la intrincada verdad de las cosas, proponiéndose como único objetivo aventajar a los demás. (Ibíd.) (La clasificación de la inteligencia aquí hecha por Xun Kuang queda claramente estampada con las huellas de la mentalidad de jerarquía clasista feudal.)

Lo poco profundo no sirve para medir cosas de gran profundidad; con los imbéciles no se puede consultar sobre cosas que requieren inteligencia y sagacidad. Con una rana encerrada en un pozo seco y abandonado no hay cómo hablar de las deliciosas bellezas del Mar de Oriente. (Ibíd.)

En un mismo lugar cohabitan gentes de diversa procedencia, y cada cual tiene sus propias aptitudes, distintas entre sí. (Shen Dao, 395—315 a. de J. C.)

Así, pues, la naturaleza, que ha engendrado todos los seres, debe cultivarlos de manera distinta según las condiciones naturales de cada cual. (*Doctrina del Justo Medio*)

Los que aprenden pueden incurrir por lo común en cuatro defectos y los que enseñan deben tener esto claramente en cuenta. Durante el estudio, algunos proceden con excesiva avidez y no quieren detenerse a comprender a fondo lo que estudian; otros se dan por satisfechos con lo poco que han aprendido y la esfera de sus conocimientos resulta muy limitada; otros, tan pronto como ven algo nuevo o extraño, piensan en cambiar de dirección y dejan de estudiar una cosa con detenimiento, y otros incurren en el autoenclaustramiento marcando el paso. Estas cuatro tendencias mentales, totalmente distintas entre sí, hay que comprenderlas con claridad antes de poder tratar con acierto las enfermedades que representan. (*Libro de los Ritos*)

Hoy en día, los maestros concentran, por lo general, su atención en dar lectura a lo que está escrito en las láminas de bambú y hacen con frecuencia preguntas a los alumnos acerca de problemas difíciles de entender para ellos. Sus discursos son demasiado prolijos y engorrosos. Durante el curso de la enseñanza, como los maestros pasan por alto el nivel de receptividad de los alumnos, éstos no pueden dedicarse con todas sus energías a su estudio. Los maestros no les enseñan según su vocación para poner en pleno juego sus talentos. Ya que los que enseñan violan los principios de la enseñanza, los que estudian no podrán progresar como sobre ruedas. (Ibíd.)

Donde es débil un hombre inteligente y fuerte un hombre ignorante puede aquél no llegar ni a la altura de éste, y donde padece de insuficiencia un sabio y tiene de sobra el vulgo puede aquél no llegar ni a la altura de éste. ¿Por qué se sabe que esto es así? La pintura del estado de Song y la fundición y los grabados en madera y en metal del estado de Wu se rigen por reglas establecidas. Su belleza artística y el refinamiento de su trabajo son tan extraordinarios que ni hombres santos como Yao (2357—2258 a. de J. C.) y Shun (2257—2208 a. de J. C.) hubieran sido capaces de hacerlo. Las muchachas de los estados de Cai y Wei saben tejer cintas multicolores sobre fondo negro y con dibujos floreados de color rojo, de una elegancia tan maravillosa que ni grandes sabios como Yü (2207—1766 a. de J. C.) y Tang (de la dinastía Shang, 1765—1122 a. de J. C.) son capaces de alcanzar. (*Huainanzi*)

Viajando en misión diplomática rumbo al estado de Qi, Gan Wu[1] cruza un río caudaloso. El barquero le dice: "Vuestra Señoría, que no puede cruzar por sí mismo un pequeño río como éste, ¿cómo puede negociar en nombre del soberano?" Gan Wu responde: "No es así como hay que ver las cosas. Ud. no sabe que cada cosa tiene dónde usarse. Un hombre leal y prudente puede ayudar al soberano para que no desencadene una guerra; un buen caballo puede correr mil *li* al día, pero si se lo encierra en un cuarto para atrapar ratones, el caballo resultaría inferior a un pequeño gato. La mejor espada de la tierra sería inferior a un hacha si el carpintero la toma para cortar madera. Ahora, en eso de subir y bajar sobre las olas a bordo de la lancha y con ayuda de los remos, quedo muy por debajo de Ud.; pero, si es necesario convencer a un soberano poderoso, Ud., será entonces inferior a mí". (Liu Xiang, ¿77—6 a. de J. C.?)

Ahora bien, el talento de un hombre puede ser mediano o excelente; su carácter puede ser enérgico o suave; su nivel intelectual puede ser alto o bajo, y sus hábitos y costumbres pueden ser bellos o vulgares. En todo esto están fundidas las cualidades innatas y cristalizadas las influencias de lo adquirido ... De ahí la maravillosa gama de variaciones en el campo de la creación literaria. (Liu Xie, ¿465—532?)

---

1   Gan Wu: personaje de ficción.

La naturaleza del hombre es innata. ... Se divide en tres categorías y se cultiva y forja en cinco aspectos (benevolencia, cortesía, fidelidad, justicia y sabiduría). ... Las tres categorías de la naturaleza del hombre son: superior, mediana e inferior. En caso de ser superior la categoría de la naturaleza de un hombre, la bondad ya es cosa innata; en caso de ser mediana, puede mejorar para subir a la categoría superior si es que se la conduce hacia arriba, y puede deteriorarse y descender a la categoría inferior si es que se la conduce hacia abajo; en cuanto a la naturaleza de categoría inferior, la maldad innata ya es cosa hecha. Un hombre necesita cultivación en cinco aspectos, a saber: benevolencia, cortesía, fidelidad, justicia y sabiduría. Al que por su naturaleza pertenece a la categoría superior le basta dominar uno de estos cinco aspectos para entender y poner en práctica los cuatro restantes; el que pertenece a la categoría mediana, si no domina muy bien uno de los cinco, actuará en contra de los preceptos del caso y tendrá una comprensión borrosa sobre los otros cuatro, y el que pertenece a la categoría inferior, con sólo marchar en contra de uno de los cinco irá contra los demás también. (Han Yu, 768—824)

Los que educan a la gente deben conocer lo que es difícil y lo que es fácil en los estudios, conocer las cualidades y defectos de los alumnos y saber qué y a quién primero se le puede enseñar y quién ha de sentirse cansado de esos estudios más tarde. (Zhang Zai, 1020—1077)

No hay cosa más difícil que educar a la gente, pues hay que velar porque el alumno haga valer plenamente sus dones de inteligencia, única manera de no estropearle lo que le corresponde. Se le enseña allí donde sea susceptible de educación. Los hombres santos comprenden claramente y con todo detalle cómo hay que enseñar a la gente, como si fuera un carnicero que, al disecar una vaca, conoce perfectamente bien las rendijas entre la carne y los huesos y puede insertar fácilmente el cuchillo donde corresponde. A los ojos del carnicero la vaca ya no es una vaca completa, sino un montón de piel, huesos y carne. (Ibíd.)

La inteligencia y las cualidades de un hombre pueden ser superiores o inferiores, y puede trabajar con éxito en una tarea pero no en otra. Los sabios soberanos antiguos lo sabían bien y hacían, por eso, que aquellos que estaban versados en la agricultura, desempeñasen cargos de funcionarios responsables de la producción agrícola, y aquellos que estaban versados en la artesanía ejerciesen cargos de dirección de esa rama de la economía. (Wang Anshi, 1021—1086)

Los que poseen una inteligencia de categoría superior ya están dotados de ciertos conocimientos, pero todavía no lo saben todo, sino que necesitan estudiar apoyándose en sus conocimientos ya existentes. Los que poseen una inteligencia de categoría mediana no tienen ni jota de conocimientos antes de aprender y sólo pueden ir aprendiendo de acuerdo con los nombres de las cosas y a la luz de las enseñanzas de sus maestros, y sólo así podrán llegar poco a poco a dominar las leyes de las cosas. En técnica de tocar la cítara, la inteligencia del músico Shi Xiang es de categoría superior, mientras que la de Confucio sólo es de categoría mediana. De esto se infiere que en el proceso de estudio de una materia o de aprendizaje de una determinada técnica, sólo hay diferencia entre quienes estudian primero y quienes después, entre quienes estudian con dificultad y quienes no. El saber que posee un hombre santo no es siempre de categoría superior ni el de un sabio es siempre de segunda categoría. (Wang Fuzhi, 1619—1692)

La educación y la reflexión son interminables. Durante el proceso de la educación, es necesario comprender lo que haya de fuerte en las cualidades de los educandos para guiarles, y, en particular, los defectos relacionados con su carácter para ayudarles a cambiarlos. (Ibíd.)

Mientras Confucio no hizo más que clasificar a los hombres en una categoría superior y otra inferior partiendo, en forma muy ligera, de la opinión de que hay hombres que "nacen sabiendo" y hombres que "llegan a saber aprendiendo", la gente de las generaciones posteriores, en cambio, partió de la rígida noción de categoría superior e inferior, para llegar a enfatizar eso de "nacer sabiendo" y eso de "llegar a saber aprendiendo", sin comprender en absoluto que eso de superior o inferior no se refiere más que al poco o mucho trabajo que cuesta estudiar y a la rapidez o lentitud en la adquisición de los conocimientos. Únicamente aquellos que no saben nada pero no quieren aprender, de modo que siguen ignorantes del todo hasta el fin, pertenecen a la categoría inferior. (Ibíd.)

Comparados entre sí, los hombres presentan muy limitadas diferencias en sus dotes naturales. Conscientes de la escasa diferencia entre las dotes naturales de los hombres, los hombres santos y sabios ponen el acento en la búsqueda y el estudio *a posteriori*, considerando que lo que más vale es la ampliación y el perfeccionamiento de los conocimientos. (Dai Zhen, 1723—1777)

La moralidad, el lenguaje, los asuntos políticos y la literatura son partes integrantes del saber de los hombres santos y únicamente éstos pueden reunir todos los cuatro componentes; en cuanto a los sabios, cada uno de ellos sólo puede dominar uno de estos componentes, o sea, sólo puede estudiar y dominar la disciplina más acorde con su propia índole. Pero cuando cada sabio domina una disciplina, la suma de lo que dominan todos ellos ya es el saber completo de los hombres santos.

469

En las *Notas biográficas de los célebres vasallos* de Zhu Xi (1130—1200) y en el *Diario* de Huang Dongfa se menciona que el señor Hu Yuan (993—1059), dando clases en Huzhou, estableció, en consideración de las condiciones reales, un curso para el estudio de los libros canónicos y otro para el estudio de los asuntos administrativos ... Lo hizo así porque en la Academia Superior de los tiempos antiguos, algunos estudiantes tenían afición al estudio de los libros clásicos; otros, al estudio y análisis de los problemas de estrategia y táctica; otros más, al arte y literatura, y otros de más allá, a los ritos, las ceremonias y a las virtudes de lealtad y justicia, y la Academia los tenía clasificados según su afición y alojados en casas distintas y les dictaba conferencias y guiaba sus estudios por separado. La enseñanza

que impartía Hu Yuan (993—1059) a sus alumnos en cursos distintos es la
revalidación de ese método tradicional de enseñanza de la antigüedad, cuando se
dividía la enseñanza en cuatro cursos. En el capítulo "Sobre los estudios" del *Libro
de los Ritos* se dice: "Los que no son aptos para la enseñanza no pueden poner en
máximo juego las facultades de los alumnos". Pero puede afirmarse que el método
pedagógico de Hu Yuan es el que permite poner en máximo juego las facultades de
los alumnos. (Chen Li, 1810—1882)

Los jóvenes y niños parecen flores o frutos que requieren cultivación. Si la
planta que se cultiva es una peonía, naturalmente va a florecer; si las plantas que se
cultivan son melocotoneros y ciruelos, van a dar frutos; si las plantas que se cultivan
son bambúes y trepadoras, ¿cómo es posible forzarlas a florecer y a dar frutos? Si
se cultivan estas últimas plantas con el deseo de verlas florecer y dar frutos, aunque
uno invierta un año entero en cultivarlas, no logrará más que la desilusión y el hastío.
(Qian Yong, 1759—1884)

Cuando estudian juntos hombres listos y torpes y los primeros no logran
buenos resultados mientras que los segundos sí, de modo que aquéllos se vuelven
cada día más torpes mientras que éstos se vuelven cada día más listos, ¿acaso esto
demuestra que lo natural y lo artificial han intercambiado papeles entre sí? La
respuesta es que aquí lo uno y lo otro están integrados. (Wei Yuan, 1794—1857)
(Wei Yuan señala aquí que las diferencias de inteligencia pueden salvarse mediante
esfuerzos hechos *a posteriori* y el estado intelectual de un hombre es la integración de
las cualidades innatas y de los esfuerzos hechos *a posteriori*.)

La maestría puede elevarse a la altura de la teoría, la destreza puede alcanzar
un grado prodigioso de dominio. El hombre con dotes naturales ordinarias puede
convertirse en un hombre altamente inteligente. La gente corriente puede suplicar
al Soberano Cielo que le conceda felicidad y larga vida. Lo natural depende del
esfuerzo humano. (Ibíd.)

Los hombres pueden ser estúpidos o inteligentes, y sin estudio no hay manera de distinguir entre los unos y los otros. Las dotes naturales, a su vez, pueden abarcar una amplia o estrecha gama de materias, y sin estudio no hay manera de desarrollarlas allí donde más rindan. Bajo la influencia que ejercen las escuelas, los inteligentes avanzan más todavía, los estúpidos se superan, los parcialmente dotados se especializan y los de dotes multifacéticas se realizan en toda la línea. Pues los hombres de dotes excepcionales no nacen todos los días. Puede encontrarse uno solo en cien o mil *li* a la redonda, o uno solo entre un millón. Si no se educa a la gente según el momento y las características personales, hasta los superdotados quedarán anulados por falta de educación y se perderán sin dejar rastro. (Sun Yat-sen, 1866—1925)

Las capacidades y los ideales varían de un hombre a otro. Los hombres de mejores capacidades e ideales no quieren vegetar mal que bien y, aun siendo simples súbditos, se sienten responsables por el destino de la Nación. Hombres así serán capaces de trabajar duro y abrir camino, sin necesidad de que los estimule nadie. Como suele decirse, "los hombres de cualidades eminentes surgen por sí solos sin esperar la presencia protectora del rey Wen Wang (primer soberano de la dinastía Zhou, 1152—1056 a. de J. C.)". Los hombres de medianas cualidades, en cambio, necesitan estímulos de otros para progresar. Por tanto, en Occidente, todo intelectual que tenga cierto talento, aunque sea en un solo aspecto, es altamente apreciado y rodeado de atenciones por el Estado. Por ello, los hombres allí luchan por su propia iniciativa y nadie quiere pasar la vida sin hacer nada. (Ibíd.)

Uno de los rasgos esenciales que distingue la nueva educación de la antigua es que los que enseñan a los niños no se consideran como simples educadores, sino como educandos que aprenden a su vez de los niños. En cuanto a la vieja educación de nuestro país, ... una vez establecido el objeto de la enseñanza, se forzaba a los educandos a aceptarlo sin tomar en consideración su inclinación natural al dinamismo o a la calma, su inteligencia o torpeza. El método de la enseñanza se limitaba únicamente a premiar a los más capaces y sancionar a los incapaces, como si se tratara de una substancia inorgánica. ... La nueva educación no es así. Consiste en escoger, sobre la base de una profunda comprensión del proceso del desarrollo físico y mental de los niños, los métodos más adecuados para ayudarlos. ...

......

Por lo tanto, los que están versados en la educación prefieren respetar el desarrollo natural antes que permanecer aferrados a las reglas ya existentes; prefieren desarrollar el carácter personal de los niños antes que imponer la uniformidad. (Cai Yuanpei, 1868—1940)

Si se descubre que en una casa o en una tienda un muchacho posee, desde niño, una capacidad especial, hay que ofrecerle inmediatamente como a una planta adecuado abono, agua y luz para que crezca vigorosamente. Tomás Edison tenía 12 años de edad cuando ya estaba entregado de cuerpo y alma a los juegos científicos. Pero a los escasos tres meses de estudio fue expulsado de la escuela por su maestro pedante. ¡Qué fuerte debió ser este golpe para la tierna alma del muchacho! Sin embargo, su madre le comprendió perfectamente y le permitió hacer sus experimentos en un sótano, y ¡qué grande era la felicidad que le ofreció su madre a Edison en aquel entonces! (Tao Xingzhi, 1891—1946)

472

Entre nuestros dirigentes, el camarada Chen Yi (1901—1972) es uno de los más aficionados a escribir poemas. Escribe con rapidez y es un poeta fecundo y un hombre de presto talento. El presidente Mao ya es distinto de él. Sólo escribe un poema después de concebirlo hasta la madurez completa. Ha escrito poco, pero sus poesías se distinguen por su fuerza imponente y dinámica y están llenas de genio poético. Por supuesto, las poesías de Chen Yi también tienen genio poético. No podemos exigir que el presidente Mao escriba un poema diariamente ni tampoco debemos intervenir en la práctica del camarada Chen Yi, exigiendo que escriba menos. La producción intelectual no debe ser toda metida en un esquema uniforme. (Zhou Enlai, 1898—1976)

XVII. "Sugestionar en el preciso momento de impasse mental y enseñar a expresarse en el preciso momento de impasse verbal" e "indicar el camino pero no forzar el avance"
— Despertar el pensamiento activo

El que la facultad de pensamiento del hombre se encuentre en estado dinámico y activo o estático y pasivo influye mucho en sus efectos. Para que se desarrolle sanamente la capacidad de pensamiento como meollo de la inteligencia, lo decisivo es hacer valer plenamente la función dinámica y activa del pensamiento. El principio heurístico, vigente en la historia de la educación de China desde tiempos muy antiguos, surgió precisamente respondiendo a la necesidad de solucionar este importante problema. Cuando Confucio aconsejaba "no sugerir al alumno si no es el preciso momento de su impasse mental y no enseñarle a expresarse si no es el preciso momento de su impasse verbal", cuando Mencio hablaba de la conveniencia de "llegar a saber por sí mismo" y de "tensar el arco pero no disparar la flecha, indicando solamente la postura" y cuando en el *Libro de los Ritos* se señalaba la necesidad de "indicar el camino pero no forzar el avance, estimular pero no obligar, y franquear el paso pero no llevar al destino", todo esto eran advertencias contra el método didáctico estático de simple inculcación y contra la práctica de hacer del alumno un receptáculo pasivo de enseñanzas, abogando en cambio por despertar el pensamiento activo de los alumnos para que adquieran conscientemente y por su propia cuenta los conocimientos. El camarada Mao Zedong, por su parte, criticó más de una vez el método de simple inculcación, haciendo figurar como el primero de los diez principios de la metodología didáctica "el método de sugestionamiento (en lugar del de simple inculcación)" y subrayando una y otra vez la necesidad de "aprender por sí mismo y por cuenta propia". El sugestionamiento sirve como el pedernal que da origen a las llamas, y también como un "catalizador" para provocar reacciones químicas de substancias inertes. El célebre pedagogo chino contemporáneo Ye Shengtao dice en un poema:

Indagando la fuente, vemos que esto ya lo dijeron los antiguos.

Maravillosa idea esa de los impasses mental y verbal.

¡Adiós toda precipitación artificial o esquema estereotipado!

Ya veremos crecer toda una nueva generación.

Todos estos enunciados se refieren a la necesidad de desarrollar la capacidad de pensamiento activo y dinámico del hombre y asegurar así un crecimiento sano y pleno de la inteligencia.

Es de señalar que eran todavía rudimentarias y simples las formas de sugestionamiento que empleaban los chinos en la antigüedad. Los ejemplos, ampliamente conocidos en China, de los diálogos de Confucio con sus discípulos Zi Gong y Zi Xia sobre el *Libro de las Odas* son esencialmente casos de asociación por analogía, casos en que se emplea como forma de pensamiento el razonamiento por analogía y por metáfora, perteneciente a la categoría de "sugestionamiento directo". Este tipo de sugestionamiento es, desde luego, útil para poner en juego el pensamiento dinámico del hombre, pero no conviene sobrestimar su valor, ya que el empleo exclusivo de analogías no sólo peca de ser algo muy traído de los cabellos, sino que tiende a limitar la vastedad del pensamiento. Fue precisamente una debilidad del modo de pensar de la escuela ortodoxa china de pensamiento encabezada por Confucio el empleo exclusivo de analogías, sin la habilidad para recurrir a los métodos inductivo y deductivo.

Una forma de sugestionamiento relativamente perfecta y superior es la de recurrir en toda la línea a las diversas formas de pensamiento (análisis, inducción, síntesis, comparación, etc.) para activar al máximo la intercomunicación entre los dos sistemas de señales y alcanzar el objetivo de despertar el pensamiento activo del hombre.

Confucio dice: "No hay que sugestionar al alumno si no es el preciso momento de su impasse mental ni enseñarle a expresarse si no es el preciso momento de su impasse verbal; si, después de habérsele enseñado uno de los puntos cardinales, todavía no sabe deducir de ello los tres restantes, no hay que seguir educándolo". (*Analectas*)

Zi Gong pregunta: "¿Estará ya bastante bien si uno se niega a adular a los demás cuando es pobre y se guarda de toda arrogancia cuando es rico?" Confucio responde: "Está bien, pero aún mejor sería dedicarse con placer a la verdad a pesar de su pobreza y conducirse con modestia y cortesía a pesar de su riqueza". Zi Gong pregunta luego: "¿Está Vuestra Señoría hablando de algo parecido a lo que se lee en el *Libro de las Odas*: 'igual que se corta (una substancia como hueso, cuerno, marfil o jade), se le quitan las asperezas, se talla y al fin se pule'?" Confucio dice: "¡Mi querido Zi Gong! Ya puedo hablar contigo sobre cosas del *Libro de las Odas*, ya que después de enseñarte yo algo, ya sabes deducir lo que no te he enseñado todavía". (Ibíd.)

Zi Xia pregunta: "¿Qué quieren decir los versos: '¡Qué hermoso es ese rostro con hoyuelos! ¡Qué lindos son esos ojos! ¡Qué bonitas son esas flores pintadas sobre paño blanco!'?" Confucio responde: "Hace falta primero un paño blanco para luego pintar las flores". Zi Gong pregunta: "Entonces ¿quiere decir que los ritos sólo surgen después (de las virtudes)?" Confucio exclama: "¡Mi querido Zi Xia! A mí ya me sabes sugerir una nueva idea. Ya puedo hablar contigo sobre cosas del *Libro de las Odas*". (Ibíd.)

Confucio dice: "¿Es verdad que poseo muchos conocimientos? No. Cuando me pregunta algo un hombre humilde, yo, que no sé nada, me pongo a indagar muchas cosas basándome en el anverso y el reverso de su pregunta, y luego (cuando estoy ya informado) paso a contestarle como puedo". (Ibíd.)

Yan Yuan hace notar entre suspiros: "... El Maestro es muy hábil para guiarnos metódicamente, dotarnos de extensos conocimientos sobre el sistema legal y los libros clásicos y regular nuestra conducta con las normas rituales, de tal suerte que ya no podemos abandonar los estudios aunque queramos". (Ibíd.)

Mencio dice: "El hombre excelso tensa el arco pero no dispara la flecha, indicando solamente la postura". (Mencio, 372—289 a. de J. C.)

Las enseñanzas de los hombres santos le vienen a la mente al alumno como el cuerpo a su sombra o el instrumento musical a su sonido. A cada pregunta, una respuesta. De modo que siempre logra ir sacándole al niño todo lo que sabe y piensa. (Zhuang Zhou, 369—286 a. de J. C.)

Por tanto, el hombre excelso enseña induciendo y sugestionando. A los alumnos hay que indicarles el camino pero no forzar su avance, estimularles pero no imponerles nada, franquearles el paso pero no llevarlos al destino. Indicándoles el camino pero sin forzar su avance, el profesor logra desde luego unas relaciones de intimidad y cariño con sus alumnos. Estimulándoles pero sin imponerles nada, logra fácilmente la espontaneidad de los alumnos en sus estudios. Indicándoles el camino pero sin llevarlos al destino, logra naturalmente la ejercitación mental de los alumnos. Sólo logrando esas relaciones de intimidad y cariño, esa espontaneidad y esa ejercitación mental, puede ser el profesor considerado como hábil en inducir y sugestionar. (*Libros de los Ritos*)

El profesor que domina bien el método interrogativo procede como el leñador que tiene que talar un árbol de madera dura. Este comienza por atacar lo que el árbol tiene de poca resistencia antes de pasar a ocuparse de sus partes más duras. Al hacer preguntas a los alumnos, también es preciso empezar por lo que hay de fácil para pasar luego a lo difícil. Así, con el tiempo, el alumno va aceptando con gusto lo que se le enseña y llega a comprender el sentido de cada pregunta. En cambio, el que no domina el método interrogativo procede de una manera contraria. Además, el que lo domina se parece a quien toca una campana. A toque ligero, sonido ligero. A toque fuerte, sonido fuerte. Siempre explica a los alumnos de diferente manera según sean las dudas que formulen, con toda espontaneidad y calma, hablando como suena la campana, guardando intervalos mientras desaparecen los ecos. De manera diametralmente contraria, en cambio, es como procede el que no domina este método. He aquí los principios que rigen el método interrogativo de la enseñanza. (Ibíd.)

Cuando no se logra entender lo que dicen los hombres santos y el sentido esencial de sus enunciados, hay que preguntar para obtener una respuesta cabal. Todo punto oscuro debe esclarecerse preguntando. Una vez Gao Yao[1] exponía delante del soberano Shun sus opiniones sobre el gobierno del país, pero lo que exponía carecía aún de profundidad y cabalidad. Entonces el soberano le formuló algunas preguntas difíciles, de modo que lo que había sido superficial se hizo más profundo y lo que había sido incompleto se hizo cabal. Las preguntas difíciles habían empujado a Gao Yao a poner en pleno juego su aptitud de profundización y le sirvieron de acicate para lograr mayor claridad de visión. (Wang Chong, 27—¿97?)

Todos los capítulos de este libro *Matemáticas* son aplicables a una amplia gama de operaciones relativas a las distintas correlaciones cuantitativas, y esto es justamente lo que significa apelar a lo consabido para saber lo incógnito y lo que significa saber localizar los tres puntos cardinales restantes siempre que se sepa uno solo. (Liu Hui, matemático que redactó en el año 263 el libro *Matemáticas*)

El que enseña bien sabe hacer comprender al pueblo sus enseñanzas en lo más recóndito de su mente, sin detenerse en cosas de las sensaciones auditivas y visuales. Esto es convencer con razones. En cambio, el que no enseña bien no hace más que dar a oír y ver al pueblo algunas cosas y lo obliga a comprender en lo recóndito de su mente lo que le enseña. Esto es imposición. (Wang Anshi, 1021—1086)

Ya estaba mal de por sí la simple memorización de los textos, y a ello vino a sumarse la horrible pormenorización de las investigaciones y acotaciones etimológicas. Las cosas van de mal en peor. Tan es así que los estudios actuales de los cánones y de los "ensayos en ocho partes" ya no sirven para otra cosa que para destruir los talentos, para no hablar ya de iluminar la inteligencia del pueblo. Cuando un niño de seis o siete años empieza a aprender, tiene su mente todavía muy débil

477

---

1 Gao Yao: vasallo del soberano Shun, según la leyenda.

y poco desarrollada para recibir esos montones de textos de contenido misterioso y difícilmente comprensible, que se ve obligado a aprenderse de memoria. ¿Qué tiene esto de útil para la cultivación de la inteligencia? Lo poco que tiene de útil para despertar la inteligencia se reduce al insignificante arte de componer versos con simetría y rima, en tanto que nada se aprende para conocer la verdad de las cosas ni para distinguir lo justo de lo injusto. (Yan Fu, 1854—1921)

Estudiar no es como llenar una botella con agua, dejarla llena y se acaba. Lo más importante es despertar el interés del alumno por el estudio. El profesor no debe explicárselo todo a los alumnos, frase por frase, palabra por palabra. Vale más dejarles que estudien por sí mismo. Incluso puede el profesor permanecer sin dictar clase alguna y, en lugar de ello, esperar a que llegue el momento en que el alumno de veras no esté en condiciones de comprender por sí solo la lección, para prestarle ayuda. En cuanto a las clases que se dictan oralmente, puede ser que no vengan a integrar un todo sistemático, y es por esto que se recurre a algunos libros, pero los libros deben corresponder al nivel de los alumnos y no deben ser demasiado difíciles ni demasiado fáciles. El deber de los alumnos, por su parte, no es ir todos los días a la escuela para aprenderse de memoria los libros de texto, y santo remedio. Entiéndase que los libros no nos dan más que un ejemplo para que de lo concreto sepamos deducir leyes generales. Por ejemplo, cuando leemos en los libros algo sobre el crisantemo, debemos llegar a saber que el ciruelo pertenece también al reino vegetal. Cuando leemos en los libros algo sobre la Escuela Daonan, debemos saber también qué institución es la Escuela Duanmeng cuando pasamos ante sus puertas. Siempre que sepamos aplicar lo que leemos, podemos decir que ya hemos asimilado todo su contenido aunque no sepamos recitar de memoria sus textos. (Cai Yuanpei, 1868—1940)

Por lo común, el profesor tiende a exigir total obediencia a sus alumnos, pero es un craso error. Lo mejor es dejarles que estudien por su propia cuenta, y el profesor no debe imponerles su voluntad. En lugar de ello, debe ayudarles en sus deberes según la índole de cada cual. (Ibíd.)

No hay que dedicar todo el tiempo a dictar clases ante los estudiantes, sino dejar algún tiempo para que ellos estudien por sí mismos. Conviene revisar el programa de materias y suprimir aquellas que no sean muy importantes y que los estudiantes puedan asimilar con sus propios esfuerzos. (Ibíd.)

Los métodos didácticos:

1) Método de sugestionamiento (en lugar del de simple inculcación);

2) Comenzar por lo próximo para llegar a lo lejano;

3) Comenzar por lo fácil para llegar a lo difícil;

4) Lenguaje asequible;

5) Claridad de expresión;

6) Lenguaje deleitoso;

7) Algunos gestos como auxilio del discurso;

8) Repaso en cada sesión de los conceptos aprendidos en la anterior;

9) Necesidad de un guión;

10) Discusión como método en los cursillos de cuadros.

(Mao Zedong, 1893—1976)

Contra el método didáctico de simple inculcación se pronunciaron incluso pedagogos burgueses en el período del Movimiento del 4 de Mayo de 1919. ¿Por qué nosotros no?

... En cuanto a los estudiantes universitarios, sobre todo los de grados altos, la forma principal de enseñanza es dejarles que estudien algunos problemas por sí mismos. ¿Para qué dictar tantas clases? (Ibíd.)

Hay que estudiar por sí mismo, estudiar con los propios esfuerzos. Xiao Chunü[1]

---

1 Xiao Chunü (1897—1927): uno de los primeros militantes del Partido Comunista de China, asesinado en Guangzhou por los reaccionarios del KMT.

nunca estudió en ninguna escuela, ni moderna ni rústica. Fue un hombre que
me gustó mucho y fue él quien más trabajó en las clases de la Escuela Central del
Movimiento Campesino. Había trabajado en Wuchang como camarero de una casa
de té pero era capaz de redactar magníficos artículos. En esa Escuela utilizábamos
justamente los folletos del movimiento campesino de las diversas provincias
mostrándolos a la gente. Ahora, en los centros de enseñanza superior ya no se
distribuyen materiales didácticos a los estudiantes, sino que el profesor se limita a dar
lectura a esos materiales mientras que los estudiantes los copian al dictado. ¿Por qué
no se distribuyen? Se dice que por temor a que haya errores en ellos. Pero ¿acaso no
da lo mismo? ¿Ya no habrá errores en lo que se copia al dictado? Hay que ponerlos
a la disposición de los estudiantes y someterlos a su estudio. ¡Menos discursos!
Lo principal es dejar que los estudiantes lean esos materiales, y por tanto hay que
distribuírselos. No deben ser materiales de un solo lado, sino de ambos lados (el
positivo y el negativo). Mi trabajo *Problemas estratégicos de la guerra revolucionaria de
China* lo redacté entonces precisamente como material didáctico de la Academia de
Ejército Rojo. (Ibíd.)

XVIII. "Educar en el momento oportuno" y "educar sin equivocarse de etapas"

— Respetar las etapas y asegurar una marcha acompasada en la formación de la inteligencia

La inteligencia del hombre se va engendrando y desarrollando conforme
avanza su edad. Por eso, la educación debe impartirse tomando en cuenta las
características derivadas de la edad de los alumnos. Por regla general, las aptitudes
de aprendizaje del hombre se hallan en su apogeo entre los 10 y los 20 años de
edad. Antes de llegar a los treinta años, el hombre tiene sus facultades mentales
en el mejor estado, y pasada esa edad, su capacidad de retentiva va declinando
y entorpeciéndose. Los chinos antiguos se daban cuenta de las características
derivadas de la edad del hombre en materia de aprendizaje. Precisamente
por ello, en el capítulo "Sobre los Estudios" del *Libro de los Ritos* se plantea

el principio de "educar en el momento oportuno" y "educar sin equivocarse de etapas", afirmando así la necesidad de respetar las etapas y asegurar una marcha acompasada al desarrollar la inteligencia. Además, la acumulación de conocimientos y el crecimiento de la inteligencia tienen que realizarse en un proceso gradual, y no pueden cumplirse de la noche a la mañana. Los chinos antiguos comprendían esta esencia del problema. Por ejemplo, Mencio citó una anécdota acerca de un individuo que tiró de los brotes de arroz en un intento de acelerar su crecimiento, para demostrar la necesidad de no saltarse etapas en la educación y la imposibilidad de acelerar el desarrollo de la inteligencia como a uno le dé la gana. Yan Zhitui (531—590), pedagogo que vivió durante las dinastías del Sur y del Norte, señalaba: "En su niñez, uno tiene los sentidos muy agudos y es capaz de concentrar su atención en una cosa determinada" y "hay que impartirle educación en tierna edad para no dejarle perder los mejores años de su vida". "Pero aun cuando a uno le sucede la mala suerte de no tener acceso a la educación en plena flor de edad —agregaba—, no por ello debe abandonarse a la suerte sino esforzarse por estudiar incluso a una edad más avanzada". Dilucidó ampliamente la necesidad de "educar en tierna edad" y la importancia que reviste el "estudio incluso a una edad más avanzada". Esta tesis coincide con los resultados de la investigación científica de nuestros días. Según investigaciones hechas por fisiólogos y psicólogos, el hombre, pasados ya los 40 años, todavía mantiene su capacidad de entendimiento y juicio en buen estado, y aún atraviesa por una etapa muy importante para el desarrollo de su inteligencia, a pesar de que la agudeza de sus facultades mentales y su memoria han disminuido en cierta medida.

481

En cuanto a la educación prenatal, se trata de algo que data de antiguo en China. Es indiscutible que las atenciones a la salud de las mujeres embarazadas y a los niños recién nacidos benefician el sano crecimiento físico y mental de la gente en general, pero todavía queda por investigar científicamente los efectos de la "educación prenatal" para la formación de la inteligencia. En el presente capítulo incluimos, como simple punto colateral de referencia, algunos párrafos relacionados con este tema.

Un árbol de gran perímetro que no puede ser abarcado sino con los brazos unidos de varias personas, nace de diminutas semillas; un edificio de nueve pisos se construye comenzando con la acumulación de tierra en la base; un viaje de miles de *li* se inicia con el primer paso. (Laozi, ¿580—500 a. de J. C.?)

En el estado de Song, una persona, impaciente por la lentitud con que crecían los brotes de arroz en su lote de tierra, se puso a tirar de ellos hacia arriba para acelerar su crecimiento. Volvió a casa muy cansado y dijo a los suyos: "Estoy muy fatigado hoy, porque he ayudado a los brotes de arroz a crecer". Su hijo se precipitó al lote y descubrió que los brotes se habían marchitado. Son muy pocos los que no quieren acelerar el crecimiento de los brotes de arroz. Desde luego, no es buen labrador el que deja sin escardar la tierra creyéndolo inútil. Pero tampoco lo es el que trata de acelerar el crecimiento de los brotes en contra de las leyes naturales tirando de ellos por fuerza, pues esto no sólo no redunda en beneficio sino en perjuicio. (Mencio, 372—289 a. de J. C.)

Es precipitado dar información a quien no haya hecho preguntas; es fastidioso dar dos respuestas a una sola pregunta. No está bien ni precipitarse ni fastidiar. Un hombre excelso debe contestar a las preguntas como el eco producido por el sonido. (Xun Kuang, ¿313?—283 a. de J. C.)

Los jóvenes estudian en la escuela todos los años, y rinden exámenes una vez cada bienio. El examen del primer año tiene como objeto verificar su capacidad para analizar las tesis de los libros clásicos y para conocer y definir su propia vocación de estudio. El del tercer año, ver si pueden consagrarse por entero a sus estudios, y si pueden mantener una buena cooperación con sus compañeros de estudios. El del quinto año, ver si saben leer ampliamente y respetar y amar a sus profesores. El del séptimo año, ver si saben distinguir las tesis correctas de las erróneas y elegir amigos por su buena línea de conducta. Si los alumnos cumplen los requisitos arriba mencionados, puede considerarse que han logrado los primeros éxitos. En el noveno año, deben ser capaces de presentar razonamientos y comprender por analogía, afirmar su vocación de estudios y nunca contravenir las enseñanzas de sus profesores. En esta etapa, ya puede considerarse que han alcanzado grandes éxitos en sus estudios. (*Libro de los Ritos*)

Los hijos de los buenos remendones de objetos metálicos, para heredar el oficio de sus padres, deben empezar por confeccionar zamarras juntando pedazos de piel. Los hijos de los buenos fabricantes de arcos de tiro, para heredar el oficio de sus padres, deben empezar por trenzar cestas de mimbres. Para adiestrar un potro hay que colocarlo delante el carro. Examinando detalladamente estos tres fenómenos, el hombre excelso ya puede tener una idea de cómo se debe aprender (paso a paso). (Ibíd.)

Los métodos de educación señalados en *La Gran Ciencia* (uno de los Cuatro Libros Clásicos) son como sigue: Prevenir los actos indebidos de los alumnos antes de su consumación es lo que se conoce como precaución. Educar sin equivocarse de etapas es lo que se conoce como oportunidad. Enseñar en conformidad con las características derivadas de la edad y del carácter de cada alumno es lo que se conoce como avance sin violencia. Estimular a los alumnos a complementarse mutuamente es lo que se conoce como trabajo en grupo. Estos cuatro puntos son fundamentales para el éxito de la educación. Si prohibimos a los estudiantes hacer algo después del hecho consumado, encontraremos muchas dificultades y nuestro esfuerzo surtirá poco efecto. Si los instruimos tardíamente, no lograremos éxitos en nuestros esfuerzos a pesar de la asiduidad por parte de los alumnos. Si educamos sin orden ni concierto haciendo caso omiso de la edad y las aptitudes de cada uno de ellos, provocaremos un trastorno en la labor educativa. Si dejamos en soledad a los alumnos para proseguir sus estudios, de ellos saldrán hombres de estrecho juicio

483

y de conocimientos limitados. Si permitimos que ellos anden con compañeros de juerga, será inevitable que no sigan las enseñanzas de los profesores. Si dejamos que se entreguen a charlas depravadas y malsanas, no lograremos otro resultado que verlos abandonar sus estudios. Estos seis puntos son las causas fundamentales del fracaso de la educación. (Ibíd.)

Los estudios deben cursarse sin saltar etapas. (Ibíd.)

El príncipe heredero tiene la ventaja de que se le impartió educación a tiempo. ... Es fácil lograr éxito en la educación antes de que el educando quede expuesto a influencias negativas. (Jia Yi, 200—168 a. de J. C.)

Estudiar desde pequeño es como viajar iluminado por el sol naciente; hacerlo en edad avanzada es como caminar a la luz de una vela, pero aun así es mejor que permanecer ignorante con los ojos cerrados. (Yan Zhitui, 531—590)

En su niñez, uno tiene los sentidos muy agudos y es capaz de concentrar su atención en una cosa determinada. En edad madura, tiene dificultad para concentrarse en los estudios. Por eso, hay que impartirle educación en tierna edad y no dejarle perder los mejores años de su vida. A la edad de los siete años, yo pude memorizar el artículo "Con motivo de la construcción del Palacio Lingguang del Príncipe Lu". Hasta la fecha, cada diez años repaso una vez este artículo, y siempre lo encuentro bien conservado en mi memoria. Pasados los veinte años de edad, ya suelen olvidárseme las obras clásicas que he leído si no las repaso todos los meses. Pero aun cuando a uno le sucede la mala suerte de no tener acceso a la educación en plena flor de edad, no por ello debe abandonarse a la suerte sino esforzarse por estudiar incluso a una edad más avanzada. (Ibíd.)

Los talentos del hombre provienen de la Naturaleza, pero la formación de la inteligencia depende de un inicio prudente de la educación. La madera dura y preciosa de la "catalpa" no puede cambiar de forma una vez tallada y transformada en objeto; la seda no puede cambiar de color una vez teñida. La etapa inicial de un proceso es decisiva, y así lo demuestran los objetos elaborados y la seda teñida. Por eso, los niños deben ser educados desde el principio para que tomen un camino correcto. (Liu Xie, 465—532)

Estudiar es como escalar una pagoda. Uno tiene que subir peldaño por peldaño. Cuando llega a la cumbre, puede tener una visión panorámica de los paisajes sin necesidad de preguntar por lo que ve. Si uno piensa en llegar a la cumbre pero sin pisar los peldaños, quedará en la base sin poder ver nada. (Zhu Xi, 1130—1200)

En el estudio, hay que progresar por etapas, leer hasta saber de memoria el contenido del libro y reflexionar profunda y detenidamente sobre los problemas planteados. (Ibíd.)

Al enseñar a los incipientes, se puede comenzar por hacerles captar el sentido del texto para proceder luego a la explicación. La explicación debe hacerse en lenguaje corriente, sencillo y de fácil comprensión, como aquél empleado por la gente de la calle. ... Si se les explica problemas difíciles, como los grandes acontecimientos de un Estado o del mundo, los niños no están en condiciones de entenderlos. El profesor puede soltar discursos largos y pesados, pero los niños quedarán con el juicio trastornado. ¿Acaso es fácil trabajar de profesor? Es una lástima que hoy en día los profesores y los alumnos se engañen mutuamente afectando seriedad unos delante de otros. (Lü Kun, 1536—1618)

Lo importante para el profesor no es enseñar gran cantidad de textos. Debe poner su empeño en que los alumnos asimilen y dominen los textos enseñados. Es necesario impartir la instrucción partiendo de las aptitudes y la capacidad de los alumnos. Si son capaces de aprender 200 caracteres, el profesor debe enseñarles sólo 100 para que siempre tengan energías de sobra y estudien a sus anchas sin sentir fastidio en el aprendizaje. En los momentos de lectura en voz alta, es necesario hacer que los alumnos se fijen por entero en el texto, repitiendo mentalmente todo cuanto pronuncian oralmente, rumiando cada frase y cada palabra, variando la entonación según el sentido de la frase y poniendo en pleno juego su facultad discursiva. A fuerza de proceder así, lograrán identificar el lenguaje del texto con su contenido y desarrollar cada día más su inteligencia. (Wang Shouren, 1472—1528)

Un problema puede ser de gran importancia o de poca monta, y puede requerir tratamiento esmerado o sumario. Sucede lo mismo con las teorías. Lo importante y lo de poca monta, lo esmerado y lo sumario, además de diferenciarse, se conjugan en ocasiones. Los problemas y las teorías pueden clasificarse en las siguientes categorías: 1) problemas de poca monta, que sólo requieren tratamiento sumario; 2) problemas de gran importancia, que requieren tratamiento esmerado; 3) teorías de poca monta, que no merecen sino un tratamiento sumario; 4) teorías de gran trascendencia, que requieren tratamiento esmerado. Hay, además, una quinta categoría: problemas o teorías que son de gran importancia pero que sólo merecen un tratamiento sumario. Es necesario jerarquizar la importancia de los problemas. En el comienzo de la educación, el profesor debe enseñar problemas de poca monta y que sólo requieren tratamiento sumario y explicar la razón de ellos. Luego puede proceder a enseñar problemas de mayor importancia y que requieren tratamiento esmerado, y finalmente la combinación entre lo importante y lo de poca monta, entre lo esmerado y lo sumario ... Este es el proceso de la educación. Si nos atenemos a este orden, lograremos grandes éxitos en la enseñanza. (Wang Fuzhi, 1619—1692)

Hay quienes comienzan a estudiar con dificultad, pero luego marchan en camino expedito; también hay quienes comienzan a estudiar viento en popa, pero luego tiene muchos tropiezos. Los unos y los otros encontrarán fácil el proceso si estudian según las leyes que rigen la educación. (Ibíd.)

Cuando un hombre excelso acomete una empresa, siempre procede según el orden establecido, tal como aquellos que hacen un largo viaje comenzando por dar los primeros pasos o aquellos que suben una altura empezando a trepar los peldaños más bajos. ... No se puede recorrer un largo camino sin ir paso a paso, ni subir una altura sin trepar peldaño por peldaño. La suma de estos pasos pequeños hace un largo recorrido; la acumulación de subidas pequeñas eleva a uno a gran altura. Muchos pocos hacen un mucho; numerosas pequeñeces hacen una cosa tremenda. ... El proceso no tolera interrupción, ni admite salto de etapas. (Ibíd.)

A través del lenguaje del texto, entendemos el contenido, y a través del contenido, el pensamiento y la vocación de los antiguos sabios y santos. Este proceso es como subir a un santuario en la altura. Tenemos que llegar allí peldaño por peldaño sin saltar etapas. (Dai Zhen, 1723—1777)

Todos los hombres tienen memoria y capacidad de entendimiento. Antes de la edad de los 15 años, como no se ven influenciados por factores exteriores, tienen un juicio inmaduro. Es escasa su capacidad de entendimiento, pero tienen una buena memoria. Pasada esa edad, ya tienen formado su criterio y se dejan influenciar cada vez más por el mundo exterior. Adquieren una mayor capacidad de entendimiento pero ya tiene su memoria debilitada. Por lo tanto, todos los libros cuya memorización es indispensable deben ser aprendidos de memoria antes de los quince años de edad. (Zhang Shiyi, 1611—1672)

487

En la educación de los párvulos, el profesor debe enseñarles primero a conocer caracteres aislados, y no empezar con los textos complicados. ... Para hacerlo, puede emplear los signos ideográficos con sentido concreto. Por ejemplo, cuando les enseña los caracteres 日 (sol) y 月 (luna), puede hacerles ver lo que son en el Cielo; cuando les enseña los caracteres 上 (arriba) y 下 (abajo), puede hacerles saber dónde están las posiciones indicadas. Así la instrucción va en conformidad con las características de los niños. Después de aprender caracteres simples, pueden pasar a aprender caracteres compuestos, pero empezando por lo fácil de comprender y pasando luego a ideas más complicadas. ... Sólo cuando los niños ya dominen 2000 caracteres, podrá el profesor enseñarles textos avanzados. (Wang Yun, 1784—1854)

Estudiar es como escalar una altura. Caerá inevitablemente quien piense llegar a la cumbre de un solo golpe sin pasar por los peldaños. (Liang Qichao, 1873—1929)

China debe fomentar la educación comenzando por la implantación de la enseñanza primaria obligatoria mediante la intervención del gobierno, a menos que no tenga interés en hacer nada al respecto. (Ibíd.)

Anexo: La educación prenatal

En la antigüedad se prestaba atención a la educación prenatal. La reina con siete meses de embarazo debía mudarse a un lugar cómodo y tranquilo para el reposo. (Versión del *Libro de los Ritos* redactada por Dai De, hombre que vivió durante la dinastía Han del Oeste, 206 a. de J. C.—25 d. C.)

Los reyes santos de los tiempos antiguos implantaron las reglas de la educación prenatal. En el tercer mes de embarazo, la mujer debía mudarse a un lugar apartado y observar estrictamente las normas establecidas por los ritos y etiquetas: no ver nada indebido, no oír sonidos que provocaran ideas incorrectas y no comer alimentos con gustos extraños. (Yan Zhitui, 531—590)

Un niño de pecho ya entiende lo que significa la expresión del semblante de una persona, y puede deducir de ella que la persona en cuestión está contenta o enojada. En este período, si se le imparte una educación, se comporta como el profesor le indique ... Confucio dice: "El carácter del niño es innato, pero los hábitos también crean la naturaleza humana". Un refrán reza: "Es necesario educar a las mujeres recién casadas, lo mismo que es necesario educar a los niños desde su más tierna edad." (Ibíd.)

En los tiempos antiguos, las mujeres encintas no dormían de costado, ni
se sentaban en posición torcida, ni estaban de pie en forma oblicua, ni comían
alimentos con gusto extraño, ni consumían carne cortada en forma indebida, ni
veían cosas indecentes, ni escuchaban sonidos que provocaran ideas incorrectas. ...
De modo que podían dar a luz hijos con aspectos bien parecidos y con una
inteligencia superior a lo común. (Zhu Xi, 1130—1200)

El cerebro del hombre es un almacén en que cabe la mayor cantidad de cosas.
Una vez introducida en él alguna cosa, uno la tiene a su disposición por toda la
vida. En un momento oportuno, puede sacarla para su provecho. ... Confucio,
santo antiguo que tenía una erudición extraordinaria y que siempre iba al fondo de
las cosas, tenía presente esta naturaleza humana. Para dar un buen comienzo a la
educación, afirmó la necesidad de educar a las mujeres encintas, a fin de influir en el
carácter de los niños antes de su nacimiento.

...

Todos los hombres salen del embrión. Si les sucede algo imprevisto en su
estado embrionario, ya es imposible remediar el mal después de nacidos. Es por eso
que es de primordial importancia la influencia que se ejerce sobre el feto.

...

El lugar elegido para el reposo de las mujeres encintas debe estar en campo de
amplia visión panorámica o en terreno elevado con manantiales en sus alrededores,
o en islas sin terrenos quebrados y que gocen de los beneficios de la brisa del mar, o
a la orilla de las aguas contra un fondo de montañas, o en la cumbre de una colina o
en su suave ladera. ...

...

Instaladas en la casa de reposo, las mujeres encintas deben abandonar la rutina
de su trabajo, y recibir una educación diaria impartida por profesoras, quienes les
explican la ciencia de la vida, los buenos ejemplos de amor materno y sentimientos

489

de ternura, así como otras elevadas virtudes. Todo ello está concebido para fomentar en ellas las virtudes propias de la madre, consolidarlas y desarrollarlas, volviendo más inteligentes y más listas a las futuras madres. (Kang Youwei, 1858—1927)

XIX. El maestro, la transmisión de la inteligencia y su desarrollo

Lo más esencial que caracteriza la inteligencia del hombre es que sus formas mentales de existencia están consustanciadas necesariamente con sus formas de materialización. El nivel de inteligencia alcanzado en una determinada época y que se refleja de manera sintética en la inteligencia en forma mental y la "inteligencia materializada" (es decir, los bienes materiales y la civilización material), no es, de ningún modo, producto exclusivo de un solo individuo o de una época aislada, sino resultado de la acumulación y prolongación de la sabiduría y la capacidad del hombre a través de todas las épocas anteriores de su historia. En este sentido, el desarrollo de la inteligencia se asemeja a la carrera de relevos, lo que significa que nunca se interrumpió el proceso de heredar, de continuar lo anterior a lo largo de miles de años. En el proceso de transmisión de la inteligencia del hombre, juega un importantísimo papel la enseñanza que imparten los mayores a los menores y los maestros a los discípulos. La enseñanza permite que cada generación, sin necesidad de hacerlo todo desde el propio comienzo, escale nuevas cumbres de la

inteligencia con los pies plantados sobre los hombros de sus antecesores. Esta idea fue expresada por Xun Kuang (¿313?—238 a. de J. C.) al decir que "no hay camino más rápido de aprender que pedir sinceramente consejos a los buenos maestros y amigos provechosos" y que "no hay camino más fácil de aprender que allegarse a buenos maestros y amigos provechosos". También se expresa en *Huainanzi* con las siguientes palabras: "... la educación permite seguir el proceso y la actividad del hombre continúa mientras que los conocimientos y las habilidades se intercambian y transmiten entre sí ".

A propósito del papel que desempeña el maestro en la continuación de la inteligencia, numerosas exposiciones perspicaces hicieron los sabios chinos. En el capítulo "Sobre el estudio" del *Libro de los Ritos*, se decía: "El que sabe enseñar es capaz de lograr que sus discípulos continúen su voluntad". En *Analectas*, se anotaba que Yan Yuan (discípulo de Confucio) dijo emocionado: "El Maestro (se refiere a Confucio) es muy hábil para guiarnos metódicamente, dotarnos de extensos conocimientos sobre el sistema legal y los libros clásicos y regular nuestra conducta con las normas rituales, de tal suerte que ya no podemos abandonar los estudios aunque queramos". Yang Xiong (53 a. de J. C.—18 d. C.) dijo de manera metafórica: "Confucio forjó a Yan Yuan". Han Yu (768—824) indicó en términos concretos: "En la época antigua, todo alumno tenía maestros. El maestro es quien enseña la verdad de las cosas e imparte conocimientos a los alumnos y les ayuda a disipar las dudas. Nadie conoce las cosas de manera innata. ¿Quién puede estar exento de dudas? Cuando tiene dudas y no pide ayuda al maestro, éstas nunca serán desatadas". Como el maestro juega un importante papel en la continuación de la inteligencia y en otros terrenos, nuestro país ha mantenido desde tiempos antiguos la tradición de "respetar al maestro y dar importancia a sus enseñanzas".

Respecto a la elección de maestros, los chinos antiguos también expusieron excelentes ideas: Es maestro quien posee conocimientos y domina verdades. Por ejemplo, en *Yan Zi Chun Qiu*, se decía: "Cuando muchos hombres estudian juntos, es maestro el que sobresalga en el estudio". Esta idea es igual a lo que decían con frecuencia Confucio y sus discípulos, por ejemplo, "no hay maestros fijos" o "de cada tres personas que andan juntas, habrá por lo menos una de quien debo aprender". Han Yu (768—824) señaló aún más a fondo: "De ahí que el discípulo no sea, necesariamente, inferior al maestro, ni tampoco el maestro superior al discípulo. Unos comprenden la verdad de las cosas antes que otros; algunos están especializados en una pericia o disciplina y otros en otra. Eso es todo y nada más". (*A propósito del maestro*) Este análisis del problema del maestro indica precisamente la quintaesencia de la tesis de que el maestro es el vehículo transmisor de la inteligencia y la moral.

Acerca de la enseñanza manifestaron los sabios chinos una idea aún más profunda en el sentido de que el discípulo tiene no sólo el deber de heredar la inteligencia del maestro, sino también el de superar el nivel ya alcanzado por los antecesores. Semejante idea fue expuesta por Confucio al decir: "Cuando se trata de hacer el bien, no hay que ser segundo a nadie por motivo de modestia". (*Analectas*) Xun Kuang expresó esta idea en términos metafóricos: "El saber no tiene límites. La tintura azul es extraída de la bistorta y es más azul que esta planta; el hielo está hecho de agua y es más frío que este líquido".

El hecho de que una generación humana herede algo de la anterior hace posible la continuación de la inteligencia, y el que, por medio de la enseñanza, el hombre supere sin cesar los niveles de la inteligencia alcanzados en las épocas anteriores hace surgir una situación floreciente en que "cada generación da nuevos talentos".

Zi Gong dice: "¿Habrá por ventura disciplina alguna que mi maestro (se refiere a Confucio) no quiera estudiar? Además, no tiene maestros fijos que le enseñen". (*Analectas*)

Confucio dice: "Al ver a un sabio, hay que tomarlo como modelo; al encontrar a un golfo, uno debe examinarse (para ver si tiene defectos similares)". (Ibíd.)

Confucio dice: "De cada tres personas que andan juntas, habrá por lo menos una de quien debo aprender. Asimilaré los puntos fuertes de otros y, si tengo las mismas deficiencias de que adolecen ellos, las corregiré". (Ibíd.)

Yan Yuan dice emocionado: "A medida que voy levantando la cabeza para mirarlas (las enseñanzas del Maestro), éstas me parecen más y más elevadas; cuanto más profundizo en ellas, tanto más me doy cuenta de que me es imposible llegar a su fondo. Al echarles una mirada a sus enseñanzas, parecen estar delante y, de repente, aparecen por detrás. Sin embargo, el Maestro es muy hábil para guiarnos metódicamente, dotarnos de extensos conocimientos sobre el sistema legal y los libros clásicos y regular nuestra conducta con las normas rituales, de tal suerte que no podemos abandonar los estudios aunque queramos. He agotado ya mis energías intelectuales. No obstante, las enseñanzas del Maestro aún parecen permanecer en un lugar alto y lejano. Pese a que ardo en deseos de seguir sus pasos, no tengo manera de lograrlo". (Ibíd.)

Confucio dice: "Los jóvenes son extraordinarios. ¿Quién puede afirmar que ellos no alcanzarán a nosotros? Cuando uno cumple los 40 ó los 50 años y apenas goza de prestigio, ya no puede realizar nada extraordinario". (Ibíd.)

Confucio dice: "Cuando se trata de hacer el bien, no hay que ser segundo a nadie por motivo de modestia". (Ibíd.)

Un cantante que no encuentra a quien le haga eco, no podrá difundir ampliamente su canción y ésta no tendrá ningún valor. Si el que quiere hacer eco no encuentra a quien cante, no tendrá nada que hacer. Cantar solo sin hacer eco a nadie significa no querer aprender. Quien tenga pocos conocimientos y carezca de deseos de aprender, será un hombre inculto. Sólo hacer eco a otros sin cantar por sí mismo es no querer enseñar. Quien tenga conocimientos y no quiera enseñar a otros, verá extinguirse su doctrina. (Mozi, ¿468?—376 a. de J. C.)

Cao Jiao[1] dice: "Pienso pedir audiencia al príncipe de Zou para que me aloje en cierto sitio y así podré estudiar como discípulo suyo".

Mencio contesta: "Si la verdad es como el camino, ¿acaso es difícil comprenderla? El problema es que uno no quiera buscarla. ¡Vuelva a casa y procure buscarla! ¡Hay tantos maestros!" (*Mencio*)

Mencio dice: "Siempre que enseñaba a otros a disparar flecha, Hou Yi[2] exigía que el discípulo cimbrara al máximo el arco, y el que aprendía también se

---

1 Cao Jiao: hermano menor del príncipe del estado de Cao.
2 Hou Yi: excelente arquero, según la leyenda.

esforzaba por hacer lo mismo. Un famoso carpintero sabe enseñar a sus aprendices con el compás y la escuadra y éstos tienen que asimilar la técnica con los mismos instrumentos". (Ibíd.)

El que no se haga enseñar por maestros ni estudie las leyes será ladrón si posee inteligencia. Será bandido si tiene valentía. Armará alborotos si tiene habilidad. Echará disparates si tiene locuacidad. En cambio, el que se haga enseñar por maestros y se esfuerce por comprender las leyes no tardará en hacerse hombre sensato si posee inteligencia; se hará pronto respetar si tiene valentía; logrará éxitos rápidos si tiene habilidad; llegará a comprender cabalmente la verdad de las cosas si tiene perspicacia, y emitirá buenos juicios con facilidad si tiene elocuencia. Por eso, los que han recibido enseñanza de sus maestros y observan las leyes, son un tesoro del género humano. Los que no, serán una catástrofe para todos. (Xun Kuang, ¿313?—238 a. de J. C.)

En un país que tiende a florecer es donde se respeta a los maestros. ... En un país condenado a la decadencia es donde se deja de respetar a los maestros. (Ibíd.)

Si uno tiene poca capacidad y es indisciplinado, hay que reformarlo con buenos maestros y amigos provechosos. (Ibíd.)

No hay camino más rápido de aprender que pedir sinceramente consejos a los buenos maestros y amigos provechosos. Luego, hay que observar las normas rituales y las reglas de la virtud. (Ibíd.)

No hay camino más fácil de aprender que allegarse a buenos maestros y amigos provechosos. El *Libro de los Ritos* y el *Libro de la Música* establecen ciertas reglas, sin explicar detalladamente las razones. Lo que está registrado en el *Libro de las Odas* y los *Documentos de los Antepasados* son hechos de la historia, que no corresponden a la actual realidad. Las razones expuestas en *Primavera y*

Otoño son poco claras y difícilmente pueden entenderse de una vez. En cambio, estudiar la doctrina de los hombres virtuosos siguiendo el ejemplo de los buenos maestros y amigos provechosos es una manera eficaz de adquirir nobles cualidades, dotarse de conocimientos completos y comprender los asuntos del mundo. (Ibíd.)

Quien no procede según las instrucciones del maestro y se afana por actuar a su antojo, será igual a un ciego que trata de distinguir los colores, o a un sordo que trata de distinguir los sonidos. Este tipo de gente no hará otra cosa sino cometer tonterías. (Ibíd.)

El "Fanruo" y el "Jushu" eran excelentes arcos de la época antigua. No obstante, los arcos, por excelentes que sean, no podrán cobrar su debida forma sin instrumentos que los rectifiquen. El "Cong" del príncipe Huangong del estado de Qi, el "Qüe" del Príncipe Taigong del estado de Qi, el "Lu" del emperador Wen Wang de Zhou, el "Hu" del príncipe Zhuanggong del estado de Chu y el "Ganjiang", el "Moye", el "Juque" y el "Pilü" del príncipe Helü del estado de Wu eran excelentes espadas de la época antigua. Sin embargo, de no haber sido amoladas, no habrían sido tan afiladas y sin ser usadas por el hombre, no podrían cortar nada. Hualiu, Jinji, Xianli y Lüer eran corceles de la época antigua. Sin embargo, sólo podían correr diez mil *li* al día cuando estaban sometidos al control del freno y la rienda por delante y a la amenaza del látigo por detrás y cuando los conducían sobresalientes jinetes como Zao Fu. Un hombre, pese a sus bellas cualidades y gran ingenio, aún tiene que buscar maestros competentes para aprender de ellos y elegir buenos amigos para mantener constantes contactos con ellos. Cuando tenga maestros competentes de quienes aprender, oirá las enseñanzas de Yao, Shun, Yu y Tang. Cuando tenga buenos amigos con quienes mantener contactos constantes, observará una conducta fiel, respetuosa y condescendiente. De esta manera, el mismo hombre va ascendiendo día a día, sin darse cuenta, a la altura de la benevolencia y la virtud. Este es el resultado de la influencia del medio ambiente. (Ibíd.)

Por eso, son mis maestros aquellos que me critican y lo hacen con acierto. (Ibíd.)

Los ritos pueden servir para rectificar las cualidades morales del hombre; el maestro es capaz de enseñar los ritos de manera correcta. Sin los ritos, ¿cómo se podrán rectificar las cualidades morales? Sin el maestro, ¿cómo voy a saber yo qué son los ritos? (Ibíd.)

El maestro debe llenar cuatro requisitos además de poseer una amplia gama de conocimientos. Pueden ser maestros aquellos que son solemnes y serios. Pueden ser maestros aquellos que han cumplido una avanzada edad y gozan de gran prestigio. Pueden ser maestros aquellos que saben explicar con método y sin contravenir las verdades. Pueden ser maestros aquellos que comprenden las finuras de la verdad y las explican con nitidez. (Ibíd.)

Hablar sin mencionar el nombre del maestro significa traicionar a su doctrina. Enseñar sin mencionar el nombre del maestro significa infringir sus instrucciones. A los hombres que marchan en contra de la doctrina del maestro no los aceptarán los ilustres soberanos. No hablarán con ellos los funcionarios de la Corte cuando los encuentran en el camino. (Ibíd.)

El hombre excelso opina: "El saber no tiene límites. La tintura azul es extraída de la bistorta y es más azul que esta planta; el hielo está hecho de agua y es más frío que este líquido". (Ibíd.)

Una vez iniciado el estudio, el maestro debe observar en todo momento cómo aprenden los alumnos, y no revelarles de antemano lo que van a estudiar. Empezará a enseñarles sólo cuando vea que ellos se hayan vuelto conscientes y se impacienten por adquirir conocimientos. (*Libros de los Ritos*)

El que sabe enseñar es capaz de lograr que sus discípulos continúen su voluntad. Por eso, su lenguaje debe ser sencillo y fluido, que va de lo superficial a lo profundo. Sin apelar a muchas metáforas, explica con claridad las verdades. Sólo de esta manera, puede lograr que los discípulos continúen su voluntad. (Ibíd.)

Por eso, es a través del aprendizaje como uno se da cuenta de que sus conocimientos son insuficientes. Es por medio de la enseñanza como uno se da cuenta de las dificultades de esta labor. Los alumnos que se dan cuenta de la insuficiencia de sus conocimientos se volverán exigentes consigo mismos y aprenderán con tesón; los maestros que están conscientes de la insuficiencia de su saber y de las dificultades que hay en la enseñanza, harán incansables esfuerzos por escudriñar los problemas. Por eso, se dice que a través de la enseñanza progresarán juntos los que enseñan y los que aprenden. (Ibíd.)

Lo más difícil en el aprendizaje es saber respetar al maestro. Luego de que el maestro haya gozado del respeto, sus enseñanzas serán estimadas. Y cuando sus enseñanzas disfruten de alta estimación, el pueblo sabrá apreciar el estudio. (Ibíd.)

Los que saben aprender podrán asimilar muchos conocimientos sin que el maestro gaste grandes esfuerzos, y, además, podrán aplicar inmediatamente lo aprendido. (Ibíd.)

497

Por eso, hay que tomar una actitud prudente al elegir maestros. Es esta idea lo que se expresaba en un libro antiguo que indicaba: "En las dinastías de Yu, Xia, Shang Zhou, se tomaba como única tarea importante la de elegir maestros". (Ibíd.)

En las épocas antiguas, los alumnos hacían comparaciones entre cosas similares para entender mejor una verdad. Por ejemplo, el tambor no equivale a los cinco sonidos. Pero, sin el tambor, sería imposible lograr una armonía entre ellos. El agua que es incolora no equivale a los cinco colores. Sin embargo, sin el agua que los regule, los colores no saldrían claros. El aprender no equivale a los cinco sentidos del hombre. Pero, si un hombre no tiene los cinco sentidos, no podrá aprender. La relación entre el maestro y el discípulo no equivale a la relación entre los parientes. Pero, sin la guía y explicación del maestro, el discípulo no encontrará la manera de saber entre quiénes las relaciones son íntimas y entre quiénes no. (Ibíd.)

Cuando muchos hombres estudian juntos, es maestro el que sobresalga en el estudio. (*Yan Zi Chun Qiu*)

La llave para lograr éxitos rápidos en el estudio reside en respetar al maestro. (*Lü Shi Chun Qiu*)

Un maestro experimentado procede de otra manera. Trata a sus discípulos como a sí mismo. Los educa con métodos aceptables para sí mismo. Esto significa que entiende las leyes de la enseñanza. Al exigir que los discípulos cumplan una tarea, debe el mismo maestro ser capaz de cumplirla. De esta manera, el maestro y sus discípulos actuarán al unísono. (Ibíd.)

Antes, Cang Jie creó la escritura; Rong Cheng, el calendario; Hu Cao, el vestuario; Hou Ji, el método de cultivar; Yi Di, el vino, y Xi Zhong, la carreta. Estos seis hombres poseían aptitudes propias de las divinidades y realizaron hazañas propias de los santos. Y cada uno inventó una cosa y la dejó para las generaciones posteriores. Era imposible que un solo hombre lo hiciera todo. Cada uno de ellos se valió de su sabiduría y se esforzó por realizar el ideal que se proponía. De este modo, se pusieron al servicio de todo el mundo. Si cada uno de ellos se hubiera dedicado a otra cosa que la que abrazó, su sabiduría y talento no habrían podido manifestarse. ¿Por qué? Porque hay tantas cosas en el mundo que la sabiduría e ingenio de un solo individuo no puede abarcarlo todo. Luego de la dinastía Zhou, no han aparecido hombres tan talentosos como ellos. Sin embargo, la gente aún puede hacer bien su propio trabajo. De los contemporáneos, no hay ninguno que sea tan capaz como cualquiera de los seis hombres. Empero, todos conocen las aptitudes de los seis genios. ¿A qué se debe esto? Se debe a que la educación permite seguir el proceso y la actividad del hombre se continúa mientras que los conocimientos y las habilidades se intercambian y transmiten entre sí. (*Huainanzi*)

Un maestro diestro sabe cultivar en sus discípulos buenas virtudes y, al mismo tiempo, hacerles proceder con prudencia. Sabe disponer un horario adecuado, impartir a los alumnos conocimientos en una cantidad apropiada y enseñarles a un ritmo conveniente. Conducirlos a avanzar paso a paso y a profundizar en el saber sin que lo sientan como un sufrimiento. Ayudarles a adquirir profundos conocimientos sin gastar excesivas energías y a poseer una elevada moral sin invertir muchos esfuerzos. Esto se llama "método de enseñanza propio de los sabios", método que yo apruebo. (Dong Zhongshu, 179—104 a. de J. C.)

¡Oh, maestro! Es el maestro quien decide el porvenir del niño. Es preferible esforzarse por conseguir un maestro competente antes que dedicarse al estudio por cuenta propia. El maestro es el modelo de la gente. (Yang Xiong, 53 a. de J. C.—18 d. C.)

Uno pregunta: "Todo el mundo habla de la forja del oro. ¿Se puede forjar el oro?" Otro contesta: "Que sepa yo, los hombres excelsos sólo preguntan cómo forjar al hombre y no el oro". Pregunta: "¿Se puede forjar al hombre?" Contesta: "Claro, Confucio forjó a Yan Yuan". El interrogador, un poco avergonzado, dice en tono de respeto: "¡Qué bien! Pregunté por cómo forjar el oro y medio la respuesta de cómo forjar al hombre". (Ibíd.)

Mencio poseía una buena naturaleza. En su niñez perdió al padre, y su madre, para asegurarle buena educación, se mudó tres veces de casa. Más tarde, tomó como maestro a Zi Si, nieto de Confucio, y estudió la doctrina confuciana. Estaba bien versado en las cinco obras clásicas, sobre todo en el *Libro de las Odas* y los *Documentos de los Antepasados*. (Zhao Qi, ¿?—201)

Los alumnos se afinan en el proceso del estudio y maduran gracias a la instrucción del maestro. (Wang Chong, 27—¿97?)

Tanto los campesinos como los obreros, comerciantes, criados, pescadores, matarifes, vaqueros y ovejeros tienen antecesores entendidos en sus respectivos oficios. Ellos pueden servirnos de maestros o ejemplos. Aprender ampliamente de ellos nunca dejará de ser útil para nuestra labor. (Yan Zhitui, 531—590)

Seguir los buenos ejemplos y aprender mucho de otros: He aquí tu manera de encontrar maestros. (Du Fu, 712—770)

Li Ling y Su Wu[1] son mis maestros./Los ensayos de Mencio no admiten duda./ Nunca me permito entrar en contacto con hombres vulgares./Hoy, he leído varios poemas antiguos, que son muy provechosos. (Ibíd.)

¿De qué manera puedo educar mi alma?/Pues, recitando y recitando los poemas que acabo de corregir./Asimilaré la capacidad de Xie Lingyun y Xie Tiao[2]./ Asimismo seguiré el ejemplo de Yin Keng y He Xun[3], que han invertido tesoneros esfuerzos para componer poemas. (Ibíd.) (De los versos citados más arriba se puede inferir que el poeta Du Fu sabe asimilar lo mejor que tenían los poetas de las generaciones anteriores.)

En la época antigua, todo alumno tenía maestros. El maestro es quien enseña la verdad de las cosas e imparte conocimientos a los alumnos y les ayuda a disipar las dudas. Nadie conoce las cosas de manera innata. ¿Quién puede estar exento de

---

1 Ambos vivieron durante la dinastía Han del Oeste. Se dice que fueron creadores de los poemas al estilo *Wuyan*. — *Nota del Trad.*

2 Xie Lingyun (385—433): famoso poeta de Song del período de las dinastías del Sur y del Norte. Xie Tiao (464—499): famoso poeta de Qi del período de las dinastías del Sur.

3 Yin Keng: literato de Chen del período de las dinastías del Sur y del Norte. He Xun (¿?—518): poeta de Liang de la misma época.

dudas? Cuando tiene dudas y no pide ayuda al maestro, éstas nunca serán desatadas. Los que nacieron antes que yo comprendieron, como es natural, la verdad de las cosas también antes que yo y tengo que aprender de ellos. Si los que nacieron después que yo comprendieron la verdad de las cosas con anterioridad a mí, también aprenderé de ellos. A fin de comprender la verdad de las cosas, no me importa si ellos son mayores o menores que yo. Por eso, sean quienes sean, nobles o vulgares, mayores o menores, serán mis maestros siempre que dominen la verdad de las cosas.

¡Oh, las enseñanzas del maestro han dejado de ser transmitidas desde hace mucho tiempo! ¡Qué difícil es lograr que la gente no tenga dudas! En la época antigua, los sabios estaban a cien codos por encima de la gente común, pero aún pedían consejos a sus maestros. Hoy día, la gran mayoría de la gente está muy distante del nivel de los sabios; sin embargo, considera como motivo de vergüenza aprender del maestro. De ahí que los sabios se muestren más sabios y los torpes, más torpes. ¿No es ésta la razón por la cual tanto los sabios como los torpes permanecen siempre como tales? (Han Yu, 768—824)

Los sabios no tienen maestros fijos. Confucio estimaba a Tan Zi, Chang Hong, Shi Xiang y Lao Dan[1] como maestros. Pero ni Tan Zi ni los demás eran tan virtuosos como Confucio. Confucio dijo: "De cada tres personas que andan juntas, habrá por lo menos una de quien debo aprender". De ahí que el discípulo no sea, necesariamente, inferior al maestro, ni tampoco el maestro, superior al discípulo. Unos comprenden la verdad de las cosas antes que otros; otros están especializados en un oficio o disciplina y otros en otra. Eso es todo y nada más. (Ibíd.)

Los brujos, curanderos, músicos y artesanos no consideran como motivo de vergüenza el aprendizaje recíproco. En cambio, al hablar de quién es maestro y

501

---

1 Tan Zi fue príncipe del estado de Tan durante el período de la Primavera y del Otoño. Chang Hong era cortesano del emperador Jingwang de la dinastía Zhou. Shi Xiang fue funcionario encargado de la música del estado de Lu durante el Período de la Primavera y del Otoño. Lao Dan es Laozi, famoso filósofo de la misma época y exponente del taoísmo.

quién es discípulo, los que ocupan ciertos puestos oficiales se ríen en sus tertulias. Cuando se les pregunta por qué se ríen, contestan: "Pues Fulano y Mengano tienen casi la misma edad y sus virtudes son más o menos iguales". Ellos creen que es una vergüenza estimar como maestros a los que están por debajo de ellos y que reconocer como maestros a los altos funcionarios olería a lisonja. ¡Oh, la gente ya no entiende lo que significa el papel de maestro! Los hombres excelsos consideran indigno andar al lado de los brujos, curanderos, músicos y artesanos y, sin embargo, su sabiduría es inferior a la de los últimos. ¡Qué fenómeno más extraño! (Ibíd.) (Aquí Han Yu señala que los que ocupaban puestos oficiales no querían aprender unos de otros y eran por tanto inferiores a los artesanos corrientes. Este punto de vista es correcto; pero también refleja aquí su prejuicio clasista respecto a los artesanos y otros trabajadores.)

En su atenta misiva dice: "Espero que aprendamos el uno del otro". Mi moral no es tan sólida y mi saber es superficial. Luego de reflexionar mucho, no descubro en mí nada digno de su aprendizaje. (Liu Zongyuan, 773—819)

En el mundo de hoy, quien trabaja de maestro es objeto de burlas. Como todos dejan de estudiar, la moral queda cada vez más lejos del hombre. (Ibíd.)

A la gran mayoría de la gente le da vergüenza pedir consejos a otros. Pero, si consultando hoy con otros puede uno superarse mañana, ¿no debe actuar así? (Zhang Zai, 1021—1077)

Desde que se agotó la benéfica influencia de los sabios soberanos antiguos, el método de educación ha quedado sin pauta. Pese a que los alumnos poseen bellas cualidades, no tienen maestros ni amigos que los preparen. He aquí lo que me preocupa. (Wang Anshi, 1020—1086)

En *Clave del poema* se dice: "Los conocimientos de los antiguos guardaban, necesariamente, cierta relación con el saber de sus maestros o amigos. La obra de Yang Yun, de la dinastía Han, era superior en mucho a los libros de sus contemporáneos, porque el autor era nieto de Sima Qian. Du Shenyan (¿645—708?), desde que empezó a escribir poemas, mantuvo relaciones amistosas con Shen Quanqi (¿656?—714) y Song Zhiwen (¿656?—712) en una misma academia. Por eso, Du Shenyan pudo seguir totalmente el ejemplo de Shen Quanqi en cuanto a las reglas sobre la disposición artística de los poemas *Lüshi* y las desarrolló, llevándolas a una nueva altura. Shen escribió: 'La nieve blanca y las montañas azuladas se extienden por diez mil *li*; ¿cuándo tendré el honor de volver a ver al sabio soberano?' A su vez, Du escribió: 'Las nubes blancas y las montañas azuladas se extienden por diez mil *li*; en el norte está Chang'an, hacia donde dirijo mis tristes miradas'. Shen escribió: 'El hombre parece estar sentado en el cielo, y los peces, mover en el espejo'. Du escribió: 'Navegar en barcos por el agua primaveral parece estar sentado en el cielo; a esta alta edad, veo las flores como a través de la niebla'. Todos estos versos son ejemplos de imitación. Sin embargo, los versos del uno y del otro son tan bellos que difícilmente se puede afirmar cuál sale mejor y cuál peor. Huang Shangu (1045—1105) dijo: 'Navegar en barco se asemeja a estar sentado en el cielo y el hombre parece andar en el espejo' y 'El hombre en barco parece estar sentado en el cielo y los peces, mover en el espejo' son versos de Shen Quanqi, a quien le satisficieron tanto que los empleaba con mucha frecuencia. Con su verso 'Navegar en barcos por el agua primaveral parece estar sentado en el cielo', Du continuó y desarrolló el verso de Shen y en seguida le agregó: 'A esta alta edad, veo las flores como a través de la niebla'. Esto es lo que llamamos ponerse en contacto con algo similar y desarrollarlo". (Hu Zi, 1110—1170)

Fuera de las aulas, todos los templos budistas o taoístas, así como los santuarios que están dentro y fuera de las ciudades, deben ser transformados. Los grandes serán convertidos en academias, donde los maestros enseñarán las obras canónicas. Los pequeños, en escuelas primarias, donde los ilustradores darán clases para enseñar a los alumnos en distintos lugares. (Huang Zongxi, 1610—1695)

Para que los demás comprendan una disciplina a fondo, que crean en ella y la pongan en práctica, los educadores deben comprender muy claramente qué es esta disciplina y por qué es así. ... Los que ayudan a otros a entender una cosa, deben entenderla ellos mismos primero. Aprender de manera exhaustiva y dar explicaciones detalladas debe ser una exigencia de los educadores a sí mismos. (Wang Fuzhi, 1619—1692)

En el año 34 de Kang Xi (es decir, el año 1695), se reconstruyó el Palacio Taihe. Un viejo técnico, llamado Liang Jiu, estaba encargado de supervisar las operaciones de los artesanos. Entonces ya tenía más de 70 años. Desde el reinado anterior hasta el presente, Liang Jiu ha estado ocupado en supervisar todas las labores de construcción del Palacio Imperial. Un día, hizo un modelo de madera del Palacio Imperial, de escala uno a diez, y lo entregó al ministerio. El palacio de madera tenía una altura de varios *chi*, pero las habitaciones y las cuatro columnas eran completas. Se trataba de una habilidad extraordinaria.

Con anterioridad, en los primeros años de la dinastía Ming, hubo en la capital un técnico llamado Feng Qiao, quien, desde el reinado de Wan Li hasta los finales del reinado de Chong Zhen, se encargó de controlar la construcción de palacios. En aquel entonces, ya era viejo. Liang Jiu sirvió varios años en su casa, sin adquirir su instrucción. No obstante, Liang Jiu siguió sirviendo a su lado con mayor respeto aún y sin relajarse nunca. Un día, cuando estaba solo con Feng Qiao, éste le dijo: "Ya es hora de enseñarte". Así, le dio a conocer todos los secretos de su oficio. Más tarde, cuando Feng Qiao murió, Liang Jiu fue admitido en el ministerio de obras de construcción para sustituir a Feng Qiao en su trabajo de controlar la edificación.

Esta anécdota me inspiró la idea de que, si ni una técnica se transmite de cualquier manera, mayor dificultad se presentará en cuanto a un problema tan importante como la transmisión de la moral y el saber. Liu Zongyuan (773—819) escribió *Historia de un albañil*. Dijo que el citado albañil dibujó un palacio en la pared. Hizo aparecer en el espacio de un *chi* todo el panorama del palacio. No hubo error cuando se construyó el edificio según la proporción del plano. Esto es tal vez igual a la anécdota anterior. Por eso, escribí la historia de Liang Jiu. (Wang Shizhen, 1634—1711)

Para saber escribir artículos, se necesita maestros. Pero, ¿pueden ser fijos los maestros? Han Yu (768—824) sacó provecho de *Zuo Zhuan*; Liu Zongyuan (773—819), de *Guo Yu*; Ouyang Xiu (1007—1072), de los letrados de la dinastía Han del Oeste, y los tres Su de Meishan[1], de *Anales de los Reinos Combatientes*. En la época antigua, hubo quienes aprendieron de otros cuando andaban junto con ellos. (Zheng Rikui, 1631—1673)

Debemos vencer las dificultades, debemos aprender lo que ignoramos. Debemos aprender de todos los entendidos (sean quienes fueren) a trabajar en el terreno económico. Debemos estimarlos como maestros, aprendiendo de ellos respetuosa y concienzudamente. (Mao Zedong, 1893—1976)

XX. La medida y las pruebas de la inteligencia

Uno de los prerrequisitos para el estudio de la inteligencia es la medida del estado intelectual de los individuos. En los tiempos modernos se conoce un método para medir el nivel de inteligencia de cada individuo, el método de las pruebas de inteligencia, que ha cobrado gran vigencia a partir de países como Inglaterra y Francia desde el siglo XIX. En China, el problema de la medida de la inteligencia ha sido desde tiempos muy antiguos objeto de mucha atención. Confucio solía emplear el método de observación, el de diálogo y el de investigación para determinar el nivel de inteligencia de sus discípulos y sus demás diferencias psíquicas. Xun Kuang (¿313?—238 a. de J. C.), por su parte, abogaba por comprobar la capacidad intelectual de los individuos mediante la "confrontación" y el "cotejo". Han Fei (¿280?—233 a. de J. C.) dio un paso más adelante al señalar que es preciso comprobar la inteligencia o

---

1 Se refieren a Su Xun (1009—1066) y sus dos hijos, Su Shi (1037—1101) y Su Che (1039—1112). Los tres eran todos hombres de letras, oriundos de Meishan.

torpeza de un individuo a la luz de los efectos de la práctica. Liu Shao (hombre de la época de los Tres Reinos, 220—265) señaló asimismo que "observando lo que dice un hombre y lo que le interesa se puede saber si es honesto o perverso, y a juzgar por lo que aprueba y secunda se puede saber si está dotado de inteligencia y capacidad", abogando por el método interrogativo ("lo que dice y lo que le interesa") para aquilatar el nivel de inteligencia de los individuos, y su opinión de que "a juzgar por lo que aprueba y secunda se puede saber si está dotado de inteligencia y capacidad" nos recuerda los *tests* psicológicos modernos. Además, el tangrama (rompecabezas de siete trozos) como medio para medir la inteligencia, apareció antes de los años 60 del siglo XIX, es decir, antes de que en parte alguna del mundo apareciera ningún artefacto para medir la inteligencia.

Confucio dice: "Cada vez que hablo con Yan Hui durante todo un día, nunca presenta objeciones a lo que digo, y parece torpe de entendimiento. Pero después, estudiando solo, ya se le ofrecen algunas ideas nuevas, de modo que no es torpe que digamos".(*Analectas*)

Pesando es cómo se llega a saber el peso, y midiendo es cómo se llega a saber la medida. Lo que es válido para las cosas, lo es más aún para el corazón del hombre. (Mencio, 372—289 a. de J. C.)

Al que sabe comentar cosas de la antigüedad hay que comprobarle sus palabras a la luz de las cosas de hoy. Al que sabe comentar cosas de los Cielos hay que comprobarle sus palabras a la luz de las cosas del Hombre. Observando lo que dice un hombre y lo que le interesa se puede saber si es honesto o perverso, y a juzgar por lo que aprueba y secunda se puede saber si está dotado de inteligencia y capacidad. Lo que se preconiza sentado debe comprobarse para saber si es practicable levantándose y factible una vez hecho público. (Xun Kuang, ¿313?—238 a. de J. C.)

Para someter a prueba la lealtad de un individuo, el hombre excelso lo manda lejos, y para observar si se conduce con urbanidad y respeto, lo mantiene a su lado. Para comprobar su capacidad, le confía tareas arduas, y para averiguar su inteligencia, lo sorprende con preguntas inesperadas ... Agotados los nueve métodos de comprobación, ya es posible descubrir a los poco virtuosos y poco capaces. (Zhuang Zhou, 369—286 a. de J. C.)

Tantai Ziyu tenía aspecto de hombre excelso, y lo aceptó Confucio como discípulo. Pero con el tiempo, descubrió que su conducta no correspondía a su aspecto. Zai Wo hablaba en un lenguaje muy culto y elegante, y lo aceptó Confucio como discípulo, pero con el tiempo descubrió que sus conocimientos eran inferiores a su lenguaje. Por tanto, Confucio dijo: "En la persona de Ziyu me equivoqué tomando como único criterio el aspecto, y en la persona de Zai Wo me equivoqué tomando como único criterio el lenguaje". De modo que hasta un hombre tan inteligente como Confucio tuvo que arrepentirse de haberse equivocado. Ahora bien, las divagaciones de hoy suenan aún más agradables al oído que el lenguaje de Zai Wo, y los soberanos, al oírlas, tienen aún menos lucidez que Confucio; entonces, ¿cómo no se van a echar a perder las cosas si por simple predilección por sus palabras se nombra a uno? De igual manera, por haber dado crédito a la verbosidad de Meng Mao (guerrero del estado de Wei en la época de los Reinos Combatientes, 403—222 a. de J. C.), el estado de Wei sufrió la catastrófica derrota en las cercanías de la ciudad de Huayang, y por haber hecho otro tanto con la locuacidad de Zhao She (guerrero del estado de Zhao en la época de los Reinos Combatientes) corrió el estado de Zhao idéntica suerte en Changping. Ambos hechos hablan de lo perjudicial que es la credulidad con relación a la gente locuaz. Ni al mejor armero le basta con un simple vistazo al estaño utilizado y al color, verdoso o amarillento, de las llamas de la forja, para determinar si una espada es de buena o mala calidad; en cambio, ni siquiera gente tan ignorante como los esclavos duda de que la espada es afilada con sólo ver con sus propios ojos cómo mata cisnes y ánades en el agua y caballos en tierra firme. Ni a Bo Le, el más célebre conocedor de caballos, le

507

basta echar una mirada a los dientes del caballo separando sus labios y examinar ligeramente su aspecto, para determinar si es un caballo de buena o mala calidad; en cambio, basta amarrarlo a un carro y hacerle galopar hasta el punto final, para que ni los esclavos duden de su buena calidad. Con sólo mirar el semblante y la vestimenta de un hombre y escuchar sus palabras, ni siquiera hombres santos como Confucio puede determinar si es inteligente o torpe; en cambio, haciéndole desempeñar cargos oficiales y comprobándolo en operaciones bélicas, se puede lograr que ni el vulgo ponga en duda la inteligencia o torpeza del hombre en cuestión. Es por esto que bajo un soberano sabio, todos los ministros o cancilleres proceden invariablemente de entre los funcionarios locales, y todos los jefes militares capaces proceden de entre los soldados. (Han Fei, ¿280?—233 a. de J. C.)

En todo cuanto dice un hombre excelso, lo oscuro va siempre acompañado de algo claro para comprobarlo, lo lejano va siempre acompañado de algo cercano para comprobarlo, lo grande va siempre acompañado de algo pequeño para comprobarlo y lo nebuloso va siempre acompañado de algo evidente para comprobarlo. Lo que no puede ser comprobado se llama absurdo. ¿Puede incurrir un hombre excelso en absurdo? (Yang Xiong, 53 a. de J. C.—18 d. C.)

508   Todo argumento que vaya contra los hechos y que carezca de pruebas será incapaz de inspirar confianza a la gente, por más elocuente que sea su expresión y por mayor que sea la locuacidad. (Wang Chong, 27—¿97?)

No hay más clara demostración de la verdad de un hecho que sus resultados y no hay teoría más sólida que la corroborada por pruebas. (Ibíd.)

Hacerle preguntas acerca de lo que es justo y lo que es erróneo, a fin de observar sus ideales; pedirle que interprete algunos textos y frases, para averiguar su capacidad de adaptación; consultarlo sobre problemas de estratagema, para conocer su capacidad de discernimiento; advertirle de un inminente peligro, para cerciorarse de su valentía; hacerle emborracharse, para descubrir su verdadera índole; colocarlo frente a la amenaza de torturas, para verificar su integridad, y hacerle depositar sus esperanzas en algo, para informarse de su carácter. (Zhuge Liang, 181—234)

Para conocer algo más profundo que el semblante de un hombre y tener idea de sus sentimientos recónditos, hay que observar lo que dice y lo que le interesa así como lo que aprueba y lo que secunda. Observando lo que dice un hombre y lo que le interesa se puede saber si es honesto o perverso, y a juzgar por lo que aprueba y secunda se puede saber si está dotado de inteligencia y capacidad. Y lo uno y lo otro son mutuamente complementarios para completar el discernimiento. (Liu Shao, hombre que vivió durante el Período de los Tres Reinos, 220—265)

Se observa a un hombre por ocho canales: Primero, se observa cómo arrebata algo a los demás o cómo los socorre, a fin de conocer su intrincada mentalidad; segundo, se observa sus variaciones emocionales, a fin de tener una idea de su carácter general; tercero, se observa su idiosincrasia, a fin de determinar el tipo de gente a que pertenece; cuarto, se observa su comportamiento, a fin de conocer si es sincero o hipócrita; quinto, se observa su actitud respetuosa respecto a los demás, a fin de saber si entiende de razones; sexto, se observan sus móviles, a fin de informarse de sus ideales; séptimo, se observan sus puntos débiles en medio de los fuertes, a fin de tener una verdadera comprensión de sus puntos fuertes, y octavo, se observa su inteligencia, a fin de determinar qué talento tiene. (Ibíd.)

Cada punto fuerte de un hombre está condicionado a un punto débil. Por tanto, se puede tener una idea de sus puntos fuertes a juzgar por sus puntos débiles. (Ibíd.)

Según las costumbres de las regiones al Sur del río Changjiang (Yangtsé), pasado algún tiempo después del nacimiento de una criatura, se le confecciona un vestido nuevo, se la baña y se le pone afeites. Luego se le colocan delante, en caso de varón, arcos, flechas, hojas de papel, pinceles de escribir, etc., y en caso de niña, tijeras, reglas, hilos y agujas, y en ambos casos más toda clase de manjares, joyas, alhajas y juguetes, para ver qué prefiere la criatura y saber si es avara u honesta, si es inteligente o torpe. Este método se llama prueba del niño. (Yan Zhitui, 531—590)

La manera de conocer a un hombre no debe consistir exclusivamente en confiar en lo que se oye y se ve y depender sólo de lo que dice. Para conocer las cualidades morales de un hombre hay que informarse de su comportamiento. Para conocer sus capacidades, hay que informarse de sus discursos. Pero después de informarse de su comportamiento y de sus discursos es preciso confiarle asuntos prácticos y observarlo en pleno ejercicio de sus funciones. De ahí que la principal manera de conocer a un hombre sea comprobándolo en el proceso de los asuntos prácticos. (Wang Anshi, 1021—1086)

Las capacidades sólo se conocen en el proceso de su ejercicio, y no hay que confiar en los que, apoltronados, dicen tener tales o cuales capacidades. (Chen Liang, 1143—1194)

Mezclados en la muchedumbre inidentificable, los hombres de verdadera perspicacia suelen ser tomados por dementes, y los verdaderos dementes sí que tienen algo parecido con ellos. ... La manera de distinguir a unos de otros es dialogar con ellos para examinarlos, y someterlos a la prueba de los asuntos prácticos. (Ibíd.)

Ahora que estamos hablando de los rompecabezas, ampliamente empleados en las pruebas de inteligencia, nos acude a la mente, ante todo, el famoso tangrama, inventado en China. Todavía nos faltan datos disponibles acerca de la fecha de su invención, pero una cosa es cierta, y es que su invención fue anterior a la de cualquier otro rompecabezas en el mundo. Por lo menos, ya estaba en uso antes de 1860. Que sepamos, el primer rompecabezas de Occidente fue fabricado en 1864 por el francés Eduardo Onésimo Seguin (1812—1880). Constaba de diez piezas geométricas, que el sujeto debía meter en ranuras de forma correspondiente. En 1908, Alfredo Binet (1857—1911), con su escala métrica de la inteligencia, empleó el método de ordenar al sujeto que tratara de ensamblar un rectángulo con dos triángulos de igual forma. No fue sino en 1914 cuando apareció un rompecabezas rectangular, llamado diagonal, inventado por G. A. Kempf, que constaba de cinco trozos: tres triángulos rectos (dos grandes y uno pequeño), un rectángulo y un cuadrilátero (Véase Cuadro 1). Se parece al tangrama chino, pero el sujeto no tiene más que unir los cinco trozos para formar un rectángulo. El tangrama, en cambio, es más complejo; consta de siete trozos cortados de un cuadrado (Véase Cuadro 2) y que pueden componer diversas figuras, cada una de las cuales abarca todos los siete trozos. En el proceso de su uso, va aumentando las figuras. Veamos algunos ejemplos: (1) el carácter chino "xin", que significa "corazón"; (2) un hombre corriendo; (3) un jinete y su caballo; (4) un velero, y: (5) un ganso.

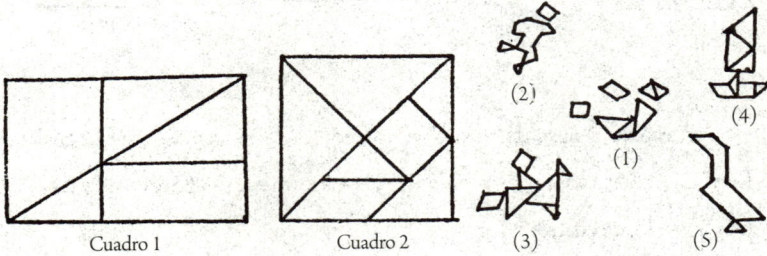

Cuadro 1   Cuadro 2   (3)

En los años 20, el señor Liu Zhan'en escribió (en inglés) un libro titulado *Pruebas no verbales de inteligencia en uso entre los chinos*, en que daba a conocer al mundo la "cadena de nueve anillos" y el tangrama. En los últimos tiempos, el rompecabezas de cinco trozos y el tangrama han pasado a emplearse en forma de pruebas no verbales de inteligencia, aplicables simultáneamente para gran número de gente y que permiten ahorrar tiempo, además de su facilidad de manejo y la exactitud de las notas de calificación. Pongamos por caso la sección "Análisis de formas" de la "Prueba Avanzada Weber de Percepciones de Espacio" (WASP Test), confeccionado en 1976 por la Sociedad de Estudios Educacionales de Australia. Todas las formas de la prueba de "análisis de formas" pueden ser compuestas por los cinco trozos siguientes (Véase Cuadro 3):

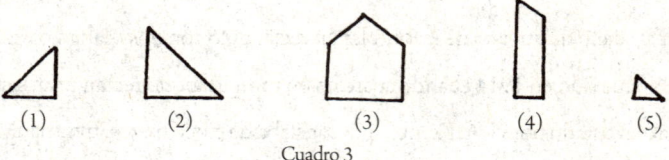

(1)   (2)   (3)   (4)   (5)

Cuadro 3

Cada una de las siguientes formas está compuesta de tres de los cinco trozos arriba enumerados. En cada forma, cada trozo sólo puede usarse una sola vez. Puede ser colocado en cualquier sentido. Cada número abajo es signo de un trozo determinado. (Véase Cuadro 4)

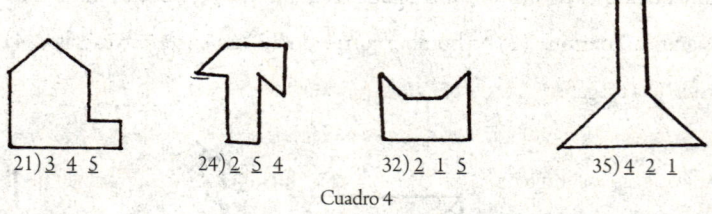

21) 3 4 5   24) 2 5 4   32) 2 1 5   35) 4 2 1

Cuadro 4

La prueba de "análisis de formas" WASP consta de 38 formas, entre las cuales las formas 1—20 se componen de dos trozos, las formas 21—35, de tres, y las formas 36—38, de cuatro.

También se puede requerir que el sujeto trace líneas cortando la figura. Por ejemplo, en el Cuadro 5, la forma (1) puede dividirse en los trozos 2 y 5, en la forma (2), de los trozos 2, 1, 4 y 5.

Según mis conjeturas, el más temprano rompecabezas chino fue muy posiblemente una tabla con dos agujeros, uno cuadrado y otro redondo (Véase Cuadro 6). Los antiguos consideraban el Cielo y la Tierra como los dos elementos básicos y creían que aquél era redondo y ésta, cuadrada. Las monedas de cobre, que circulaban antes del derrocamiento del régimen monárquico, tenían forma redonda y un agujero cuadrado en el centro. En el *Libro de los Ritos* se dice que "con la presencia del compás y de la escuadra ya no pueden deformarse el cuadrado ni el círculo". El compás sirve para asegurar la forma del círculo, y la escuadra, para asegurar la del cuadrado. En la época feudal se enseñaba a los niños a conocer el cuadrado y el círculo, en el sentido de aconsejarles que "se comportaran como era debido". El rompecabezas de doble agujero cuadrado y redondo nos lo imaginamos como en el Cuadro 6, donde tanto el cuadrado como el círculo están compuestos cada cual de dos mitades iguales.

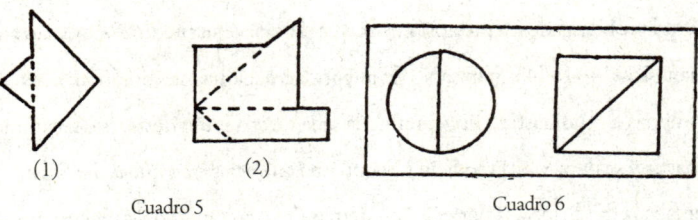

(1)   (2)

Cuadro 5   Cuadro 6

...

En *Liezi* (una de las tres obras fundamentales del taoísmo filosófico) figura la siguiente descripción: "La secuela de su voz siguió dando vueltas por las vigas sin desvanecerse durante tres días". Es una ponderación de las representaciones eidéticas que dejó en los oídos del público la bella voz de la cantatriz Han E. Puede considerarse como una apreciación por impresión que hicieron los antiguos de un talento artístico, método éste que puede ser útil como recurso auxiliar para la prueba. La primera escala métrica de Occidente, formulada en 1883 por Sir Francis Galton (1822—1911), estaba concebida precisamente para sopesar también la evidencia de las representaciones. La versión actualmente disponible del libro *Liezi* es una recopilación de diferentes cuentos hecha por gentes de la dinastía Jin, en el siglo III de la era cristiana. Eso de que la secuela de la voz de la cantatriz siguió dando vueltas por las vigas durante tres días no es más que un embrión del método de apreciación por impresión. Hay que señalar que se trata de un método que es, por su carácter, subjetivo y que no valdría nada sin la confirmación por una medida objetiva. Otro cuento del mismo libro, en cambio, es una convincente denuncia de lo absurdo que puede ser un juicio subjetivo. El argumento del cuento es más o menos el siguiente: Un hombre ha perdido su hacha y sospecha que la ha robado el hijo de su vecino. Así que se pone a observar cada gesto y movimiento del muchacho, y todo le sugiere que es un ladrón. Pero luego encuentra su hacha perdida en un montículo, y a los pocos días se encuentra de nuevo con el muchacho, pero esta vez cada gesto y movimiento de éste ya le sugiere que no puede ser ladrón. Este cuento es sugestivo para nosotros y debe ser un material didáctico de lectura obligatoria para la diagnosis psicológica.

El estudio de las pruebas psicológicas tiene necesariamente que extenderse de paso al problema de los pronósticos acerca del porvenir próximo de desarrollo. Fu Shan (1607—1684), gran sabio de integridad nacional nacido durante las postrimerías de la dinastía Ming, prefirió la vida de ermitaño después del cambio de dinastía y se dedicó a la medicina. Según una crónica (*Biografía de Fu Shan*), "dominaba la medicina a la perfección, además de otras ramas del saber. Además, era gran calígrafo. Su hijo mayor también dominaba el arte caligráfica y escribía con exacta semejanza a la letra del padre, sin que nadie supiese distinguir lo escrito por uno y por otro. Un día, el hijo dejó de intento unas hojas con su propia caligrafía en la mesa del padre, en un intento de averiguar si éste sabía distinguir su propia letra de la del hijo. El padre miró atentamente y creyó que él mismo lo había escrito. '¡Ay de mí! —dijo entre suspiros—por mi caligrafía se ve que ya se me agota la potencia vital. ¡Tengo los días contados en este mundo!' Y se deshizo en lamentaciones y suspiros. Su hijo se reía de él en sus adentros. Pero cosa de un mes más tarde,

514

sucedió que se murió el hijo de enfermedad". La anécdota, a primera vista un poco misteriosa, tiene algo de explicable, pues es posible que un médico y a la vez calígrafo logre pronosticar una inminente muerte basándose en sus experiencias clínicas y descubriendo trastornos del organismo físico y el consiguiente debilitamiento cardíaco a juzgar por un descenso súbito del nivel de fluidez, rigor y exactitud de la caligrafía de una persona. Semejantes pronósticos no siempre carecen de fundamento, y lo que falta es un criterio para la prueba y cierta cantidad de datos estadísticos. Hace poco, en el libro *Esbozo de psicología*, redactado bajo la dirección de D. Krech, parte IX, se cita un estudio realizado en 1973 por Jarvik y otros y en que se demuestra que ciertos cambios que se descubren en algunos aspectos de las capacidades psíquicas permiten pronosticar la muerte, lo que coincide con la observación realizada hace más de 300 años por Fu Shan. Es un problema que merece un estudio profundizado. Los hechos ya han corroborado que bajo determinadas condiciones las pruebas psicológicas pueden ser más precisas que las fisiológicas para descubrir los obstáculos para el ejercicio de las funciones cerebrales.

Para aquilatar la capacidad de una persona hacen falta, como es natural, cifras como punto de referencia. Así lo entendían también los antiguos. Xie Lingyun (385—433) se jactaba diciendo: "La inteligencia del mundo entero de todos los tiempos totaliza diez celemines, de los cuales ocho correspondieron a Cao Zhi[1] solo, uno me corresponde a mí, y el celemín restante se reparte entre toda la gente del mundo de todos los tiempos". Aquí tenemos una forma hiperbólica y poética de expresión de una medida de inteligencia. Sabido es que en los años 10 del presente siglo, Lewis Madison Terman elaboró una escala métrica de la inteligencia, que es la razón entre la edad mental y la edad cronológica del sujeto, y que ha recibido el nombre de cociente intelectual (I. Q.). Con ser útil y racional como concepto científico, este cociente se presta a menudo a abusos y a confusiones. A partir de los años 20, A. S. Otis y Rudolf Pintner vinieron introduciendo en pruebas colectivas de inteligencia otro cociente intelectual que es la razón entre las notas de calificación del sujeto y el promedio de calificación del grupo de gente de su edad. A partir de 1949, David Wechsler empleó en forma integral este método en las pruebas individuales de inteligencia, bajo el nombre de calificación estandard de inteligencia ("inteligence standard score"), y este método lo vienen imitando los que en diversos países se dedican a las pruebas de inteligencia. La versión que hizo Xie Lingyun hace mil quinientos años fue una medida de la proporción porcentual de la inteligencia de un individuo con relación al total de la inteligencia del grupo, y revistió el carácter de una cuantificación proporcional. Recuerda los cálculos propios de la estadística psicológica. Pero su megalomanía desmesurada determinó que su versión no tuviera nada que ver con la realidad. Según se decía, más tarde fue denunciado como tramando una rebelión y terminó por ser arrestado y sentenciado a muerte.

515

1 Cao Zhi (192—232): célebre poeta y prosista.

De lo expuesto se infiere que, en lo que respecta al contenido y a los métodos de las pruebas psicológicas, las observaciones y la práctica de nuestros antepasados ya encerraban algo que correspondía a lo que más tarde se haría en otros países. En nuestras pruebas psicológicas de hoy, debemos, claro está, emplear datos ya familiares para nuestro pueblo, pero lo que más importante aún es buscar crear lo nuevo. (Lin Chuanding[1])

---

1 Lin Chuanding: hombre contemporáneo, profesor catedrático del Departamento de Pedagogía del Instituto Pedagógico de Beijing.

ANEXO

LISTA DE LOS AUTORES CITADOS EN EL PRESENTE LIBRO

Nombre	Año de nacimiento y muerte, profesión
Cai Yuanpei	(1868—1940), pedagogo
Cao Xueqin	(¿?—1763), escritor
Confucio	(551—479 a. de J. C.), pensador y pedagogo
Chen Duxiu	(1880—1942), profesor universitario y uno de los fundadores del Partido Comunista de China
Chen Li	(1810—1882), sabio
Chen Liang	(1143—1194), pensador y literato
Chen Que	(1604—1677), pensador
Dai Zhen	(1723—1777), pensador
Dong Zhongshu	(179—104 a. de J. C.), filósofo y sabio
Du Fu	(712—770), poeta
Fan Zhen	(¿450?—510), filósofo
Fang Yizhi	(1611—1671), pensador y científico
Feng Ban	(1602—1671), poeta
Fu Shan	(1607—1684), pensador y médico
Ge Hong	(284—364), pensador y médico
Gong Zizhen	(1792—1841), pensador y literato

Gu Yanwu	(1613—1682), pensador y erudito
Guan Zhong	(¿?—645 a. de J. C.), político y pensador
Guo Moruo	(1892—1978), erudito, literato, poeta e historiador
Han Fei	(¿280?—233 a. de J. C.), filósofo
Han Yu	(768—824), literato y filósofo
Hong Mai	(1123—1202), erudito
Hu Yuan	(993—1059), erudito y pedagogo
Hu Zi	(1110—1170), literato
Huang Tingjian	(1045—1105), poeta y calígrafo
Huang Zongxi	(1610—1695), pensador e historiador
Huang Zunxian	(1848—1905), poeta
Jia Yi	(200—168 a. de J. C.), político y escritor
Jiao Xun	(1763—1820), filósofo y matemático
Kang Youwei	(1858—1927), líder del movimiento reformista contemporáneo burgués
Lao Dan (Laozi)	(¿580—500 a. de J. C.?), pensador y fundador del taoísmo
Li Siguang	(1889—1971), geólogo
Li Zhi	(1527—1602), pensador y literato
Liang Qichao	(1873—1929), reformista burgués
Liu An	(179—122 a. de J. C.), pensador y literato
Liu Dakui	(1698—1779), prosista
Liu Hui	(¿225—295?), matemático
Liu Ji	(1311—1375), erudito
Liu Shao	(¿182?—245), filósofo
Liu Xiang	(¿77—6 a. de J. C.?) literato y catalogador
Liu Xie	(¿465—532?), crítico literario
Liu Zhiji	(661—721), historiador
Liu Zhou	(514—565), literato
Liu Zongyuan	(773—819), literato y prosista

Lu Ji	(261—303), literato
Lu Jiuyuan	(1139—1193), filósofo y pedagogo
Lu Xun	(1881—1936), escritor
Lu You	(1125—1210), poeta
Lü Buwei	(¿?—235 a. de J. C.), estadista
Lü Kun	(1536—1618), erudito
Mao Zedong	(1893—1976), presidente del Partido Comunista de China
Mencio (Mengzi)	(372—289 a. de. J. C.), pensador
Mo Di (Mozi)	(¿468?—376 a. de J. C.), pensador
Ouyang Xiu	(1007—1072), escritor
Peng Duanshu	(¿1699—1779?), literato
Peng Shiwang	(1610—1683) erudito
Qian Daxin	(1728—1804), erudito
Qian Yong	(1759—1884), erudito
Qian Zhenhuang	(1875—1944), poeta y calígrafo
Shen Dao (Shenzi)	(395—315 a. de J. C.), erudito
Shen Kuo	(1031—1095), científico
Sima Xiangru	(179—117 a. de J. C.), literato
Song Lian	(1310—1381), literato
Su Shi	(1037—1101), poeta
Sun Bin	(Período de los Reinos Combatientes, 403—222 a. de J. C.), estratega
Sun Wu	(¿545?—470 a. de J. C.), pensador y estratega
Sun Yat-sen	(1866—1925), precursor de la revolución contemporánea de China
Tao Xingzhi	(1891—1946), pedagogo
Wang Anshi	(1021—1086), político, literato y pensador
Wang Chong	(27—¿97?), filósofo
Wang Fuzhi	(1619—1692), pensador

519

Wang Guowei	(1877—1927), erudito
Wang Shizhen	(1634—1711), poeta
Wang Shouren	(1472—1528), filósofo y pensador
Wang Tingxiang	(1474—1544), filósofo y literato
Wang Tong	(584—617), filósofo
Wang Yun	(1784—1854), literato
Wei Qingzhi	(¿?—1240), erudito
Wei Yuan	(1794—1857), pensador e historiador
Wu Cheng	(1249—1333), erudito
Xin Qiji	(1140—1207), poeta
Xu Gan	(171—218), filósofo y literato
Xu Guangqi	(1562—1633), científico
Xu Qin	(1873—1945), pensador
Xue Xuan	(1389—1464), pensador y literato
Xun Kuang (Xunzi)	(¿313?—238 a. de J. C.), pensador y pedagogo
Xun Yue	(148—209), comentarista político e historiador
Yan Fu	(1854—1921), reformista contemporáneo y traductor
Yan Ying	(¿?—500 a. de J. C.), pensador
Yan Yuan	(1635—1704), pensador y pedagogo
Yan Zhitui	(531—590), literato
Yang Ximin	(1808—1882), erudito
Yang Xiong	(53 a. de J. C.—18 d. C.), filósofo, literato y lingüista
Ye Shi	(1150—1223), filósofo
Yu Ji	(1272—1348), erudito
Yuan Mei	(1716—1797), poeta
Zhang Xuecheng	(1738—1801), pensador e historiador
Zhang Zai	(1020—1077), pensador y pedagogo
Zhao Qi	(¿?—201), economista
Zheng Guanying	(1842—1921), reformista contemporáneo
Zheng Rikui	(1631—1673), literato y crítico

Zheng Xie	(1693—1765), pintor y literato
Zhong Changtong	(180—220), filósofo
Zhou Enlai	(1898—1976), primer ministro de la República Popular China
Zhu Xi	(1130—1200), filósofo y pedagogo
Zhu Zhiyu	(1600—1682), pensador
Zhuang Zhou (Zhuangzi)	(369—286 a. de J. C.), filósofo
Zhuge Liang	(181—234), estadista y estratega
Zi Si	(¿493?—406 a. de J. C.), filósofo